精彩范例欣赏

Chapter 02
Photoshop CS5
选区的扩展和收缩

Chapter 03
Photoshop CS5
历史记录艺术画笔工具

Chapter 03
Photoshop CS5
颜色替换工具

Chapter 03
Photoshop CS5
混合器画笔工具

Chapter 04
Photoshop CS5
图案图章工具

Chapter 04
Photoshop CS5
涂抹工具

Chapter 05
Photoshop CS5
复制路径

Chapter 05
Photoshop CS5
描边路径

Chapter 06
Photoshop CS5
创建文字选区

Chapter 06
Photoshop CS5
创建区域文字特效

Chapter 07
Photoshop CS5
调整“色彩平衡”

Chapter 07
Photoshop CS5
使用“色调分离”命令

Chapter 08
Photoshop CS5
“光泽”图层样式

Chapter 08
Photoshop CS5
“外发光”图层样式

Chapter 08
Photoshop CS5
“渐变叠加”图层样式

Chapter 09
Photoshop CS5
剪贴蒙版

Chapter 09
Photoshop CS5
矢量蒙版

Chapter 10
Photoshop CS5
“凸出”滤镜

Chapter 10
Photoshop CS5
转换为智能滤镜

Chapter 11
Photoshop CS5
合并与分离通道

Chapter 11
Photoshop CS5
使用颜色通道调整图像色彩

Chapter 12
Photoshop CS5
聚源楼海报设计

Chapter 12
Photoshop CS5
房地产广告设计

Chapter 12
Photoshop CS5
12.7 普洱茶包装设计

Photoshop CS5

中文版 从新手到高手

李瑞 龙翔 编著

中国铁道出版社
CHINA RAILWAY PUBLISHING HOUSE

内 容 简 介

本书根据诸多初学者的学习习惯和特点，科学安排了循序渐进的教学内容，力争让读者通过短时间的认真学习，逐步掌握Photoshop CS5这款软件的技术精髓。本书的主要内容包括初识Photoshop CS5，创建与编辑选区，图像的绘制，图像的修饰，路径的应用，文字的创建与编辑，色彩与色调的调整，图层的应用，蒙版的应用，滤镜的应用，通道的应用和商业设计典型案例。

本书兼具技术手册和典型实例参考手册的特点，技术实用，讲解清晰，不仅可以作为图像处理和平面设计初、中级读者的学习用书，也可以作为大中专院校相关专业及平面设计培训班的学习教材。

图书在版编目（CIP）数据

Photoshop CS5中文版从新手到高手 / 李瑞，龙翔编著. -- 北京 : 中国铁道出版社，2011.2
ISBN 978-7-113-12152-5

Ⅰ. ①P… Ⅱ. ①李… ②龙… Ⅲ. ①图形软件，Photoshop CS5 Ⅳ. ①TP391.41

中国版本图书馆CIP数据核字（2010）第216003号

书　　名：Photoshop CS5 中文版从新手到高手
作　　者：李　瑞　龙　翔　编著

责任编辑：苏　茜　　　读者热线电话：400-668-0820
编辑助理：贾淑媛
封面设计：张　丽　　　封面制作：白　雪
责任印制：李　佳

出版发行：中国铁道出版社（北京市宣武区右安门西街8号　　邮政编码：100054）
印　　刷：中国铁道出版社印刷厂
版　　次：2011年2月第1版　　2011年2月第1次印刷
开　　本：850mm×1092mm　1/16　印张：20　插页：2　字数：467千
印　　数：4 000册
书　　号：ISBN 978-7-113-12152-5
定　　价：69.00元（附赠光盘）

前言

Photoshop CS5 中文版从新手到高手

Photoshop CS5是Adobe公司2010年推出的最新版图形图像处理软件，它是目前世界上最优秀的平面设计软件之一，因其界面友好、操作简便、功能强大，深受广大设计师的青睐，并且被广泛应用于广告、海报、POP、插画、游戏、影视、数码照片处理等领域。

为了让更多钟爱Photoshop的读者在较短的时间内掌握该软件，我们特别组织了有多年教学和设计工作经验的团队进行精心策划和编写。根据诸多初学者的学习习惯和特点，科学安排了循序渐进的教学内容，力争让读者通过短时间的认真学习，逐步掌握Photoshop CS5这款软件的技术精髓。

本书共分为12章，主要内容包括初识Photoshop CS5，创建与编辑选区，图像的绘制，图像的修饰，路径的应用，文字的创建与编辑，色彩与色调的调整，图层的应用，蒙版的应用，滤镜的应用，通道的应用和商业设计典型案例。书中详细介绍了选区、路径、绘图、色彩、图层、蒙版、通道和滤镜等方面的知识，同时配备了大量生动而精彩的实例来加强读者对这些知识点的理解和运用，将理论与实践完美结合，从而激发读者的想象力和创作力，制作出属于自己的优秀作品。

每个学习Photoshop的新手都想通过最行之有效的学习方法、最简洁易懂的讲解方式，尽可能多地掌握Photoshop的操作知识和技巧，本书以其显著的特点，将会成为读者上佳的选择。

◎ **以新手入门为切入点**：通过知识讲解、应用技巧、实例演示等多个方面帮助初学者全方位掌握Photoshop操作技巧，即使是零基础的新手也能一学即会。

◎ **全面丰富的知识讲解**：知识讲解涵盖Photoshop操作的各个领域，包括基础知识的掌握、图像处理、平面广告、数码照片处理、包装设计、经典特效……应有尽有。

◎ **讲解与实例完美结合**：采用知识讲解和实例演练相结合的方式进行编写，注重实际操作，并且还特别设置

前言

了一章商业设计典型实例，综合运用所学知识，以使读者达到学以致用的学习目的。

◎ **全新的图解视频模式**：采用“全程图解教学+多媒体视频讲解”的模式，以图解标注突出讲解关键性操作步骤，使初学者轻松完成难易程度不同的Photoshop操作技能的学习，即学即用。

本书配备交互式、500分钟超长播放的多媒体视听教学光盘，既是与图书完美结合的视听课堂，又是具备完整教学功能的学习软件，直观、便利、实用。

光盘中提供了书中实例涉及的所有素材文件，方便读者上机练习实践，达到即学即用、举一反三的学习效果。

本书适合以下读者群体学习使用：

（1）没有任何Photoshop使用经验的零基础初学者。

（2）对Photoshop有些了解但不熟练或不精通的学习者。

（3）从事各种平面设计的人员。

（4）大中专院校的在校学生和社会Photoshop培训机构的学员。

（5）想在短时间内掌握Photoshop操作技能的广大读者。

（6）平面设计爱好者。

如果读者在使用本书的过程中遇到问题或者有好的意见或建议，可以通过发送电子邮件（E-mail：jtbook@yahoo.cn）或者QQ（843688388）联系我们，我们将及时予以回复，并尽最大努力提供学习上的指导与帮助。

由于编者水平有限，书中难免存在不足之处，欢迎读者朋友提出宝贵意见，我们会加以改进，在此深表谢意！

编　者

2010年10月

CONTENTS 目 录

Chapter 01 初识Photoshop CS5

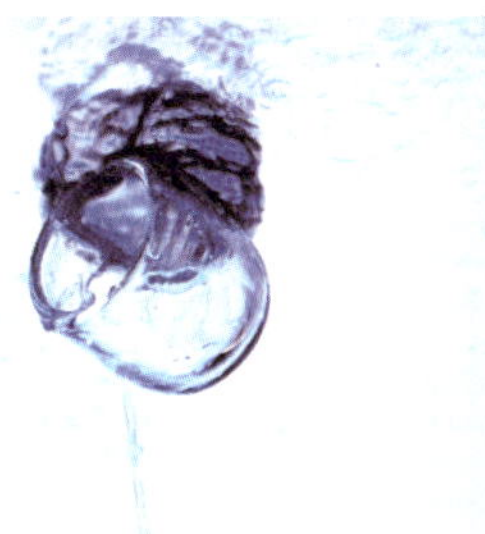

Chapter 02 创建与编辑选区

Chapter 03 图像的绘制

Chapter 04 图像的修饰

Chapter 05 路径的应用

Chapter 06 文字的创建与编辑

Chapter 07 色彩与色调的调整

Chapter 08 图层的应用

Chapter 09 蒙版的应用

Chapter 10 滤镜的应用

Chapter 11 通道的应用

Chapter 12 商业设计典型案例

Chapter 01

初识Photoshop CS5

★ Photoshop CS5的工作界面

知识要点：

认识Photoshop CS5的工作界面，其中包括标题栏、菜单栏、工具箱、工具属性栏、状态栏和浮动面板等。

Photoshop的基本术语 ★

知识要点：

学习Photoshop的基本术语，其中包括像素和分辨率，位图和矢量图，颜色模式等。

Photoshop CS5的基本操作 ★

知识要点：

学习图像文件的基本操作，其中包括控制图像的窗口显示，调整图像，使用标尺、参考线和网格等。

1.1 Photoshop的基本术语

在学习Photoshop CS5之前，先来了解一下Photoshop的基本术语。

1. 像素和分辨率

（1）像素

像素（Pixel）是由 Picture（图像）和 Element（元素）这两个单词的字母所组成的，水平及垂直方向上的若干个像素便组成了图像。当一幅图像放大到一定程度时，将发现这些连续色调其实是由许多色彩相近的小方点组成的。一个图像文件的像素越多，其包含的信息量也就越大，文件的质量也就越高。

如果将图像放大到原来的 3200% 时，可以看到图像呈现出若干个小方块，如下图所示。

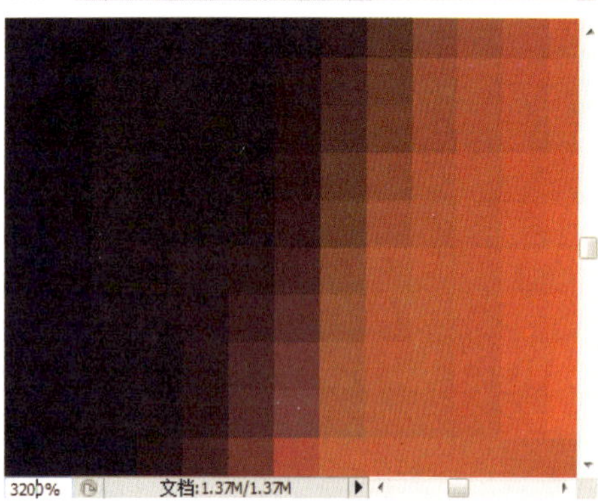

（2）分辨率

每单位长度的像素称为图像的分辨率。分辨率分为很多种，例如，图像分辨率、显示器分辨率、扫描分辨率以及打印机分辨率等。如果图像的尺寸较大，那么图像的分辨率也会很大。

2. 位图和矢量图

（1）位图

位图又称光栅图，它是由许多像小方块一样的像素组成的图像。使用位图能够制作出色彩和色调变化丰富的图像。位图与分辨率有直接关系，分辨率高的位图的清晰度较高，但是如果将位图放大到一定倍数，则会出现细节丢失的状况，如下图所示。

位图放大前后的对比

（2）矢量图

矢量图可以很容易地进行放大、缩小以及旋转，并且它所占的存储空间比较小。矢量图与分辨率无关，它可以任意地放大，并且清晰度不变，如下图所示。

矢量图放大前后的对比

3. 颜色模式

Photoshop 中主要有 8 种颜色模式，分别为位图模式、灰度模式、双色调模式、索引颜色模式、RGB 颜色模式、CMYK 颜色模式、Lab 颜色模式以及多通道模式。

（1）位图模式

Photoshop 中使用的位图模式是只使用黑、白两种颜色中的一种来表示图像中的像素，其中每一个像素都是用小方块来记录的。位图模式的图像也称黑白图像，它包含的信息量是最少的，因而图像所占的存储空间也是最小的。

如果图像需转换成位图模式的图像，则先将图像转换成灰度模式，再由灰度模式转换成位图模式，如下图所示。

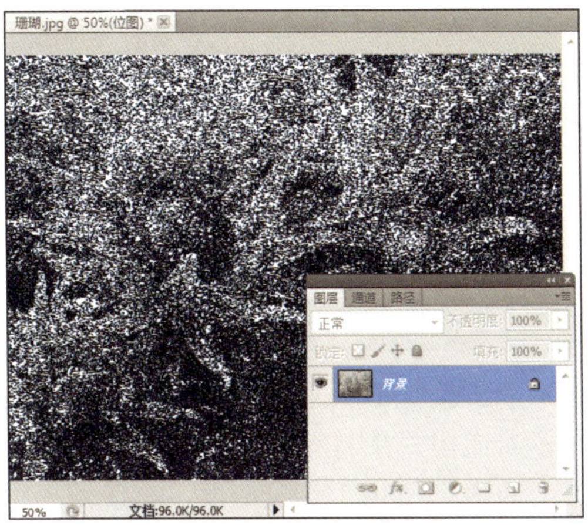

（2）灰度模式

灰度模式使用单一色调来表现图像，每个像素都可表现 256 色阶的灰色调。它的表现力比较丰富，可以将色彩鲜亮的图像转换成高品质的黑白图像，如下图所示。

（3）双色调模式

双色调模式是为印刷而定制的模式。双色调模式通过采用 2~4 种彩色油墨混合其色阶来创建双色调（2 种颜色）、三色调（3 种颜色）和四色调（4 种颜色）的图像，该模式可以使用精、良、少的颜色表现尽量多的颜色层次，从而减少印刷成本。

双色调模式的图像如下图所示。

（4）索引颜色模式

索引颜色模式最多能够存储 256 种颜色的单通道图像，当图像转换为索引模式时，Photoshop 将构建一个颜色查找表，如果原图中有一种颜色没有在这 256 种颜色之中，则程序会选取其中一种最相近的颜色或者使用已有颜色来模拟该颜色。该模式主要用于动画的制作和网页的编辑。

索引模式的图像如下图所示。

（5）RGB 颜色模式

RGB 颜色模式主要由红色、绿色和蓝色 3 种基本色彩组成，它是 Photoshop 较常用的一种颜色模式。这 3 种色彩之间的相互叠加得到了各种各样的色彩，RGB 模式的图像称为三通道颜色。

RGB 模式的图像如下图所示。

（6）CMYK 颜色模式

CMYK 颜色模式中的 CMYK 代表印刷上用的 4 种颜色，C 代表青色，M 代表洋红色，Y 代表黄色，K 代表黑色。这是一种减色模式，CMYK 颜色模式的图像为四通道图像。

在实际生活中很少使用 CMYK 颜色模式，用 CMYK 模式编辑图像虽然能够避免色彩的损失，但运算速度较慢，并且占用的存储空间很大。

CMYK 模式的图像如下图所示。

（7）Lab 颜色模式

Lab 颜色模式由 3 个通道组成，其中一个通道是亮度，即 L，另外两个是色彩通道，分别用 A 和 B 来表示。A 通道包括的颜色是从深绿色（低亮度值）到灰色（中亮度值）再到亮粉红色（高亮度值），B 通道则是从亮蓝色（低亮度值）到灰色（中亮度值）再到黄色（高亮度值），因此，这种色彩混合后将产生明亮的色彩。

Lab 模式与设备无关，同时它具有最宽的色域。

Lab 模式的图像如下图所示。

（8）多通道模式

在多通道模式中将一幅图像转换成多通道模式后，每个通道都使用 256 级灰度，在使用多通道模式时，应遵循以下原则：

通过将 RGB 颜色模式的图像转换为多通道模式，可以创建青色、洋红和黄色专色通道。

通过将 CMYK 颜色模式的图像转换为多通道模式，可以创建青色、洋红、黄色和黑色专色通道。

通过从 RGB、CMYK 或 Lab 颜色模式的图像中删除一个通道，可以自动将图像转换为多通道模式。

多通道模式的图像如下图所示。

1.2 Photoshop CS5的工作界面

在深入学习Photoshop CS5之前，先来认识一下它的工作界面。Photoshop CS5的工作界面包括标题栏、菜单栏、工具属性栏、工具箱、图像窗口、面板组和状态栏等几部分，如下图所示。

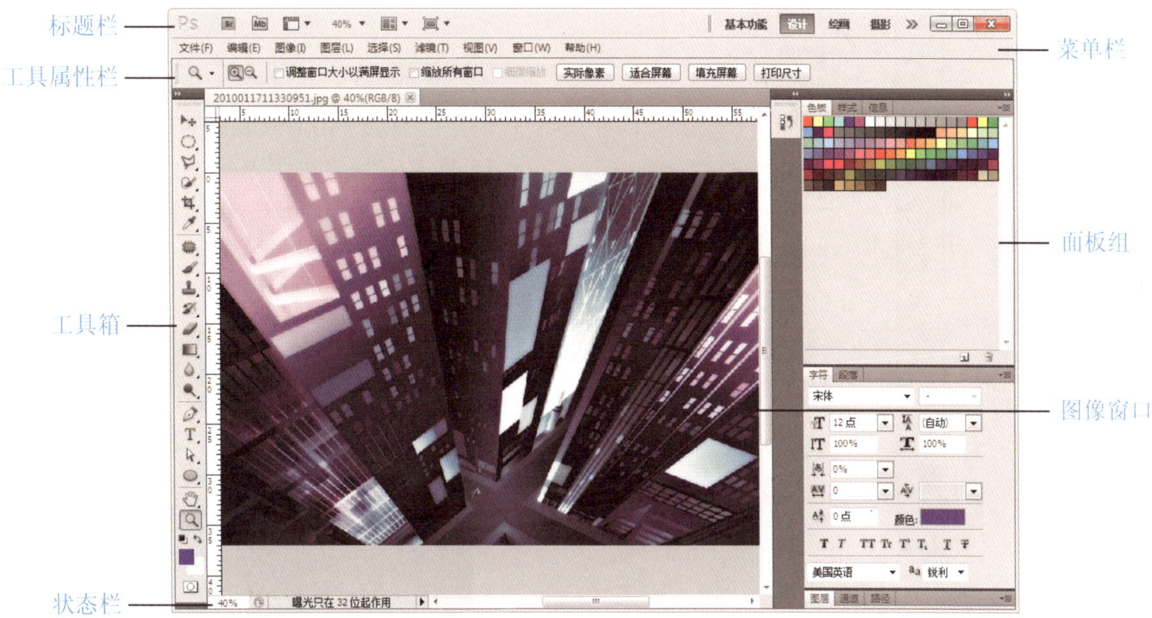

1.2.1 标题栏

标题栏位于 Photoshop CS5 的工作界面的最上方，通过标题栏用户可以启动 Bridge、Mini Bridge，设置图像的显示比例，设置文档的显示、屏幕的显示模式等。除此之外，标题栏中还包括一些常用的工具和窗口控制按钮，如下图所示。

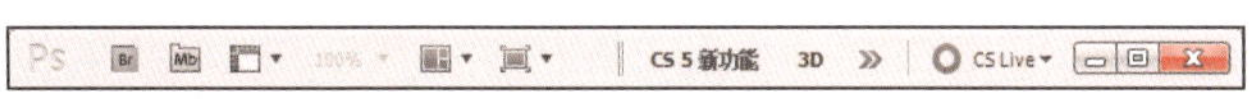

1.2.2 菜单栏

Photoshop CS5 的菜单栏位于标题栏下方，其中包括 11 个菜单项，分别为文件、编辑、图像、图层、选择、滤镜、视图、窗口以及帮助等，如下图所示。

在菜单栏中单击相应的菜单项时，会弹出对应的子菜单，在子菜单中有些命令的右侧带有一个小三角形按钮，此时表明该命令还包含更深一层的子菜单。另外，某些子菜单命令中还带有省略号“…”，这表明如果用户选择该子菜单命令，将会弹出一个设置对话框。

1.2.3 工具箱

Photoshop CS5 的工具箱在默认情况下位于窗口左侧，它包括多个常用工具，例如，移动工具、矩形选框工具、套索工具等，利用这些工具，用户可以随意地对图像进行选择、编辑和修饰。许多工具图标的右下角还带有一个小三角形图标，表示其为工作组，该工作组中还包含其他的工具。工具箱的具体结构如下图所示。

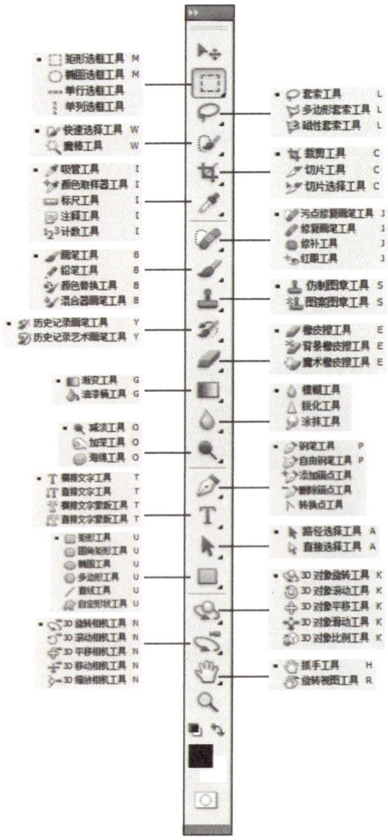

在工具箱中单击最上方的 ▶▶ 或 ◀◀ 按钮，可实现工具箱的单/双栏切换，如下图所示。

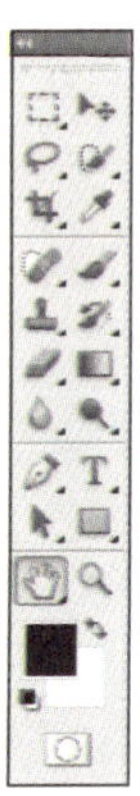

1.2.4 工具属性栏

工具属性栏位于菜单栏的下方，选择工具箱中的工具，即可显示相应的工具属性栏，如下图所示。工具属性栏主要用于设置工具的相关参数，根据需要进行设置后，再使用该工具对图像进行编辑和操作。

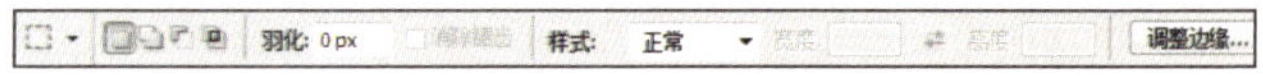

矩形选框工具属性栏

历史记录画笔工具属性栏

下面以“仿制图章工具”为例介绍使用工具处理图像的基本过程，具体操作步骤如下：

STEP 01 打开配套光盘中的“素材\第 1 章\手机广告.jpg”文件，如下图所示。

STEP 02 右击工具箱中的“仿制图章工具”图标，在展开的工具组中选择“仿制图章工具”，如下图所示。

STEP 03 在工具属性栏中设置画笔的参数，如下图所示。

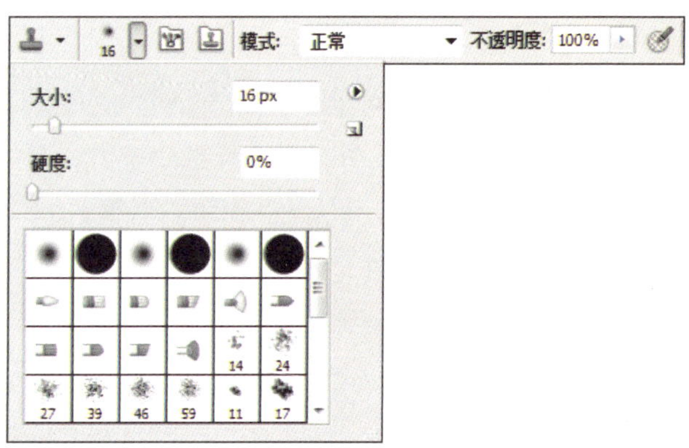

STEP 04 按住【Alt】键的同时在图像中单击确定复制点，如下图所示。

STEP 05 在其他位置拖动鼠标复制图像，如下图所示。

1.2.5 状态栏

状态栏位于窗口的最下方，其中显示了当前图像的各种信息，例如，图像的显示比例和图像的属性等信息，如下图所示。

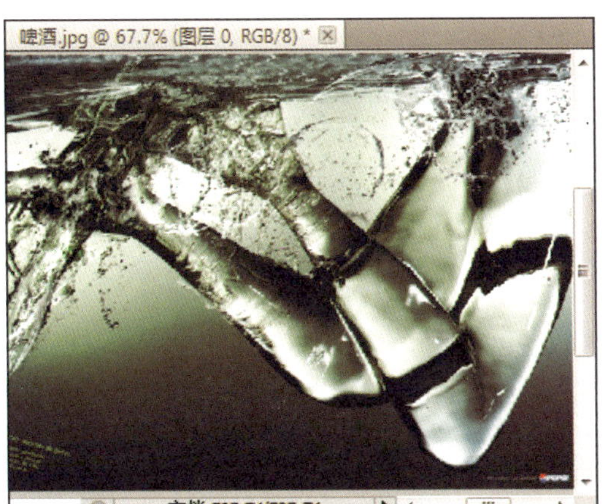

从状态栏中可以看出该文档的相关信息：

- 最左侧的 67.67% 表示当前图像的显示比例。在比例文本框中输入相应的数值，按【Enter】键即可改变图像的显示比例，如下图所示。

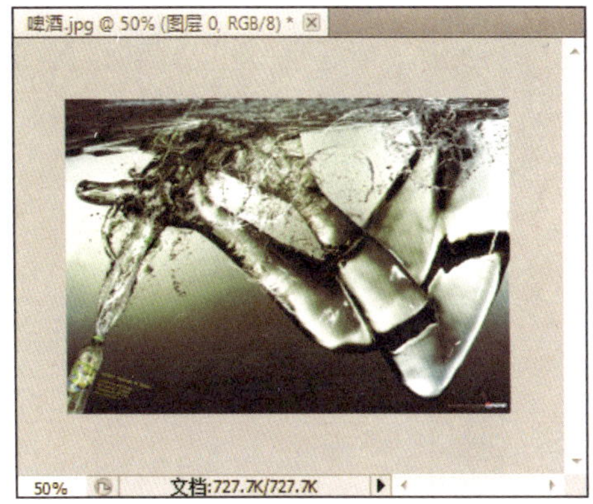

- “文档：727.7K/727.7K ”表示当前图像文件的大小。前面的数字表示合并图层后的文件大小，后面的数字表示未合并图层时的文件大小，单击右侧的▶按钮，弹出一个显示文件信息的下拉列表，用户可以从中查看图像的其他信息，如下图所示。

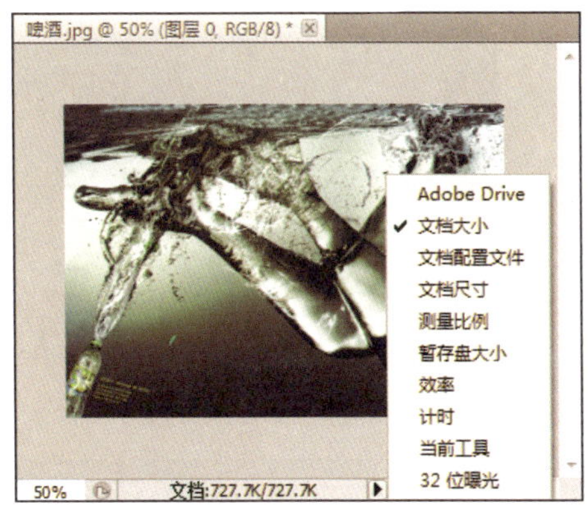

在状态栏中的图像文件信息区中单击，会弹出一个图像信息框，其中显示了图像的宽度、高度、通道以及分辨率信息，如下图所示。

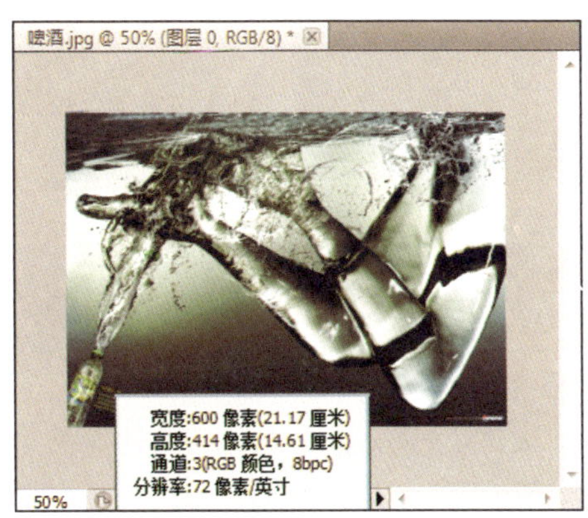

1.2.6 浮动面板

浮动面板是 Photoshop 中一个重要的组成部分，它位于工作界面的右侧，使用它能够设置各种工具的参数，从而完成图像编辑、图层操作等。

默认情况下的浮动面板如下图所示。

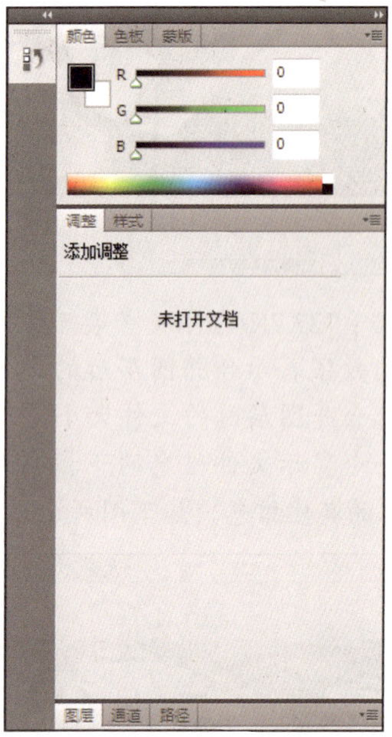

浮动面板在操作过程中可以任意分离、移动以及组合，例如，将鼠标指针移动到“颜色”标签上，按住鼠标左键不放并向工作区拖动，即可将“颜色”面板分离出来，如下图所示。

如果想重新将“颜色”面板进行组合，此时将鼠标指针移至“颜色”标签上，按住鼠标左键不放并向“色板”面板组中拖动，之后释放鼠标左键，即可完成面板的组合，如下图所示。

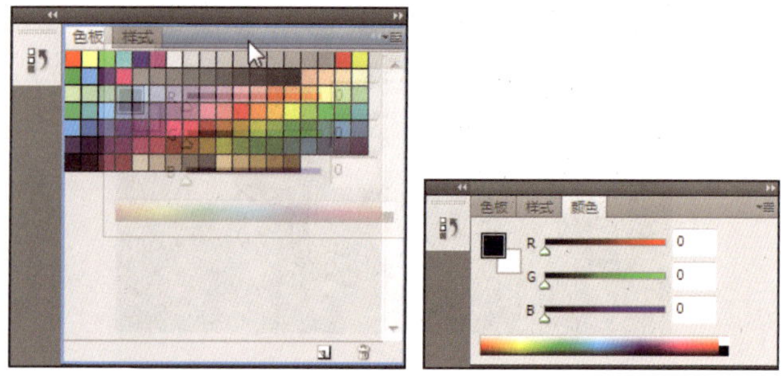

在面板组中单击最上方的«或»按钮，即可展开或者收起面板，如下图所示。

1.3 Photoshop CS5的基本操作

认识了Photoshop CS5的工作界面后，还需要掌握它的基本操作，以便为日后的学习打下坚实的基础。

1.3.1 图像文件的基本操作

图像文件的基本操作主要包括图像文件的新建、打开、保存以及关闭。

1. 创建图像文件

STEP 01 选择“文件”|“新建”命令，如下图所示。

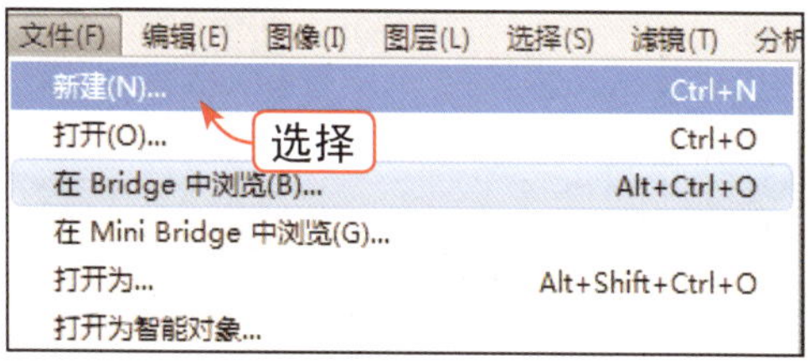

STEP 02 弹出“新建”对话框，用户可以在其中进行相应的设置，单击“确定”按钮，即可创建新的图像文件，如下图所示。

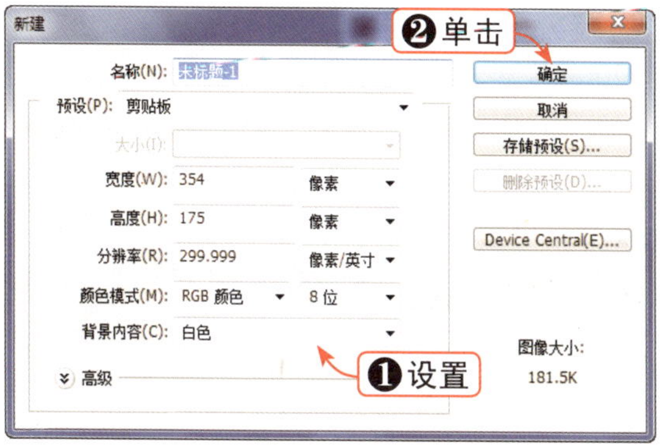

在新建图像文件时，选择不同的背景内容将会产生不同的效果，用户可以根据需要，有选择性地进行背景内容的设置。

默认情况下，Photoshop CS5 的背景内容为白色，如下图所示。

当用户将背景色设置为蓝色，并且在新建图像文件时设置“背景内容”为“背景色”时，效果如下图所示。

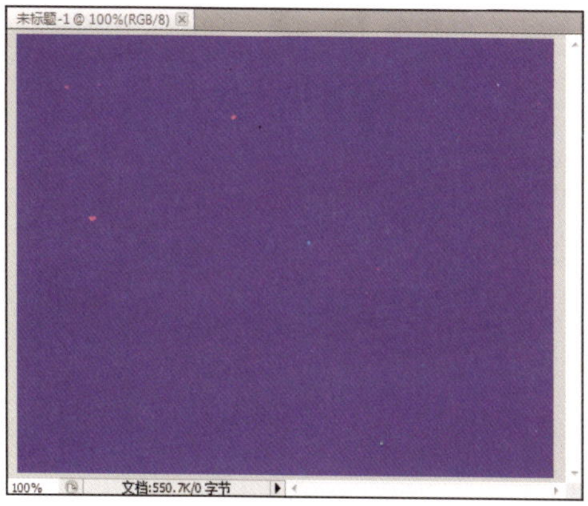

当设置“背景内容”为“透明”时，效果如下图所示。

2. 打开图像文件

在实际操作中往往需要对现有的图像进行编辑，此时就需要将图像文件打开。

STEP 01 选择“文件”|“打开”命令，如下图所示。

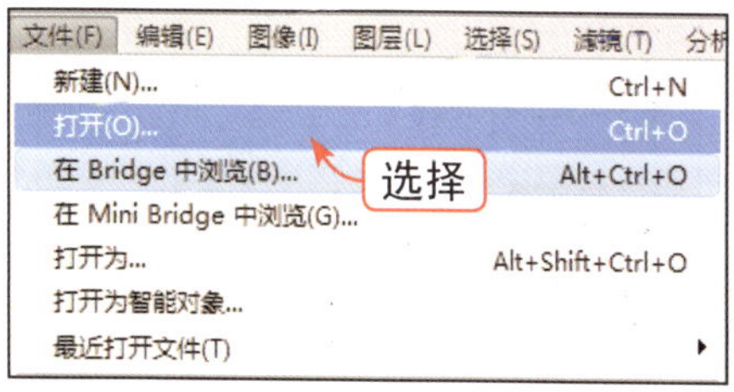

STEP 02 弹出“打开”对话框，单击“查找范围”右侧的下三角按钮选择图像文件的存储路径，选择要打开的图像文件，单击“打开”按钮，如下图所示。

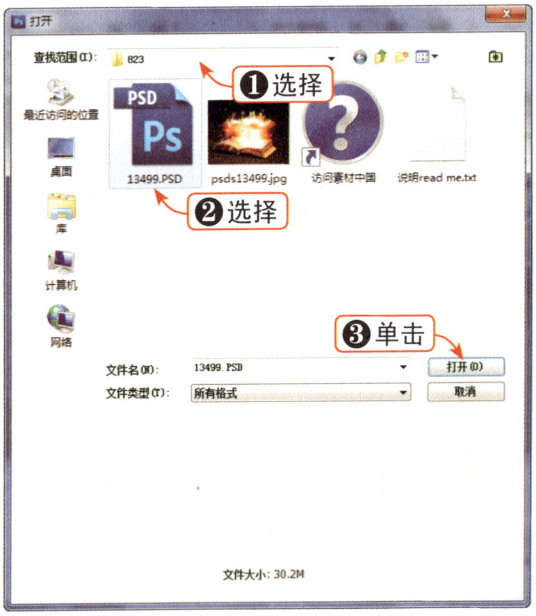

STEP 03 打开图像文件，如下图所示。

3．保存图像文件

STEP 01 选择“文件”|“存储为”命令，如下图所示。

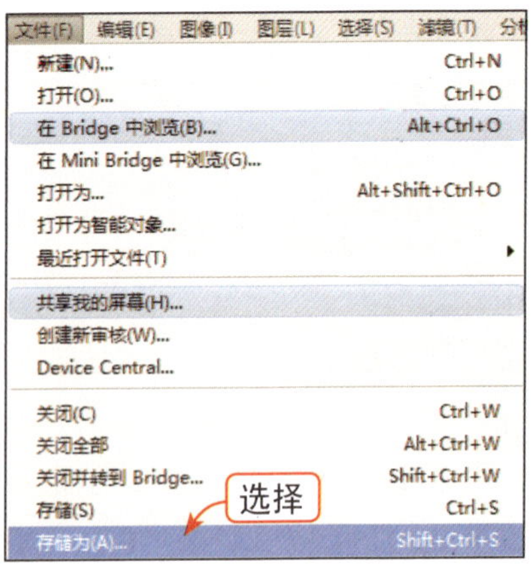

STEP 02 弹出“存储为”对话框，选择文件保存的路径，并设置文件名和保存格式，单击“保存”按钮，如下图所示。

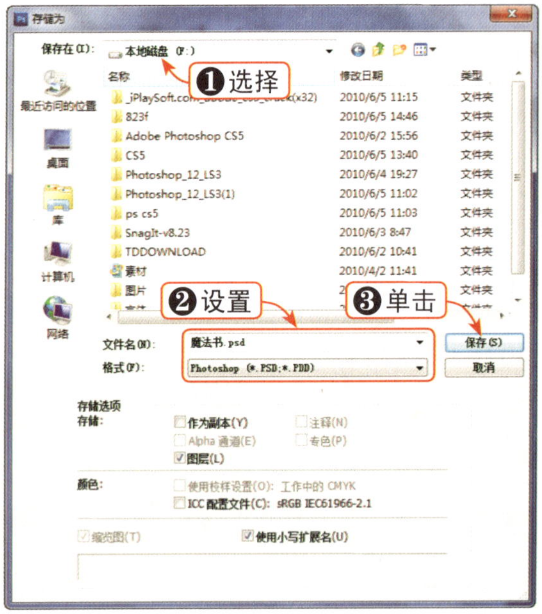

STEP 03 打开“Photoshop 格式选项”对话框，采用默认设置，单击“确定”按钮，如下图所示。

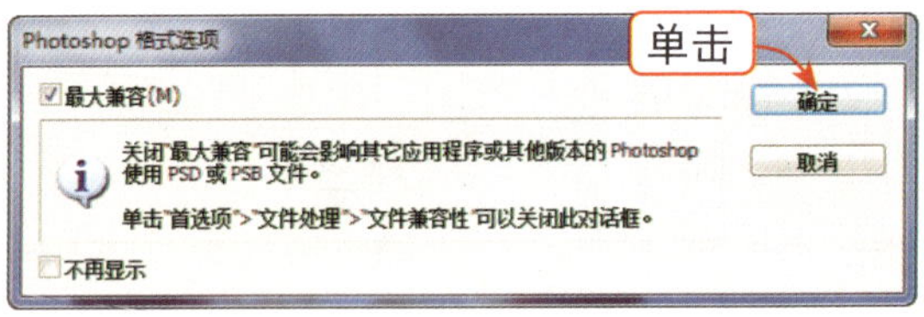

4．关闭图像文件

当对图像文件编辑完毕并保存后，就需要关闭图像文件，常用的关闭图像文件的方法有两种。

方法一：

选择“文件”|“关闭”命令，如下图所示。

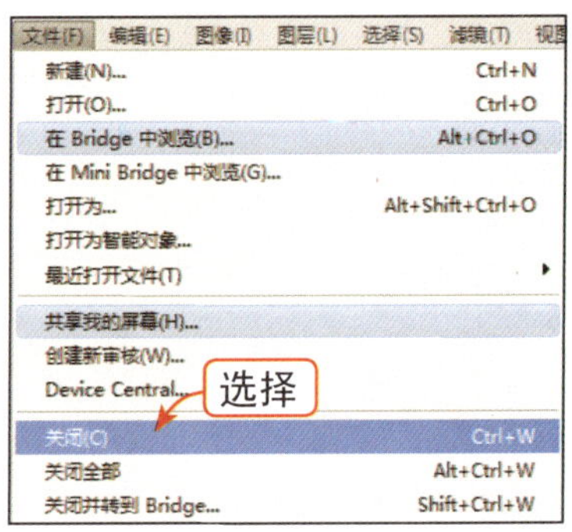

方法二：

单击图像窗口左上角的 ✕ 按钮，如下图所示。

1.3.2 控制图像的窗口显示

在 Photoshop CS5 中可以同时打开多个图像文件，有时，用户需要根据实际情况对窗口进行相应的调整，例如，改变窗口的排列方式、图像的显示比例以及屏幕的显示模式等。

1. 调整窗口的排列方式和切换当前窗口

STEP 01 在使用 Photoshop CS5 时，有时需要同时打开多个图像文件，如下图所示。

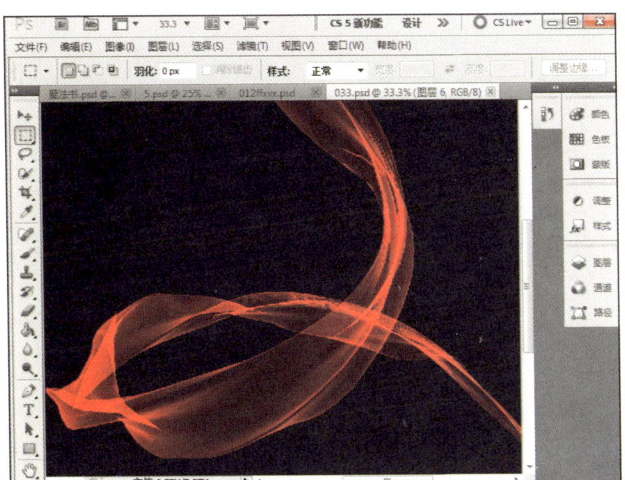

STEP 02 选择“窗口”|“排列”|“平铺”命令，如下图所示。

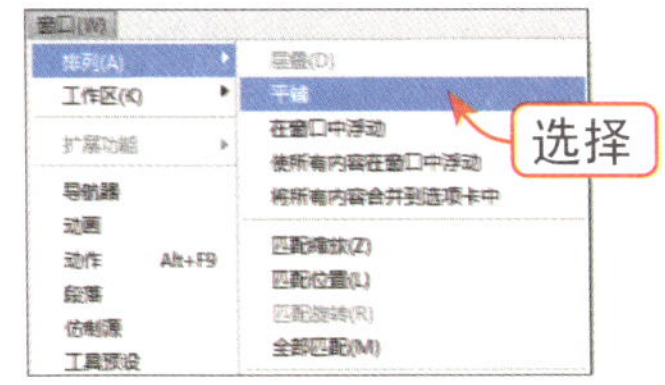

STEP 03 此时即可看到图像在窗口中平铺的效果，如下图所示。

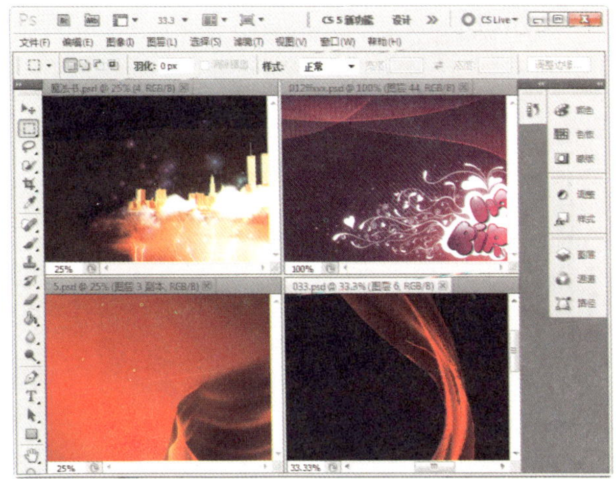

STEP 04 选择“窗口”|“排列”|“在窗口中浮动”命令，如下图所示。

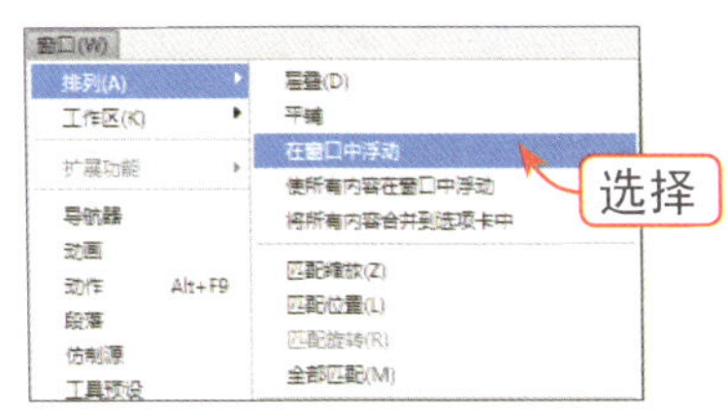

STEP 05 此时可以使当前活动图像弹出并成为浮动窗口，如下图所示。

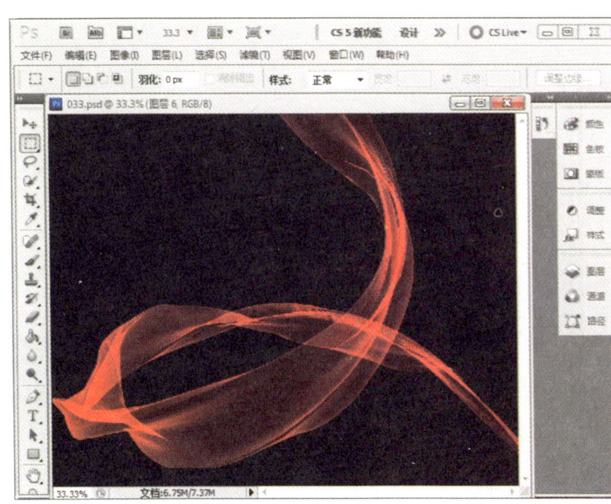

STEP 06 选择“窗口”|“排列”|“使所有内容在窗口中浮动”命令，如下图所示。

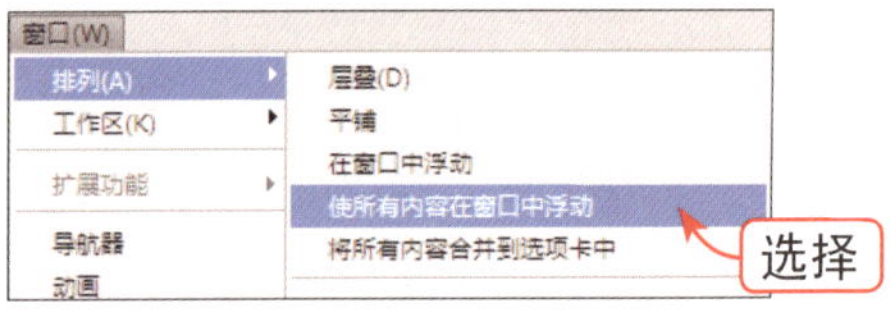

STEP 07 此时即可看到所有内容在窗口中浮动的效果，如下图所示。

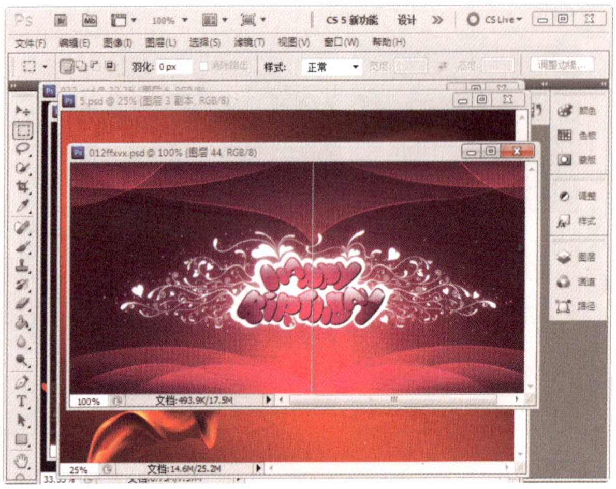

STEP 08 当图像在窗口中处于浮动状态时，可以对其进行“平铺”设置，选择“窗口”|“排列”|“层叠”命令，如下图所示。

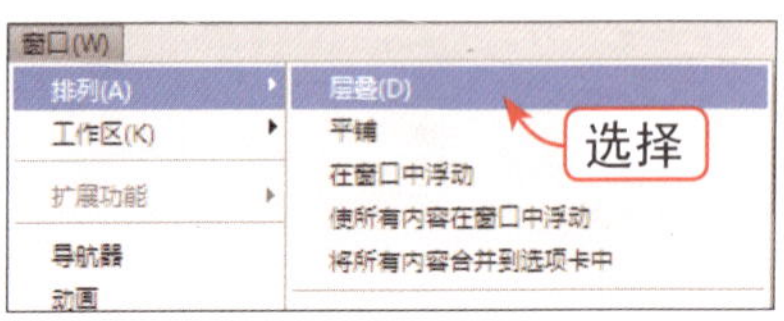

STEP 09 图像在窗口中层叠的效果如下图所示。

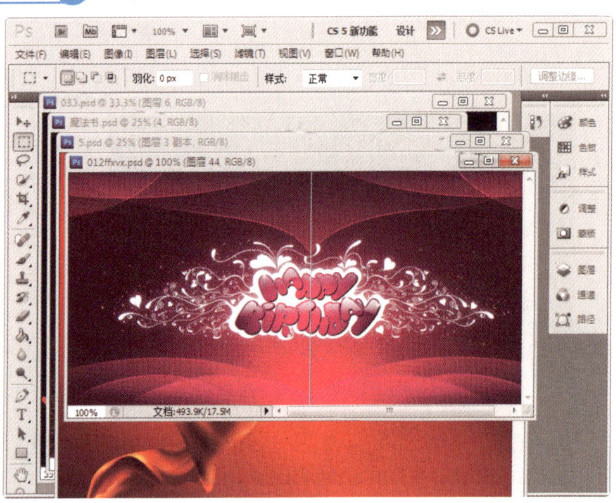

STEP 10 选择“窗口”|“排列”|“将所有内容合并到选项卡中”命令，如下图所示。

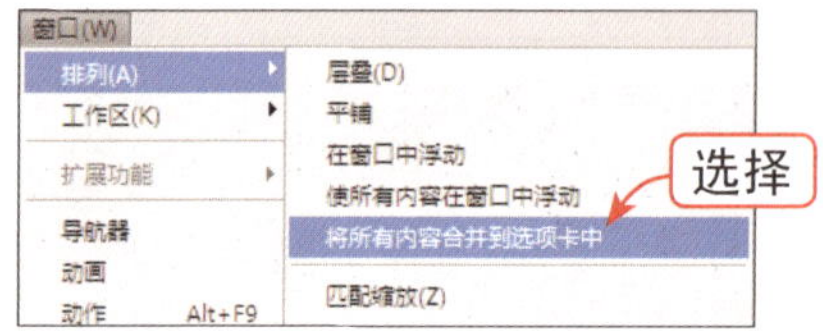

STEP 11 此时可以将所有在窗口中浮动的内容合并到选项卡中，如下图所示。

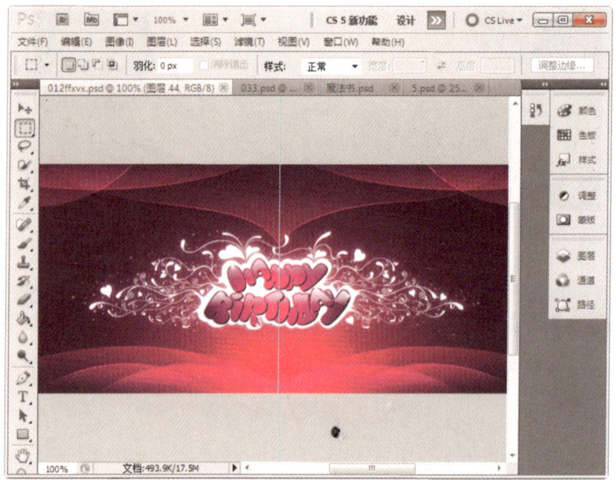

STEP 12 如果要在 Photoshop CS5 中打开的多个图像窗口中进行切换，可以直接单击想要处理的窗口，也可通过按【Ctrl+F6】组合键来实现各窗口之间的切换，如下图所示。

2. 改变图像的显示比例

在编辑图像时为了处理图像的细节问题，需要动态地改变图像的显示比例，以便使处理的图像达到最佳效果。常用的改变图像的显示比例的方法有两种。

方法一：使用菜单命令

STEP 01 打开一个图像文件，如下图所示。

STEP 02 选择“视图”|“放大”命令，如下图所示。

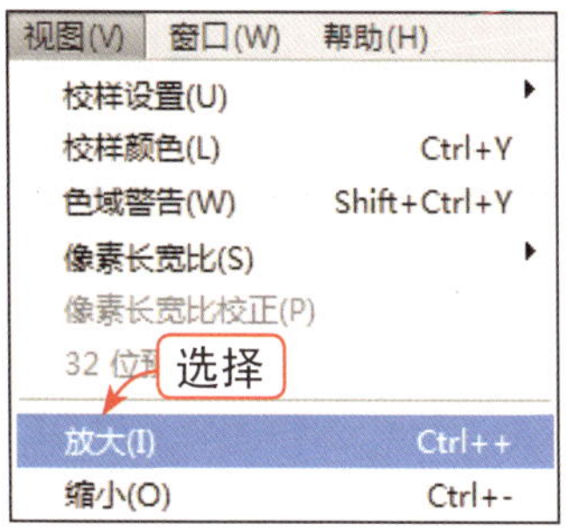

STEP 03 此时即可看到图像放大后的效果，如下图所示。

STEP 04 若想将图像缩小，可选择“视图”|“缩小”命令，如下图所示。

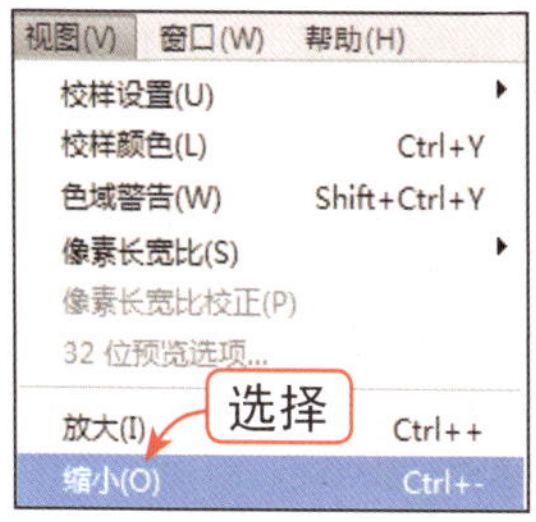

STEP 05 图像缩小后的效果如下图所示。

STEP 06 若想查看图像的整体效果，可选择“视图”|“按屏幕大小缩放”命令，如下图所示。

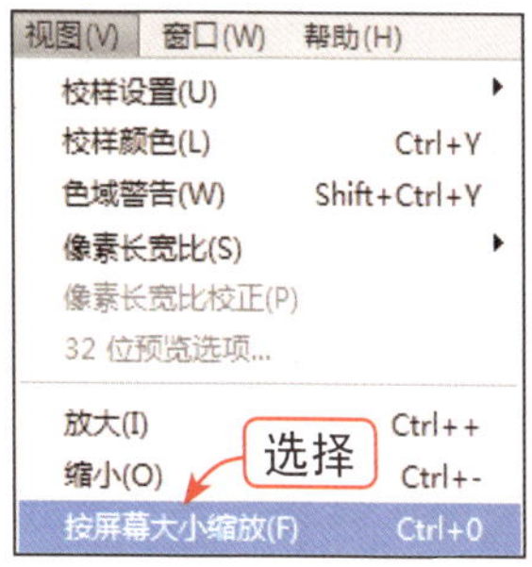

STEP 07 此时即可看到图像按屏幕大小进行缩放，如下图所示。

STEP 08 若想以实际像素对图像进行编辑，可以选择“视图”|“实际像素”命令，如下图所示。

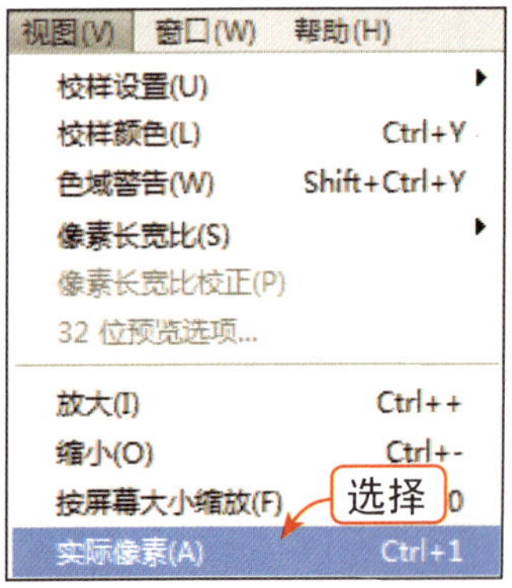

STEP 09 图像按实际像素显示的效果如下图所示。

方法二：使用缩放工具

STEP 01 打开一个图像文件，在工具箱中选择“缩放工具”，并在工具属性栏中单击按钮，如下图所示。

STEP 02 将鼠标指针移至图像窗口中，此时鼠标指针显示为形状，单击即可使图像放大显示，如下图所示。

STEP 03 在工具属性栏中单击按钮后在图像窗口中单击，或者按住【Alt】键的同时在图像窗口中单击，则图像将缩小显示，如下图所示。

STEP 04 选择“缩放工具”并在工具属性栏中单击按钮，在图像窗口中拖动鼠标选择某一区域，则该区域将被放大至整个窗口，如下图所示。

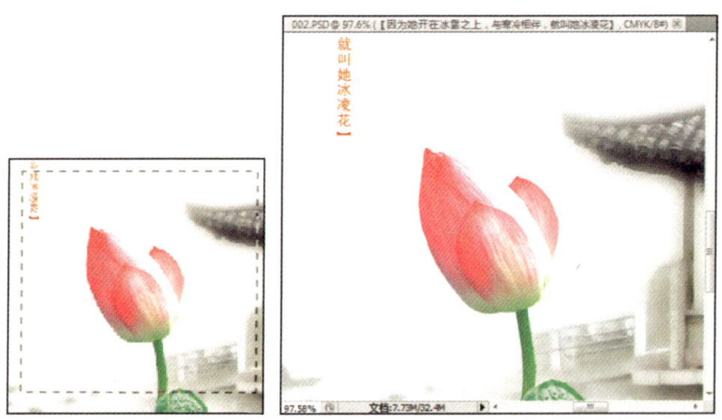

STEP 05 在图像窗口左下角的比例文本框中输入需要显示的比例，即可直接设置图像的缩放比例，如下图所示。

3. 改变屏幕的显示模式

Photoshop CS5 中提供了 3 种屏幕模式，即标准屏幕模式、带有菜单栏的全屏模式和全屏模式，默认为标准屏幕模式。

STEP 01 打开配套光盘中的“素材 \ 第 1 章 \ 绿衣女孩 .jpg”文件，系统默认以标准屏幕模式显示，如下图所示。

STEP 02 选择“视图”|“屏幕模式”|“带有菜单栏的全屏模式”命令，如下图所示。

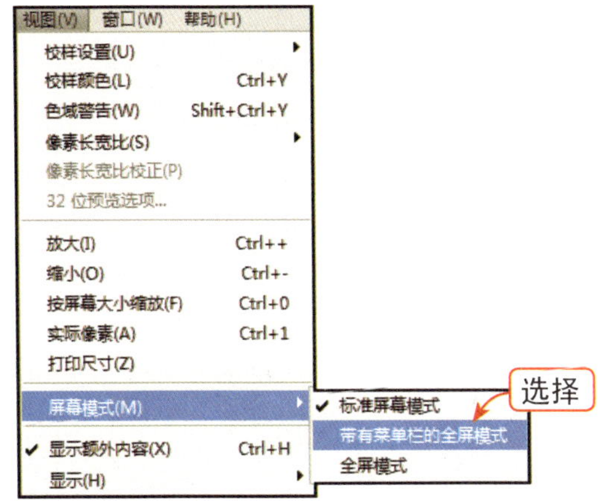

STEP 03 带有菜单栏的全屏模式的显示效果如下图所示。

STEP 04 若想全屏查看图像，可以选择“视图”|“屏幕模式”|“全屏模式”命令，如下图所示。

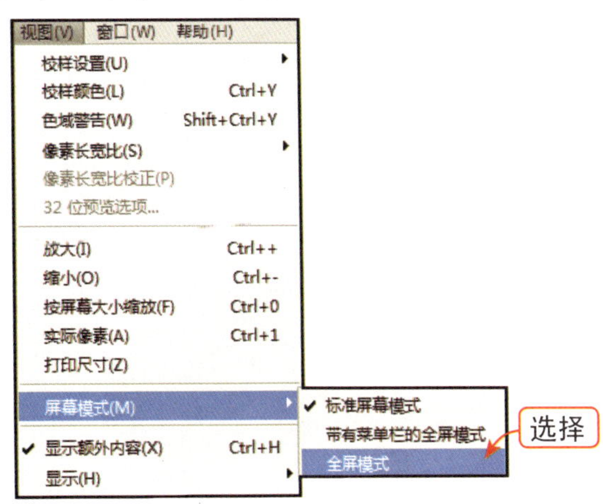

STEP 05 弹出“信息”对话框，单击“全屏”按钮。

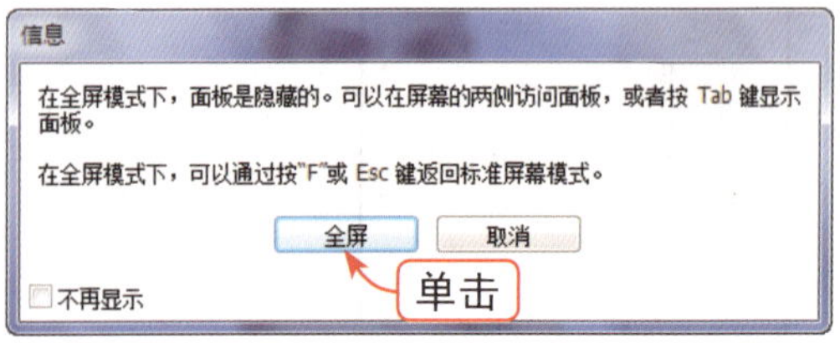

STEP 06 此时即可在全屏模式下查看图像，如下图所示。

1.3.3 调整图像

调整图像的大小、修改画布的大小、设置图像旋转以及对图像进行裁切是调整图像的基本操作，下面介绍如何对其进行设置和修改。

1. 修改图像的大小

如果需要修改图像的大小，可以进行如下操作：

STEP 01 打开配套光盘中的"素材\第 1 章\草莓.jpg"文件，如下图所示。

STEP 02 选择"图像"|"图像大小"命令，弹出"图像大小"对话框，此时即可对像素大小、文档大小进行设置，最后单击"确定"按钮，如下图所示。

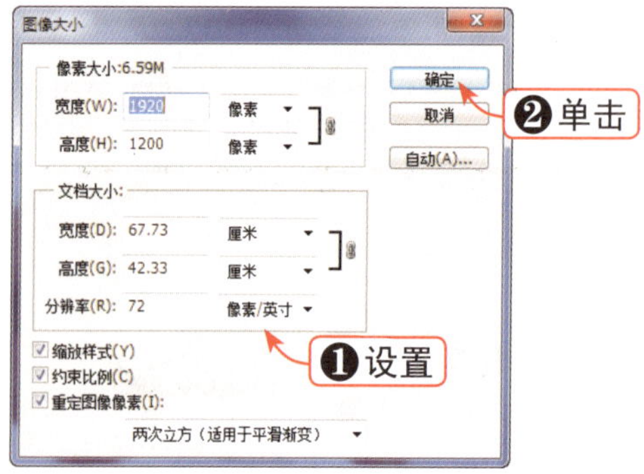

2. 修改画布的大小

如果需要进行裁剪或者增加空白区域，此时可以通过修改画布的大小来实现。

STEP 01 打开配套光盘中的"素材\第 1 章\草莓.jpg"文件，选择"图像"|"画布大小"命令，如下图所示。

STEP 02 弹出"画布大小"对话框，此时即可进行相应的设置，最后单击"确定"按钮关闭对话框即可，如下图所示。

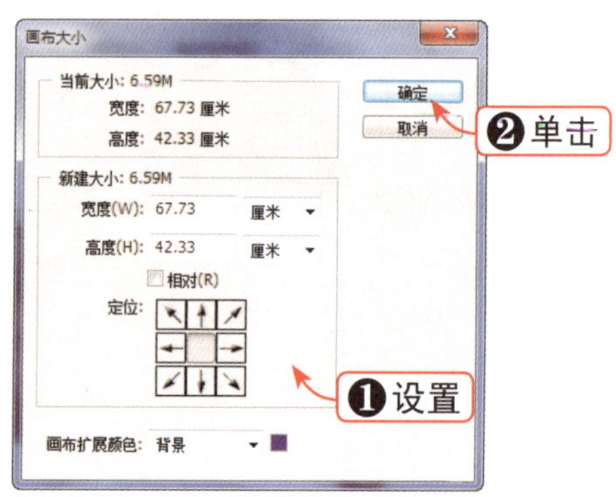

3. 旋转图像

为了方便图像的编辑，有时还需要对图像进行旋转操作，具体操作步骤如下：

STEP 01 打开配套光盘中的“素材\第 1 章\水.jpg”文件，如下图所示。

STEP 02 选择“图像”|“图像旋转”命令，在弹出的子菜单中可以选择图像的旋转角度，如下图所示。

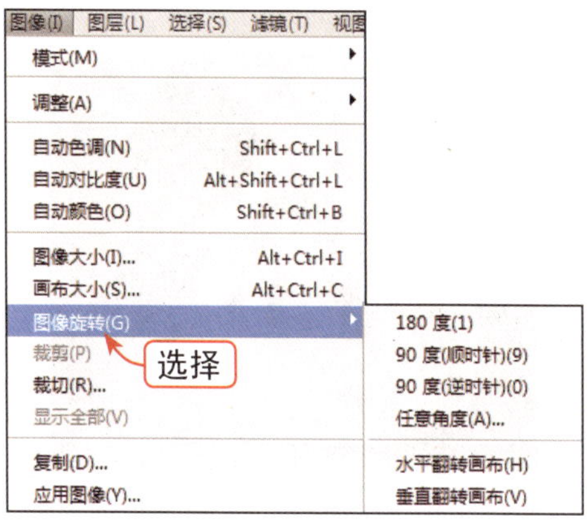

STEP 03 若选择“180 度”命令，则可将图像旋转 180°，效果如下图所示。

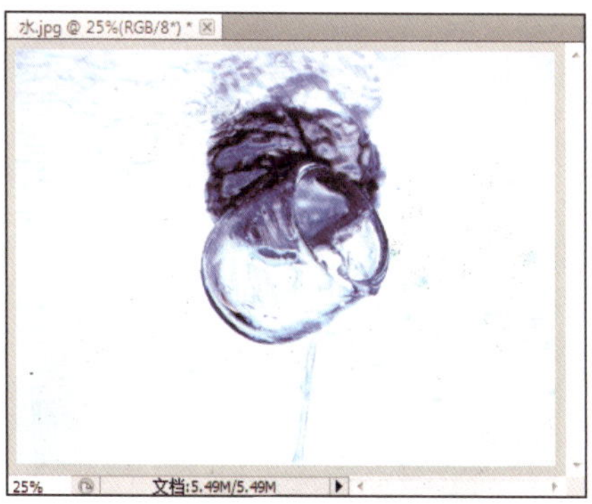

STEP 04 若选择“90 度（顺时针）”命令，此时即可将图像顺时针旋转 90°，如下图所示。

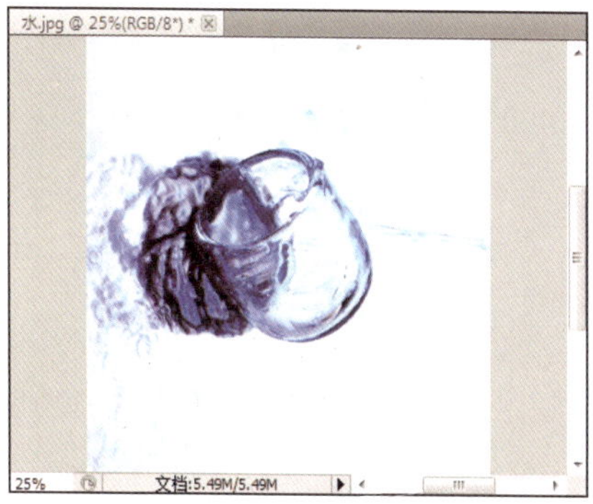

STEP 05 若选择“90 度（逆时针）”命令，则图像将会逆时针旋转 90°，如下图所示。

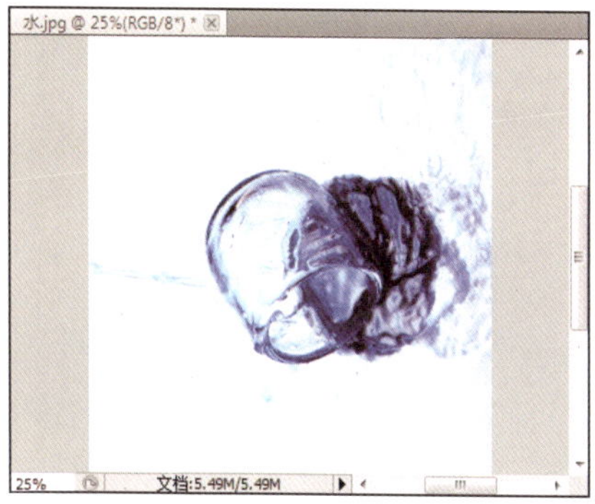

STEP 06 若选择“任意角度”命令，则弹出“旋转画布”对话框，在“角度”文本框中输入旋转角度，并选中“度（顺时针）”单选按钮，最后单击“确定”按钮，如下图所示。

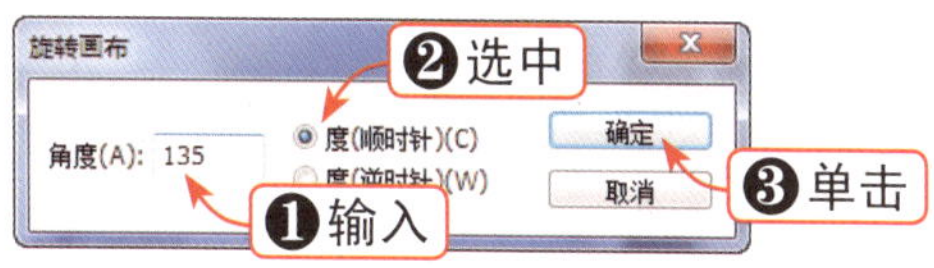

STEP 07 此时即可将图像顺时针旋转 135°，空白区域默认填充背景色，如下图所示。

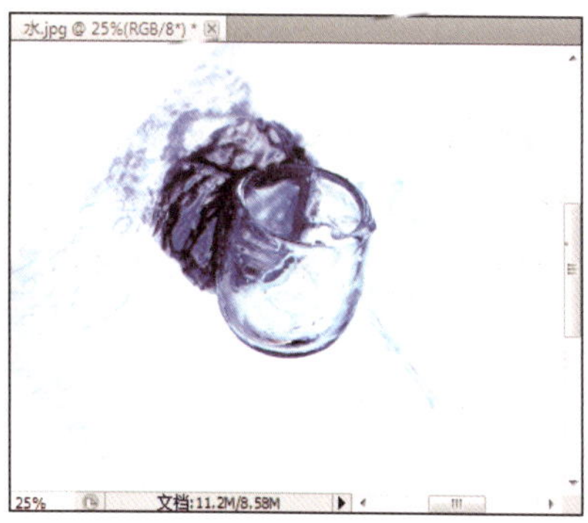

STEP 08 若选择“水平翻转画布”命令，此时图像将水平翻转，效果如下图所示。

STEP 09 若选择“垂直翻转画布”命令，则图像将垂直翻转，效果如下图所示。

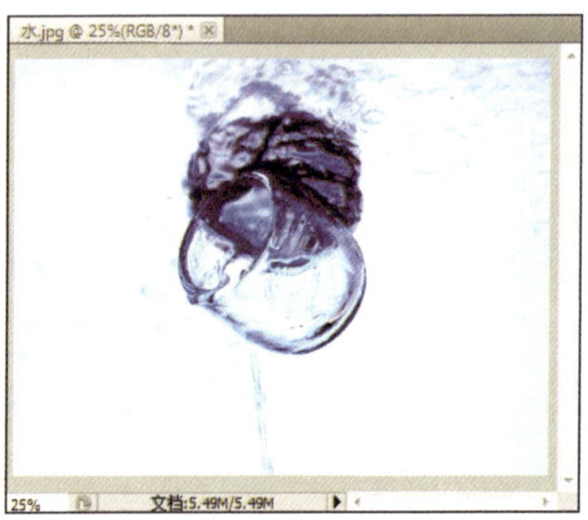

4. 裁剪图像

使用 Photoshop CS5 的图像裁剪功能可以保留需要编辑的图像区域并删除图像中多余的部分，具体操作步骤如下：

STEP 01 打开配套光盘中的“素材\第 1 章\家 .jpg”文件，如下图所示。

STEP 02 右击工具箱中的“裁剪工具”图标，在弹出的工具组中选择“裁剪工具”，如下图所示。

STEP 03 在图像窗口中按住鼠标左键并拖动设置裁剪区域，如下图所示。

STEP 04 选定裁剪区域之后释放鼠标左键，图像中变暗的区域为将要裁剪的部分，如下图所示。

STEP 05 若想调整裁剪区域的大小，可将鼠标指针移至裁剪区域四周的 8 个控制点上，当鼠标指针变为↕、⤢、↔或⤡形状时，按住鼠标左键并拖动即可，如下图所示。

STEP 06 如需调整裁剪区域的位置，可将鼠标指针移至裁剪框内，当鼠标指针变为▶形状时，拖动鼠标即可移动裁剪区域的位置，如下图所示。

STEP 07 在裁剪区域的中心位置有一个⊕标记，该标记为旋转支点，裁剪区域的旋转将围绕该支点进行。将鼠标指针移至裁剪区域中心，当鼠标指针变为▶⊕形状时，按住鼠标左键并拖动，即可移动旋转支点，如下图所示。

STEP 08 如需对裁剪区域进行旋转，可将鼠标指针移至裁剪区域四角的控制点附近，当鼠标指针变为↶、↷、↶或↷形状时，按住鼠标左键并拖动即可，如下图所示。

STEP 09 当确定裁剪范围后，按【Enter】键或双击裁剪区域即可裁剪图像，如下图所示。

STEP 10 选择裁剪区域后，如果想取消选择，只需按【Esc】键即可，如下图所示。

1.3.4 使用标尺、参考线和网格

为了精确地在图像中定位光标和对图像进行准确的编辑，Photoshop CS5 提供了标尺、参考线以及网格来帮助用户进行操作。

STEP 01 打开配套光盘中的“素材\第 1 章 \t2.jpg”文件，如下图所示。

STEP 02 选择“视图”|“标尺”命令或按【Ctrl+R】组合键，即可显示或隐藏标尺，如下图所示。

STEP 03 在标尺上按住鼠标并拖动到指定的位置，释放鼠标即可拖出水平参考线或垂直参考线，如下图所示。

STEP 04 如需移动参考线，可将指针移至需要移动的参考线上，按住【Ctrl】键，当指针变为╫或╪形状时，拖动鼠标即可移动参考线，如下图所示。

STEP 05 选择“视图”|“锁定参考线”命令可以锁定参考线，使其不能移动，以方便用户对图像进行编辑，如下图所示。

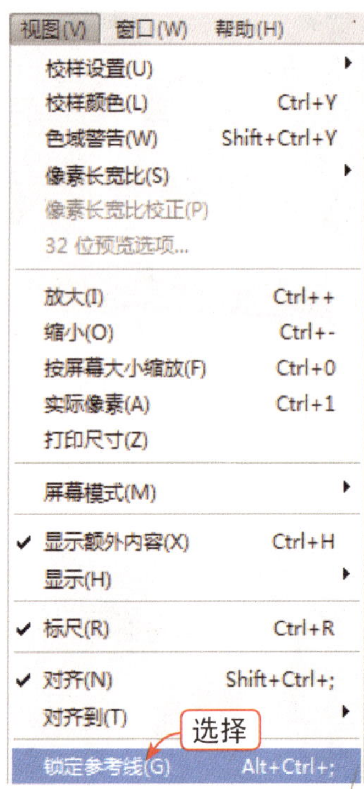

STEP 06 选择“编辑”|“首选项”|“单位与标尺”命令，即可在弹出的对话框中进行相应的设置，如下图所示。

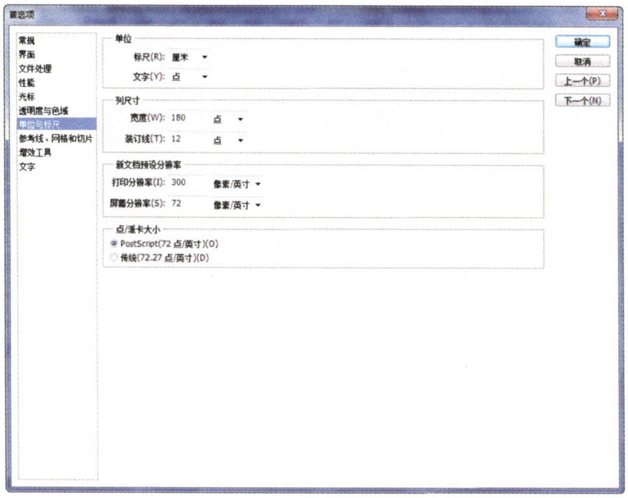

STEP 07 选择“编辑”|“首选项”|“参考线、网格和切片”命令，在弹出的对话框中可以设置参考线、网格的颜色和样式以及切片的线条颜色，如下图所示。

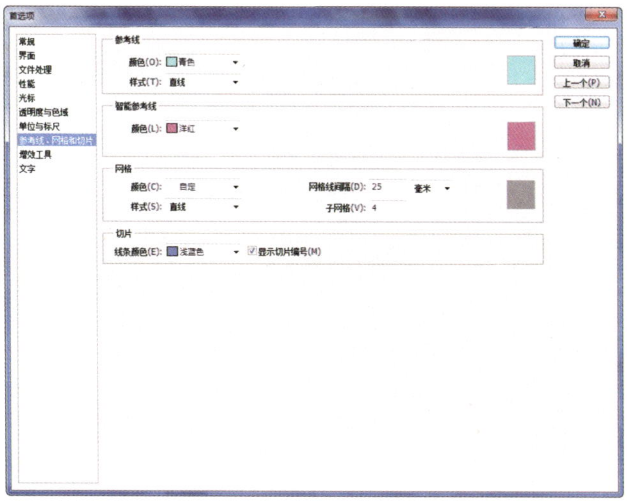

STEP 08 选择“视图”|“显示”|“网格”命令即可在图像窗口中显示网格线，如下图所示。

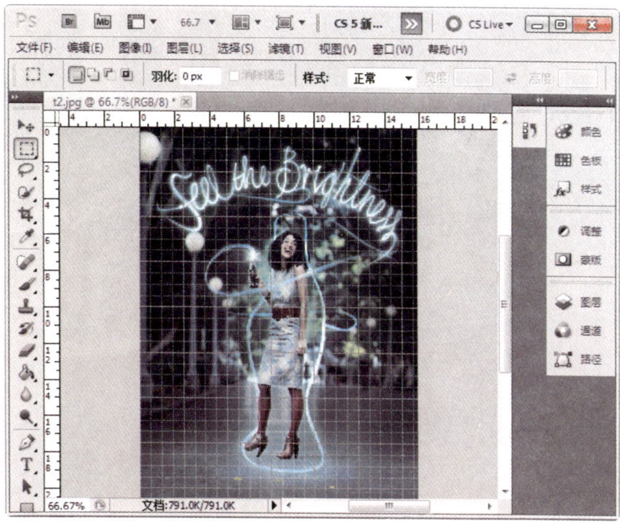

Chapter 02 创建与编辑选区

选区的创建方法 ★

知识要点：

学习使用选框工具组、套索工具组、魔棒工具组等创建选区。

★ 选区的编辑

知识要点：

学习移动选区，选区的显示和隐藏，选区的扩展和收缩，变换选区，描边和填充选区，选区的保存和载入的方法。

选区的应用 ★

知识要点：

学习复制图像，移动图像，清除选区内的图像，变换图像，定义图案的方法。

2.1 选区的创建方法

利用Photoshop编辑图像时，很多操作是针对局部区域进行的，所以在编辑时经常会涉及选区。选区的创建方法有多种，可以利用选框工具组进行创建，也可以通过套索工具组、魔棒工具组以及文字蒙版工具组等创建。

2.1.1 选框工具组

选框工具组主要用来创建规则的图像选区，它主要由矩形选框工具、椭圆选框工具、单行选框工具以及单列选框工具组成，如下图所示。

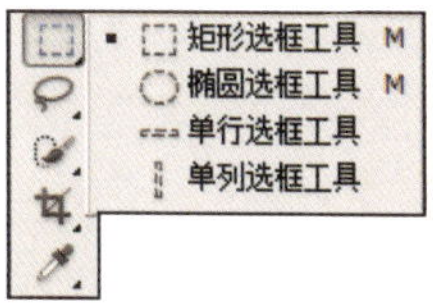

1. 创建规则选区

STEP 01 在工具箱中选择“矩形选框工具”，在图像窗口中按住鼠标并拖动，即可创建矩形选区，如下图所示。

STEP 02 选择“椭圆选框工具”，按住鼠标左键并拖动，即可创建椭圆选区，如下图所示。

STEP 03 “单行选框工具”主要用于创建横向距离为1像素的选区，选择该工具后，在图像窗口中拖动鼠标，即可创建一个单行选区，如下图所示。

STEP 04 “单列选框工具”主要用于创建纵向距离为1像素的选区，选择该工具后，在图像窗口中拖动鼠标，即可创建一个单列选区，如下图所示。

2. 设置选框工具的属性

在工具箱中选择工具后，在窗口上方会出现该工具的工具属性栏，在编辑图像之前应先对其进行设置。

下面以矩形选框工具为例介绍如何进行相关设置，矩形选框工具的属性栏如下图所示。

（1）当前工具按钮

用于显示当前创建选区的工具。

（2）选区编辑按钮

● "新选区" 按钮：单击该按钮可以创建新选区，但创建的上一个选区将被取消，如下图所示。

● "添加到选区" 按钮：单击该按钮，创建的新选区将与上一个选区相加，变为一个新选区，如下图所示。

● "从选区减去" 按钮：单击该按钮，将会在原有选区中减去绘制的选区，如下图所示。

● "与选区交叉" 按钮：单击该按钮，如果原有的选区与绘制的选区相交，那么相交的部分将作为新选区，如下图所示。

（3）"羽化" 文本框

设置羽化值后可以使创建的选区的边缘更加柔和，如下图所示。

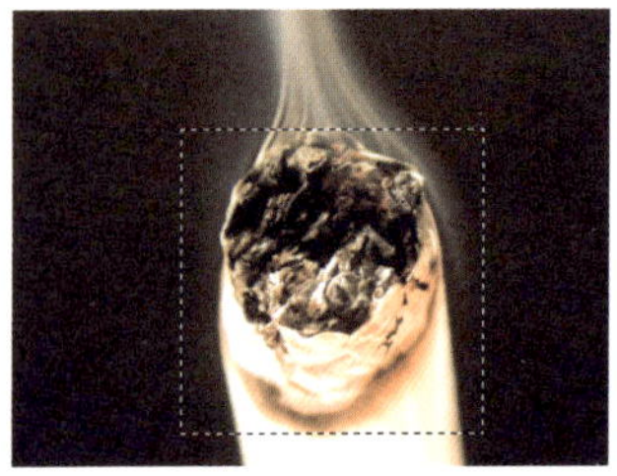

羽化前的效果

羽化值为20的效果

（4）消除锯齿

选中工具属性栏中的 "消除锯齿" 复选框，在创建选区时可使选区边缘变得比较平滑，但是 "消除锯齿" 复选框只有在选择 "椭圆选框工具" 时才可以使用。

选中 "消除锯齿" 复选框前后的效果对比如下图所示。

未消除锯齿

消除锯齿

（5）"样式" 下拉列表框

该下拉列表中有 3 个选项，分别是 "正常"、"固定比例" 以及 "固定大小"，如下图所示。

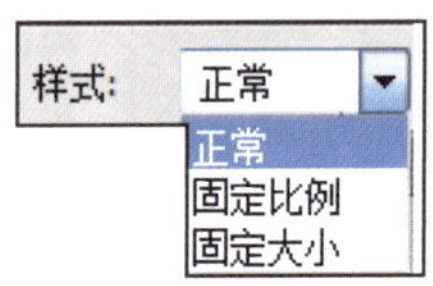

● 正常：选择该选项后，将不能对样式进行任何设置。

● 固定比例：选择该选项后，可以在右侧的宽度和高度文本框中设置长宽比例，如下图所示。

当设置长宽比例为 1：1 时，可以创建正方形选区，如下图所示。

● 固定大小：选择该选项后，可以在右侧的宽度和高度文本框中设置长、宽值，如下图所示。

当设置长、宽值分别为 800px 和 700px 时，在图像窗口中单击即可创建长宽值固定的选区，如下图所示。

（6）“调整边缘”按钮 调整边缘...

单击该按钮，将弹出“调整边缘”对话框，在对话框中可以设置相关参数，如下图所示。

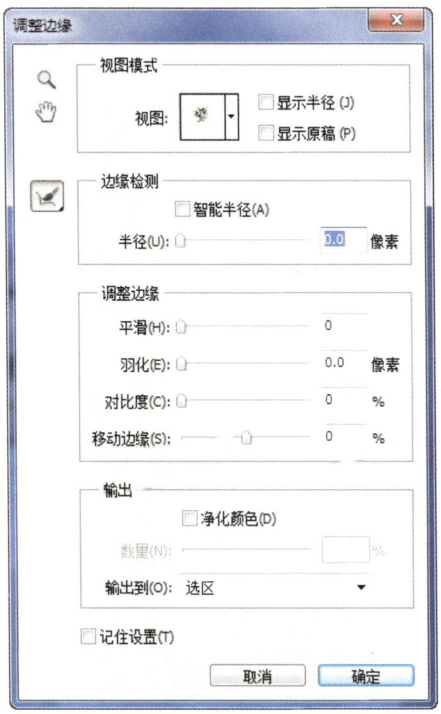

2.1.2 套索工具组

套索工具组主要用来创建不规则的图像选区，它由套索工具、多边形套索工具以及磁性套索工具组成，如下图所示。

1. 使用套索工具

在工具箱中选择“套索工具”，在图像窗口中单击确定创建选区的起始点，按住鼠标左键沿着需要的轨迹拖动，回到起始点后释放鼠标左键，即可完成选区的创建，如下图所示。

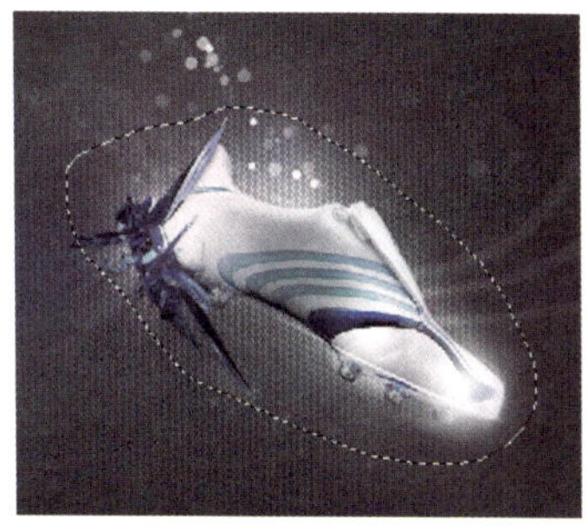

2. 使用多边形套索工具

STEP 01 打开配套光盘中的“素材\第 2 章\春.jpg”文件，如下图所示。

STEP 02 在工具箱中选择“多边形套索工具”，在要创建选区的图像边缘单击定义一个起点，然后沿着图像边缘拖动鼠标，在图像拐角处再次单击，即可完成第 1 条边线的定义，如下图所示。

STEP 03 依次单击以定义其他边线，当鼠标指针移至起始位置时将变为形状，如下图所示。

STEP 04 单击即可将所选范围封闭，从而完成选区的创建，如下图所示。

3. 使用磁性套索工具

选择工具箱中的“磁性套索工具”，将指针移动到图像中并单击，以确定要创建的选区的起始点，然后沿着蝴蝶边缘移动鼠标，此时会有一条带有锚点的细线自动吸附到蝴蝶边缘上，如右上图（左）所示。当指针回到起始点后，单击即可完成选区的创建，如右上图（右）所示。

在磁性套索工具的属性栏中除了有套索工具和多边形套索工具的属性外，还多出了其他几个参数，如下图所示。

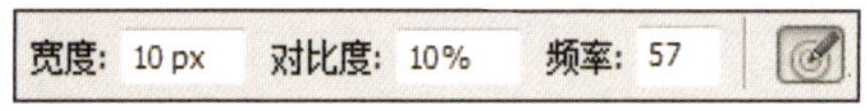

- **宽度**：用来设置与边的距离以区分路径，取值范围为 1px~40px。
- **对比度**：用来设置边缘对比度以区分路径，取值范围为 1%~100%，值越大，边界定位也就越精确。
- **频率**：用来设置锚点添加到路径中的密度，即用于设定定义边界时的锚点数，取值范围为 0~100，值越大，产生的锚点也就越多。
- **按钮**：用来设置绘图板的笔刷压力，单击此按钮，套索的宽度会变细。

2.1.3 魔棒工具组

魔棒工具组主要用来创建不规则的选区，其中包括快速选择工具和魔棒工具。

1. 快速选择工具

（1）创建选区

利用“快速选择工具”创建选区的具体操作步骤如下：

STEP 01 打开配套光盘中的“素材\第 2 章\水果 .jpg”文件，如下图所示。

STEP 02 在工具箱中选择“快速选择工具”，在属性栏中设置合适的画笔大小，然后在需要创建选区的地方按住鼠标左键并拖动，即可粗略地创建选区，如下图所示。

STEP 03 在属性栏中单击“从选区减去”按钮，适当调整画笔大小，在多余的选区上单击，拖动鼠标可减去多余选区，重复上述操作即可完成选区的创建，如下图所示。

（2）快速选择工具属性栏

快速选择工具属性栏如下图所示。

快速选择工具属性栏

① 当前工具按钮

用于显示当前创建选区的工具。

② 选区编辑按钮

- “新选区”按钮：单击该按钮，在图像中拖动鼠标即可创建新选区。
- “添加到选区”按钮：单击该按钮，在图像中拖动鼠标即可在已有选区的基础上增加选区。
- “从选区减去”按钮：单击该按钮，在图像中拖动鼠标即可在已有选区的基础上减小选区的范围。

③ 画笔拾取器

单击“画笔”右侧的下三角按钮，可以打开画笔拾取器，在其中可以对画笔的参数进行设置，如下图所示。

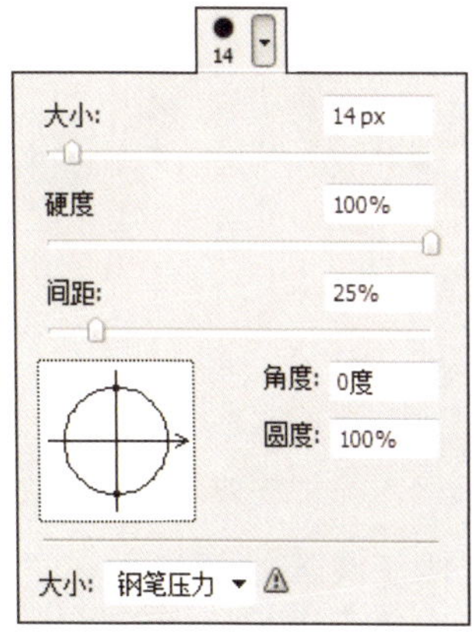

④“对所有图层取样”复选框

该复选框的作用是从复合图层中进行颜色取样，选中该复选框时，表示可以在所有可见图层中选取颜色相近的区域；取消选中该复选框时，则只可以在当前图层中选取颜色相近的区域。

⑤“自动增强”复选框

选中该复选框可以减小选区边缘粗糙度，使选区边缘更平滑。

2. 魔棒工具

（1）创建选区

STEP 01 打开配套光盘中的“素材\第 2 章\婚纱 1.jpg”文件，如下图所示。

STEP 02 在工具箱中选择“魔棒工具”，设置容差为 25，在图像文件中的婚纱处单击，单击处以及周围颜色在容差范围内的区域将被选中，如下图所示。

STEP 03 在魔棒工具属性栏中单击“添加到选区”按钮，在婚纱中单击未被选中的区域，直到完成选区的创建，如下图所示。

（2）魔棒工具属性栏

魔棒工具属性栏如下图所示。

魔棒工具属性栏区别于快速选择工具属性栏的重要的两个参数是容差和连续。

● **“容差”文本框** 容差: 20 ：用于设置颜色的选取范围，容差值的大小决定了选取范围的大小，容差值越大，则选取范围也就越大，其值介于 0~255 之间。

● **“连续”复选框** 连续 ：该复选框决定了是否将不相连但颜色相近的像素一起选中，选中该复选框，则可选择位置相连而且颜色相近的区域。取消选中该复选框，则表示选择所有颜色相近但位置不一定相连的区域。

2.1.4 文字蒙版工具组

文字蒙版工具组主要用来创建文字形状的选区，其中包括横排文字蒙版工具和直排文字蒙版工具。

（1）创建选区

在工具箱中选择“横排文字蒙版工具”，如下图所示。

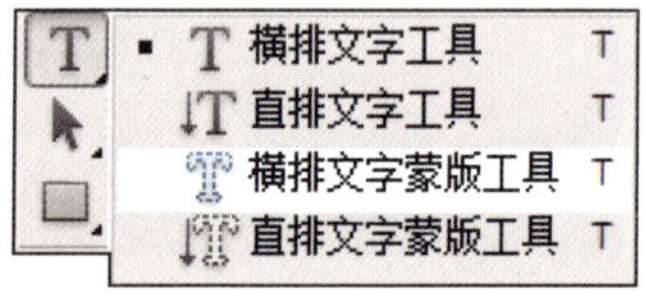

在横排文字蒙版工具属性栏中设置字体大小为 60 点，在图像文件上单击，出现一个闪动的光标，然后输入相应的文字，如下图（左）所示。单击“图层”面板上的“背景”图层，完成选区的创建，如下图（右）所示。

（2）文字蒙版工具属性栏

下面以横排文字蒙版工具属性栏为例介绍该工具的相关属性，如下图所示。

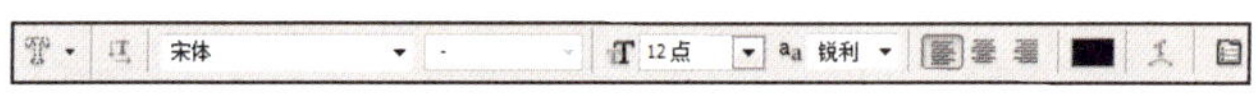

在横排文字蒙版工具属性栏中比较重要的两个参数是消除锯齿和创建文字变形。

● **消除锯齿** 锐利 ：消除锯齿的方法分为无、锐利、犀利、浑厚以及平滑，如下图所示。

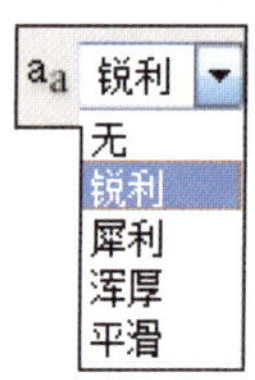

● 创建文字变形：单击该按钮，将弹出“变形文字”对话框，如下图所示。

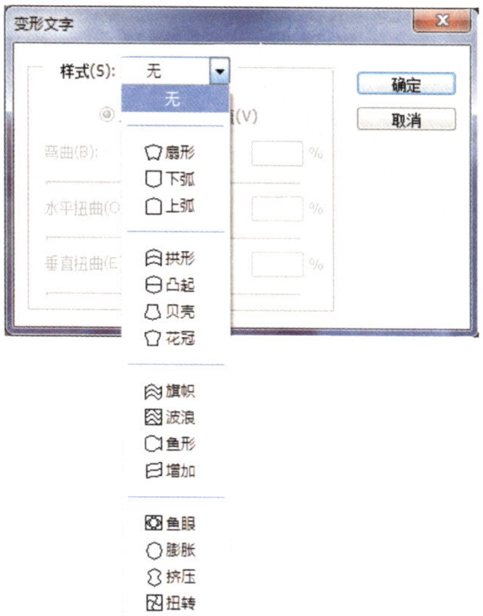

不对文字进行任何变形处理的效果如下图（上）所示。在对话框中选择“扇形”样式后的效果如下图（下）所示。

2.1.5 使用菜单命令创建选区

使用菜单命令创建选区的方法有两种，一种是使用“色彩范围”命令创建选区，另一种是使用“选择”菜单创建选区。

1. 使用“色彩范围”命令创建选区

（1）“色彩范围”对话框

在 Photoshop CS5 中选择“选择” | “色彩范围”命令，弹出“色彩范围”对话框，如下图所示。

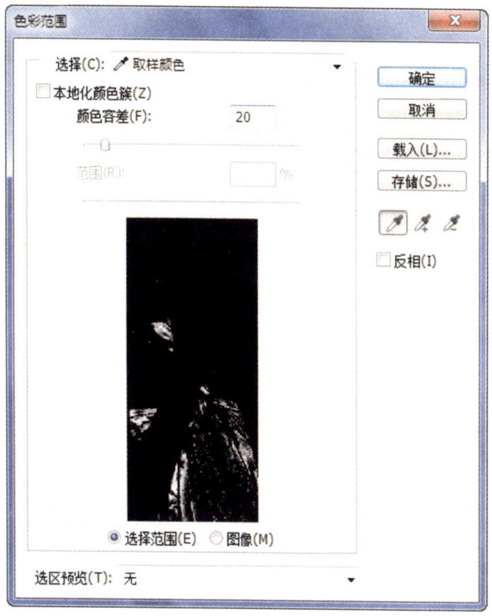

（2）创建选区

使用“色彩范围”命令创建选区的具体操作步骤如下：

STEP 01 打开配套光盘中的“素材\第 2 章\t3.jpg”文件，如下图所示。

STEP 02 选择“选择” | “色彩范围”命令，弹出“色彩范围”对话框，在对话框中设置颜色容差，此时鼠标指针变为形状，将鼠标指针移至图像窗口中，单击衣服以吸取颜色，如下图所示。

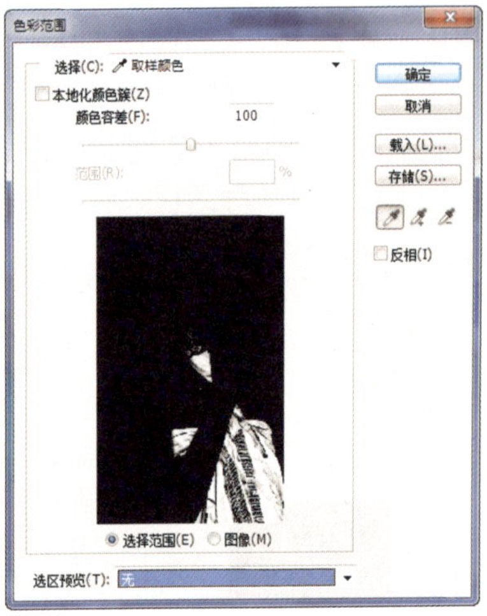

STEP 03 在对话框中单击按钮，并设置“选区预览”为“白色杂边”，在图像中反复单击衣服的其他位置以增加取样颜色，之后单击“确定”按钮，如下图所示。

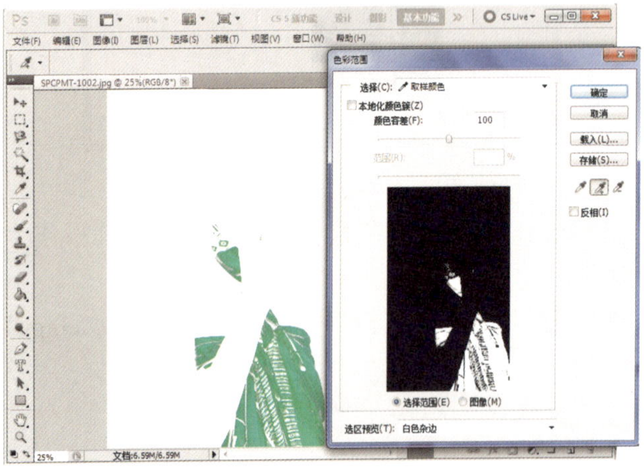

STEP 04 返回图像窗口，此时即可完成选区的创建，如下图所示。

2. 使用“选择”菜单创建选区

选择“选择”|“全部”命令，此时即可选中整个图像，如下图所示。

选择“选择”|“反向”命令，此时即可将选择区域和非选择区域互换，如下图所示。

选择“选择”|“扩大选取”命令，即可扩大与原选区颜色相近并且相邻的区域，如下图所示。

选择“选择”|“选取相似”命令，即可扩大与原选区颜色相近但不相邻的区域，如下图所示。

2.1.6 使用快速蒙版模式创建选区

快速蒙版模式是另一种快捷有效的创建选区的方法，要利用快速蒙版模式创建选区，首先要了解“快速蒙版选项”对话框，如下图所示。

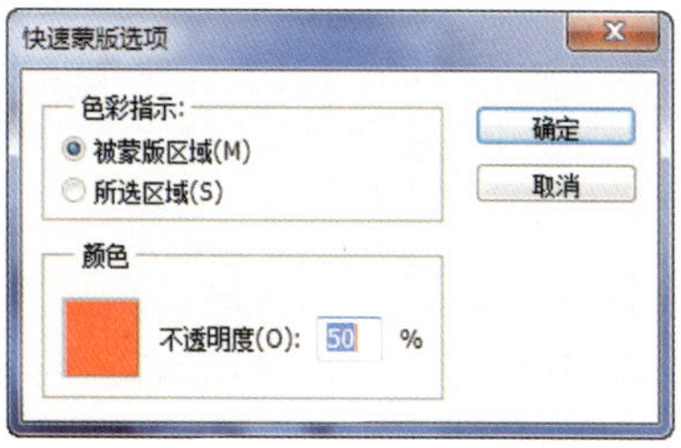

在对话框中选中“被蒙版区域”单选按钮时，表示将在非选择区域显示蒙版颜色。选中“所选区域”单选按钮时，表示将在选择区域显示蒙版颜色。

使用快速蒙版模式创建选区的具体操作步骤如下：

STEP 01 打开配套光盘中的“素材\第 2 章\思考 .jpg”文件，如下图所示。

STEP 02 在工具箱中双击“以快速蒙版模式编辑”按钮，弹出“快速蒙版选项”对话框，选中“所选区域”单选按钮，单击“确定”按钮，如下图所示。

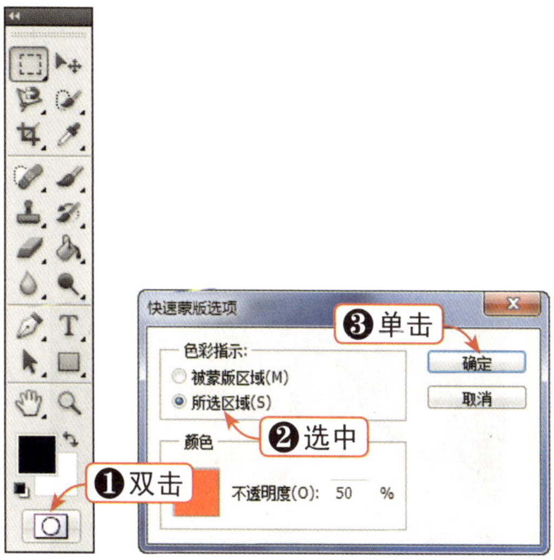

STEP 03 在工具箱中选择“画笔工具”，并在画笔工具属性栏中设置画笔大小，然后在人物图像上进行涂抹，涂抹的多余部分可以使用工具箱中的“橡皮擦工具”擦除，如下图所示。

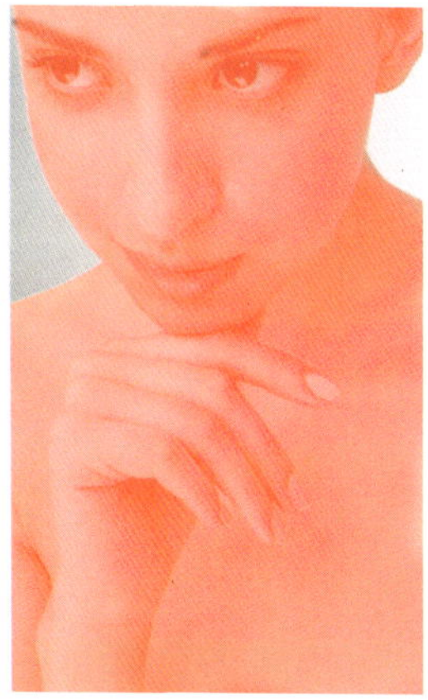

STEP 04 单击工具箱中的“以标准模式编辑”按钮，即可完成选区的创建，如下图所示。

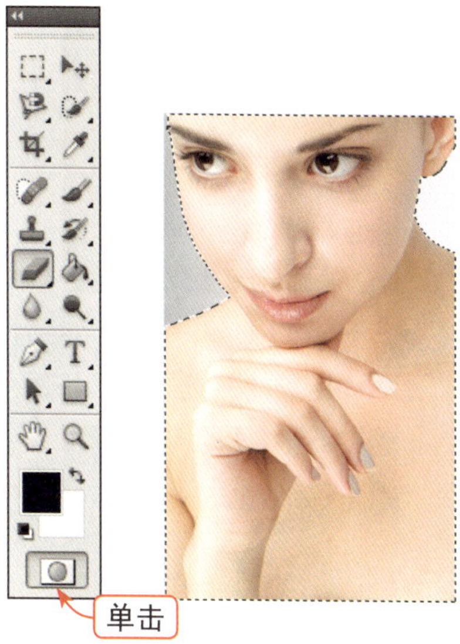

2.2 选区的编辑

创建选区之后，为了使编辑图像时更精确，还需要对选区进行编辑。选区的编辑主要包括选区的移动、选区的显示和隐藏、选区的扩展和收缩、选区的变换、选区的描边以及选区的载入和保存。

2.2.1 移动选区

移动选区的具体操作步骤如下：

STEP 01 在工具箱中选择“椭圆选框工具”，然后在图像窗口中按住鼠标左键并拖动，即可创建椭圆形选区，如下图所示。

STEP 02 将鼠标指针移至选区内部，按住鼠标左键并拖动，即可移动所创建的选区，如下图所示。

2.2.2 选区的显示和隐藏

为了更好地对图像进行编辑，有时需要动态地对选区进行显示或者隐藏。

STEP 01 在工具箱中选择“矩形选框工具”，然后在图像窗口中按住鼠标左键并拖动，即可创建矩形选区，如下图所示。

STEP 02 选择“视图”|“显示”|“选区边缘”命令，如下图所示。

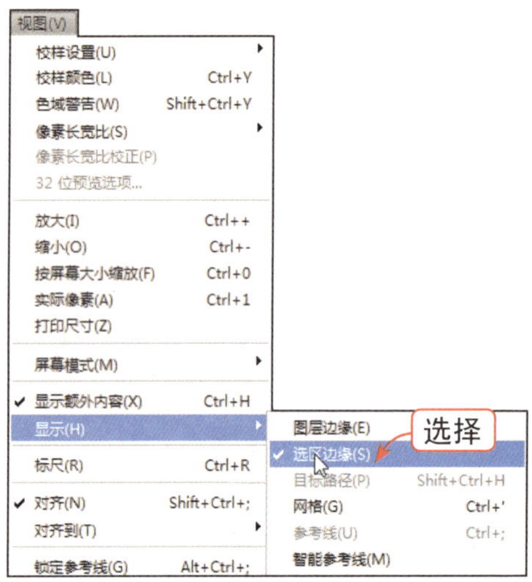

STEP 03 取消选中“选区边缘”命令后即可隐藏选区，如下图所示。

2.2.3 选区的扩展和收缩

为了更好地对图像进行编辑，有时需要动态地对选区进行扩展或者收缩。

1. 扩展选区

STEP 01 打开配套光盘中的“素材\第 2 章\深情密码 .psd”文件，如下图所示。

STEP 02 按住【Ctrl】键的同时单击“图层”面板中的“深情密码”图层缩略图创建文字选区，如下图所示。

STEP 03 选择“选择”|“修改”|“扩展”命令，如下图所示。

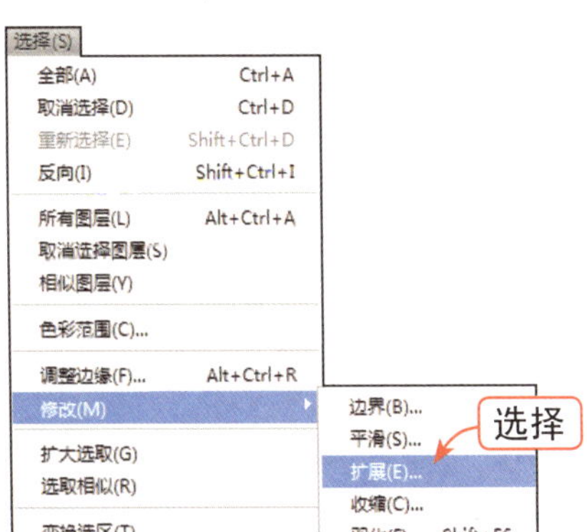

STEP 04 弹出“扩展选区”对话框，设置“扩展量”为 8 像素，单击“确定”按钮，如下图所示。

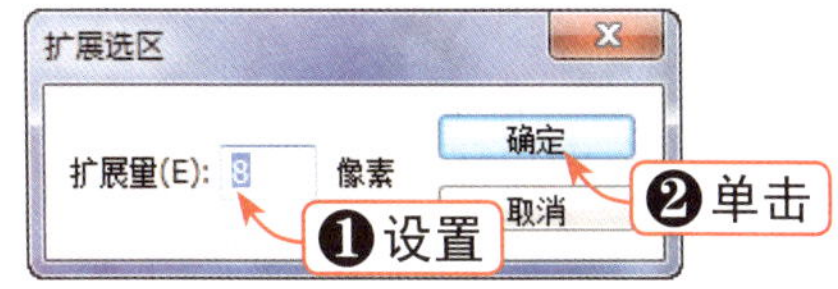

STEP 05 扩展选区后的效果如下图所示。

STEP 06 在“图层”面板中单击“色相/饱和度 1”图层，将其设置为当前图层，单击面板底部的“创建新图层”按钮，即可新建一个图层，然后将其重命名为“扩展选区”，如下图所示。

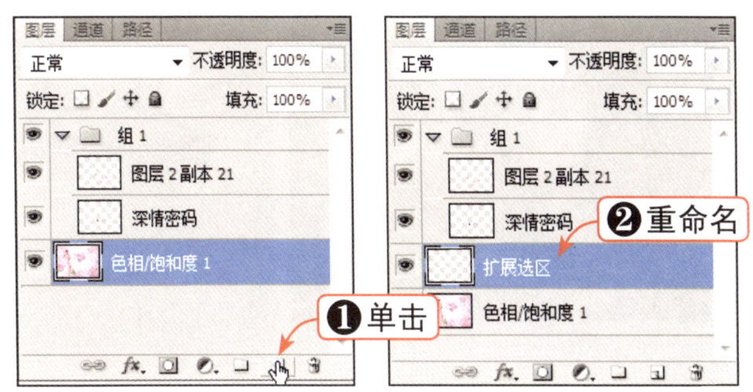

STEP 07 在“拾色器（前景色）”对话框中设置前景色为（R:246，G:243，B:13），如下图所示。

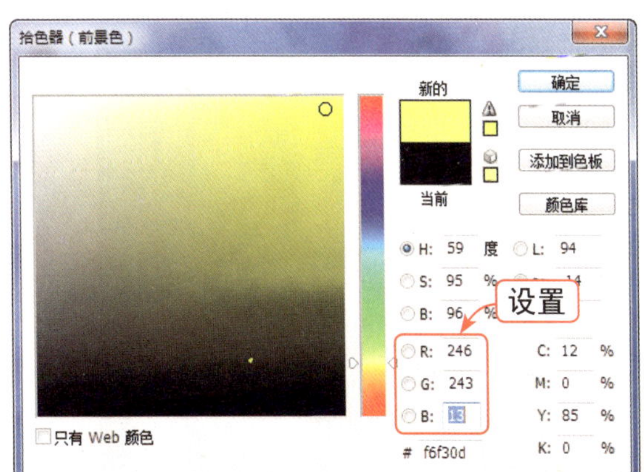

STEP 08 按【Alt+Delete】组合键填充选区，按【Ctrl+D】组合键取消选区，填充效果如下图所示。

2. 收缩选区

STEP 01 打开配套光盘中的“素材\第 2 章\幸福女人 .psd”文件，如下图所示。

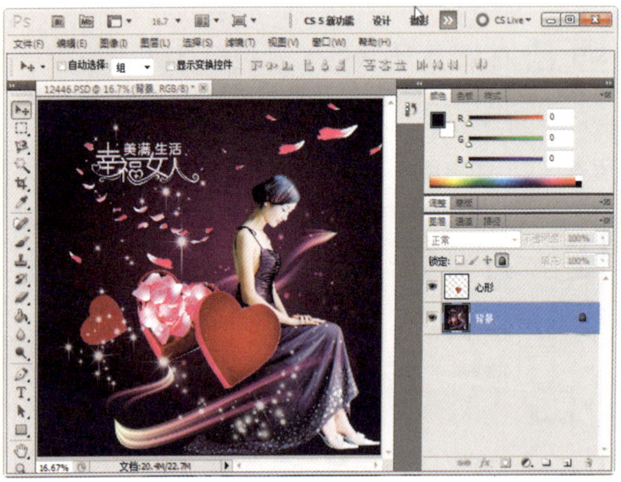

STEP 02 在“图层”面板中选中“心形”图层，按住【Ctrl】键的同时单击“图层”面板中的“心形”图层缩略图创建选区，如下图所示。

STEP 03 选择“选择”|“修改”|“收缩”命令，弹出“收缩选区”对话框，设置“收缩量”为 70 像素，单击“确定”按钮，如下图所示。

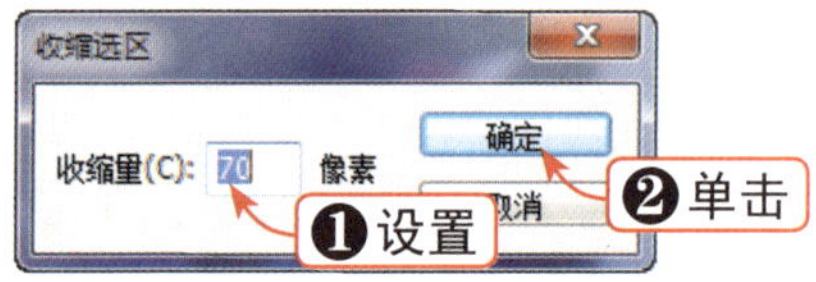

STEP 04 收缩选区后的效果如下图所示。

STEP 05 按【Delete】键删除选区内部的填充，按【Ctrl+D】组合键取消选区，即可得到如下图所示的效果。

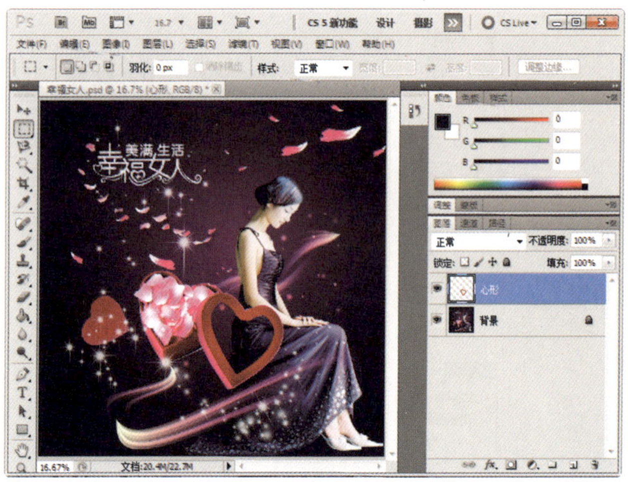

2.2.4 变换选区

在 Photoshop 中，变换选区操作主要包括对选区进行移动、缩放、翻转以及自由变换等。变换选区的具体操作步骤如下：

STEP 01 打开配套光盘中的“素材\第 2 章\韩国卡通婚礼图片 4.jpg”文件，如下图所示。

STEP 02 使用“矩形选框工具”在图像中创建一个矩形选区，如下图所示。

STEP 03 选择“选择”|“变换选区”命令，选区周围会出现一个带有控制手柄的变换框，如下图所示。

STEP 04 在属性栏中的“设置参考点的水平位置”和“设置参考点的垂直位置”文本框 X: 1588.50 px Δ Y: 1075.00 px 中输入像素值，即可调整选区位置，如下图所示。

STEP 05 在“设置水平缩放”和“设置垂直缩放比例”文本框 W: 60.00% H: 60.00% 中设置缩放比例，即可调整选区的大小，如下图所示。

STEP 06 在“旋转”文本框 30.00 度 中输入 30.00，即可将选区旋转 30°，如下图所示。

STEP 07 在“设置水平斜切”和“设置垂直斜切”文本框 H: 10.00 度 V: 10.00 度 中设置水平和垂直斜切角度为 10°，效果如下图所示。

STEP 08 在变换框中右击，在弹出的快捷菜单中选择“变形”命令，如下图所示。

STEP 09 拖动变换框中的控制手柄，即可调整选区的形状，如下图所示。

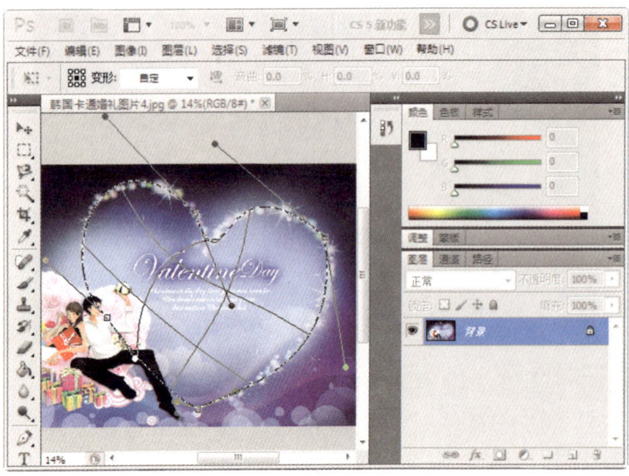

STEP 10 按【Enter】键确定操作，效果如下图所示。

2.2.5 描边和填充选区

创建选区后，描边和填充选区也是常常会进行的操作，下面将进行详细介绍。

1. 描边选区

创建选区后即可对选区进行描边操作，用户可以在“描边”对话框中对参数进行设置，如下图所示。

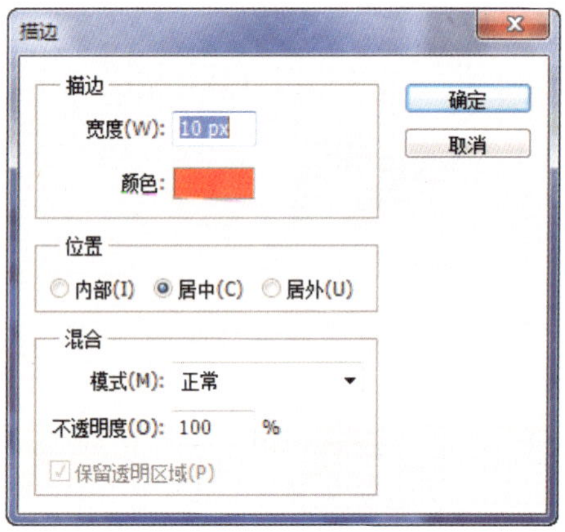

- **宽度**：用于设置描边的宽度。
- **颜色**：用于设置描边的颜色。
- **位置**：用于设置描边的位置。其中“内部”表示在选区的边框以内描边，“居中”表示以选区的边框为中心进行描边，“居外”表示在选区的边框以外描边。
- **模式**：用于设置描边颜色的混合模式。
- **不透明度**：用于设置描边颜色的不透明度。

STEP 01 打开配套光盘中的“素材\第 2 章\追风奇贴 .psd”文件，如下图所示。

STEP 02 在“图层”面板中选中“文字”图层，按住【Ctrl】键的同时单击“文字”图层缩略图创建选区，如下图所示。

STEP 03 选择“编辑”|“描边”命令，在弹出的“描边”对话框中进行参数设置，如下图所示。

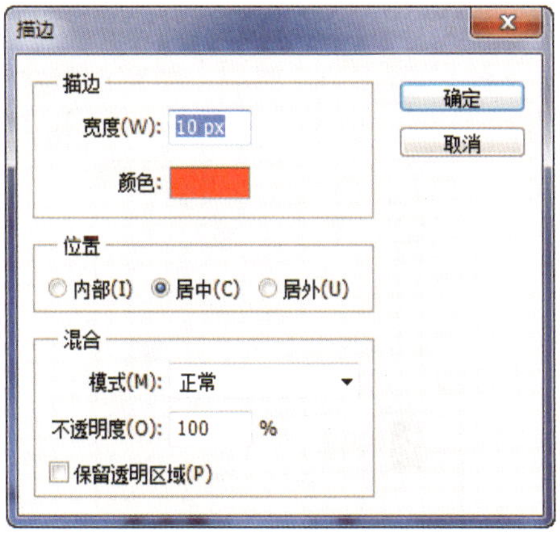

STEP 04 单击“确定”按钮关闭对话框，然后按【Ctrl+D】组合键取消选区，效果如下图所示。

2. 填充选区

创建选区后，还可以为选区填充各种颜色和图案。填充选区的具体操作步骤如下：

（1）通过快捷方式填充选区

STEP 01 在工具箱中选择“魔棒工具”，在其属性栏中单击“添加到选区”按钮，然后将鼠标指针移至图像上，并在人物的衣服上反复单击，直至选中所有需要选择的区域，从而完成选区的创建，如下图所示。

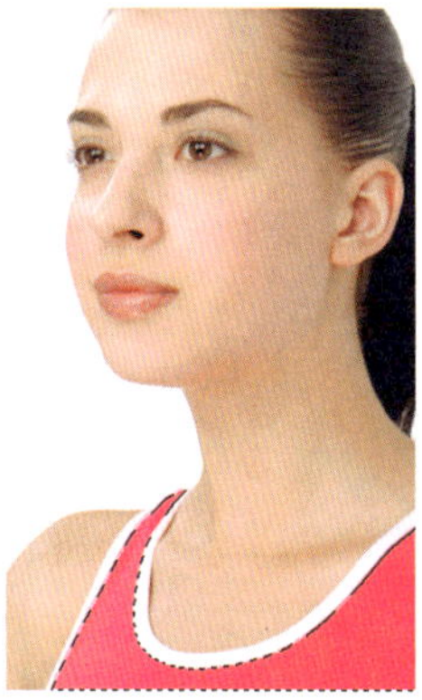

STEP 02 设置前景色为（R:145，G:47，B:220），按【Alt+Delete】组合键为选区填充前景色，效果如下图所示。

（2）通过油漆桶工具填充选区

利用油漆桶工具可以为选区填充颜色或图案，并且可以在油漆桶工具属性栏中设置颜色或者图案的混合模式和不透明度，如下图所示。

STEP 01 在工具箱中选择“魔棒工具”，在其属性栏中单击“添加到选区”按钮，然后将鼠标指针移至图像上，并在人物的衣服上反复单击，直至选中所有需要选择的区域，从而完成选区的创建，如下图所示。

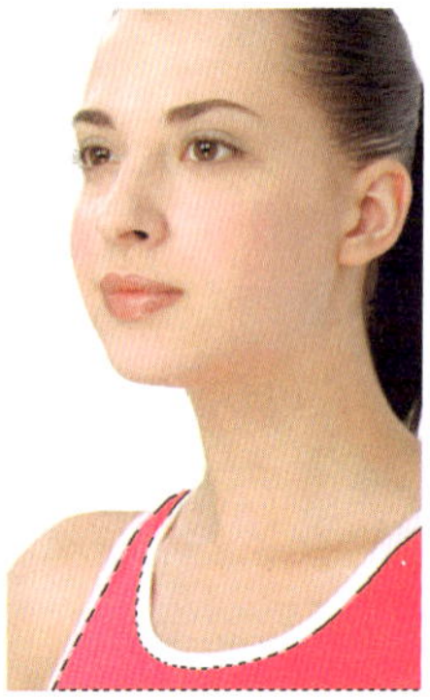

STEP 02 在工具箱中选择“油漆桶工具”，在其属性栏中的“设置填充区域的源”下拉列表中选择“图案”，并在“图案”拾取器中选择“扎染”，在“模式”下拉列表中选择“变亮”。将鼠标指针移至选区内，单击即可填充选区，按【Ctrl+D】组合键取消选区，效果如下图所示。

2.2.6 选区的保存和载入

在 Photoshop 中，用户在编辑图像的过程中可能会反复用到同一个选区，此时可以将选区保存，需要使用时直接载入选区即可。

1. 保存选区

STEP 01 打开配套光盘中的“素材 \ 第 2 章 \ 足浴广告 .jpg”文件，在工具箱中选择“魔棒工具”，并在其属性栏中设置“容差”为 3，在图像中单击即可创建如下图所示的选区。

STEP 02 选择“选择”|“存储选区”命令，弹出“存储选区”对话框，在该对话框中设置选区所要保存的文件名称和创建通道或蒙版的方式及操作等，单击“确定”按钮，如下图所示。

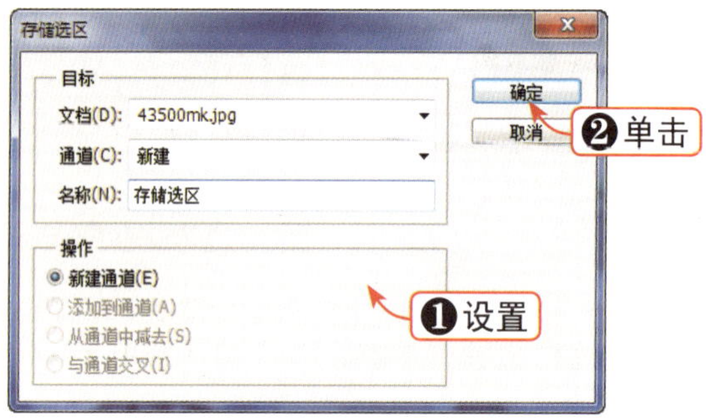

STEP 03 选择“窗口”|“通道”命令，打开“通道”面板，从中可以看到前面保存的通道，如下图所示。

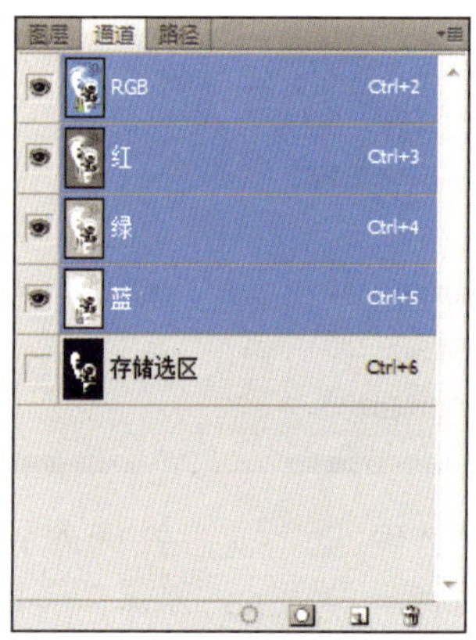

2. 载入选区

STEP 01 选择“选择”|“载入选区”命令，弹出“载入选区”对话框，在“通道”下拉列表中选择通道名称，单击“确定”按钮，如下图所示。

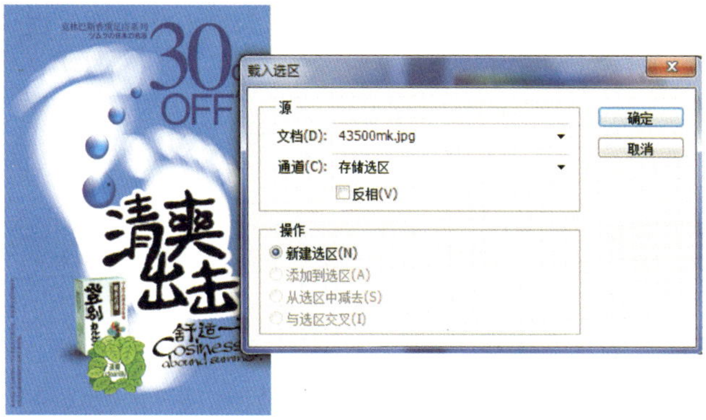

STEP 02 此时即可成功地在图像中载入选区，如下图所示。

2.3 选区的应用

在Photoshop中，掌握选区的创建以及编辑方法最终都是为了使用选区对图像进行编辑，下面来学习如何应用选区进行相关操作。

2.3.1 复制图像

复制图像是 Photoshop 中经常用到的操作，具体操作步骤如下：

STEP 01 打开配套光盘中的“素材\第 2 章\沙漏.jpg”文件，在工具箱中选择“魔棒工具”，在其属性栏中单击“添加到选区”按钮，单击图像中的所有空白区域创建选区，然后按【Ctrl+Shift+I】组合键反向选择选区，如下图所示。

STEP 02 选择“编辑”|“拷贝”命令或按【Ctrl+C】组合键，如下图所示，将选区内的图像复制到剪贴板中。

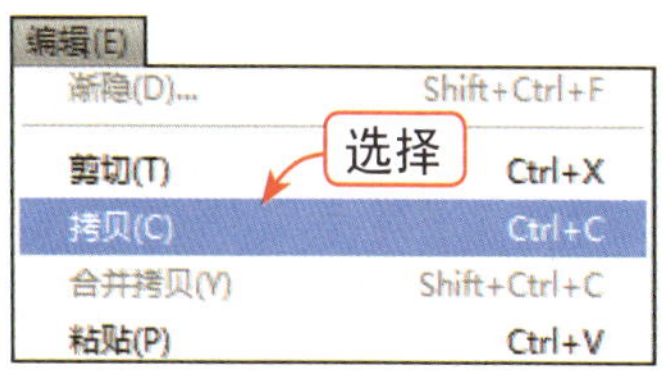

STEP 03 打开配套光盘中的“素材\第 2 章\戒指.jpg”文件，如下图所示。

STEP 04 选择“编辑”|“粘贴”命令，将剪贴板中的图像粘贴到当前图像文件中，按【Ctrl+T】组合键进入自由变换状态，然后调整图像的大小、位置及角度，效果如下图所示。

STEP 05 按【Enter】键确认变换操作，效果如下图所示。

2.3.2 移动图像

利用选区移动图像的具体操作步骤如下：

STEP 01 打开配套光盘中的“素材\第 2 章\金鱼.jpg”文件，选择工具箱中的“椭圆选框工具”，框选金鱼图像，如下图所示。

STEP 02 按住【Ctrl】键的同时拖动选区，即可移动选区内的图像，如下图所示。

2.3.3 清除选区内的图像

清除选区内的图像的具体操作步骤如下：

STEP 01 打开配套光盘中的“素材\第 2 章\品牌.jpg”文件，使用“椭圆选框工具”创建如下图所示的选区。

STEP 02 选择“选择”|“反向”命令或按【Ctrl+Shift+I】组合键将选区反选，如下图所示。

STEP 03 选择“选择”|“修改”|“羽化”命令，弹出“羽化选区”对话框，设置“羽化半径”为 35 像素，然后单击“确定”按钮，如下图所示。

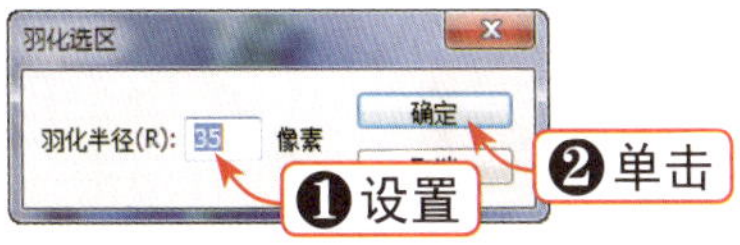

STEP 04 将背景色设置为（R:55，G:121，B:183），然后按【Delete】键，弹出“填充”对话框，在“使用”下拉列表中选择“背景色”，单击“确定”按钮，如下图所示。

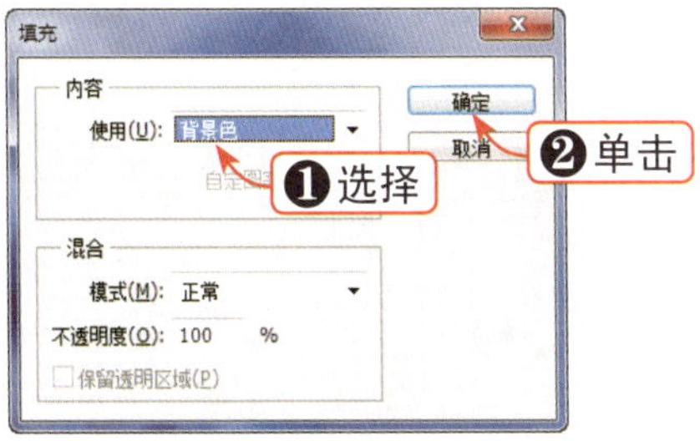

STEP 05 此时即可清除选区内的图像并以背景色进行填充，如下图所示。

STEP 06 当在“填充”对话框中的“使用”下拉列表中选择“内容识别”，并设置“模式”为“亮光”时，效果如下图所示。

2.3.4 变换图像

在工具箱中选择“多边形套索工具”，然后在图像中创建如下图所示的选区。

选择“编辑”|“变换”命令，在弹出的子菜单中可以对图像进行缩放、旋转、斜切、扭曲以及透视等操作，如下图所示。

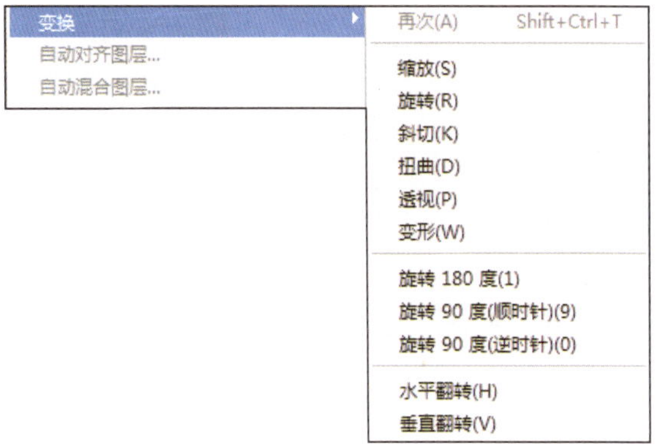

（1）缩放

选择“编辑”|“变换”|“缩放”命令，选区周围会出现变换框，将鼠标指针移至变换框中间的控制手柄上，当鼠标指针呈现双箭头形状时，拖动鼠标即可对图像进行水平或垂直方向上的调整，如下图所示。

将鼠标指针移至变换框 4 个角上的控制手柄上，按住鼠标左键并拖动即可对图像进行任意缩放，如下图（上）所示。按【Shift+Alt】组合键可以图像调节中心为基准进行等比例缩放图像，如下图（下）所示。

（2）旋转

选择“编辑”|“变换”|“旋转”命令，并在属性栏中的 ⊿ 45 度 文本框中输入 45，按【Enter】键即可使图像旋转 45°，如下图(上)所示。按住【Shift】键，将鼠标指针移至变换框外部，当鼠标指针呈现↷形状时旋转图像，此时图像即可按 15° 的倍数进行旋转，如下图（下）所示。

（3）斜切

选择“编辑”|“变换”|“斜切”命令，拖动变换框上的控制手柄，即可对图像进行斜切变换，如下图（上）所示。按住【Ctrl+Alt】组合键的同时拖动变换框上的控制手柄，即可对图像进行对称斜切变换，如下图（下）所示。

（4）扭曲

选择“编辑”|“变换”|“扭曲”命令，拖动变换框上的控制手柄，即可对图像进行扭曲变换，如下图所示。

（5）透视

选择“编辑”|“变换”|“透视”命令，拖动变换框上的控制手柄，即可对图像进行透视变换，如下图所示。

（6）变形

选择“编辑”|“变换”|“变形”命令，拖动变换框上的控制手柄，即可对图像进行变形，在属性栏中的“变形”下拉列表中还可进行其他变换，如下图所示。

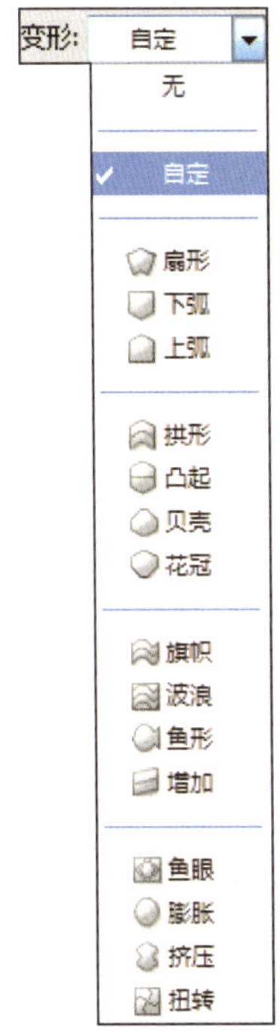

选择不同的形状将产生不同的变换效果，如下图所示。

扇形

贝壳

波浪

鱼眼

2.3.5 定义图案

在对选区进行编辑时，经常需要使用图像中已有的元素进行填充操作，这就用到了图案的定义。定义图案的具体操作步骤如下：

STEP 01 打开配套光盘中的“素材\第 2 章\天空 .jpg”文件，使用“矩形选框工具”创建一个矩形选区，如下图所示。

STEP 02 选择“编辑”|“定义图案”命令，弹出“图案名称”对话框，在其中输入图案名称，然后单击“确定”按钮，如下图所示，此时即可将选区内的图像定义为图案，最后按【Ctrl+D】组合键取消选区。

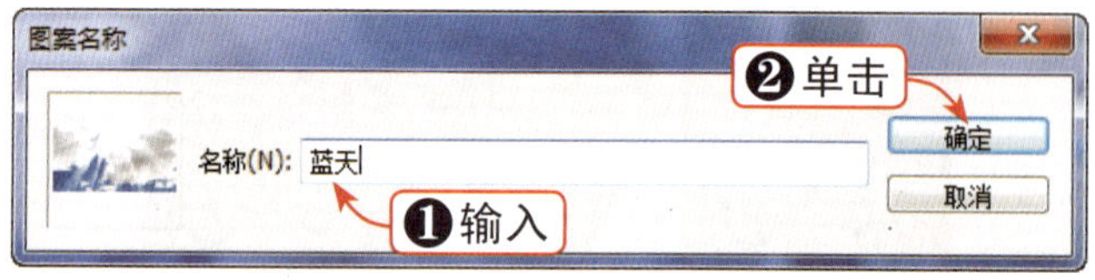

STEP 03 使用“矩形选框工具”在图像中需要进行填充的区域创建矩形选区，如下图所示。

STEP 04 选择“编辑”|“填充”命令，弹出“填充”对话框，在“使用”下拉列表中选择“图案”，在“自定图案”选项中选择刚才定义的图案，然后单击“确定”按钮，如下图所示。

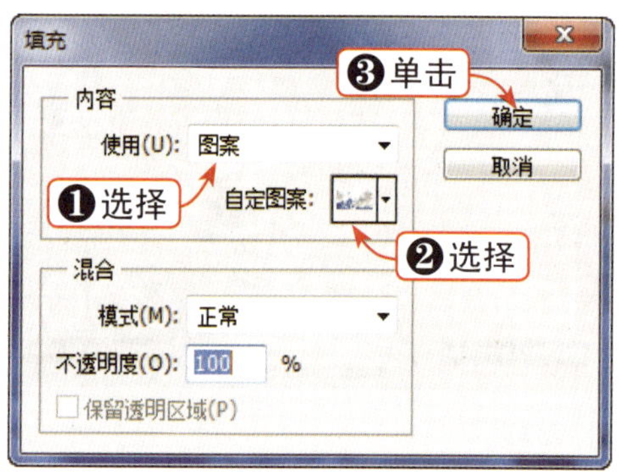

STEP 05 此时即可将选区填充为定义的图案，然后将填充的图像旋转 180°，如下图所示。

STEP 06 按【Enter】键确认操作，然后按【Ctrl+D】组合键取消选区，从而完成填充操作，如下图所示。

● 读书笔记

Chapter 03 图像的绘制

绘图工具组 ★

知识要点：

学习画笔工具、铅笔工具、颜色替换工具、混合器画笔工具、历史记录工具的使用方法，并能利用这些工具绘制图像。

★ 填充与擦除工具组

知识要点：

学习设置前景色和背景色，以及渐变工具、油漆桶工具和橡皮擦工具的使用方法。

3.1 绘图工具组

绘图工具组中包括画笔工具、铅笔工具和颜色替换工具等。下面将详细介绍Photoshop CS5的工具箱中的绘图工具的使用方法。

3.1.1 画笔工具和铅笔工具

在 Photoshop CS5 中，绘图工具组中的“画笔工具”和铅笔工具主要用来绘制线条和对图像进行修饰。

1. 画笔工具

在使用“画笔工具”之前，一般需要在其属性栏中对画笔进行相关设置，画笔工具的属性栏如下图所示。

（1）工具预设

该选项主要用于对画笔进行相关设置，例如，选择已有的工具预设等，如下图所示。

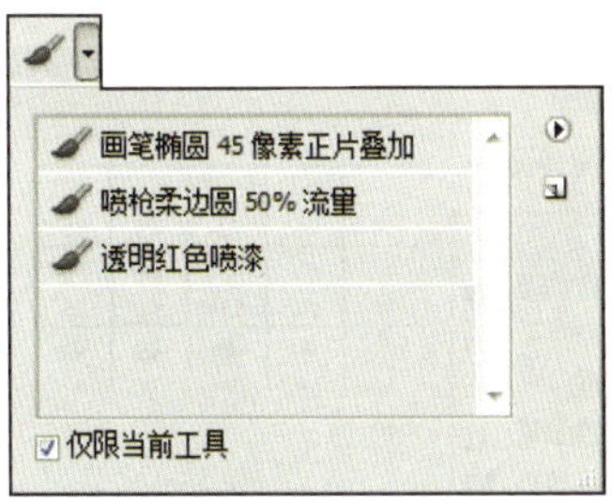

（2）画笔预设

该选项主要用于设置笔刷的大小、硬度以及样式，如下图所示。

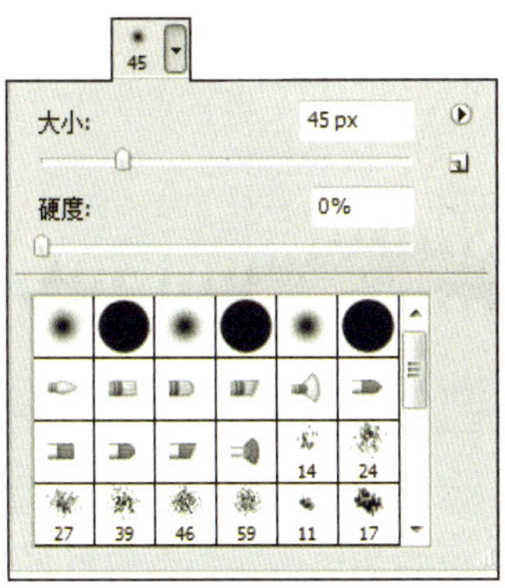

除了笔刷列表框中默认的笔刷样式外，系统还预设了其他笔刷样式，单击下拉面板右上角的按钮，在弹出的下拉菜单中即可选择相应的笔刷样式，如下图所示。

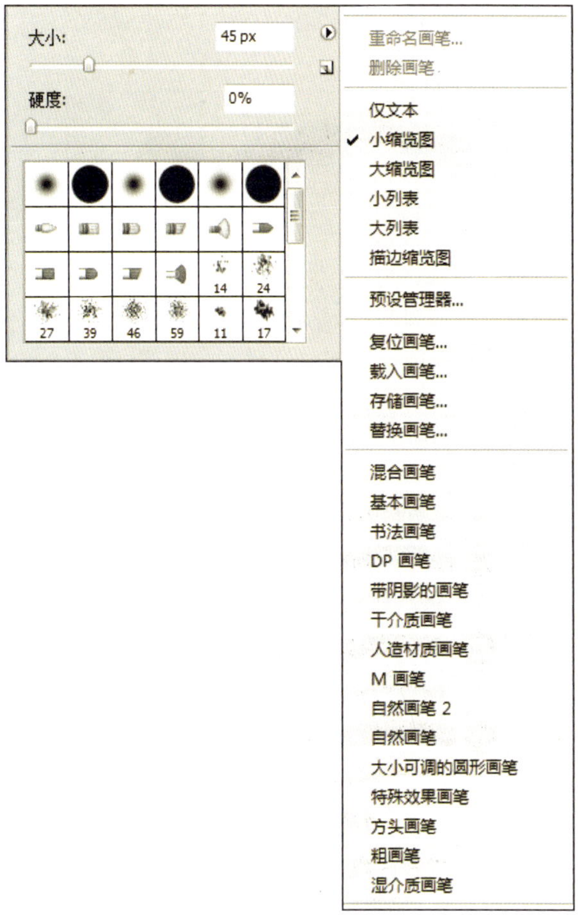

（3）“切换画笔面板”按钮

单击该按钮可以打开“画笔”面板，在面板中可以设置笔刷的旋转角度、圆度、硬度以及间距，还可以设置笔刷的形状动态、散布、纹理以及双重画笔等，如下图所示。

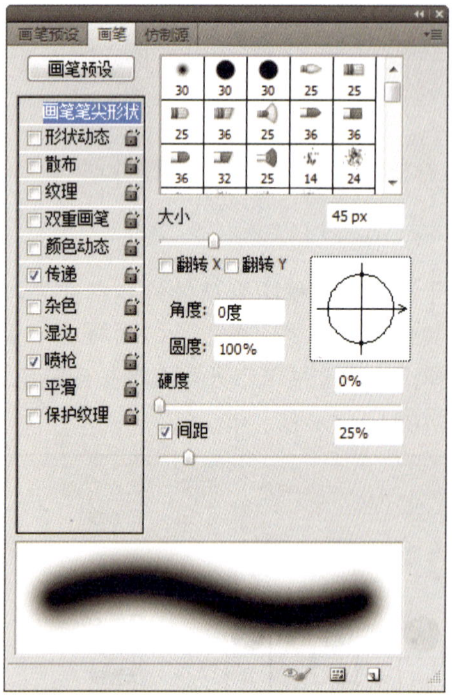

① 设置画笔预设

单击“画笔”面板中的“画笔预设”按钮，将切换到“画笔预设”面板，如下图所示。

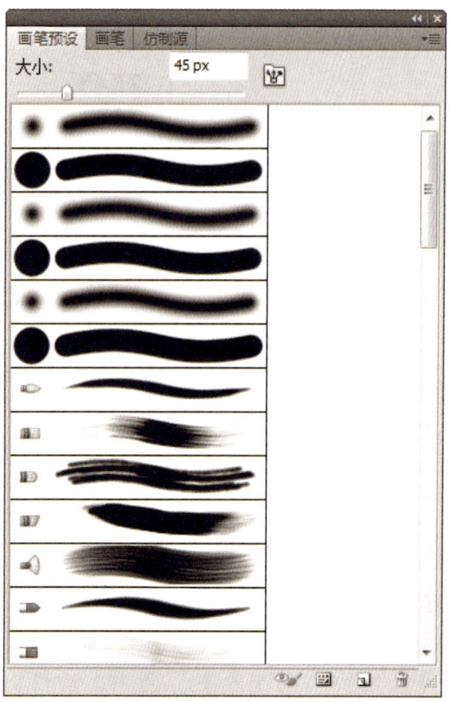

在面板中选择其中任意一个选项，将会在画笔工具属性栏中显示出相应的效果，如下图所示。

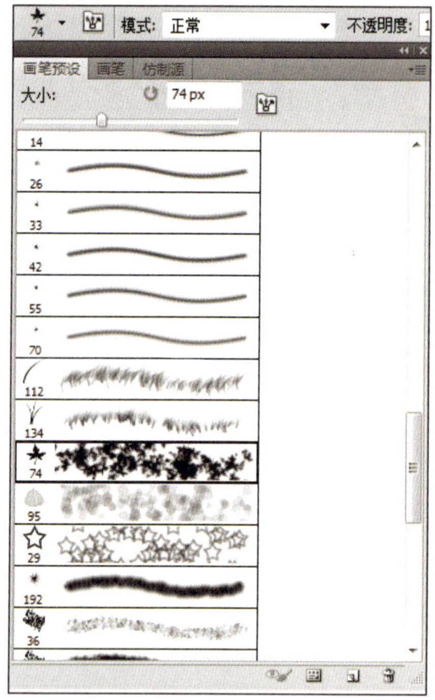

② 设置笔刷的基本特性

设置笔刷的基本特性主要包括设置画笔笔尖的形状、直径、翻转、角度、圆度以及间距等，在“画笔”面板中选择 Scattered Maple Leaves 选项，如下图所示。

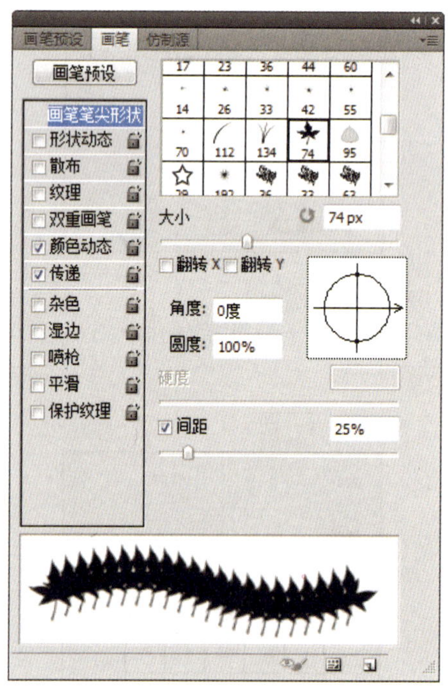

- **大小**：在设置笔刷大小时，可以直接在“大小”文本框中设置，也可以通过拖动面板中的滑块进行设

置，其取值范围为 1 像素 ~2 500 像素。

● **翻转**：主要用于控制画笔笔尖的水平和垂直翻转，原始效果和翻转效果如下图所示。

原始效果

翻转X

翻转Y

翻转X的同时翻转Y

● **角度**：设置不同的角度值，绘出的效果也不同，如下图所示。

原始效果

旋转45° 后的效果

● **圆度**：设置不同的圆度值的效果对比如下图所示。

圆度值为100%

圆度值为50%

● **间距**：设置间距时，比值越大，间距效果越明显。

③ 设置笔刷的形状动态

设置笔刷的形状动态主要包括设置笔刷的大小抖动、最小直径、角度抖动以及最小圆度等，要设置动态笔刷，首先需要选中“形状动态”选项，如下图所示。

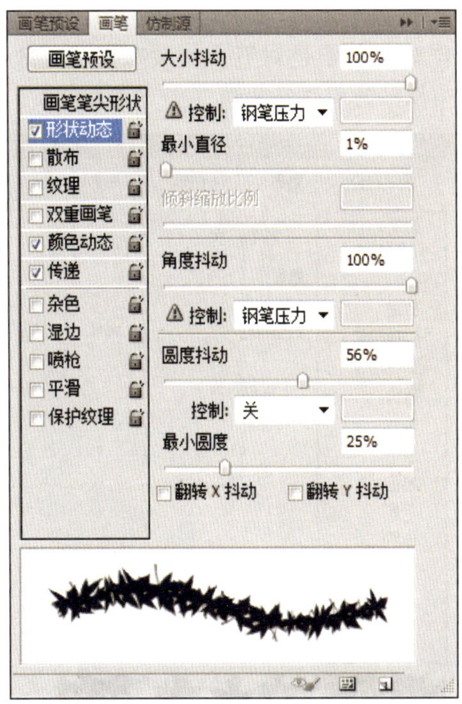

当对笔刷的形状动态参数进行如下图（上）所示的设置时，效果如下图（下）所示。

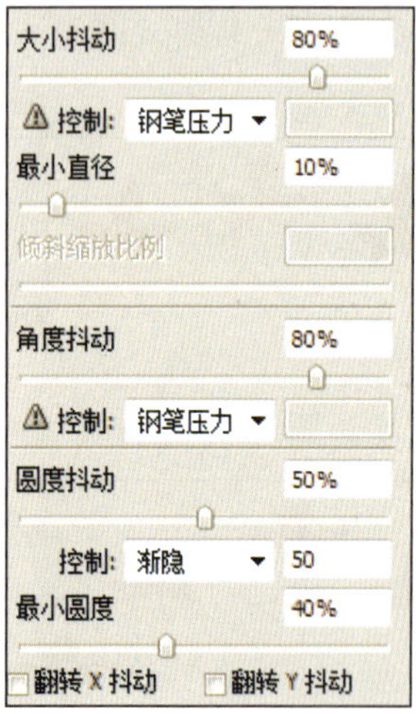

设置参数

设置效果

④ 设置散布

设置散布主要是对笔刷的散布程度、散布密度以及散布抖动效果进行设置，如下图所示。

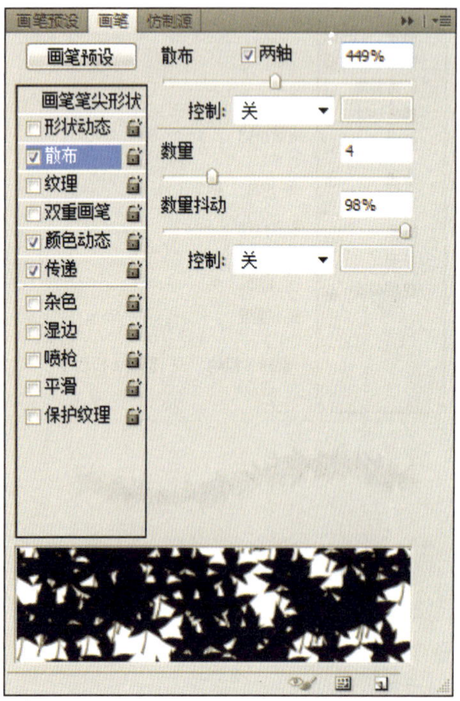

当对笔刷散布参数进行如下图（左）所示的设置时，效果如下图（右）所示。

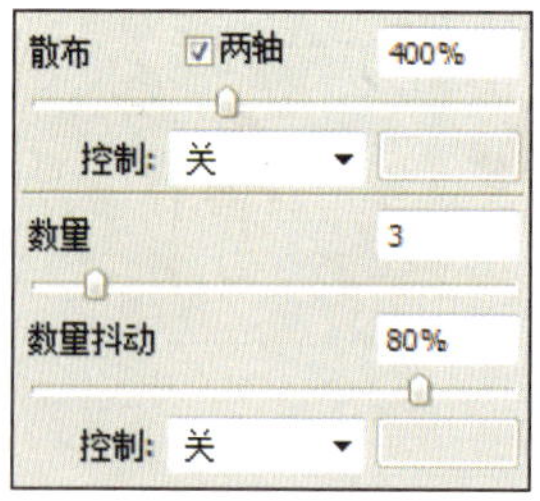

（4）设置绘图模式

设置绘图模式可以实现多种特效，系统共提供了 20 多种混合模式，不同的绘图模式能产生不同的效果。下面以“叠加”模式为例讲解如何使用绘图模式对图像进行设置。

STEP 01 打开配套光盘中的“素材\第 3 章\飘舞.jpg”文件，如下图所示。

STEP 02 在工具箱中选择“画笔工具”，在其属性栏中设置“模式”为“叠加”，设置“不透明度”为 68%，并设置前景色为（R:212，G:147，B:147），然后在图像中的飘带上进行涂抹，使飘带变亮，如下图所示。

（5）不透明度 

不透明度的设置决定了所绘图案的显示程度，当设置为 100% 时，将完全覆盖背景图像；当设置为 0% 时，将完全显示背景图像。设置不同的不透明度的效果对比如下图所示。

不透明度为0%

不透明度为50%

不透明度为100%

（6）流量设置

流量的设置决定了画笔在绘画时的压力，数值越大，绘制出的颜色就越深。设置不同的流量的效果对比如下图所示。

流量为100%

流量为50%

流量为25%

（7）使用喷枪

在绘制图像的过程中，单击按钮即可启用喷枪模式，绘制颜色时，会随着鼠标指针停留的时间而向外扩展，效果对比如下图所示。

按住鼠标左键持续4s

按住鼠标左键持续1s

2. 铅笔工具

铅笔工具和画笔工具的功能类似，其属性栏如下图所示。

铅笔工具属性栏中区别于画笔工具属性栏的很重要的一个参数就是“自动抹除”。选中该复选框，如果绘图处是前景色，则以背景色进行绘制；如果绘图处是背景色，则以前景色进行绘制，对比效果如下。

STEP 01 设置前景色为（R:177，G:94，B:172），设置背景色为（R:255，G:255，B:255），按【Alt+Delete】组合键填充前景色，选择“铅笔工具”，并选中“自动涂抹”复选框，则绘制效果如下图所示。

STEP 02 设置前景色为（R:177，G:94，B:172），设置背景色为（R:255，G:255，B:255），按【Ctrl+Delete】组合键填充背景色，选择“铅笔工具”，并选中“自动涂抹”复选框，则绘制效果如下图所示。

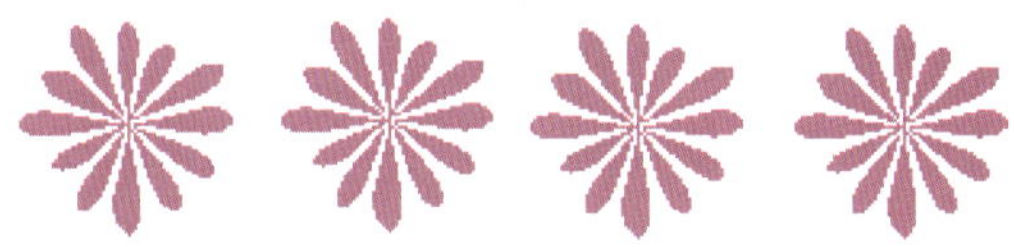

3.1.2 颜色替换工具

利用颜色替换工具可以在保持图像纹理以及阴影不变的情况下，快速改变图像中的任意位置的颜色，其属性栏如下图所示。

（1）“模式”属性

该下拉列表中包含色相、饱和度、颜色以及明度4个选项，选择的模式不同，绘制出的效果也不同。设置前景色为（R:254，G:8，B:234），原始效果及使用不同的模式绘制的效果对比如下图所示。

原始效果

色相

饱和度

颜色

明度

（2）“取样模式”属性

单击按钮，拖动鼠标将连续对颜色取样，取样模式为连续。

单击按钮，只替换包含单击时所在区域的颜色，取样模式为一次。

单击按钮，只替换包含当前背景颜色区域的颜色，取样模式为背景色板。

（3）“限制”属性 限制：连续

该下拉列表中包含不连续、连续、查找边缘 3 个选项。

选择“连续”选项表示将替换与鼠标指针所在区域相近的颜色。

选择“不连续”选项表示将替换任何位置的样本颜色。

选择“查找边缘”选项表示替换包含样本颜色的连续区域的同时，更好地保留形状边缘的锐化效果。

（4）“容差”属性 容差：30%

调整容差可设置替换颜色的范围，数值越大，则可替换的颜色单位也就越大，其数值介于 1%~100%。

（5）“消除锯齿”属性 消除锯齿

选中该复选框可以在进行颜色替换时使边缘更加平滑。

下面讲解如何使用颜色替换工具，具体操作步骤如下：

STEP 01 打开配套光盘中的“素材\第 3 章\金牡争艳.jpg”文件，如下图所示。设置前景色为（R:177，G:94，B:172）。

STEP 02 选择“颜色替换工具”，在其属性栏中设置“模式”为“色相”，单击按钮，设置“限制”为“连续”，“容差”为 35%，然后在图像中的花朵上进行涂抹，效果如下图所示。

3.1.3 混合器画笔工具

混合器画笔工具是 Photoshop CS5 中的绘图工具组中新增的一个工具，利用混合器画笔工具可以轻松地绘制出漂亮的图案。混合器画笔工具的属性栏如下图所示。

其中几个重要的参数的含义如下：

- **画笔预设**：在属性栏中单击画笔预设按钮，在弹出的下拉面板中可以对画笔的大小、硬度以及样式进行设置。选择不同的画笔样式将绘制出不同效果的图案，如下图所示。

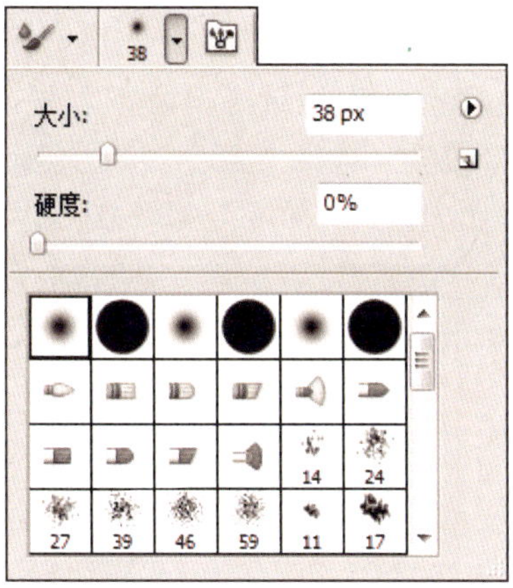

：单击该选项右侧的下三角按钮，可重新载入或清除画笔，也可设置只载入纯色，并与涂抹的颜色进行混合。

：单击该按钮表示每次描边后载入画笔，即决定了每一笔涂抹结束后是否对画笔进行更新。

：单击该按钮表示每次描边后清除画笔，即决定了每一笔涂抹结束后是否对画笔进行清除。

自定 ：单击该选项右侧的下三角按钮，在打开的下拉列表中可以选择混合模式，如下图所示。

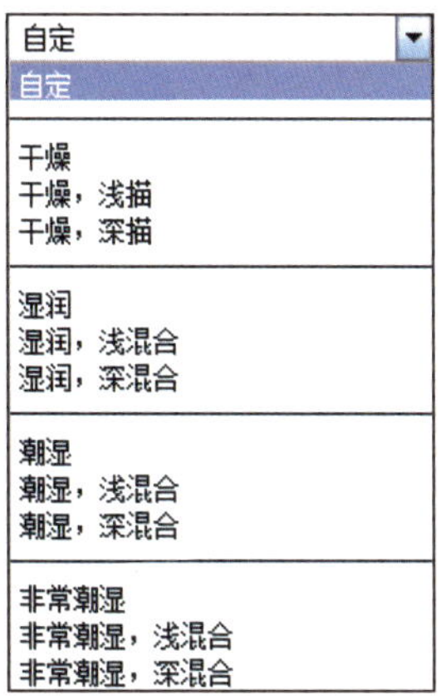

潮湿: 10% ：主要用于设置从画布中拾取的油彩量。

载入: 5% ：主要用于控制画笔上的油彩量。

混合: 100% ：主要用于设置颜色的混合比例。

流量: 91% ：设置流量数值框可以控制画笔在绘画时的压力。

：单击该按钮即可启动喷枪模式，绘制颜色时，会随着鼠标指针停留的时间而向外扩展。

对所有图层取样 ：选中该复选框，表示无论图像有多少个图层，都会视为单独的合并图层处理。

下面通过将一幅图像变成漂亮的油墨风景画来讲解如何使用颜色替换工具，具体操作步骤如下：

STEP 01 打开配套光盘中的“素材\第3章\风景.jpg”文件，如下图所示。

STEP 02 按【Ctrl+J】组合键复制背景图层。单击“图层1”前面的眼睛图标关闭图层可见性，如下图所示。

STEP 03 选择背景图层，在工具箱中选择“混合器画笔工具”，在其属性栏中设置画笔样式为“圆角低硬度”，设置混合选项为“湿润，深组合”，并将“流量”设置为91%，然后在图像中进行涂抹，将房屋隐藏，如下图所示。

STEP 04 选择“图层1”图层，单击“图层”面板下

面的“创建新图层”按钮新建一个图层，并打开“图层 1”图层可见性，如下图所示。

STEP 05 在混合器画笔工具属性栏中设置画笔样式为“柔边圆”，并选中“对所有图层取样”复选框，对图像中的房屋进行涂抹，然后关闭“图层 1”图层可见性，如下图所示。

STEP 06 涂抹后的效果如下图所示。

3.1.4 历史记录工具

在 Photoshop 中，历史记录画笔工具以及历史记录艺术画笔工具一般都配合“历史记录”面板来使用，要想熟练使用历史记录工具编辑图像，首先需要掌握它们的基本属性。

1. “历史记录”面板

在深入学习历史记录工具之前，先来认识一下“历史记录”面板。选择“窗口”|“历史记录”命令，即可打开“历史记录”面板，如下图所示。

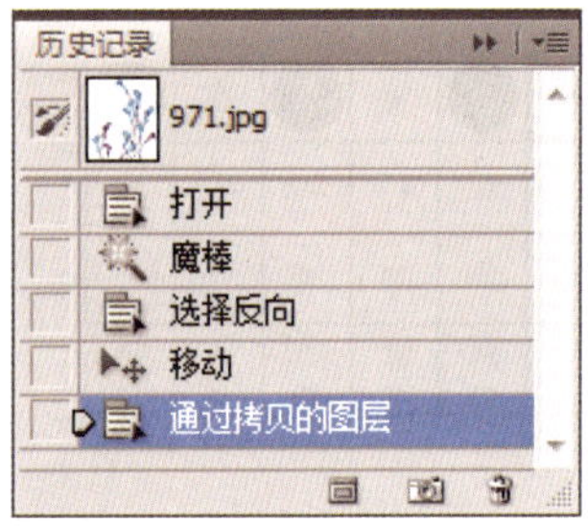

（1）对图像进行恢复操作

在面板中单击“魔棒”历史记录即可恢复到该状态，如下图所示。

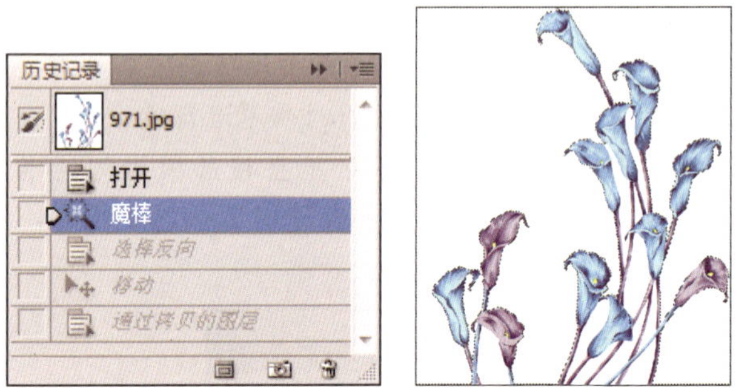

（2）对图像进行撤销操作

撤销某一历史记录后，后面的历史记录也将被撤销，对图像进行撤销操作的具体步骤如下：

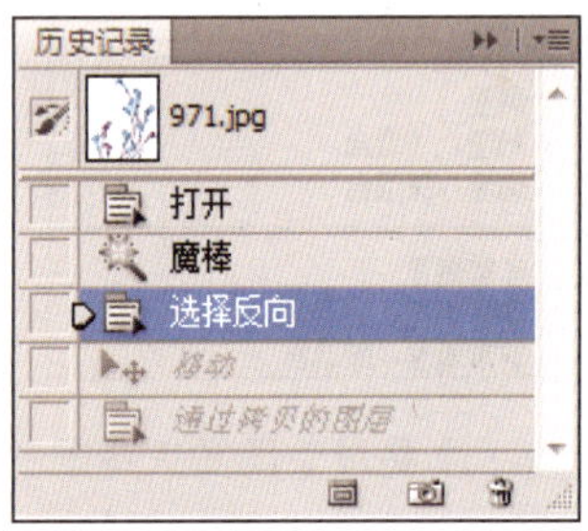

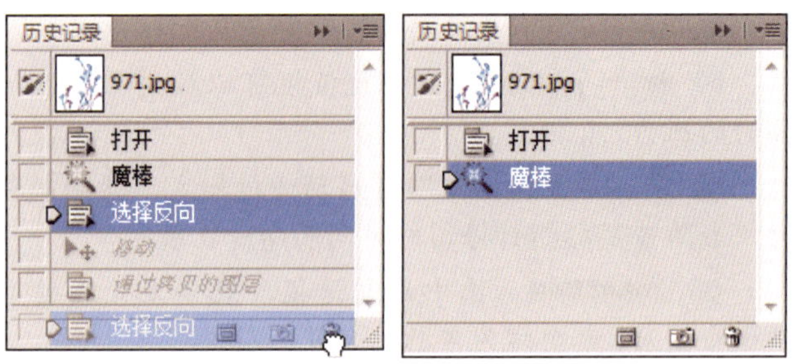

（3）创建快照

默认情况下，当打开一幅图像后，在“历史记录”面板中就会产生相应的记录，其上部的最原始图像称为初始状态的快照，当对图像进行一系列编辑和操作后，如果想保留该特定状态下的效果，可以单击面板底部的“创建新快照”按钮创建新的快照，如下图所示。

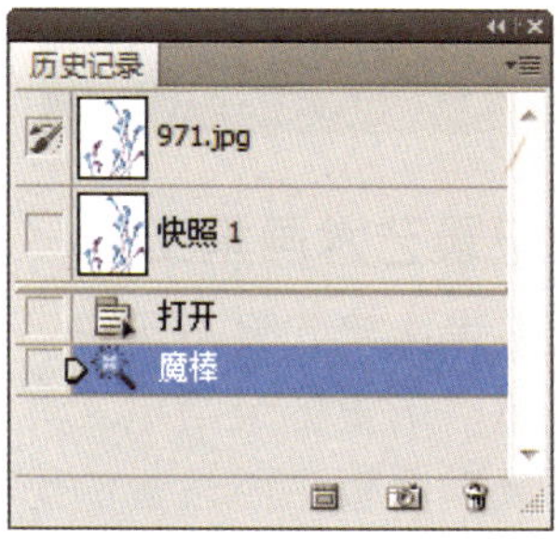

（4）设置历史恢复点

设置历史恢复点是很重要的应用。设置历史恢复点后，在进行恢复操作时，将恢复到该状态下的效果。设置历史恢复点的操作很简单，只需单击任意快照或者历史记录左侧的空白图标即可，如下图所示。

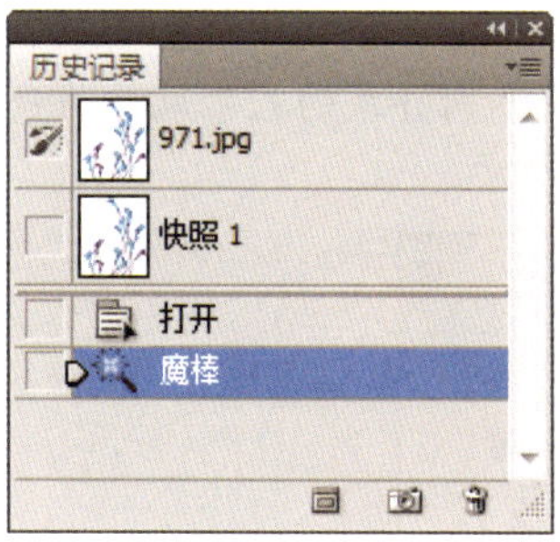

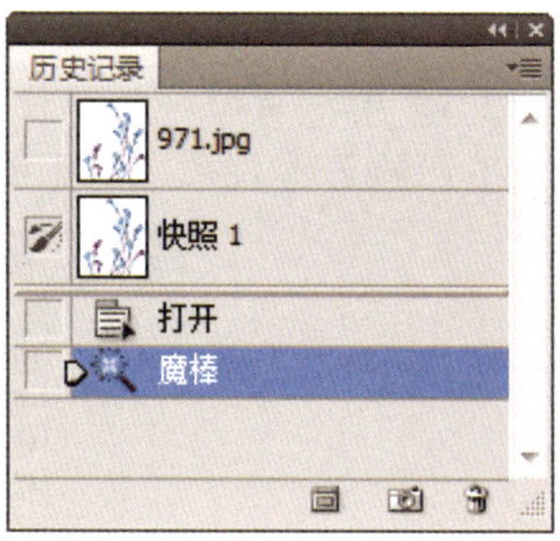

2. 历史记录画笔工具

选择工具箱中的“历史记录画笔工具”，其属性栏如下图所示。

历史记录画笔工具的作用是将修改后的图像恢复到“历史记录”面板中所设置的历史恢复点位置的图像效果。在 Photoshop CS5 中经常会使用历史记录画笔工具来进行祛斑操作，具体操作步骤如下：

STEP 01 打开配套光盘中的“素材\第 3 章\雀斑.jpg”文件，如下图所示。

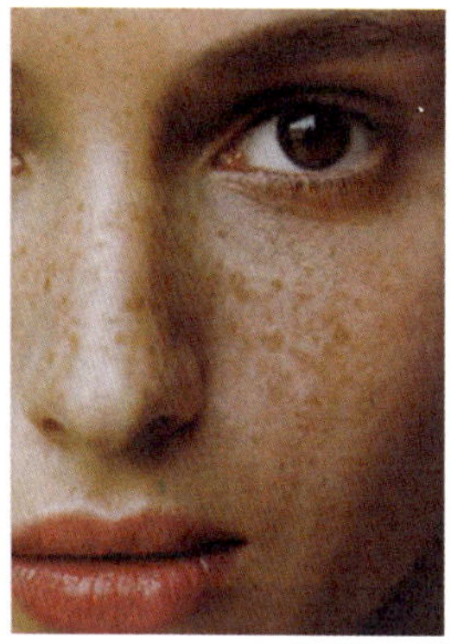

STEP 02 选择“滤镜”|“模糊”|“高斯模糊”命令，弹出“高斯模糊”对话框，设置“半径”为 10.0 像素，单击“确定”按钮，如下图所示。

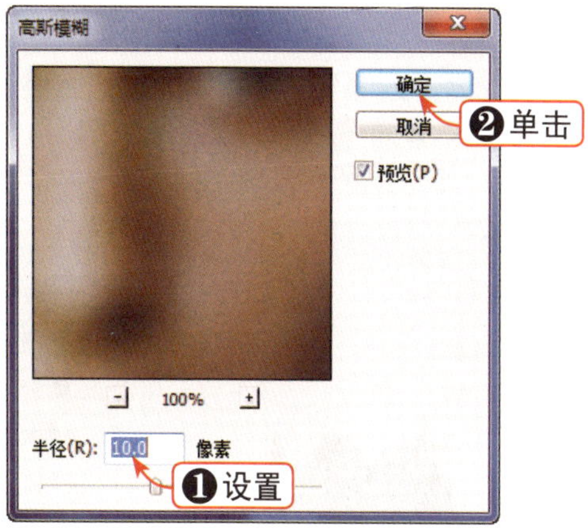

STEP 03 选择“窗口”|“历史记录”命令，打开“历史记录”面板，单击面板下方的“创建新快照”按钮，如下图所示。

STEP 04 单击“快照 1”左侧的空白图标将其设置为历史记录点，单击“打开”历史记录，如下图所示。

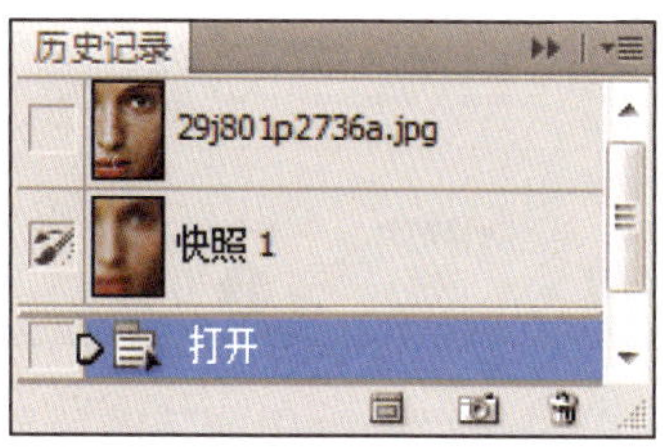

STEP 05 在工具箱中选择“历史记录画笔工具”，设置笔刷为 30px，“不透明度”为 50%，然后在图像中人物的脸部进行涂抹，眼、嘴等轮廓清晰的地方不要涂抹，效果如下图所示。

STEP 06 选择“图像”|“调整”|“色阶”命令，弹出“色阶”对话框，设置高光输入色阶值为 187，单击“确定”按钮，如下图所示。

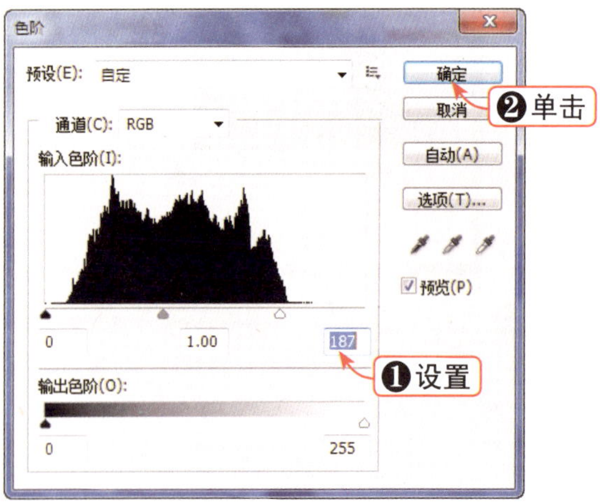

STEP 07 选择“图像”|“调整”|“色彩平衡”命令，弹出“色彩平衡”对话框，在对话框中设置相应的参数，如下图所示，然后单击“确定”按钮。

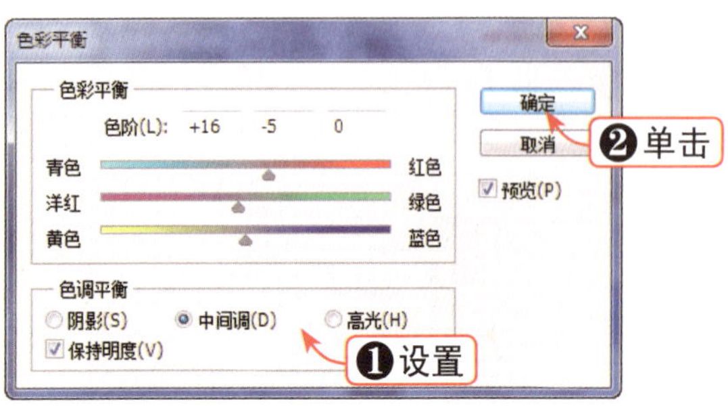

STEP 08 对脸部祛斑后的效果如下图所示。

3. 历史记录艺术画笔工具

历史记录艺术画笔工具与历史记录画笔工具的唯一不同之处是，历史记录画笔工具只是将图像恢复到“历史记录”面板中所设置的历史恢复点位置的图像效果，但并不对图像进行任何处理，而历史记录艺术画笔工具在恢复的同时，还进行了相应的艺术处理。历史记录艺术画笔工具的属性栏如下图所示。

在历史记录艺术画笔工具属性栏中有几个重要的参数，其具体含义如下：

- 样式: 绷紧短 ：设置不同样式的艺术风格将产生不同的艺术效果，如下图所示。

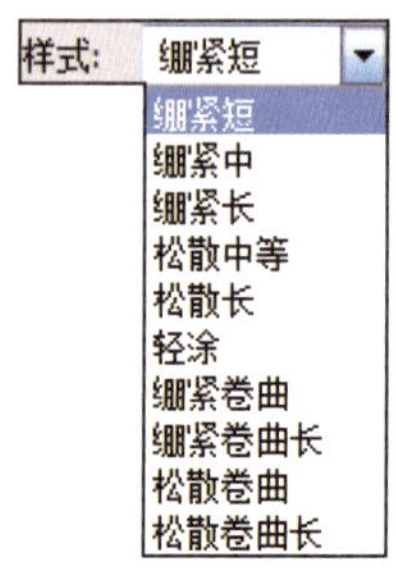

- 区域: 500 px ：用于设置历史记录艺术画笔工具的描绘范围。
- 容差: 0% ：用于设置所绘制的颜色与要恢复的颜色之间差异的百分比，其数值越大，则失真程度也越大。

使用历史记录艺术画笔工具可将一幅图像变成漂亮的水墨画，具体操作步骤如下：

STEP 01 打开配套光盘中的“素材\第 3 章\荷塘.jpg”文件，如下图所示。

STEP 02 单击“图层”面板底部的“创建新图层”按钮创建新图层，并用灰色进行填充，如下图所示。

STEP 03 在工具箱中选择“历史记录艺术画笔工具”，设置笔刷为11px，“样式”为“绷紧短”，“区域”为500px，将鼠标指针移至图像窗口中，并反复在图像中单击，直至图像效果如下图所示。

STEP 04 按【Ctrl+J】组合键复制“图层 1”，得到“图层 1 副本”图层，如下图所示。

STEP 05 选择“滤镜”|“画笔描边”|“强化的边缘”命令，弹出“强化的边缘”对话框，在其中选择“强化的边缘”选项，然后单击“确定”按钮，如下图所示。

STEP 06 此时即可显示图像经过处理后的效果，如下图所示。

3.2 填充与擦除工具组

在编辑图像的过程中经常需要为某一选区或者某一图层进行填充，此时就用到了填充工具。填充工具主要包括渐变工具和油漆桶工具。除此之外，还经常使用的工具组是擦除工具组，其中包括橡皮擦工具、背景橡皮擦工具以及魔术橡皮擦工具。

3.2.1 设置前景色和背景色

用户在使用 Photoshop 编辑图像时，经常需要对前景色和背景色进行设置，具体操作方法如下：

1. 通过拾色器对话框设置颜色

设置前景色和背景色的较简单的方法是通过工具箱中的设置前景色和背景色的色块来实现，如下图所示。

设置前景色和背景色的具体操作步骤如下：

STEP 01 单击前景色色块，弹出“拾色器（前景色）”对话框，如下图所示。

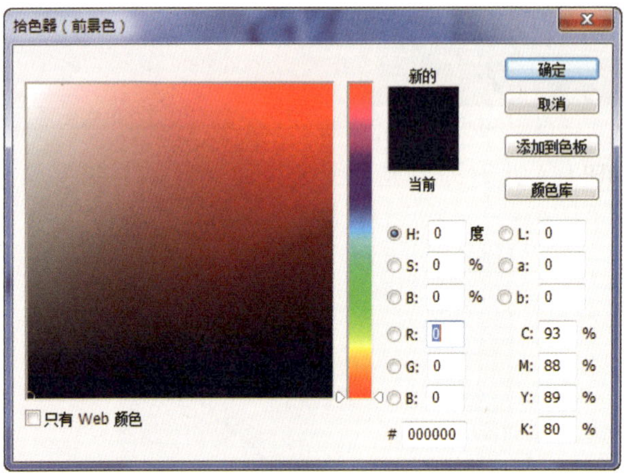

STEP 02 在对话框中设置各项参数，单击“确定”按钮即可设置前景色，如下图所示。

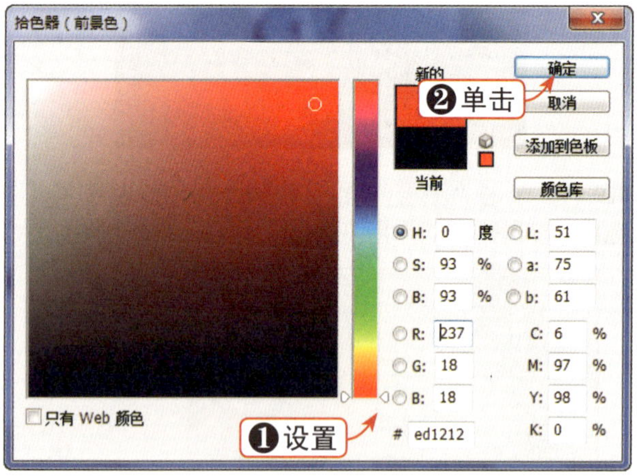

STEP 03 设置完前景色后，相应地前景色色块也会发生变化，如下图所示。

STEP 04 单击背景色色块，弹出“拾色器（背景色）”对话框，如下图所示。

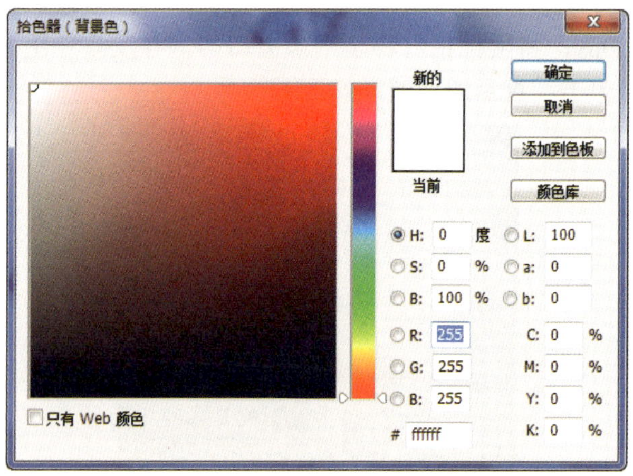

STEP 05 在对话框中设置各项参数，单击“确定”按钮即可设置背景色，如下图所示。

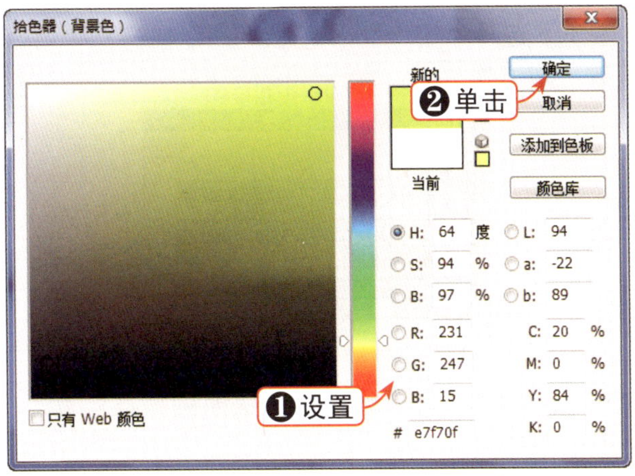

STEP 06 设置完背景色后，相应地背景色色块也会发生变化，如下图所示。

STEP 07 单击按钮即可切换前景色和背景色，如下图所示。

STEP 08 单击按钮即可恢复默认的前景色和背景色，如下图所示。

2. 使用吸管工具设置颜色

使用吸管工具可以很方便地获取图像中的颜色，获取的颜色既可设置为前景色，又可设置为背景色，具体操作步骤如下：

STEP 01 打开配套光盘中的“素材\第 3 章\两小无猜.jpg”文件，在工具箱中选择“吸管工具”，将鼠标指针移至图像中并单击取色位置，如下图所示。

STEP 02 此时即可成功提取颜色，并且提取的颜色自动成为当前前景色，如下图所示。

STEP 03 按住【Alt】键的同时单击图像中的取色位置处，如下图所示。

STEP 04 此时即可成功提取颜色，并且提取的颜色自动成为当前背景色，如下图所示。

3. 使用“颜色”面板设置颜色

通过“颜色”面板设置颜色的具体操作步骤如下：

STEP 01 选择“窗口”|“颜色”命令，打开“颜色”面板，如下图所示。

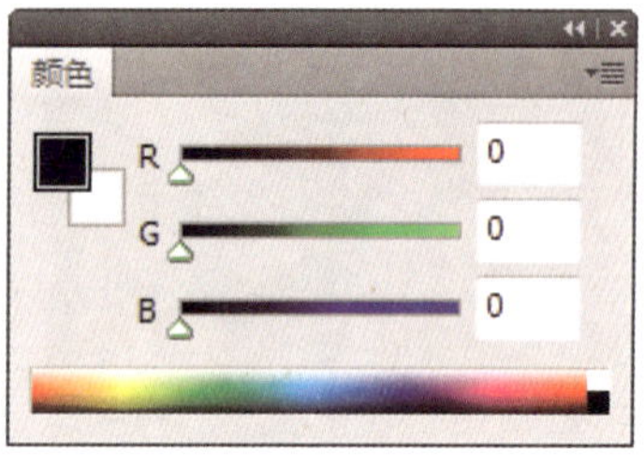

STEP 02 在面板中单击前景色色块，拖动 R、G、B 滑块设置前景色，如下图所示。

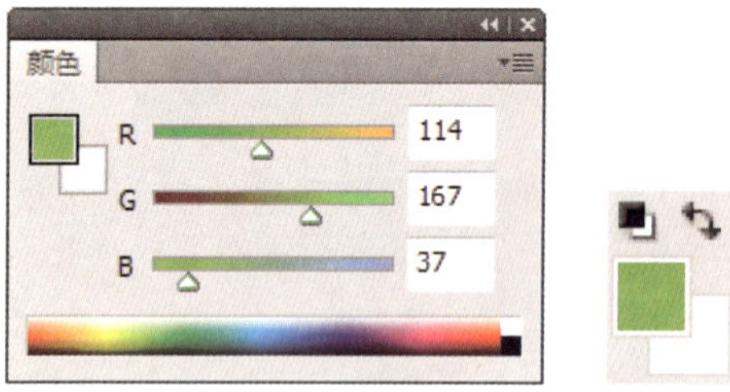

STEP 03 在面板中单击背景色色块，拖动 R、G、B 滑块设置背景色，如下图所示。

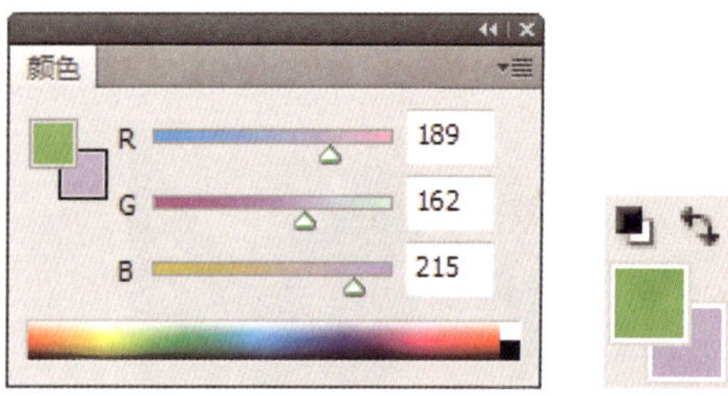

STEP 04 单击面板右上角的按钮，在弹出的下拉菜单中用户可以对颜色的方式以及颜色样板条类型等进行设置，如下图所示。

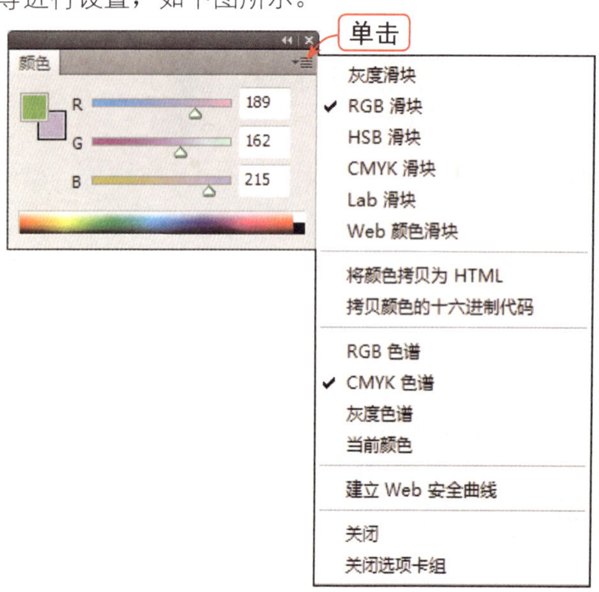

4. 使用“色板”面板设置颜色

使用“色板”面板设置颜色的具体操作步骤如下：

STEP 01 选择“窗口”|“色板”命令，打开“色板”面板，如下图所示。

STEP 02 在面板中单击某一色块即可将其设置为前景色，如下图所示。

STEP 03 按住【Ctrl】键的同时在面板中单击某一色块即可将其设置为背景色，如下图所示。

STEP 04 利用拾色器对话框或者“颜色”面板，或者通过吸管工具在图像中吸取颜色设置要添加的颜色，然后将鼠标指针移至“色板”面板的空白处并单击，如下图所示。

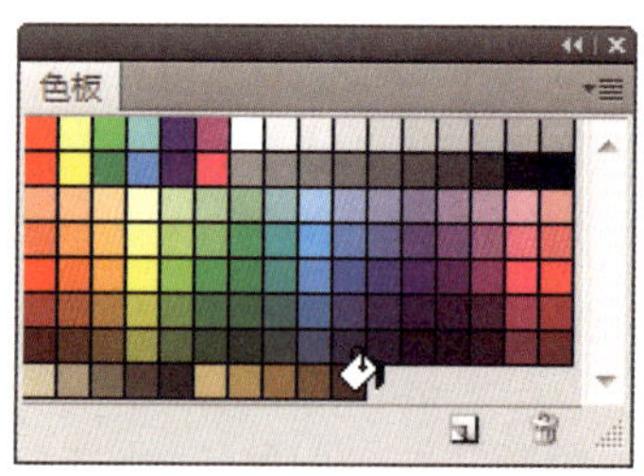

STEP 05 打开“色板名称”对话框，在文本框中输入名称，然后单击“确定”按钮，如下图所示。

STEP 06 此时即可将所设置的色样添加至“色板”面板中，如下图所示。

3.2.2 渐变工具

利用渐变工具可以轻松地制作出渐变颜色。在工具箱中选择“渐变工具”，其属性栏如下图所示。

在属性栏中有几个重要的参数，其具体含义如下：

- ：单击右侧的下三角按钮可以打开“渐变”拾色器，在拾色器中可以设置渐变色，如下图所示。

- ：用于设置渐变填充类型，主要分为线性渐变、径向渐变、角度渐变、对称渐变以及菱形渐变。

设置前景色为（R:255，G:0，B:0），设置背景色为（R :251，G:248，B:5），其渐变效果对比如下图所示。

线性渐变

径向渐变

角度渐变

对称渐变

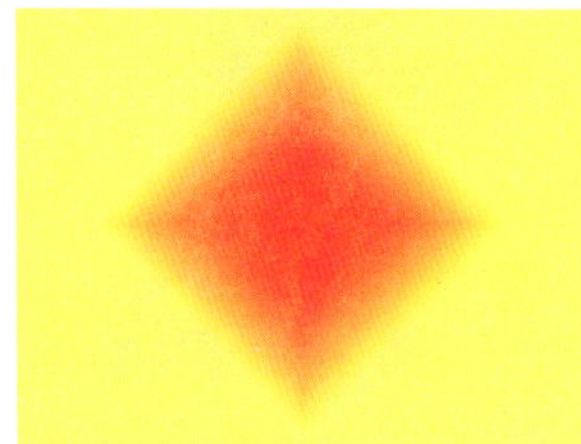

菱形渐变

- 反向：选中该复选框，可以将渐变图案反向。
- 仿色：选中该复选框，在创建渐变颜色时可以更加柔和、平滑。
- 透明区域：选中该复选框，可以打开渐变颜色的透明度设置。

在设置渐变时经常会用到“渐变编辑器”窗口，单击属性栏中的“点按可编辑渐变”按钮即可打开该窗口，如下图所示。

其中几个重要的参数的含义如下：

- ：单击该按钮，即可在窗口下方的“色标”选项区域中对“不透明度”和“位置”进行设置。
- ：单击该按钮，即可在窗口下方的“色标”选项区域中对“颜色”和“位置”进行设置。

下面通过一个实例来介绍渐变工具的使用方法，具体操作步骤如下：

STEP 01 打开配套光盘中的“素材\第 3 章\艺术手机 .psd”文件，如下图所示。

STEP 02 在“图层”面板中选择“背景”图层，如下图所示。

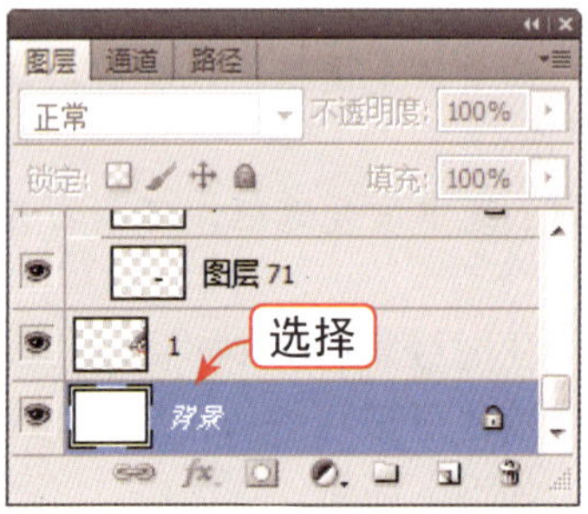

STEP 03 在工具箱中选择“渐变工具”，单击其属性栏中的“点按可编辑渐变”按钮，打开“渐变编辑器”窗口，如下图所示。

STEP 04 单击窗口左侧的“色标”按钮，然后单击“色标”选项区域中的“颜色”色块，如下图所示。

STEP 05 弹出“选择色标颜色”对话框，在对话框中进行如下图所示的参数设置，最后单击“确定”按钮。

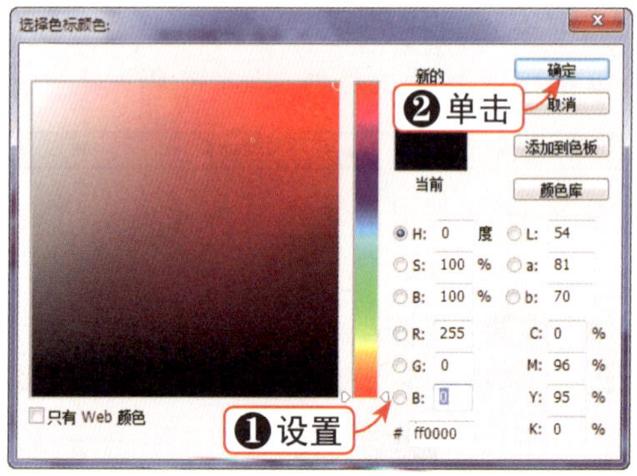

STEP 06 单击窗口右侧的“色标”按钮，然后单击“色标”选项区域中的“颜色”色块，在对话框中设置颜色为（R:252，G:255，B:1），最后单击“确定”按钮，如下图所示。

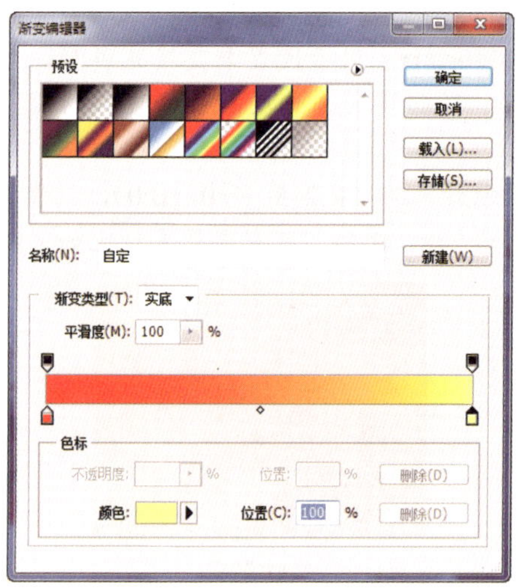

STEP 07 在图像右侧单击，然后从右向左拖动鼠标，如下图所示。

STEP 08 进行渐变填充后的图像效果如下图所示。

3.2.3 油漆桶工具

在 Photoshop 中使用油漆桶工具可以将前景色或者图案填充到图像或者选区中。在工具箱中选择“油漆桶工具”，其属性栏如下图所示。

其中几个重要的参数的含义如下：

- 前景：主要用于选择填充类型，包括“前景”和“图案”两个选项。
- ：当设置填充类型为图案时会激活该选项，单击其右侧的下三角按钮即可选择要填充的图案。
- 容差: 32：用于设置填充的范围，容差值越大，则填充范围越大。

下面通过一个实例来介绍油漆桶工具的使用方法，具体操作步骤如下：

STEP 01 打开配套光盘中的“素材\第 3 章\翅膀.jpg”文件，如下图所示。

STEP 02 在“图层”面板中双击“背景”图层，弹出“新建图层”对话框，如下图所示。

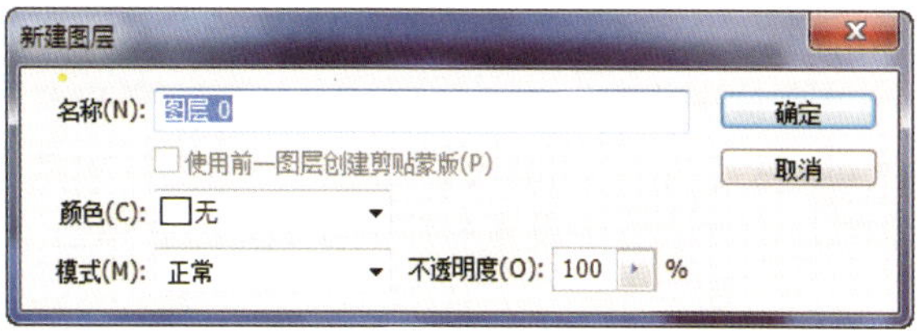

STEP 03 单击“确定”按钮即可将背景图层转换为普通图层，如下图所示。

STEP 04 在工具箱中选择“魔棒工具”，并在其属性栏中设置“容差”为 120，在图像中的黑色区域单击创建选区，然后按【Delete】键删除选区内的图像，最后按【Ctrl+D】组合键取消选区，如下图所示。

STEP 05 选择“编辑”|“定义图案”命令，弹出“图案名称”对话框，在“名称”文本框中设置名称，然后单击“确定”按钮，如下图所示。

STEP 06 打开配套光盘中的“素材\第 3 章\凡间精灵 .jpg”文件，如下图所示。

STEP 07 按【Ctrl+Shift+N】组合键弹出“新建图层”对话框，在对话框中设置相应的参数，然后单击“确定”按钮，如下图所示。

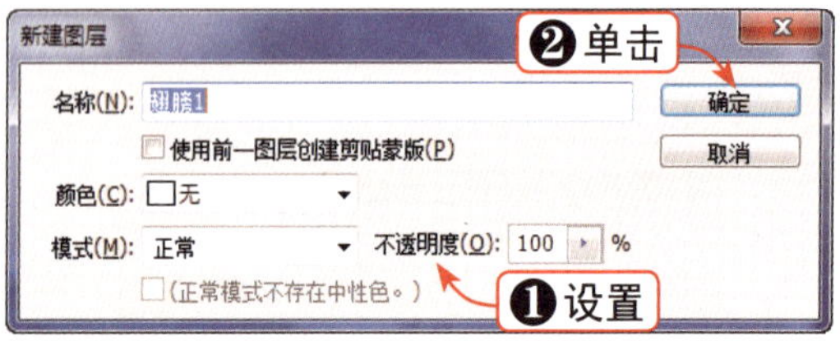

STEP 08 在工具箱中选择“油漆桶工具”，在其属性栏中设置填充类型为“图案”，并设置填充图案为刚才定义的图案，然后在图像中单击，效果如下图所示。

STEP 09 按【Ctrl+T】组合键在图像周围出现变换框，然后调整图像的大小、位置以及对其进行相应的旋转，调整完毕后按【Enter】键确认变换操作，效果如下图所示。

STEP 10 按【Ctrl+Shift+N】组合键弹出“新建图层”对话框，设置“名称”为“翅膀 2”，新建名为“翅膀 2”的图层，如下图所示。

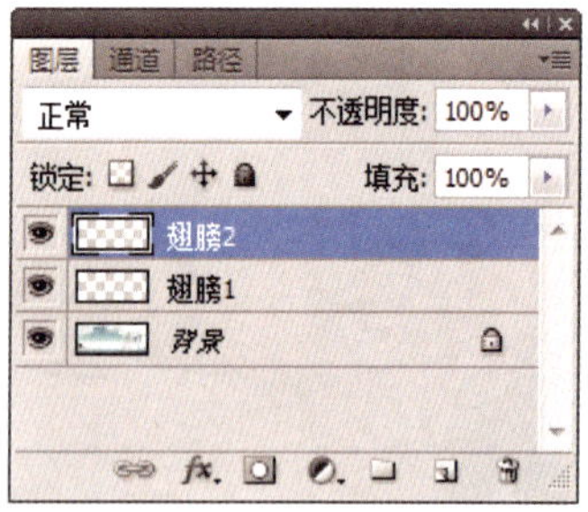

STEP 11 在“翅膀 2”图层中继续填充图案，如下图所示。

STEP 12 按【Ctrl+T】组合键在图像周围出现变换框，然后调整图像的大小、位置以及对其进行相应的旋转，如下图所示。

STEP 13 调整完毕后按【Enter】键确认变换操作，在“图层”面板中选择“翅膀 1”图层，按【Ctrl+Shift+]】组合键将“翅膀 1”图层移动到“图层”面板的最上方，如下图所示。

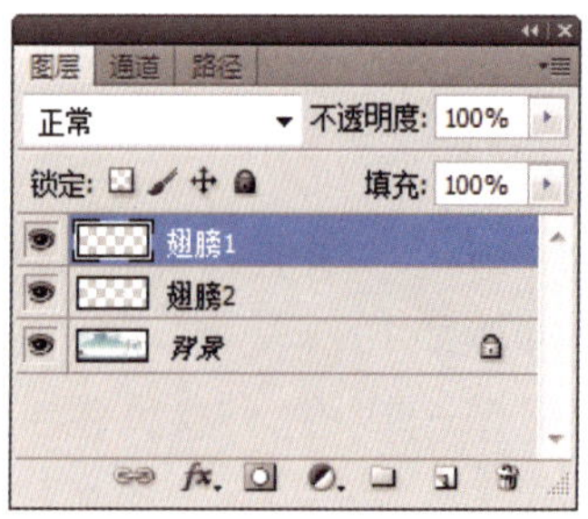

STEP 14 图像的最终填充效果如下图所示。

3.2.4 橡皮擦工具

橡皮擦工具主要用于擦除图像中的颜色。橡皮擦工具组中包括橡皮擦工具、背景橡皮擦工具以及魔术橡皮擦工具。

1. 橡皮擦工具

在工具箱中选择“橡皮擦工具”，其属性栏如下图所示。

在属性栏中有两个比较重要的参数，其具体含义如下：

- 模式: 画笔：单击该选项右侧的下三角按钮，即可选择橡皮擦的擦除方式，包括“画笔”、“铅笔”以及“块”。
- 抹到历史记录：用于决定橡皮擦工具是否具有“历史记录画笔工具”的功能。

使用橡皮擦工具时，在不同性质的图层上的擦除效果是不一样的，当用户操作的图层为背景图层时，被擦除的部分将以背景色进行显示；如果操作的图层为普通图层，那么被擦除的部分将显示透明色。原图像及在不同的图层上的擦除效果如下图所示。

原 图

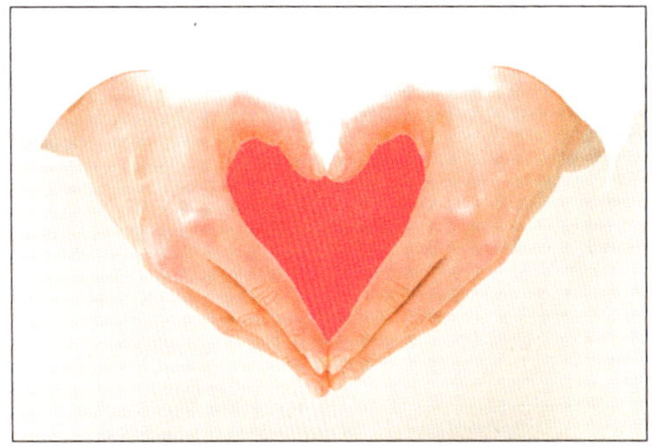

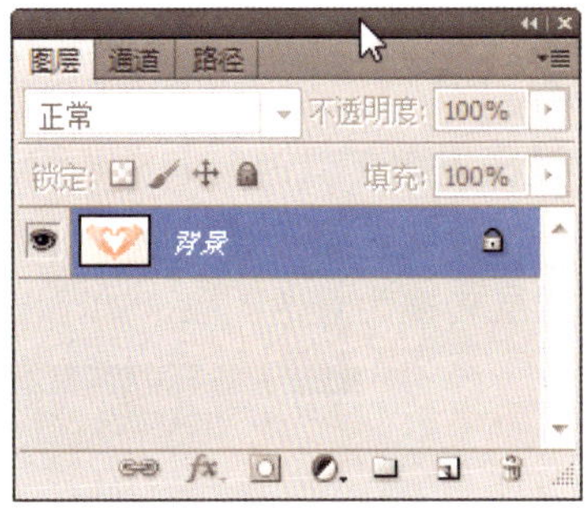

在背景图层涂擦

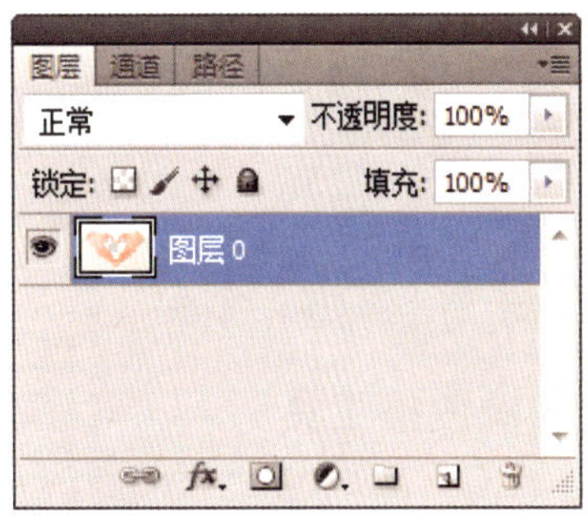

在普通图层涂擦

2. 背景橡皮擦工具

背景橡皮擦工具的属性栏如下图所示。

● 单击按钮表示擦除时连续取样；单击按钮表示仅取样单击时鼠标指针所在位置的颜色，并将该颜色设置为基准颜色；单击按钮则表示将背景色设置为基准颜色。

● 限制: 连续：单击该选项右侧的下三角按钮可以在打开的下拉列表中选择擦除限制类型，其中包含“连续”、“不连续”和“查找边缘”3个选项。

● 容差: 50%：用于设置擦除颜色的范围，容差值越小，被擦除的图像颜色与取样颜色越接近。

● 保护前景色：选中该复选框可以避免将具有前景色的图像区域擦除。

使用背景橡皮擦工具时，无论是对背景图层还是普通图层进行擦除，都会将擦除区域变为透明色，并且将背景图层转换为普通图层，如下图所示。

原图

涂擦后的图像

3. 魔术橡皮擦工具

“魔术橡皮擦工具”与“魔棒工具”类似，具有自动分析的功能。在工具箱中选择“魔术橡皮擦工具”，其属性栏如下图所示。

其中几个重要的参数的含义如下：

● 容差: 32：可以控制擦除颜色的范围，容差值越大，可擦除的颜色的范围也就越大。

● 连续：选中该复选框，在擦除时只能擦除与目标位置颜色相同并且连续的图像。

● 对所有图层取样：选中该复选框，则在擦除时对当前图像中的所有图层都有效。

下面通过一个实例来介绍魔术橡皮擦工具的使用方法，具体操作步骤如下：

STEP 01 打开配套光盘中的“素材\第3章\红衣女子.jpg”文件，如下图所示。

STEP 02 选择“魔术橡皮擦工具”，在其属性栏中将“容差”设置为5，选中“连续”复选框，在图像中反复单击，直至达到如下图所示的效果。

Chapter 04

图像的修饰

图章与修复工具组 ★

知识要点：

学习仿制图章工具、图案图章工具，以及污点修复画笔工具、修复画笔工具、修补工具和红眼工具的使用方法。

★ 调整工具组

知识要点：

学习模糊工具、锐化工具和涂抹工具，以及减淡工具、加深工具和海绵工具的使用方法。

4.1 图章工具组

图章工具组中包括仿制图章工具和图案图章工具，下面将详细介绍Photoshop CS5工具箱中的图章工具组的使用方法。

4.1.1 仿制图章工具

在 Photoshop CS5 中使用仿制图章工具可以将一幅图像的全部或者局部复制到同一幅图像或者另一幅图像当中。在工具箱中选择“仿制图章工具”，其属性栏如下图所示。

其中几个重要的参数的具体含义如下：

● ：单击该按钮即可打开“仿制源”面板，在“仿制源”面板中用户可以定义多个克隆源（采样点），并且可以切换使用，如下图所示。

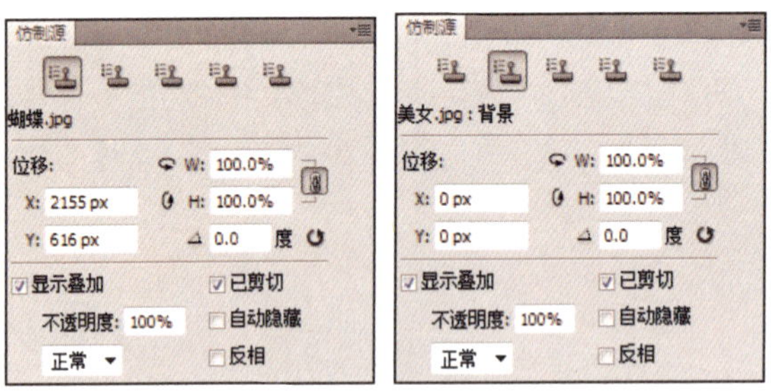

● 对齐：选中该复选框表示每次操作只允许复制一个原图像，取消该复选框则表示用户可以在同一幅图像或者另一幅图像当中复制多个原图像。

● 样本: 当前图层 ：该下拉列表中包含3个选项，即“当前图层”、“当前和下方图层”以及“所有图层”。选择“当前图层”表示只在当前图层进行取样；选择“当前和下方图层”表示在当前图层以及下方图层中的可见部分进行取样；选择“所有图层”表示将从所有可见图层中进行取样。

● ：该按钮只有在选择“当前和下方图层”或者“所有图层”样式时才有效，单击该按钮，表示将从调整图层以外的可见图层中取样。

下面通过一个实例来介绍仿制图章工具的使用方法，具体操作步骤如下：

STEP 01 打开配套光盘中的“素材\第4章\蝴蝶.jpg”文件，如下图所示。

STEP 02 在工具箱中选择“仿制图章工具”，在其属性栏中设置笔刷大小，然后按住【Alt】键的同时在图像中单击要复制的图像，如下图所示。

STEP 03 打开配套光盘中的“素材\第4章\美女.jpg”文件，如下图所示。

STEP 04 在“图层”面板下方单击“创建新图层”按钮创建一个新图层，如下图所示。

STEP 05 在当前图层中需要复制图像的位置拖动鼠标即可对图像进行复制，如下图所示。

STEP 06 在工具箱中选择“魔棒工具”，单击图像中的白色区域创建选区，按【Delete】键删除选区内的图像，再按【Ctrl+D】组合键取消选区，如下图所示。

STEP 07 按【Ctrl+T】组合键调整图像的大小和位置，调整完毕后按【Enter】键确认变换操作，此时即可得到最终效果图像，如下图所示。

4.1.2 图案图章工具

使用图案图章工具不需要对图像进行采样就可以在选区或者整幅图像中复制图案。图案图章工具的属性栏如下图所示。

其中比较重要的两个参数的具体含义如下：

- ：单击该选项右侧的下三角按钮，即可选择系统默认的或者用户定义的图案。
- 印象派效果：选中该复选框，在复制图像时可产生印象派效果的图像。

下面通过一个实例来讲解如何使用图案图章工具，具体操作步骤如下：

STEP 01 打开配套光盘中的“素材\第4章\高雅女人.jpg”文件，如下图所示。

STEP 02 选择“编辑”|“定义图案”命令，弹出

"图案名称"对话框，在对话框中设置图案名称，然后单击"确定"按钮，如下图所示。

STEP 03 选择"图像"|"调整"|"色相/饱和度"命令，弹出"色相/饱和度"对话框，在对话框中设置各项参数，然后单击"确定"按钮，如下图所示。

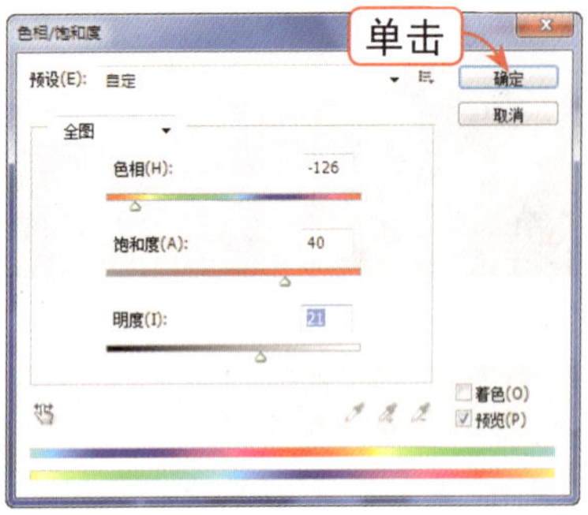

STEP 04 选择"图像"|"调整"|"色阶"命令或者按【Ctrl+L】组合键，弹出"色阶"对话框，在对话框中设置各项参数，然后单击"确定"按钮，如下图所示。

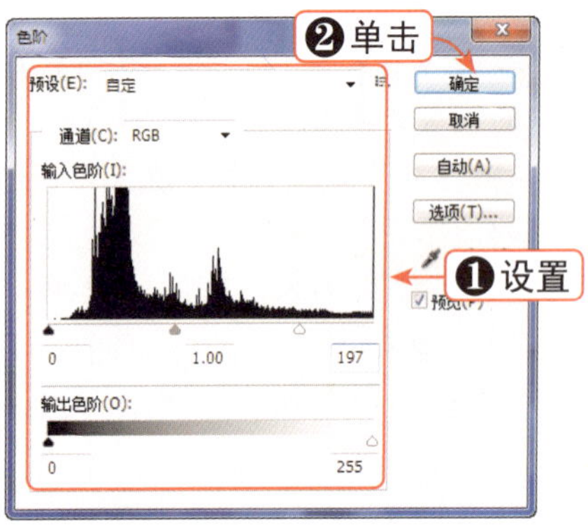

STEP 05 设置色相/饱和度以及色阶后的图像效果如下图所示。

STEP 06 选择"滤镜"|"模糊"|"径向模糊"命令，弹出"径向模糊"对话框，在对话框中设置各项参数，然后单击"确定"按钮，如下图所示。

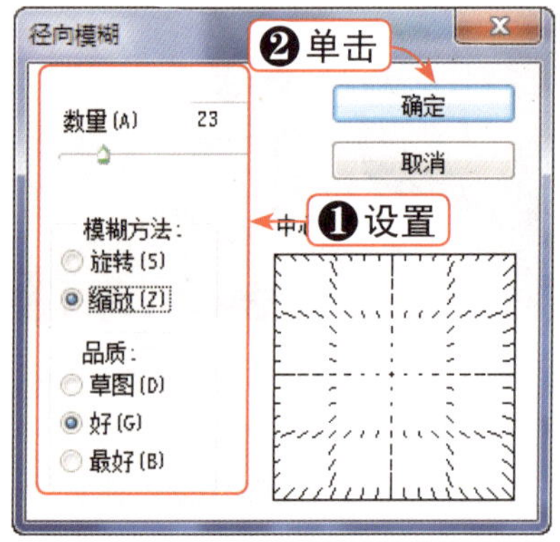

STEP 07 选择"编辑"|"渐隐径向模糊"命令，弹出"渐隐"对话框，在对话框中设置"不透明度"为80%，然后单击"确定"按钮，如下图所示。

STEP 08 设置径向模糊和渐隐后的图像效果如下图所示。

STEP 09 在"图层"面板中单击"创建新图层"按钮创建一个新图层，如下图所示。

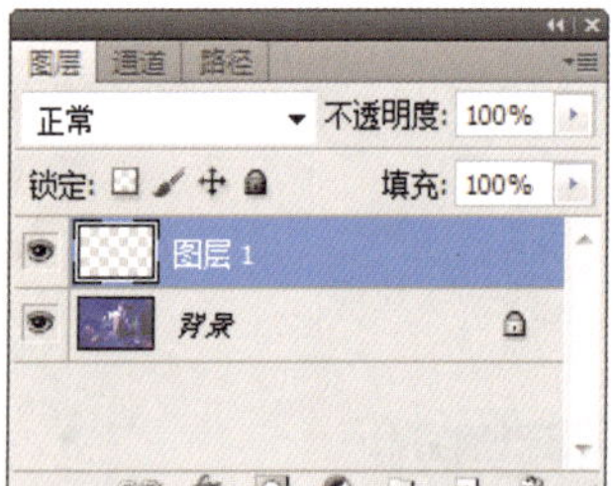

STEP 10 在工具箱中选择“图案图章工具”，在其属性栏中设置笔刷大小为16px，单击▣右侧的下三角按钮，在打开的“图案”拾色器中选择刚才定义的图案，然后在新建的图层中描绘画布，最终效果如右图所示。

4.2 修复工具组

在Photoshop中，修复工具组是经常使用的一组工具，使用它可以轻松地去除图像中的一些瑕疵。修复工具组中包括污点修复画笔工具、修复画笔工具、修补工具以及红眼工具。

4.2.1 污点修复画笔工具

污点修复画笔工具主要用于去除照片中的污点，例如，面部疤痕、黑痣等。使用污点修复画笔工具时，用户不需要设置参考点，在修复某一位置时会自动在该修复位置的周围取样，并且与修复位置的图像融合，达到理想的处理效果。

在工具箱中选择“污点修复画笔工具”，其属性栏如下图所示。

其中几个重要的参数的具体含义如下：

- 近似匹配：选中该单选按钮表示将使用周围图像来近似匹配要修复的图像区域。
- 创建纹理：选中该单选按钮表示将使用选区中的所有像素创建一个用于修复该区域的纹理。
- 内容识别：选中该单选按钮，在修复某一区域时会自动分析周围图像的特点，然后通过拼接的方式将选区中的图像进行修复。

下面通过一个实例来讲解如何使用污点修复画笔工具，具体操作步骤如下：

STEP 01 打开配套光盘中的“素材\第4章\黑痣.jpg”文件，如下图所示。

STEP 02 在工具箱中选择“污点修复画笔工具”，在其属性栏中设置笔刷大小为13px，并选中“内容识别”单选按钮，然后在人物脸上的黑痣上单击，即可将其去除，如下图所示。

4.2.2 修复画笔工具

使用修复画笔工具时，首先要选取参考点，对于需要修饰大片区域，或者需要不断地控制取样来源时，用户可以选择修复画笔工具。修复画笔工具的属性栏如下图所示。

在属性栏中有几个比较重要的参数，其具体含义如下：

- ◉ 取样 ：将源设置为“取样”时，将以图像区域中的部分图像作为复制对象来进行修复。
- ○ 图案: ：将源设置为“图案”时，可以使用相应的图案作为复制对象来进行修复。
- □ 对齐：选中该复选框表示在不同区域复制图像时，参考点都将随之发生变化。取消选中该复选框，则表示在复制图像时，将以同一参考点对齐，即使在图像的不同区域进行图像的复制时，复制出来的仍然是同一幅图像。

下面通过一个实例来介绍修复画笔工具的使用方法，具体操作步骤如下：

STEP 01 打开配套光盘中的“素材\第4章\古韵建筑.jpg”文件，如下图所示。

STEP 02 在工具箱中选择“修复画笔工具”，在其属性栏中设置笔刷大小为33px，按住【Alt】键的同时在图像中单击设置参考点，如下图所示。

STEP 03 在文字上反复单击或拖动鼠标对文字进行涂抹，即可修复图像，如下图所示。

STEP 04 当文字被全部除去时即可完成操作，修复后的图像效果如下图所示。

4.2.3 修补工具

修补工具的工作原理是通过匹配样本图像和原图像的形状、光照以及纹理等属性来修复图像。修补工具的属性栏如下图所示。

- ◉源：当设置修补为“源”时，在修补的时候如果将源图像选区拖至目标区域，则源区域的图像将被替换为目标区域的图像。
- ○目标：选中该单选按钮表示将选定的区域设置为目标区域，用其覆盖需要修补的区域。
- □透明：选中该复选框可将图像中差异比较大的形状图像或者颜色修补到目标区域中。
- 使用图案：创建选区后该选项被激活，用户可以使用图案对选区进行图案修复。

下面通过一个实例来介绍修补工具的使用方法，具体操作步骤如下：

STEP 01 打开配套光盘中的“素材\第4章\眼袋.jpg”文件，如下图所示。

STEP 02 在工具箱中选择“修补工具”，在其属性栏中选中“源”单选按钮，然后在需要修复的地方拖动鼠标创建选区，如下图所示。

STEP 03 将鼠标指针移至选区内，当鼠标指针呈现形状时，将其拖动到合适的位置，如下图所示。

STEP 04 按【Ctrl+D】组合键取消选区，此时即可看到修复效果，如下图所示。

STEP 05 在图像中对人物的另一处眼袋进行修复，最终效果如下图所示。

4.2.4 红眼工具

使用红眼工具可以轻松地去除照片中的红眼。在工具箱中选择“红眼工具”，其属性栏如下图所示。

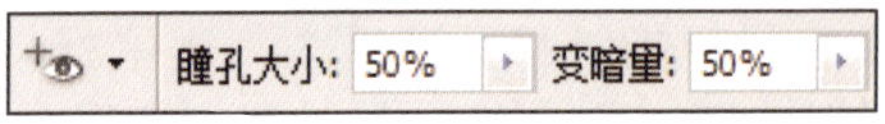

在属性栏中用户可以设置瞳孔放大的比例以及变暗量的比例。

下面通过一个实例来介绍红眼工具的使用方法，具体操作步骤如下：

STEP 01 打开配套光盘中的“素材\第4章\红眼.jpg”文件，如下图所示。

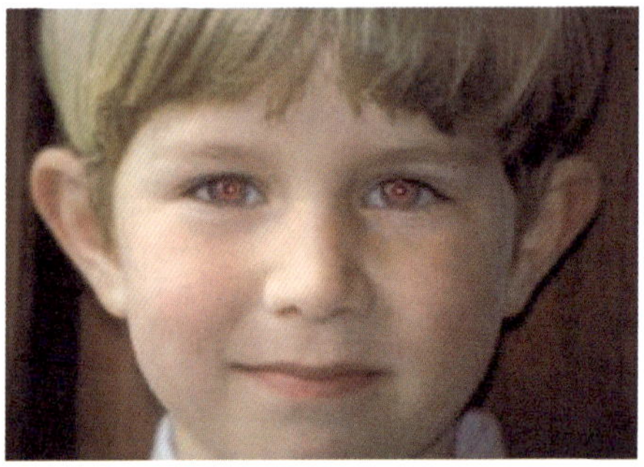

STEP 02 在工具箱中选择“红眼工具”，在红眼处单击即可去除红眼，如下图所示。

4.3 调整工具组

调整工具组包括模糊工具、锐化工具、涂抹工具、减淡工具、加深工具和海绵工具，如下图所示。

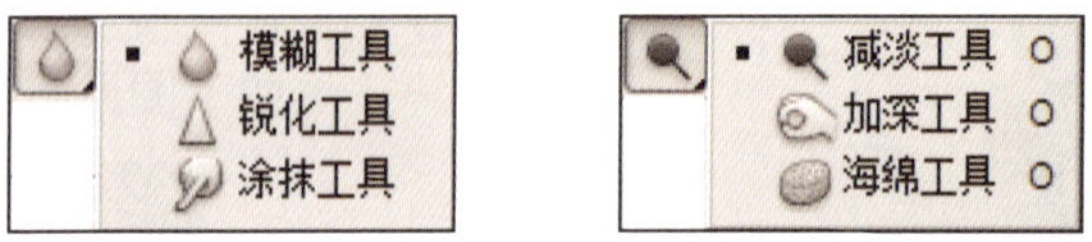

调整工具组

4.3.1 模糊工具、锐化工具和涂抹工具

1. 模糊工具

模糊工具可以柔化硬边缘，在处理的时候减少图像细节，并且使图像变得模糊。模糊工具属性栏如下图所示。

在属性栏中设置强度比例可以控制模糊工具的强度。

下面通过一个实例来介绍模糊工具的使用方法，具体操作步骤如下：

STEP 01 打开配套光盘中的“素材\第4章\皱纹.jpg”文件，如下图所示。

STEP 02 在工具箱中选择“模糊工具”，在其属性栏中设置笔刷大小为27px，“模式”为“变亮”，然后在人物脸部的皱纹处反复进行涂抹，最终效果如下图所示。

2. 锐化工具

锐化工具可以增加图像色彩反差，通过增强边缘对比度，从而使图像更加清晰。在工具箱中选择“锐化工具”，其属性栏如下图所示。

下面通过一个实例来介绍如何使用锐化工具，具体操作步骤如下：

STEP 01 打开配套光盘中的“素材\第4章\酷日一夏.jpg”文件，如下图所示。

STEP 02 在工具箱中选择“锐化工具”，在其属性栏中设置笔刷大小为40px，然后在图像中进行涂抹，效果如下图所示。

3. 涂抹工具

涂抹工具可拾取描边开始位置的颜色，并且沿拖动方向将颜色展开，从而使图像产生类似于在未干的画面上用手指涂抹的效果。在工具箱中选择“涂抹工具”，其属性栏如下图所示。

其中比较特殊的一个参数是“手指绘画”复选框，选中该复选框表示在使用涂抹工具涂抹时产生类似于手指涂抹颜料的效果；取消选中该复选框，在涂抹时则只移动图像中颜色的位置，而不附加任何其他的颜色效果，如下图所示。

原图

未选中“手指绘画”复选框

选中“手指绘画”复选框

下面通过一个实例来介绍涂抹工具的使用方法，具体操作步骤如下：

STEP 01 选择“文件”|“新建”命令，打开“新建”对话框，保持默认设置，单击“确定”按钮，如下图所示。

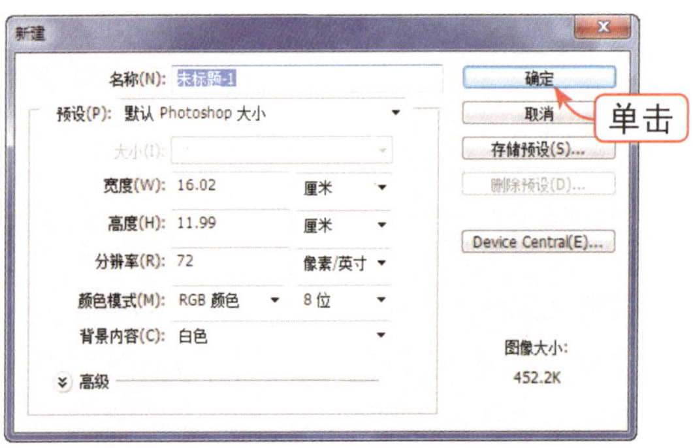

STEP 02 设置前景色为（R：0，G：0，B：0），在工具箱中选择“油漆桶工具”，在画布内单击，将其填充为黑色，如下图所示。

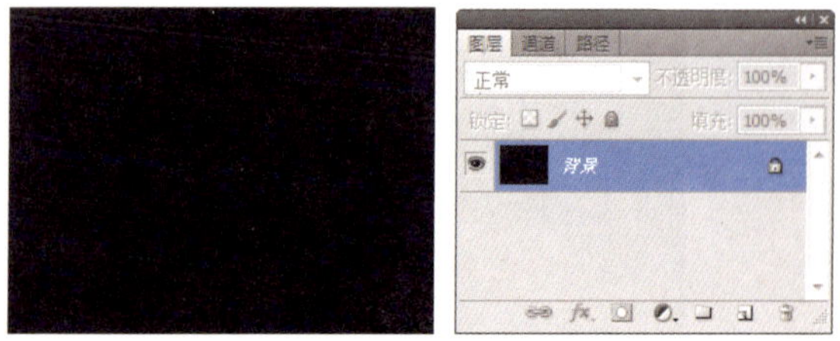

STEP 03 在“图层”面板底部单击“创建新图层”按钮创建一个新图层。在工具箱中选择“画笔工具”，在其属性栏中设置笔刷大小为20px，“流量”为100%，在图像中拖动鼠标进行绘制，如下图所示。

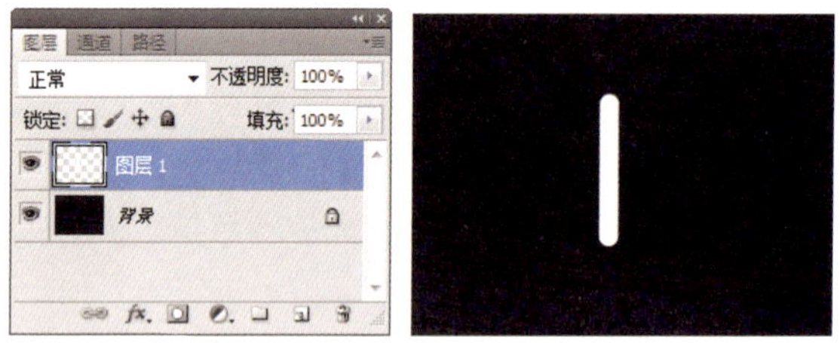

STEP 04 在工具箱中选择“涂抹工具”，在其属性栏中设置笔刷大小为30px，“强度”为50%，然后在图像中进行涂抹，得到如下图所示的效果。

STEP 05 在“图层”面板底部单击“创建新的填充或调整图层”按钮，在弹出的下拉菜单中选择“色相/饱和度”命令，在打开的“调整”面板中选中“着色”复选框，并设置有关色相/饱和度的各项参数，如下图所示。

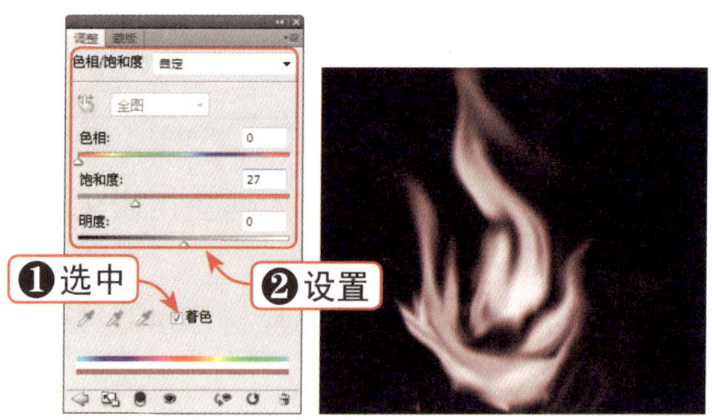

STEP 06 在“图层”面板底部单击“创建新的填充或调整图层”按钮，在弹出的下拉菜单中选择“色彩平衡”命令，在打开的“调整”面板中选中“中间调”单选按钮，并设置相关参数，即可看到设置后的效果，如下图所示。

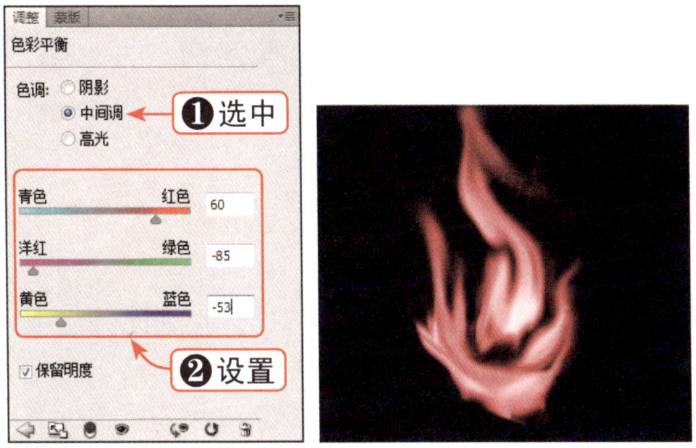

STEP 07 在面板中选中“高光”单选按钮，并设置相关参数，即可看到设置后的效果，如下图所示。

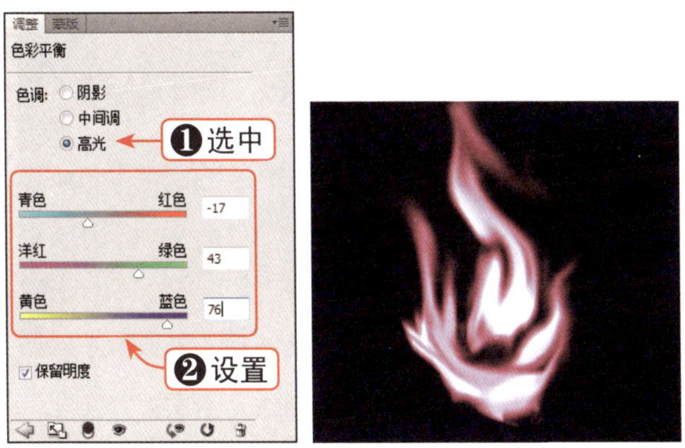

STEP 08 在面板中选中“阴影”单选按钮，并设置相关参数，即可看到设置后的效果，如下图所示。

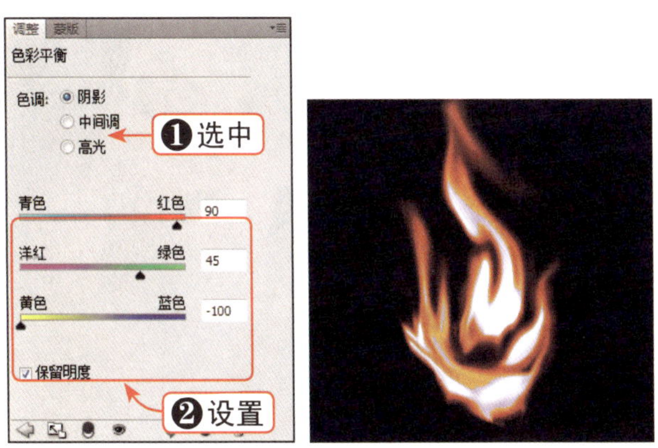

4.3.2 减淡工具、加深工具和海绵工具

1. 减淡工具

利用减淡工具可以改变图像的曝光度，从而使图像变亮。在工具箱中选择“减淡工具”，其属性栏如下图所示。

下面通过美白牙齿的实例来介绍减淡工具的使用方法，具体操作步骤如下：

STEP 01 打开配套光盘中的“素材\第4章\牙齿.jpg”文件，如下图所示。

STEP 02 在工具箱中选择“减淡工具”，在其属性栏中设置笔刷大小为8px，然后在人物的牙齿上进行涂抹，最终效果如下图所示。

2. 加深工具

利用加深工具同样可以改变图像的曝光度，从而使图像变暗。在工具箱中选择“加深工具”，其属性栏如下图所示。

下面通过使用加深工具来制作烟熏妆，具体操作步骤如下：

STEP 01 打开配套光盘中的“素材\第4章\惊喜美女.jpg”文件，如下图所示。

STEP 02 在工具箱中选择“加深工具”，在其属性栏中设置笔刷大小为9px，然后在人物眼睛周围进行涂抹，最终效果如下图所示。

3. 海绵工具

利用海绵工具可以改变图像的饱和度。在工具箱中选择“海绵工具”，其属性栏如下图所示。

下面通过一个实例来介绍海绵工具的使用方法，具体操作步骤如下：

STEP 01 打开配套光盘中的“素材\第4章\时尚元素.psd”文件，如下图所示。

STEP 02 在“图层”面板中选择“图层1”图层，然后在工具箱中选择“海绵工具”，在其属性栏中设置笔刷大小为199px，“模式”为“饱和”，“流量”为50%，在图像中进行涂抹，效果如下图所示。

STEP 03 在“图层”面板中选择“图层2”图层，将海绵工具的“模式”设置为“降低饱和度”，其他属性保持默认设置，然后在图像中进行涂抹，效果如下图所示。

STEP 04 在“图层”面板中选择“背景”图层，同样将海绵工具的“模式”设置为“降低饱和度”，其他属性保持默认设置，然后在图像中进行涂抹，效果如下图所示。

STEP 05 选择“滤镜”|“模糊”|“径向模糊”命令，弹出“径向模糊”对话框，在对话框中进行参数设置，然后单击“确定”按钮，如下图所示。

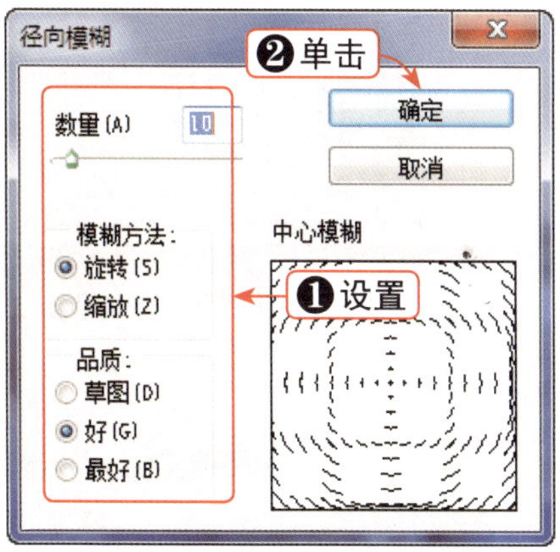

STEP 06 在“图层”面板中选择“图层2”图层，选择“滤镜”|“模糊”|“径向模糊”命令，弹出“径向模糊”对话框，在对话框中进行参数设置，然后单击“确定”按钮，如下图所示。

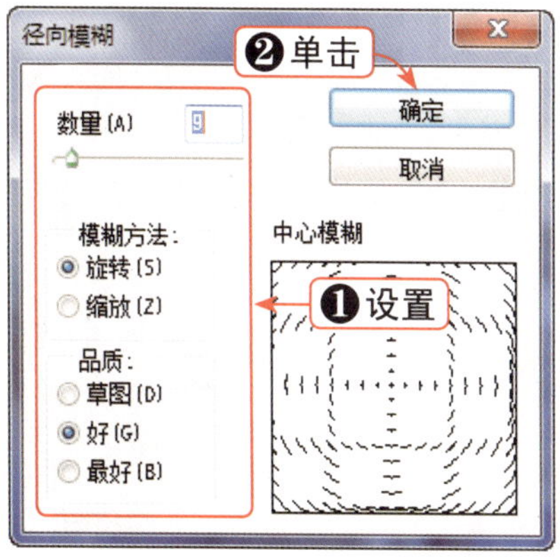

STEP 07 完成设置后即可得到最终的设计效果，如下图所示。

Chapter 05

路径的应用

路径工具组 ★

知识要点：

学习钢笔工具、自由钢笔工具、添加和删除锚点工具、转换点工具等路径工具的使用方法。

★ 路径的选择、编辑与应用

知识要点：

学习选择和移动路径，选择和移动锚点，复制、变换及组合路径，存储工作路径，路径和选区的转换，路径的描边与填充的方法等。

形状工具组 ★

知识要点：

学习使用矩形工具、圆角矩形工具、椭圆工具、多边形工具、直线工具以及自定形状工具等绘制各种形状的图形及路径。

5.1 路径

路径和形状工具在Photoshop CS5中的应用非常广泛，掌握这些工具就可以在Photoshop CS5中创建精确的矢量图形，并且可以绘制出各种复杂的图形，利用路径还能创建出复杂的选区。

5.1.1 认识路径

路径是使用钢笔工具或形状工具的路径工作状态制作出来的，它可以是一个点、一条直线或者一条曲线。路径在屏幕上表现为一些不可打印、不活动的矢量图形，无论缩小或放大图像，都不会影响其分辨率以及平滑程度。

绘制路径时，单击确定的点称为锚点，在路径中，它可分为平滑点和曲线点。通常情况下每个锚点均带有一条或者两条方向线，方向线的长度和方向决定了曲线段的位置和形状，如下图所示。

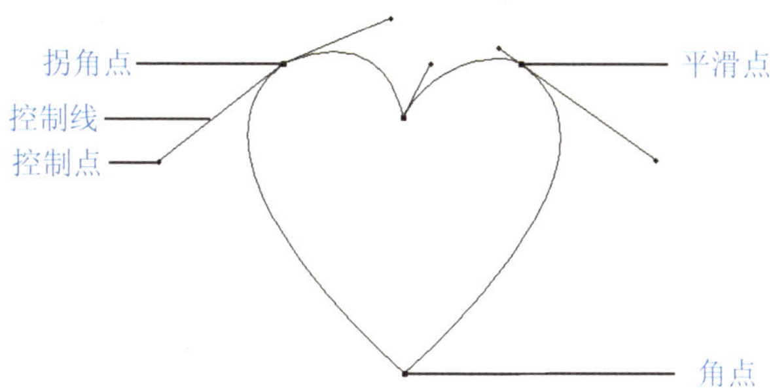

路径的组成说明如下：

- **控制点**：在控制线的终点处有一个端点，该点称为控制点，拖动该点可以修改方向线的位置和方向以及曲线形路径的弯曲效果。
- **拐角点**：该点两侧的控制线并不在同一条直线上，拖动其中一条控制线上的控制点时，另一个控制点不会随之移动，并且只有其中一侧的路径线发生变化。
- **控制线**：在曲线形路径上选中其上的锚点，在该点的一侧或两侧会显示一条或者两条线，这条线称为控制线。
- **平滑点**：平滑点只产生在曲线路径上，选中该点后，会在该点两侧出现两条控制线，并且这两条控制线在一条直线上，拖动任意一条控制线端点的控制点，另一条控制线也会发生相应的变化。
- **角点**：角点没有控制柄，其两侧的线段为直线。

5.1.2 “路径”面板

使用钢笔工具创建路径后，路径将自动保存在“路径”面板中。利用“路径”面板可以将路径转化为选区，也可以将选区转化为路径。选择“窗口”|“路径”命令，打开“路径”面板，如下图所示。

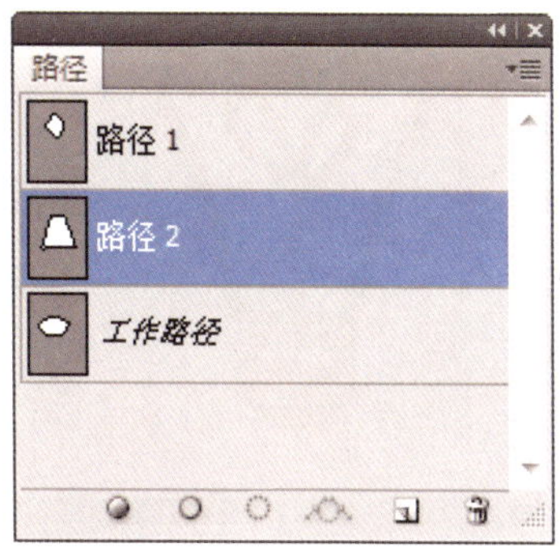

- 路径 2：表示选中路径层。
- 工作路径：表示未选中路径层。
- 单击该按钮，即可使用前景色填充路径。
- 单击该按钮，将使用画笔对路径进行描边。
- 单击该按钮，即可将路径转化为选区。
- 单击该按钮，即可将选区转化为路径。
- 单击该按钮，即可创建新路径。
- 单击该按钮，即可将选中的路径层删除。

5.2 路径工具组

路径工具组中包括钢笔工具、自由钢笔工具、添加锚点工具、删除锚点工具以及转换点工具。

5.2.1 钢笔工具

1. 钢笔工具属性栏

在工具箱中选择“钢笔工具”，其属性栏如下图所示。

“形状图层”按钮：单击该按钮，在使用形状工具绘图时将以前景色为填充色创建一个形状图层，同时在“图层”面板中生成包括缩览图和矢量蒙版缩览图的形状层，并在“路径”面板中生成一个矢量蒙版。这里以绘制“灯泡”形状为例，其效果如下图所示。

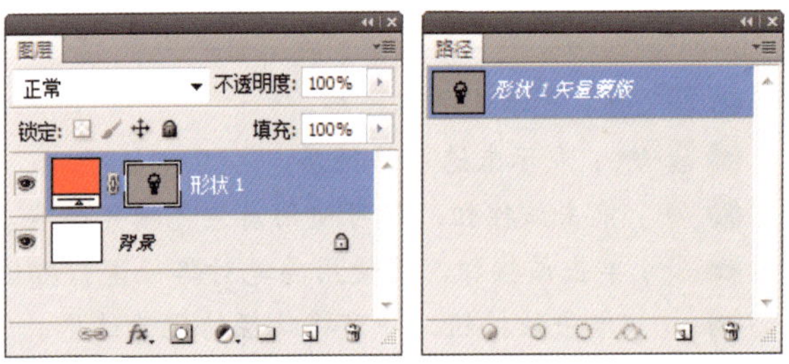

“路径”按钮：单击该按钮，在使用钢笔工具或者形状工具绘图时，可以绘制出路径效果，并在“路径”面板中生成路径层，而“图层”面板不会发生任何变化，如下图所示。

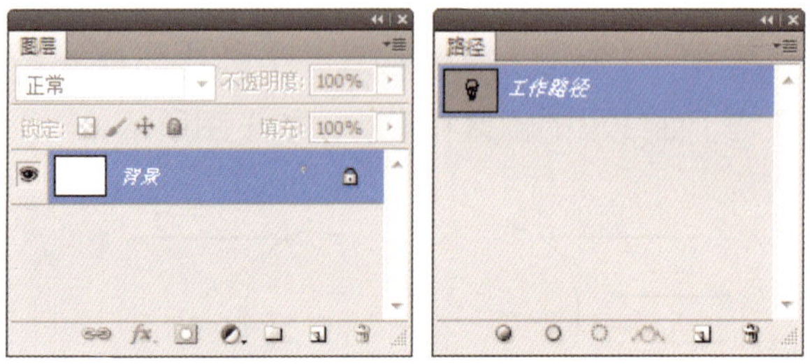

“填充像素”按钮：该按钮只有在使用形状工具时才可用。单击该按钮，在使用形状工具绘图时，在“图层”面板中不会产生新图层，也不会在“路径”面板中产生路径，并且绘制的形状会在当前图层中以前景色进行填充，并覆盖当前图层中的重叠区域，如下图所示。

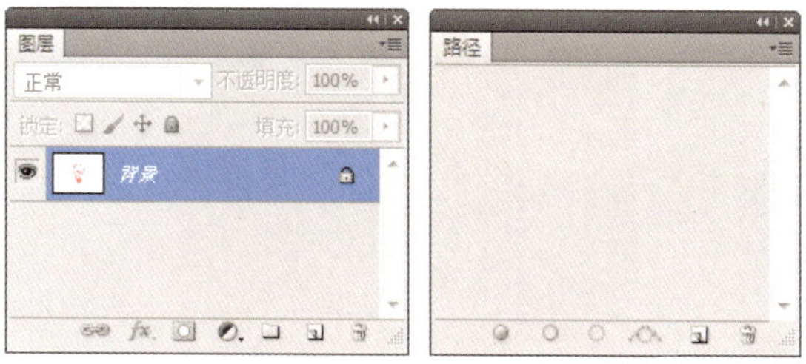

● 工具按钮组：其中列出了钢笔工具和形状工具的快速选择区，单击其右侧的下三角按钮，可以设置路径或形状工具的几何参数，选择钢笔工具时，将打开钢笔选项面板。

● ☑自动添加/删除：选中该复选框，在使用钢笔工具绘制路径时，可以自动添加或删除锚点。将鼠标指针移至绘制的路径上，当其呈现形状时，单击即可添加锚点；将鼠标指针移至路径的锚点上，当其呈现形状时，单击即可删除锚点。

●“添加到路径区域”按钮：单击该按钮，可将新路径添加到重叠的路径区域。

●“从路径区域减去”按钮：单击该按钮可从现有路径中减去与新绘制的路径的重叠区域。

●“交叉路径区域”按钮：单击该按钮将得到现有路径和新绘制的路径的重叠区域。

●“重叠路径区域除外”按钮：单击该按钮将得到除重叠区域以外的其他区域。

2. 绘制直线路径

下面通过一个实例来介绍如何绘制直线路径，具体操作步骤如下：

STEP 01 在工具箱中选择“钢笔工具”，在其属性栏中单击按钮，然后在图像中单击确定起始锚点，如下图所示。

STEP 02 确定起始锚点后，移动鼠标指针到下一个位置，单击创建第2个锚点，并且可得到一条开放型路径，如下图所示。

STEP 03 继续在图像中的其他位置单击确定其他锚点，当鼠标指针移至起始锚点位置时，鼠标指针将呈现形状，单击即可闭合路径，如下图所示。

STEP 04 闭合路径后的效果如下图所示。

3. 创建曲线路径

创建曲线路径较为复杂，下面通过一个实例来介绍如何创建曲线路径，具体操作步骤如下：

STEP 01 在工具箱中选择“钢笔工具”，在其属性栏中单击按钮，然后在图像中单击确定起始锚点，如下图所示。

STEP 02 将鼠标指针移至适当的位置，按住鼠标左键并拖动，以调整控制线的方向和弯曲程度，使绘制的路径与心形边缘重合，如下图所示。

STEP 03 按照上述方法，将鼠标指针移动到合适的位置，按住鼠标左键并拖动，继续沿心形轮廓绘制，当鼠标指针回到起始锚点时，单击并调整控制点来完成路径的封闭，如下图所示。

STEP 04 封闭路径以后的效果如下图所示。

5.2.2 自由钢笔工具

使用自由钢笔工具，用户可以绘制出任何想要的图像，在绘制路径的过程中，系统会自动为路径添加锚点。在工具箱中选择“自由钢笔工具”，其属性栏如下图所示。

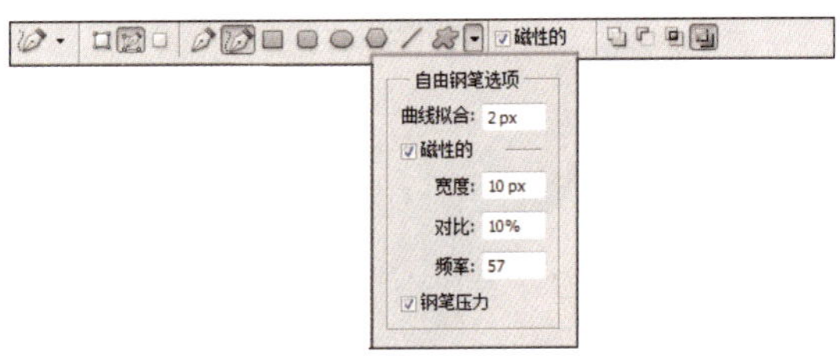

其中几个比较重要的参数的含义如下：

- **曲线拟合**：用于控制绘制路径时对鼠标指针移动的敏感性，输入的数值越大，则创建的路径锚点就越少，路径相对就越平滑。
- ☑磁性的：选中该复选框即可沿图像边缘创建路径，在打开的面板中用户还可以设置“磁性的”相关参数。
- **高度**：用于设置磁性钢笔工具产生磁性的范围，即可探测的距离，其数值介于1～40像素，数值越大，则可探测的距离也就越大。
- **对比**：用于设置边缘像素之间的对比度，其数值介于0%~100%，数值越大，其对比度要求越高。
- **频率**：用于设置绘制路径时产生的锚点的密度，数值越大，则锚点数量越多。

下面通过一个实例来介绍自由钢笔工具的使用方法，具体操作步骤如下：

STEP 01 打开配套光盘中的“素材\第5章\音符.jpg”文件，在工具箱中选择“自由钢笔工具”，然后在需要进行绘制的起始位置单击确定起始锚点，如下图所示。

STEP 02 按住鼠标左键并拖动，沿着图像轮廓绘制路径，效果如下图所示。

STEP 03 当返回起始点，鼠标指针呈现形状时，释放鼠标左键即可封闭路径，如下图所示。

STEP 04 封闭路径后的效果如下图所示。

5.2.3 添加和删除锚点工具

通过添加或删除锚点工具可以为路径添加或删除锚点。下面通过一个实例来介绍添加和删除锚点工具的使用方法，具体操作步骤如下：

STEP 01 打开配套光盘中的“素材\第5章\贝壳.jpg”文件，使用“钢笔工具”沿着贝壳边缘创建路径，如下图所示。

STEP 02 在工具箱中选择“添加锚点工具”，然后在要添加锚点的路径上单击，此时即可成功添加锚点，如下图所示。

STEP 03 在工具箱中选择“删除锚点工具”，将鼠标指针移至要删除的锚点上，单击即可将其删除，如下图所示。

5.2.4 转换点工具

锚点有直线锚点、曲线锚点以及贝叶斯锚点3种类型，使用转换点工具可以实现各锚点之间的转换。

- **直线锚点**：直线锚点没有控制柄，如下图所示。

- **曲线锚点**：曲线锚点两侧存在两条控制线，两个方向的控制线可以长度不同，但是始终在同一条直线上，如下图所示。

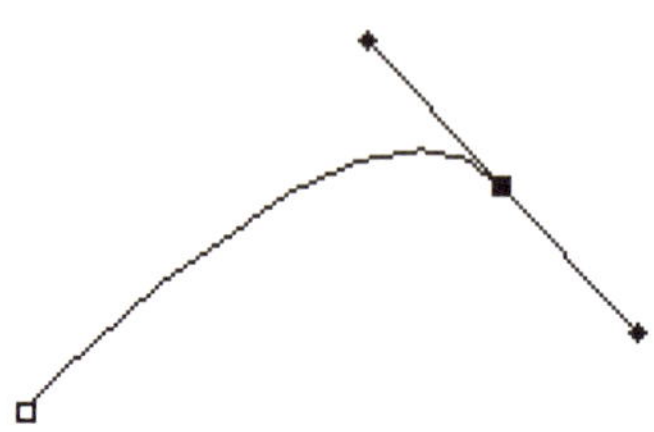

- **贝叶斯锚点**：该锚点两侧都有控制线，并且两侧的方向线不仅控制线的长度可以不同，而且可以不在同一条直线上，如下图所示。

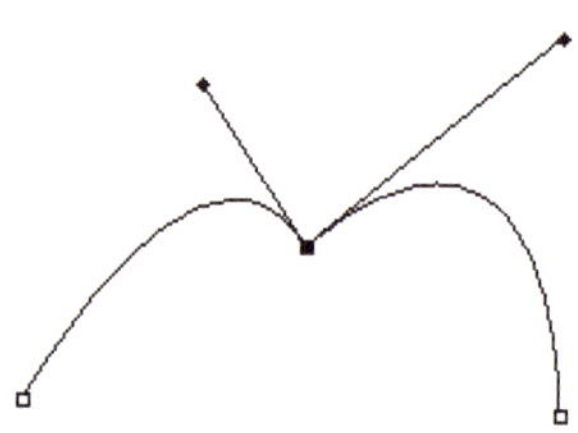

各种锚点之间的转换如下：

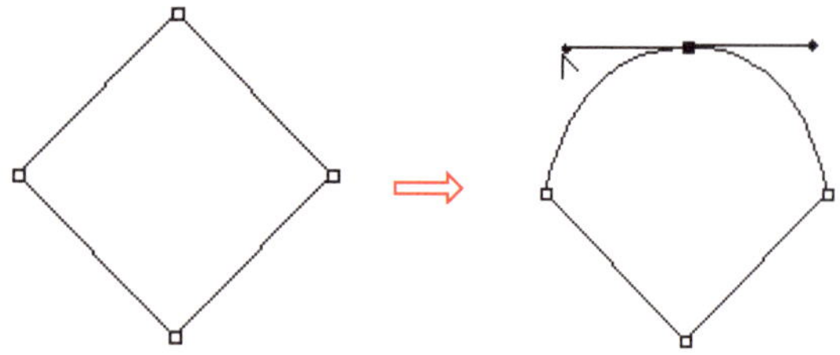

拖曳直线锚点，即可将其转换为曲线锚点

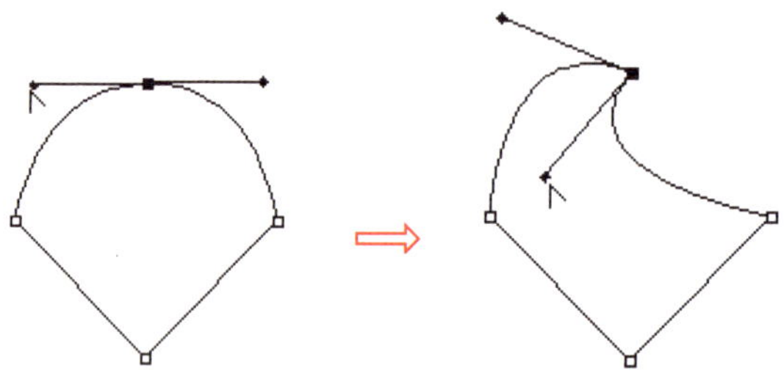

拖动曲线锚点控制线上的控制点，即可将其转换为贝叶斯锚点

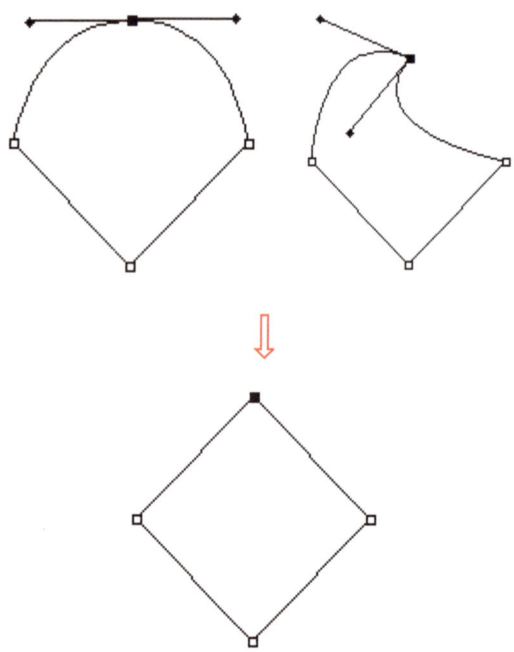

单击曲线锚点或者贝叶斯锚点，即可将其转换为直线锚点

5.3 路径的选择和编辑

选择和编辑路径时，经常会用到Photoshop CS5中的选择路径工具。选择路径工具包括路径选择工具和直接选择工具两种。

5.3.1 选择和移动路径

路径选择工具主要用于选择整条路径，当整条路径都被选中时，所有的锚点都为黑色方块。

直接选择工具主要用于选择路径中的锚点，用户只需单击需要选择的锚点即可。

1. 选择整条路经

在工具箱中选择“路径选择工具”，然后在路径的任意位置单击，即可选中整条路经，如下图所示。

2. 选择路径段

在工具箱中选择“直接选择工具”，然后在要选择的路径的两个锚点之间单击，即可选中该路径段，此时两个锚点上的控制柄就会呈现出来，如下图所示。

3. 移动整条路径

在工具箱中选择“路径选择工具”，将鼠标指针移至路径上，按住鼠标左键并拖动即可移动整条路径，然后释放鼠标左键即可，如下图所示。

4. 移动部分路径

在工具箱中选择“直接选择工具”，选择需要移动的路径段，然后按住鼠标左键并拖动即可移动部分路径，如下图所示。

5.3.2 选择和移动锚点

锚点的移动和选择主要借助直接选择工具来完成，用户可选择单个锚点，也可同时选择多个锚点。

1. 选择单个锚点

在工具箱中选择“直接选择工具”，然后在需要选择的锚点上单击，此时即可选中单个锚点，并且选中的锚点以黑色实心显示，如下图所示。

2. 选择多个锚点

在工具箱中选择“直接选择工具”，然后在图像中按住鼠标左键并拖动生成一个控制框，如下图（左）所示。释放鼠标左键，则处于该控制框内的所有的锚点将被选中，如下图（右）所示。

3. 移动锚点

在工具箱中选择“直接选择工具”，然后在选择的锚点上按住鼠标左键并将其拖动到其他位置，此时即可移动锚点，如下图所示。

5.3.3 复制、变换以及组合路径

选择路径后，即可对路径进行复制、变换以及组合操作，下面将分别对其进行详细介绍。

1. 复制路径

复制路径常用的方法有两种，一种是按住【Alt】键的同时并拖动进行复制，另一种是使用“路径”面板来复制路径。

（1）拖动法复制路径

在工具箱中选择“路径选择工具”，然后在图像中单击要移动的路径，按住【Alt】键，当鼠标指针呈现形状时按住鼠标左键并拖动路径，即可完成路径的复制，如下图所示。

（2）通过“路径”面板复制路径

选择“窗口”|“路径”命令，打开“路径”面板，选择需要复制的路径并将其拖动到“创建新路径”按钮上，然后释放鼠标左键，此时即可完成路径的复制，如下图所示。

2. 变换路径

路径的变换主要包括路径的旋转、缩放、倾斜以及扭曲等，路径的变换与前面的章节讲到的选区的变换方法相同，下面来简单介绍其具体操作方法。

(1) 路径的缩放

选中整条路径，选择“编辑”|“变换路径”|“缩放”命令，在图像周围出现一个变换框，此时即可对路径进行缩小或放大，如下图所示。

(2) 路径的旋转

选中整条路径，选择“编辑”|“变换路径”|“旋转”命令，在图像周围出现一个变换框，此时即可对路径进行旋转，如下图所示。

(3) 路径的斜切

选中整条路径，选择“编辑”|“变换路径”|“斜切”命令，在图像周围出现一个变换框，此时即可对路径进行变换，如下图所示。

(4) 路径的扭曲

选中整条路径，选择“编辑”|“变换路径”|“扭曲”命令，此时即可对路径进行扭曲变换，如下图所示。

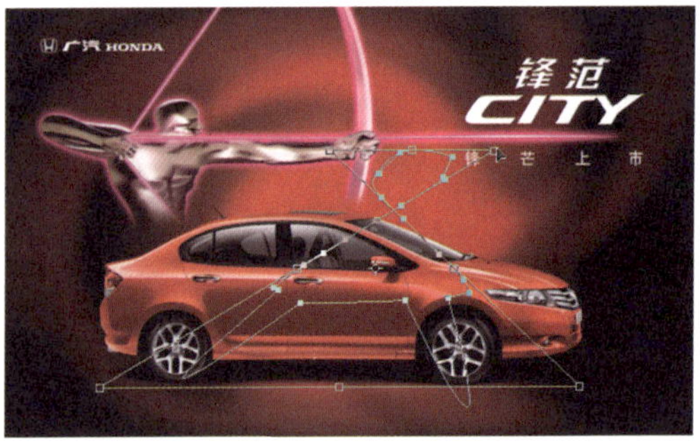

（5）路径的透视

选中整条路径，选择“编辑”|“变换路径”|“透视”命令，在图像周围出现在一个变换框，此时即可对路径进行透视变换，如下图所示。

（6）路径的变形

选中整条路径，选择“编辑”|“变换路径”|“变形”命令，在图像周围出现一个变换框，此时即可对路径进行变形操作，如下图所示。

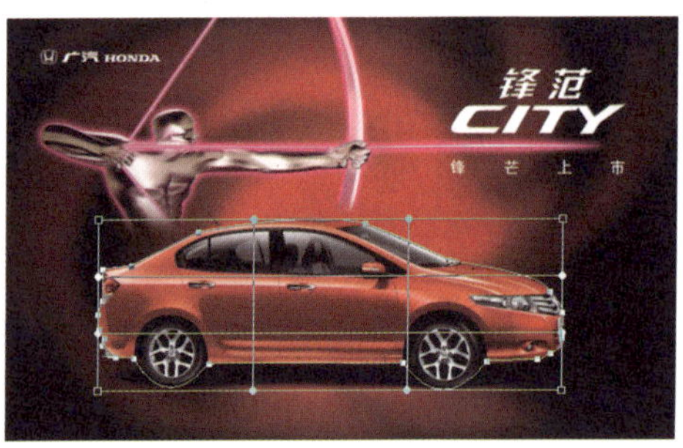

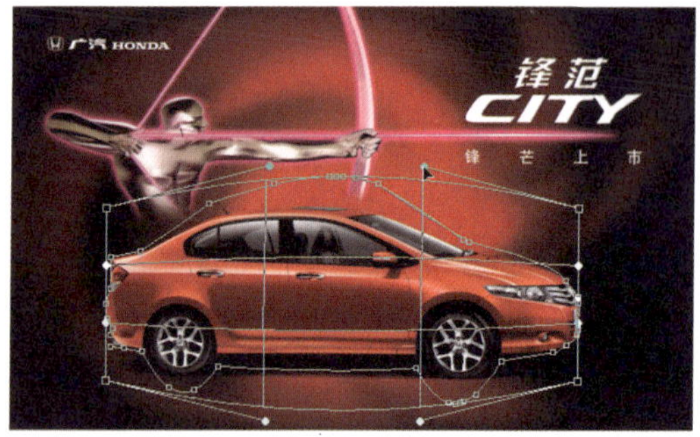

3. 组合路径

如果创建了多条路径，那么还可以对路径进行组合。在工具箱中选择“路径选择工具”，在图像中选择要组合的路径，然后在属性栏中选择组合方式，并单击组合按钮进行组合。

路径的组合方式一共有4种，即添加到形状区域、从形状区域减去、交叉形状区域以及重叠形状区域除外。

选择路径组合方式并进行填充后的效果如下图所示。

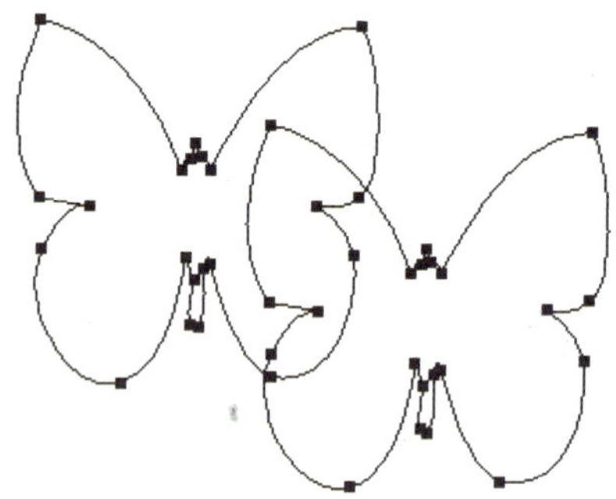

选择路径

添加到形状区域

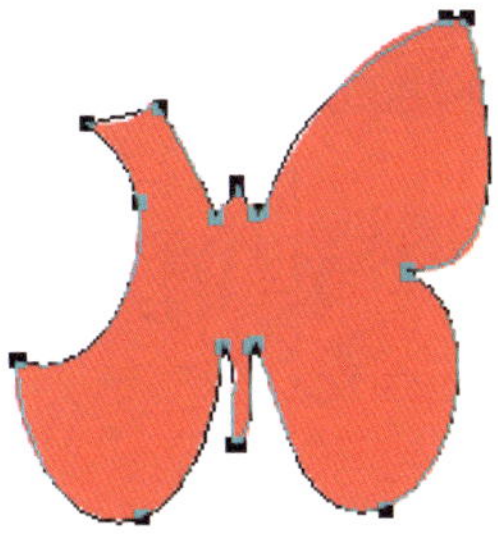

从形状区域减去

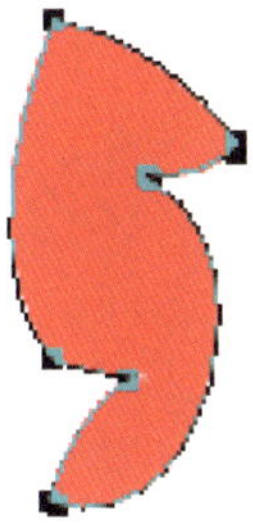

交叉形状区域

重叠形状区域除外

5.3.4 存储工作路径

在Photoshop中创建的工作路径都是临时的，一旦用户取消选择当前路径，并且再次绘制新的路径时，原来的工作路径将自动被新的路径取代，所以，对于比较复杂的或者以后还会用到的工作路径，应该将其保存起来。

选择“窗口”|“路径”命令，打开“路径”面板，将工作路径拖至“创建新路径”按钮上，然后释放鼠标左键，此时原来的“工作路径”变成了“路径1”，即完成了路径的存储，如下图所示。

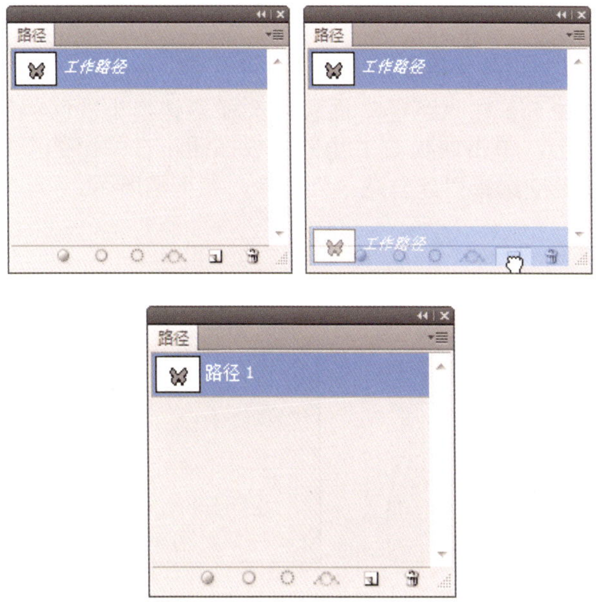

5.4 应用路径

路径的应用主要包括路径和选区之间的转换以及路径的描边与填充，下面将详细介绍如何应用路径。

5.4.1 路径和选区的转换

在Photoshop CS5中编辑图片时经常会用到路径和选区，有时候还需要将两者进行转换，使操作更加方便。下面将详细介绍如何转换路径和选区。

1. 将路径转换为选区

将路径转换为选区主要有两种方法，即按钮法创建选区和菜单法创建选区。

（1）按钮法创建选区

在“路径”面板中选择要转换为选区的路径层，单击面板底部的“将路径作为选区载入”按钮，即可将路径转换为选区，如下图所示。

（2）菜单法创建选区

STEP 01 在“路径”面板中选择要转换为选区的路径层，单击面板右上角的面板按钮，在弹出的下拉菜单中选择“建立选区”命令，如下图所示。

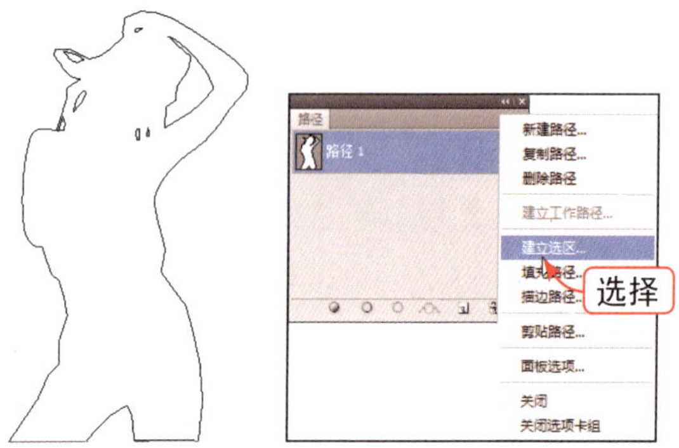

STEP 02 弹出“建立选区”对话框，在对话框中设置相应的参数，单击“确定”按钮，即可将路径转换为选区，如下图所示。

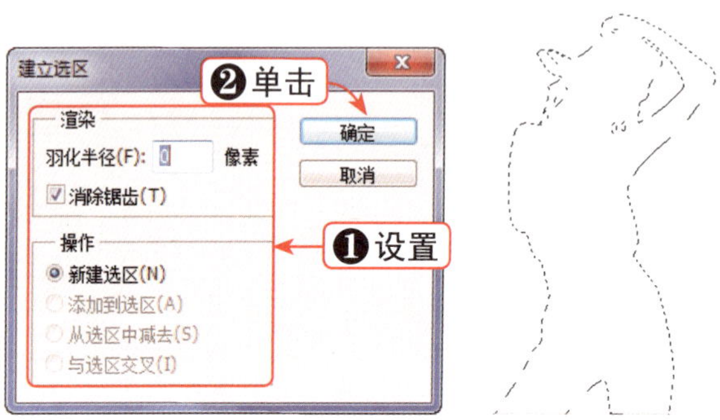

2. 将选区转换为路径

将选区转换为路径的常用方法有两种，即按钮法创建路径和菜单法创建路径。

（1）按钮法创建路径

创建选区后，单击“路径”面板底部的“从选区生成工作路径”按钮，即可将选区转换为路径，如下图所示。

（2）菜单法创建选区

STEP 01 创建选区后，在“路径”面板中单击右上角的面板按钮，在弹出的下拉菜单中选择“建立工作路径”命令，如下图所示。

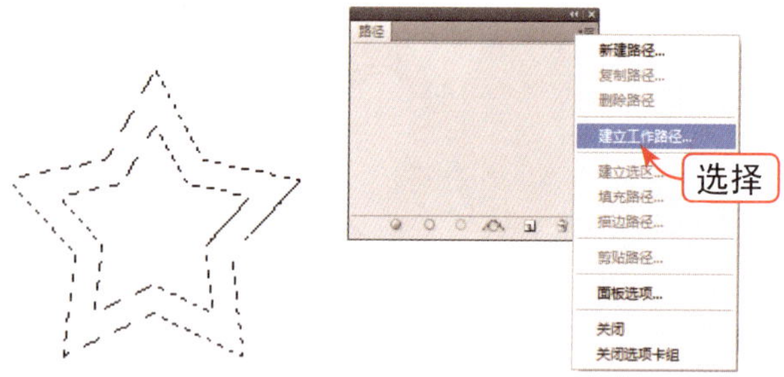

STEP 02 弹出“建立工作路径”对话框，在对话框中设置容差值，数值介于0.5像素~8.0像素，数值越大，则产生的锚点越多，单击“确定”按钮，即可将选区转换为路径，如下图所示。

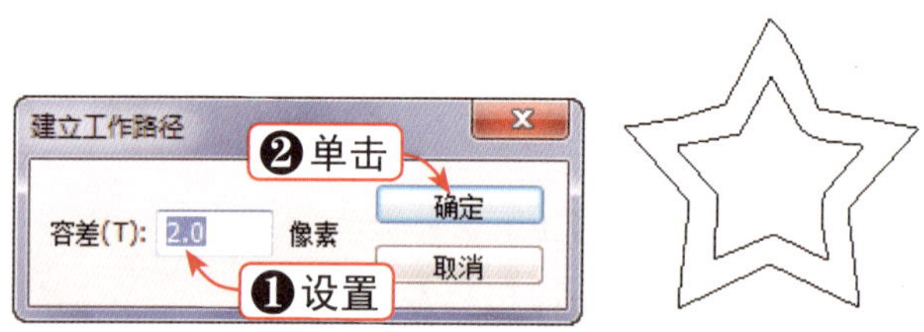

5.4.2 路径的描边与填充

在Photoshop中可以使用前景色、背景色或者图案对路径进行填充，也可以使用绘图工具对路径进行描边。

1. 路径的描边

在对路径描边时，首先需要选定描边工具，并对该工具进行相应的参数设置后才可以进行描边，具体操作步骤如下：

STEP 01 打开配套光盘中的“素材\第5章\音乐美女.psd”文件，在“路径”面板中选择要描边的路径层，如下图所示。

STEP 02 在工具箱中选择“画笔工具”，并对画笔的参数进行设置，如下图所示。

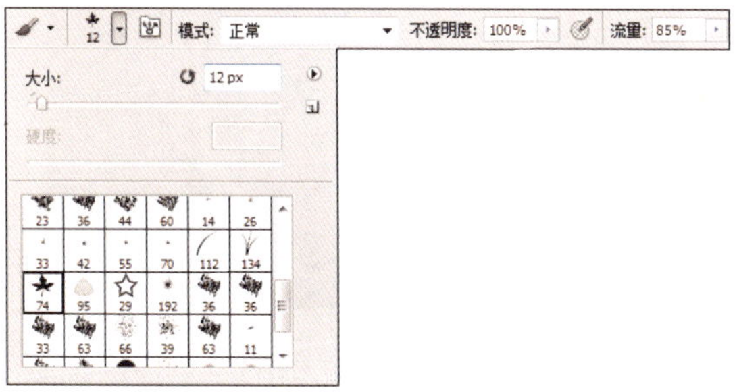

STEP 03 将前景色设置为（R：255，G：0，B：0），单击“路径”面板下方的“用画笔描边路径”按钮 ○，即可使用画笔将路径描边，如下图所示。

STEP 04 按【Ctrl+Enter】组合键将路径转换为选区，然后按【Ctrl+D】组合键取消选区，此时即可看到最终的效果，如下图所示。

2. 路径的填充

路径的填充类似于选区的填充，具体操作步骤如下：

STEP 01 打开配套光盘中的“素材\第5章\立体IE.psd”文件，在“路径”面板中选择要描边的路径层，如下图所示。

STEP 02 将前景色设置为（R:255，G:174，B:0），单击“路径”面板底部的“用前景色填充路径”按钮，即可将路径填充为设置的前景色，如下图所示。

5.5 形状工具组

形状工具可以用来绘制各种形状的图形以及路径。形状工具组中包括矩形工具、圆角矩形工具、椭圆工具、多边形工具、直线工具以及自定形状工具，下面将分别对其进行详细介绍。

5.5.1 矩形工具

在工具箱中选择"矩形工具"，在其属性栏中单击黑色的下三角形按钮，即可打开"矩形选项"面板，如下图所示。

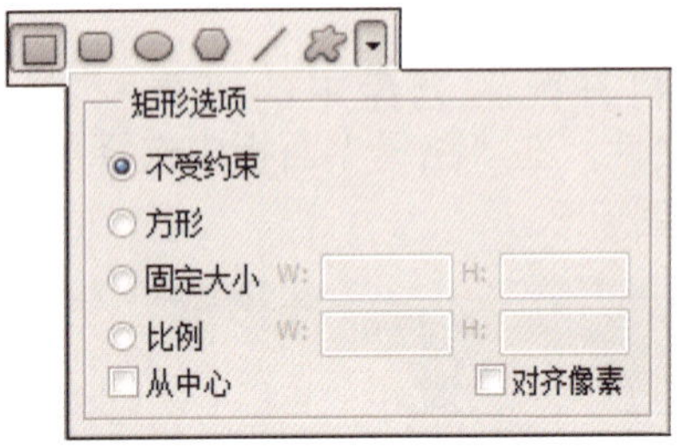

● **不受约束**：选中此单选按钮，按住鼠标左键并拖动，即可绘制任意大小的矩形；按住【Shift】键的同时按住鼠标左键并拖动，即可绘制正方形；按住【Alt】键的同时按住鼠标左键并拖动，即可绘制以鼠标单击点为中心的任意大小的矩形；按住【Alt+Shift】组合键的同时按住鼠标左键并拖动，即可绘制以单击点为中心的正方形。

● **方形**：选中该单选按钮，在文档窗口中按住鼠标左键并拖动，即可绘制任意大小的正方形。

● **固定大小**：选中该单选按钮，即可激活其后面的宽度和高度文本框，在其中输入相应的数值，即可绘制指定大小的矩形。

● **比例**：选中该单选按钮，即可激活其后面的水平比例和垂直比例文本框，在其中输入相应的值，即可绘制比例固定的矩形。

● **从中心**：选中该复选框表示在文档窗口中绘制矩形时，将以单击点为中心绘制矩形。

● **对齐需要**：选中该复选框表示在文档中绘制矩形时，可使矩形边缘对齐图像像素的边缘。

下面通过一个实例来介绍如何使用矩形工具，具体操作步骤如下：

STEP 01 打开配套光盘中的"素材\第5章\双手.jpg"文件，如下图所示。

STEP 02 单击"图层"面板底部的"创建新图层"按钮创建一个新图层。在工具箱中选择"矩形工具"，在其属性栏中单击黑色的下三角形按钮，打开"矩形选项"面板，在其中选中"正方形"单选按钮，然后在文档窗口中绘制正方形，如下图所示。

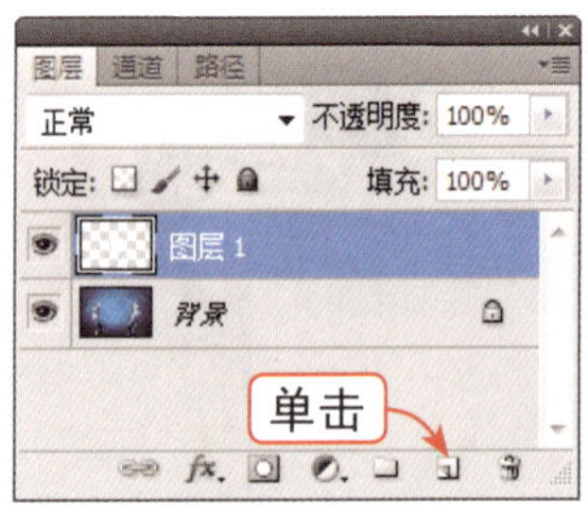

STEP 03 连续按两次【Ctrl+J】组合键即可对该图层

进行复制，并得到“图层1副本”和“图层1副本2”图层，如下图所示。

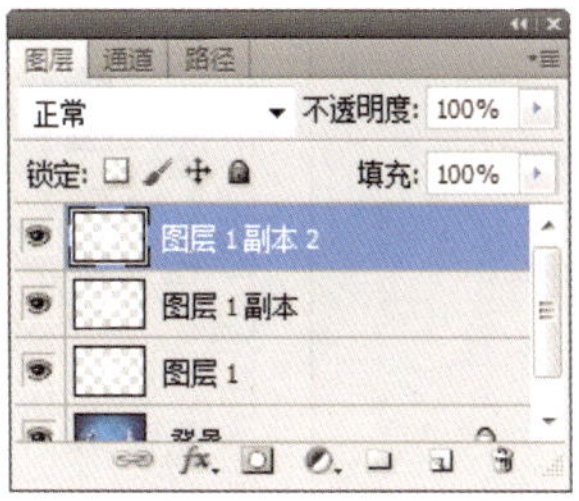

STEP 04 按【Ctrl+T】组合键对图像进行变换，在属性栏中进行参数设置，然后将图像移至合适的位置，最后按【Enter】键确认变换，如下图所示。

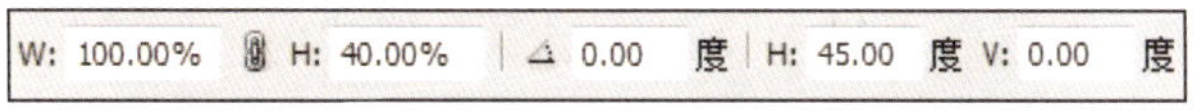

STEP 05 选择“图层1副本”图层，按【Ctrl+T】组合键对图像进行变换，在属性栏中进行参数设置，然后将图像移至合适的位置，最后按【Enter】键确认变换，如下图所示。

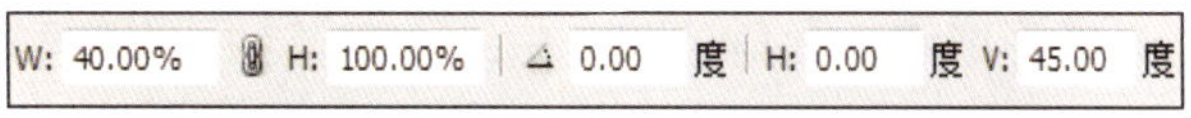

STEP 06 打开配套光盘中的“素材\第5章\地产1.jpg”文件，如下图所示。

STEP 07 在“地产1.jpg”文档窗口中双击背景图层使其变为普通图层，在工具箱中选择“移动工具”，将其移动到“双手.jpg”文档窗口中，如下图所示。

STEP 08 选择“编辑”|“变换”|“扭曲”命令，按照正方形轮廓对图像进行扭曲变换，然后按【Enter】键确认变换，如下图所示。

STEP 09 打开配套光盘中的“素材\第5章\地产2.jpg”文件，如下图所示。

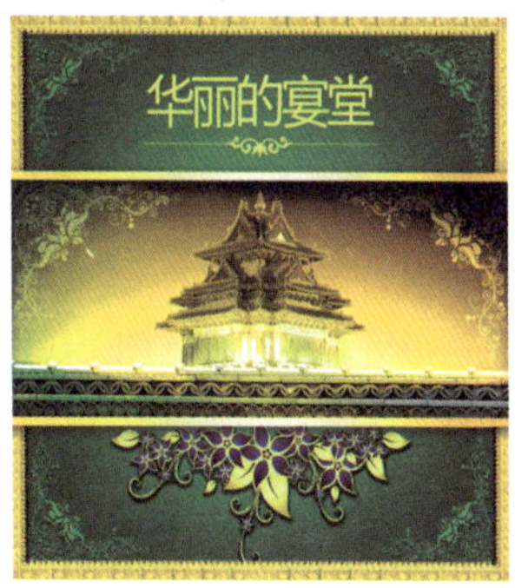

STEP 10 将图像移至“双手.jpg”文档窗口中，并对图像进行扭曲变换，如下图所示。

STEP 11 打开配套光盘中的“素材\第5章\地产3.jpg”文件，如下图所示。

STEP 12 将图像移至“双手.jpg”文档窗口中，并对图像进行扭曲变换，如下图所示。

STEP 13 关闭背景图层的可见性，按【Ctrl+Shift+Alt+E】组合键对其他可见图层进行盖印，生成“图层5”，然后打开“背景”图层可见性，并关闭“图层1”和“图层4”之间的所有图层的可见性，如下图所示。

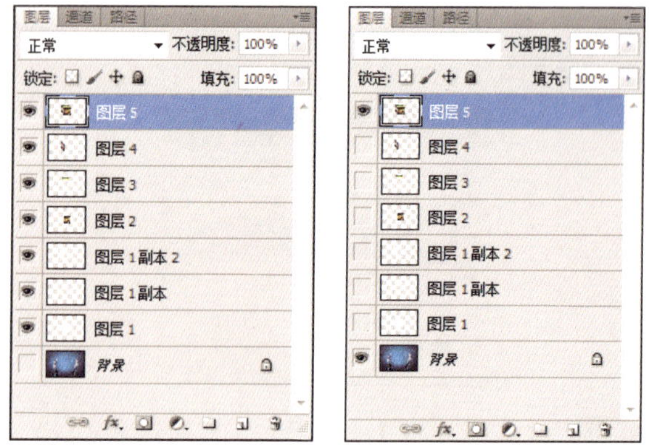

STEP 14 按【Ctrl+T】组合键调整图像的大小和位置，并对图像进行旋转，按【Enter】键确认变换。在“图层”面板中设置图层混合模式为“明度”，效果如下图所示。

5.5.2 圆角矩形工具

圆角矩形工具主要用于绘制带有一定圆角度的圆角矩形或者正圆角矩形。在工具箱中选择“圆角矩形工具”，在其属性栏中单击黑色的下三角形按钮，即可打开“圆角矩形选项”面板，如下图所示。

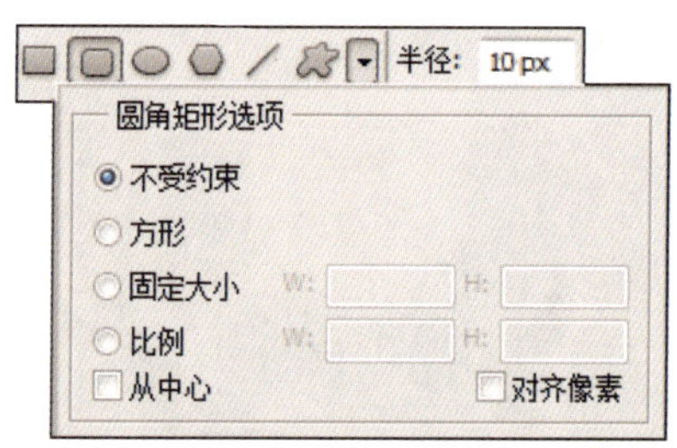

圆角矩形工具区别于矩形工具的一个参数是“半径”，该选项用于设置圆角矩形的4个角的圆滑程度，取值范围在0像素~1 000像素，数值越大，则越圆滑，如下图所示。

在绘制圆角矩形时，当用户按住【Shift】键的同时在文档窗口中按住鼠标左键并拖动时，可绘制出正圆角矩形（这里将半径设置为20px），如下图（右）所示。

半径值为0px

半径值为20px

半径值为80px

正圆角矩形

5.5.3 椭圆工具

椭圆工具主要用于绘制椭圆或者圆形。在工具箱中选择“椭圆工具”，在其属性栏中单击黑色的下三角形按钮，即可打开“椭圆选项”面板，如下图所示。

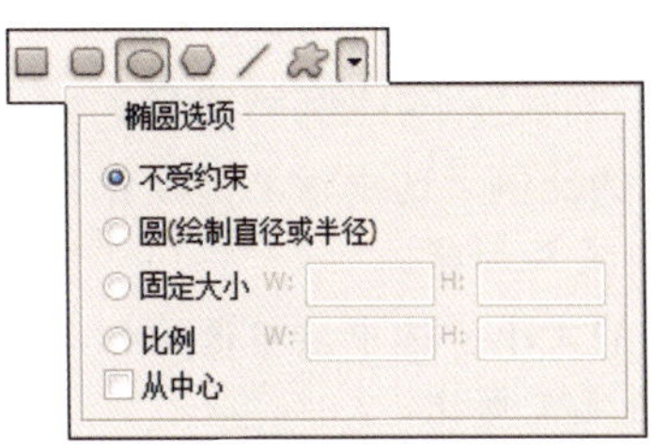

在“椭圆选项”面板中多出一个“圆（绘制直径或半径）”选项，选中该单选按钮可以绘制圆形。

使用椭圆工具在文档窗口中绘制的椭圆或者圆形的效果如下图所示。

5.5.4 多边形工具

利用多边形工具可以绘制各种多边形和星形。在工具箱中选择“多边形工具”，在其属性栏中单击黑色的下三角形按钮，即可打开“多边形选项”面板，如下图所示。

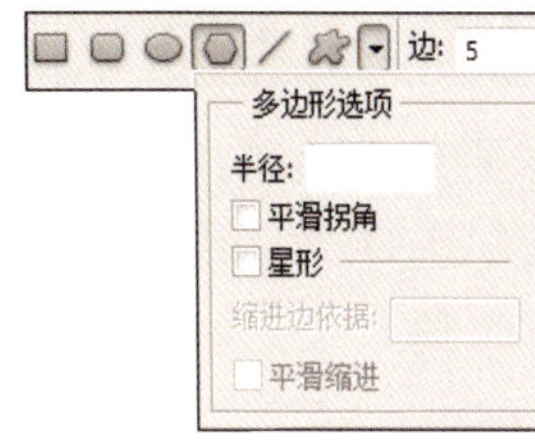

“多边形选项”面板中各项参数的含义如下：

- **半径**：用于设置多边形以及星形从中心到外部点之间的距离。
- **平滑拐角**：选中该复选框即可绘制出平滑圆角的多边形和星形。未选中该复选框与选中该复选框绘制出的多边形的效果对比如下图所示。

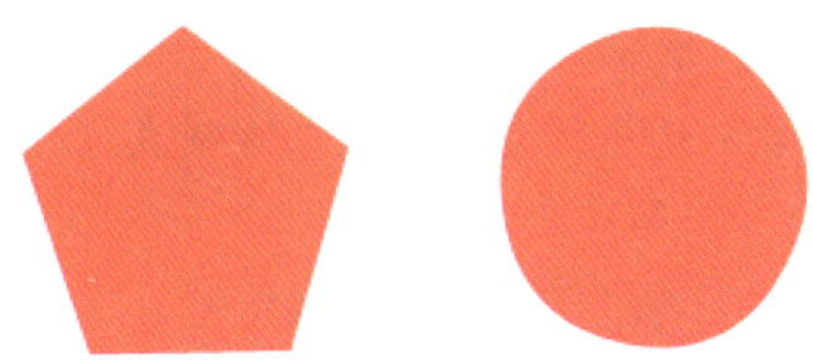

- **星形**：选中该复选框可绘制星形。
- **缩进边依据**：只有选中了“星形”复选框，该选项才可以被激活。该选项用于指定星形缩进的大小和半径的百分比，其值介于1%~99%，其效果对比如下图所示。

缩进边依据为20%

缩进边依据为50%

缩进边依据为80%

● **平滑缩进**：选中该复选框即可平滑星形的角，使绘制出的星形更加柔和。

在多边形工具属性栏中还有一个重要的参数，即边: 5，该选项用于设置多边形的边数或者星形的角的个数。

5.5.5 直线工具

直线工具主要用于绘制直线或者带有箭头的直线段。在工具箱中选择“直线工具”，在其属性栏中单击黑色的下三角形按钮，即可打开“箭头”面板，如下图所示。

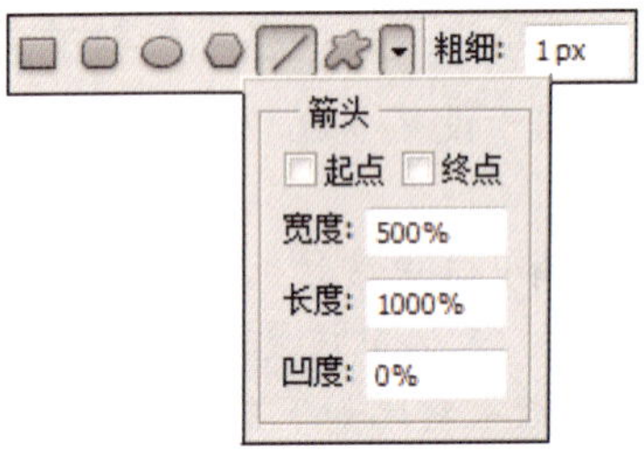

“箭头”面板中各项参数的含义如下：

● **起点**：选中该复选框，在绘制直线时即可在直线的起始位置绘制箭头。

● **终点**：选中该复选框，在绘制直线时即可在直线的终点位置绘制箭头。

● **宽度**：该选项主要用来设置箭头的宽度，并可控制箭头与直线的粗细的百分比。如果设置相同的粗细，并设置不同的宽度百分比，那么产生的效果也会不同。将直线粗细设置为8px，设置不同的宽度百分比，其效果对比如下图所示。

宽度百分比为200%

宽度百分比为500%

宽度百分比为700%

● **长度**：该选项主要用来设置箭头的长度，并可控制箭头与直线粗细的百分比。如果设置相同的粗细，并设置不同的长度百分比，那么产生的效果也会不同。将直线粗细设置为8px，设置不同的长度百分比，其效果对比如下图所示。

长度为1000%

长度为500%

长度为100%

● **凹度**：用于设置箭头尾部的凹凸程度，其取值范围在−50%~50%，当输入的数值为负数时，箭头尾部向外凸出；当输入的数值为0时，箭头尾部保持平衡效果；当输入的数值为正数时，箭头尾部向内凹进。

5.5.6 自定形状工具

利用自定形状工具可以绘制出各种预设形状。Photoshop CS5中自带了一部分预设形状，同时，用户还可以自行定义其他形状。在工具箱中选择“自定形状工具”，在其属性栏中单击黑色的下三角形按钮，即可打开“自定形状选项”面板，如下图所示。

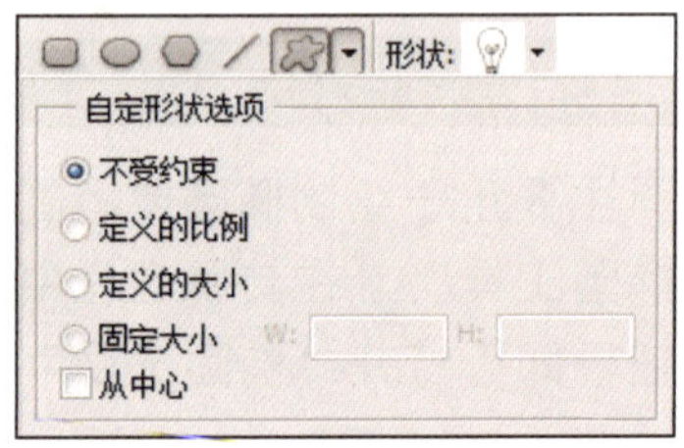

在“自定形状选项”面板中有两个区别于其他工具的参数，即定义的比例和定义的大小。

● **定义的比例**：选中该单选按钮，将按照定义的比例来绘制自定义形状。

● **定义的大小**：选中该单选按钮，将按照定义的大小来绘制自定义形状。

选择自定形状工具后，在其属性栏中还有一个比较特殊的参数，即形状:，单击其右侧的黑色的下三角形按钮，即可打开“形状”面板，如下图所示。

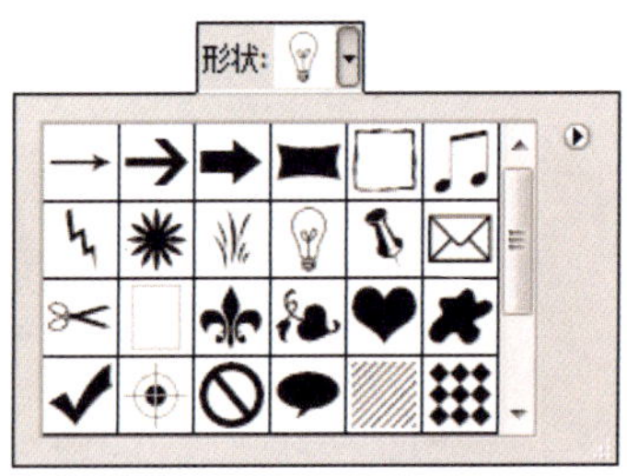

1．重命名形状

在“形状”面板中右击需要重命名的形状，在弹出的快捷菜单中选择“重命名形状”命令，即可弹出“形状名称”对话框，在其中输入新的形状名称，然后单击“确定”按钮即可，如下图所示。

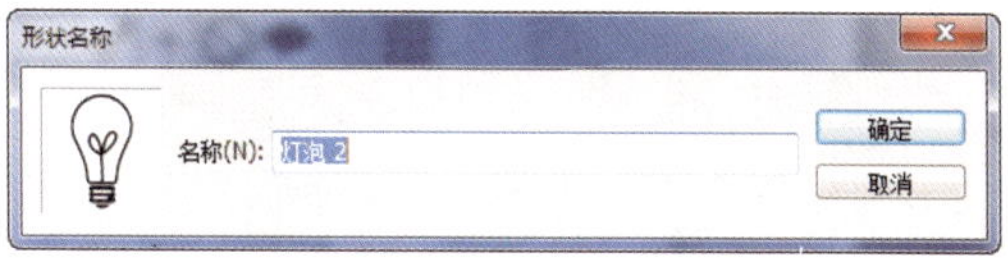

2．删除形状

在“形状”面板中右击需要删除的形状，在弹出的快捷菜单中选择“删除形状”命令，即可将形状删除。

3．复位形状

通过“复位形状”命令，可以将Photoshop CS5中的形状恢复至默认效果，但恢复默认效果后就会替换当前所有的形状。单击“形状”面板右上角的三角形按钮，在弹出的下拉菜单中选择“复位形状”命令，即可弹出一个询问对话框，如果用户想恢复至默认效果，则单击“确定”按钮；如果用户想在原有形状的基础上继续添加，则可以单击“追加”按钮，如下图所示。

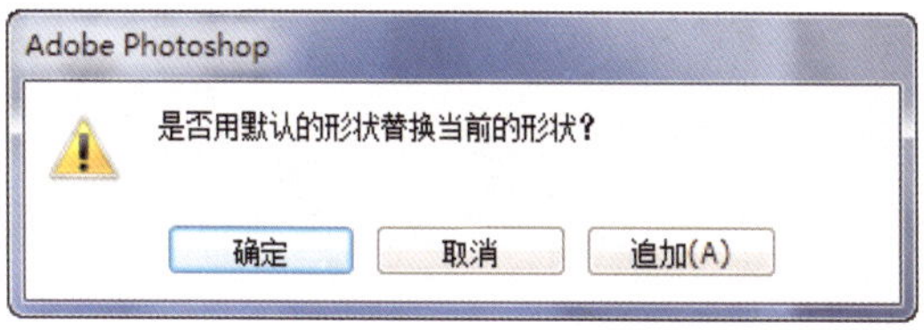

4．存储形状

用户自己绘制的形状同样可以保存起来，以便日后使用，如果创建的新形状不保存，那么下次启动Photoshop CS5时，这些形状将会丢失。下面通过一个实例来介绍如何对形状进行存储，具体操作步骤如下：

STEP 01 打开配套光盘中的“素材\第5章\金鱼.jpg”文件，如下图（左）所示。

STEP 02 在工具箱中选择“魔棒工具”，在图像窗口中的空白区域单击创建选区，然后按【Ctrl+Shift+I】组合键反向选择选区，如下图（右）所示。

STEP 03 单击“路径”面板底部的“从选区生成工作路径”按钮，即可将选区转换为路径，如下图所示。

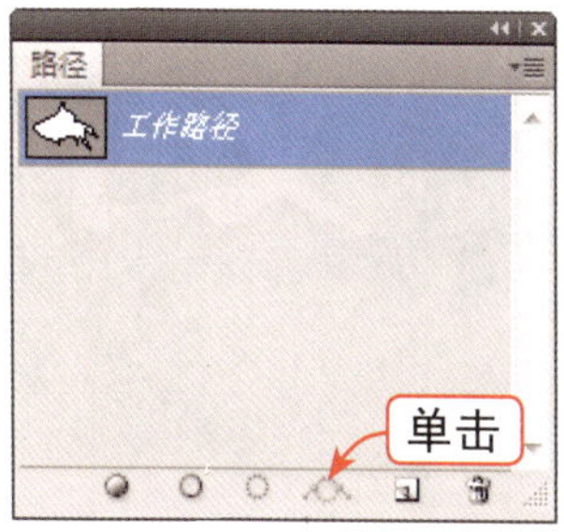

STEP 04 选择“编辑”|“定义自定形状”命令，弹出“形状名称”对话框，设置“名称”为“金鱼”，然后单击“确定”按钮，如下图所示。

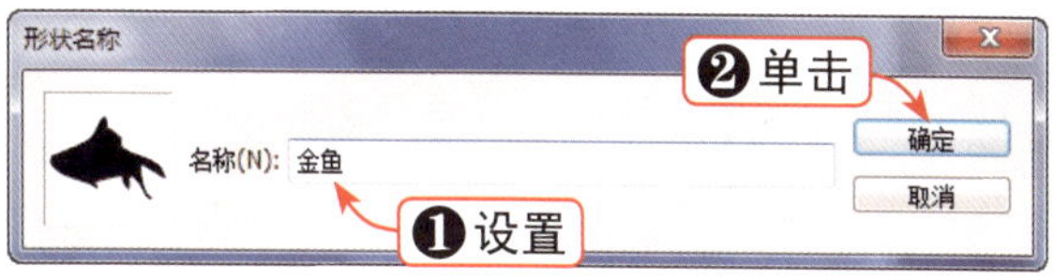

STEP 05 此时再次打开“形状”面板，即可看到刚才保存的形状，如下图所示。

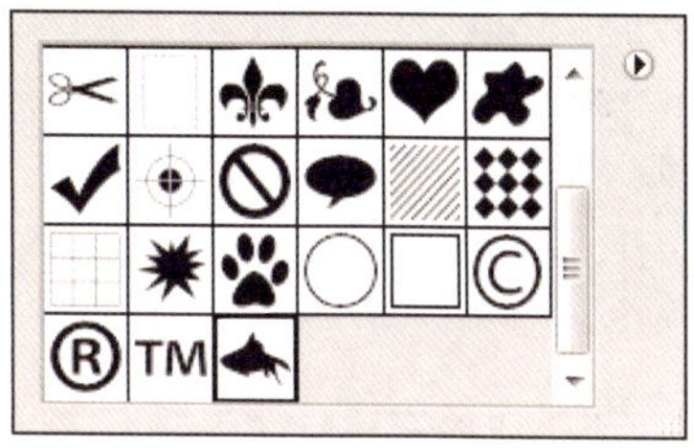

STEP 06 选中该形状，在文档窗口中即可绘制自定形状，如下图所示。

Chapter 06

文字的创建与编辑

创建特效文字 ★

知识要点：

学习创建文字选区、路径文字特效、区域文字特效和变形文字的方法等。

★ 文字的转换

知识要点：

学习将文字转换为选区，将文字转换为路径，将文字图层转换为普通图层和将文字图层转换为形状的方法等。

6.1 文字的输入

在Photoshop CS5的工具箱中提供了4种文字工具，分别为横排文字工具、直排文字工具、横排文字蒙版工具和直排文字蒙版工具，如下图所示。

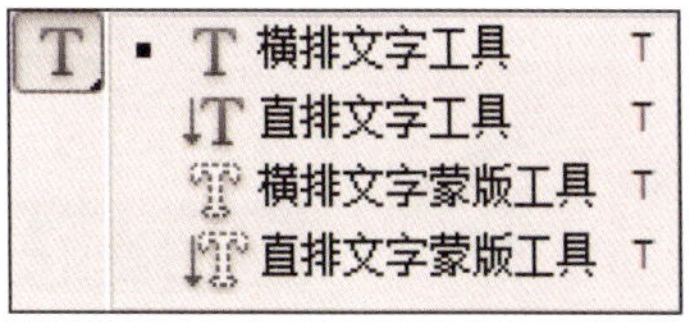

6.1.1 文字工具的属性栏

在文字工具组中，各文字工具的属性栏是相同的，这里以“横排文字工具”T.为例进行介绍。选择“横排文字工具”T.，其属性栏如下图所示。

该属性栏中的各选项的含义如下：

- ：输入文字后，单击该按钮即可使文字在水平或垂直间切换，如下图所示。

输入的文字

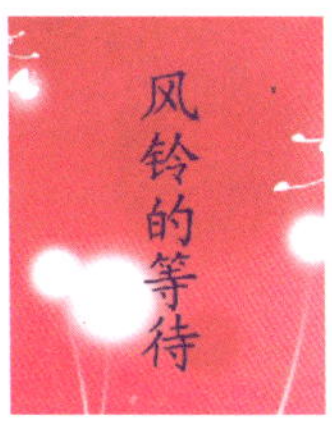

单击按钮切换文字方向

- 宋体：用于设置文本的字体，如下图所示。

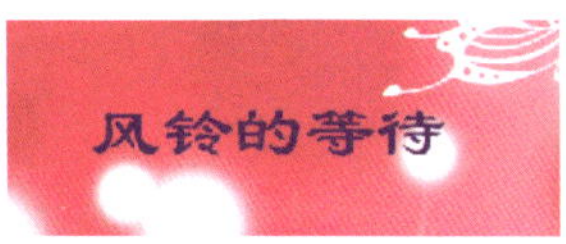

隶书

方正细等线简体

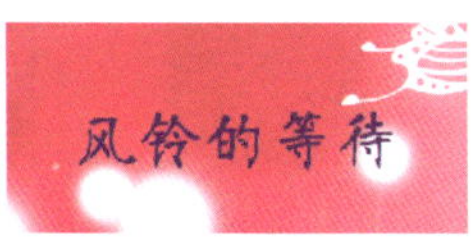

汉仪南宫体简

- ：用于设置文字的字体样式，如下图所示。

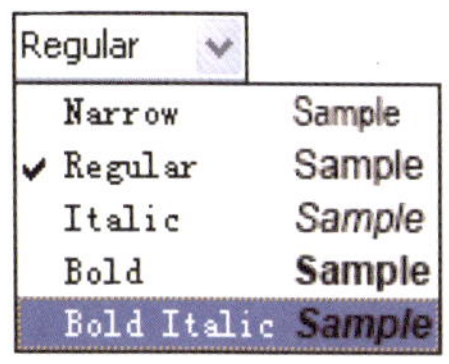

设置字体样式

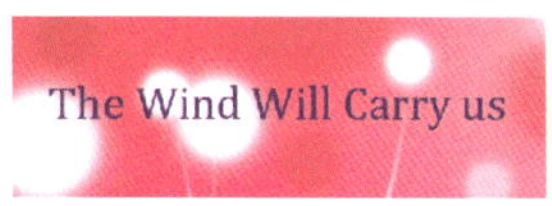

Regular样式

Italic样式

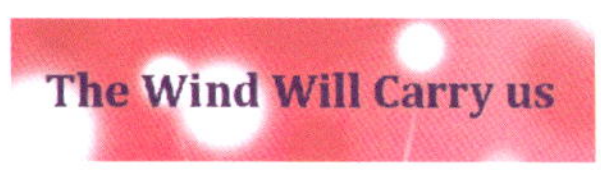

Bold样式

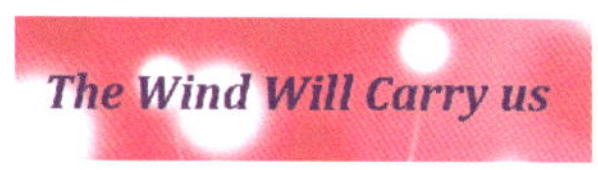

Bold Italic样式

- 12点：用于设置文字的大小，如下图所示。

36点

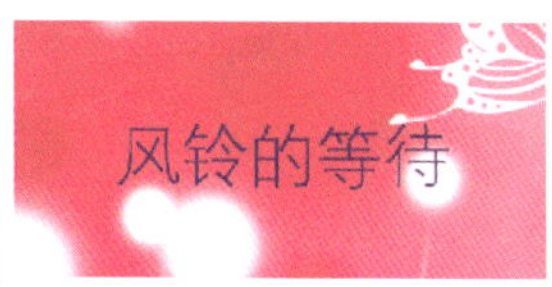

60点

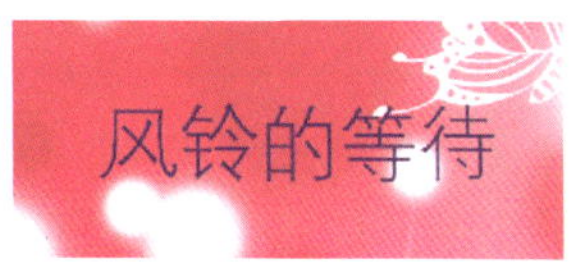

72点

- aa 锐利：用于设置文字边缘消除锯齿的方式，如下图所示。

无　　锐利

犀利　　浑厚　　平滑

- ：对齐按钮组，用于设置文本的对齐方式。
- ：用于设置文本的颜色，单击该色块，可以在弹出的"选择文本颜色"对话框中设置字体的颜色，如下图所示。

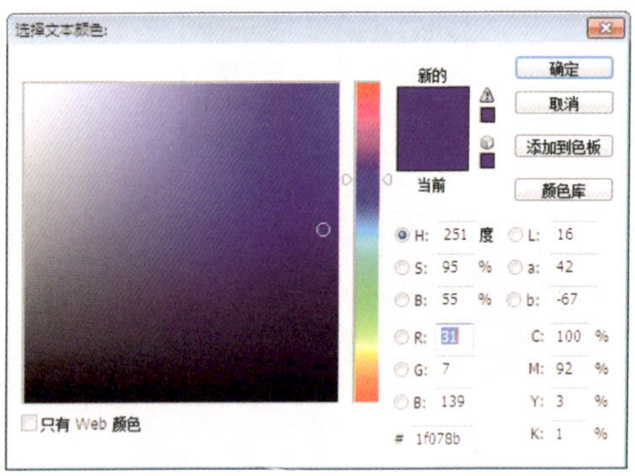

- ：单击该按钮，可以在弹出的"变形文字"对话框中设置文字的变形样式，如下图所示。

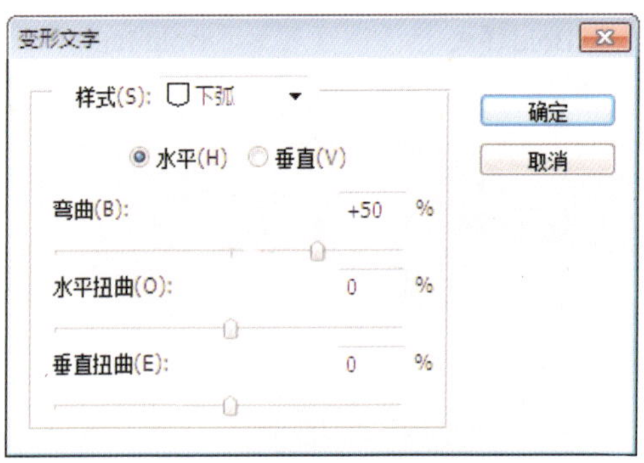

- ：用于显示或隐藏"字符"和"段落"面板，在打开的"字符"和"段落"面板中可以对文字进行更多的设置，如下图所示。

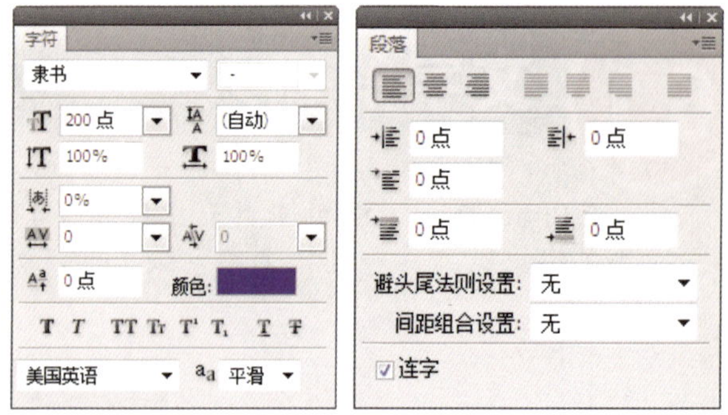

6.1.2 输入点文字

在编辑图像时，如果输入的文字较少，则可以通过输入点文字的方式来输入文字。下面通过一个实例来进行介绍，具体操作步骤如下：

STEP 01 打开配套光盘中的"素材\第6章\狗狗.jpg"文件，如下图所示。

STEP 02 在工具箱中选择"横排文字工具" T，然后在其属性栏中设置文字的字体、字号和颜色等参数，如下图所示。

STEP 03 将鼠标指针移至图像窗口中的合适的位置，单击出现闪烁的光标后，此时"图层"面板中将自动增加一个文本图层，如下图所示。

STEP 04 输入所需的文字，确认操作之前，文字的下方会有一条横线，如下图所示。

STEP 05 输入完毕后，按【Ctrl+Enter】组合键或单击工具箱中的其他工具的图标确定操作，此时文字下方的横线消失，并且“图层”面板中的文字图层的名字发生改变，如下图所示。

6.1.3 输入段落文字

如果用户需要输入较多的文字，则可以把大段的文字输入在文本框中，以方便对文字进行更多的控制。

STEP 01 打开配套光盘中的“素材\第6章\背景.jpg”文件，如下图所示。

STEP 02 在工具箱中选择“横排文字工具”T，在其属性栏中设置文本的属性，如下图所示。

STEP 03 将鼠标指针移动到图像窗口中，此时鼠标指针呈形状，按住鼠标左键并拖动，当达到所需的位置后释放鼠标左键，即可绘制一个文本框，如下图所示。

STEP 04 此时在文本框中将出现闪烁的光标，在其中输入文字，如下图所示。

STEP 05 输入完毕后，单击属性栏中的✓按钮或按【Ctrl+Enter】组合键确定操作，效果如下图所示。

知识点拨 Tips

在文本框中输入文字时，当输入的文字到达文本框的边缘时，文字会自动换行。

如果输入的文字过多，文本框右下角的控制手柄将呈田形状，这表明文字超出了文本框的范围，文字被隐藏了，此时可以改变文本框的大小，以显示被隐藏的文字，如下图（（1）、（2）和（3））所示。

拖动文本框四周的控制手柄，即可改变文本框的大小。将鼠标指针移动至文本框的对角线上，当其变成形状时，按住鼠标左键并拖动，即可旋转文本框，如下图（（4）和（5））所示。

(1)

(2)

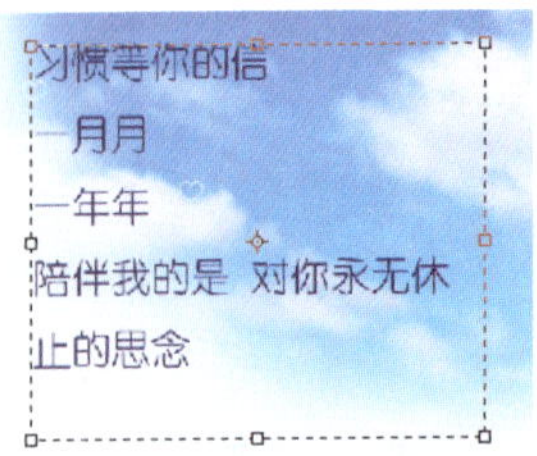

(3)

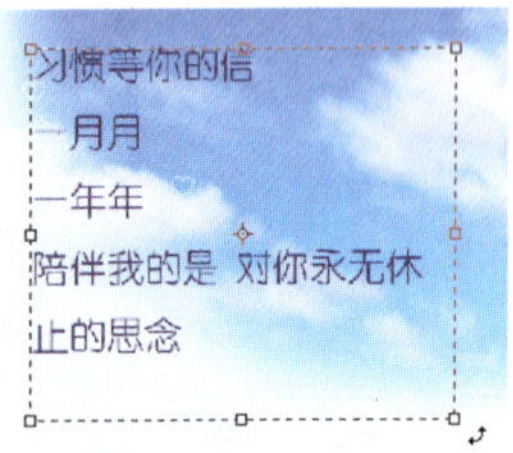

(4)

(5)

6.1.4 转换点文字与段落文字

在实际操作中经常需要将点文字转换为段落文字，以便在文本框中重新排列字符，或者将段落文字转换为点文字，使各行文字独立地排列。转换方法如下：

在“图层”面板中选择要转换的文字图层，并确保文字没有处于编辑状态，然后选择“图层”|“文字”|“转换为点文本”或“图层”|“文字”|“转换为段落文本”命令，即可完成点文字和段落文字之间的相互转换，如下图所示。

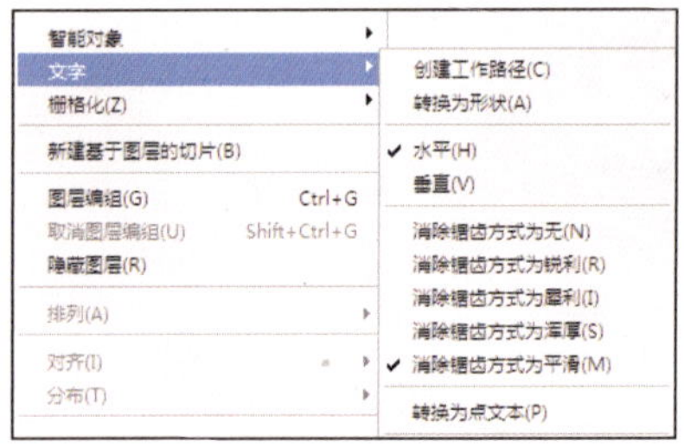

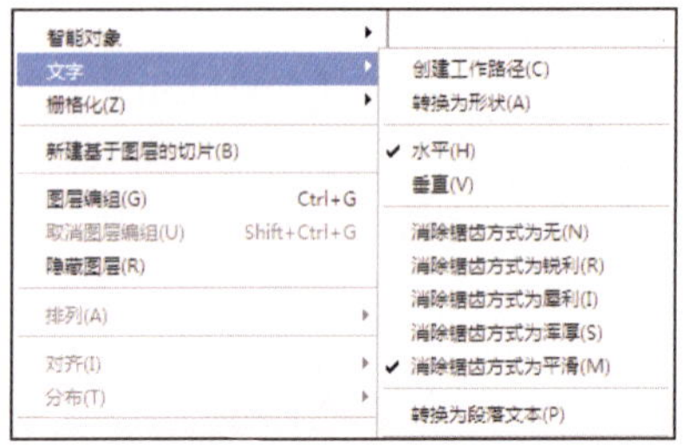

也可以在文字图层上右击，在弹出的快捷菜单中选择“转换为点文本”命令或“转换为段落文本”命令，即可完成点文字和段落文字之间的相互转换，如下图所示。

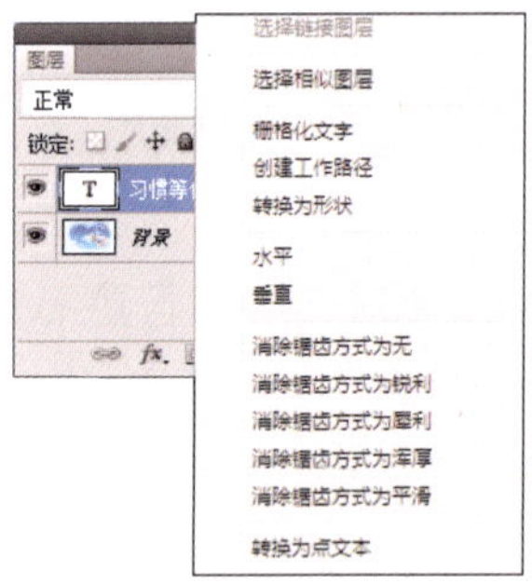

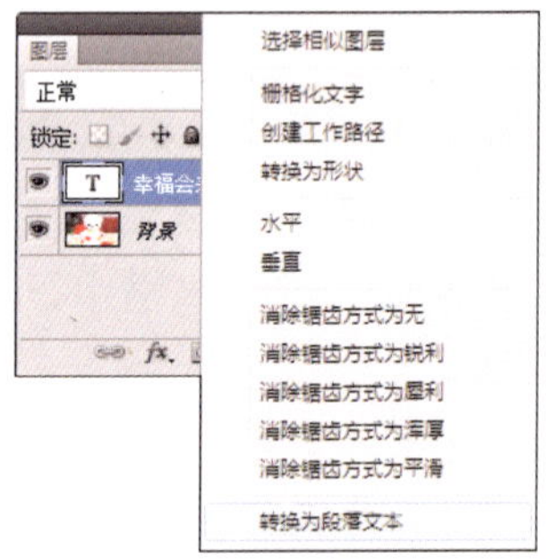

Tips 知识点拨

将段落文字转换为点文字时，所有溢出文本框的文字将被全部删除。如果不想将其删除，应该先调整文本框的大小，使文字全部显示在文本框之内。

6.2 “字符”和“段落”面板

用户在图像中输入文字后，还可对文字进行编辑，如修改其内容、大小或颜色等。这时就要用到“字符”面板和“段落”面板。

6.2.1 选择文本

若想编辑文字，则必须先选择要编辑的文字。选择文本的具体操作方法如下：

- 双击文本图层缩览图，如下图所示。

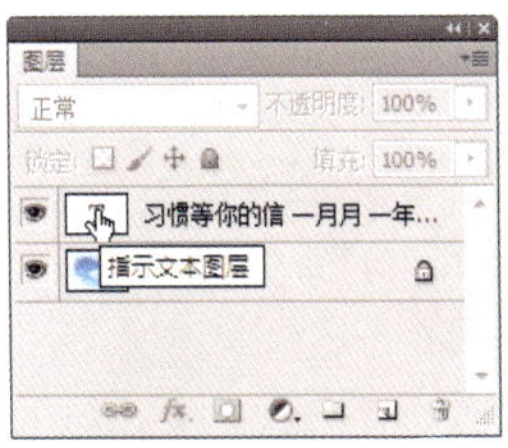

- 选择文字工具（T或IT），然后将鼠标指针移至文字区域并单击，系统会自动将文本图层设置为当前图层，并进入文字编辑状态，如下图所示。

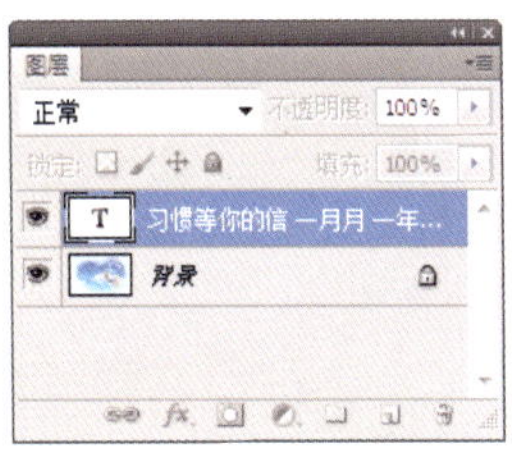

用户可以在光标处输入文字，也可以选中单独的文字，然后在属性栏中对其进行字体、颜色和格式的设置以及复制、删除等操作。

6.2.2 “字符”面板的应用

要设置文字的字体、字号和颜色等属性，除了可以利用文字工具属性栏外，还可以利用“字符”面板。

单击文字工具属性栏中的按钮，即可打开“字符”面板和“段落”面板。下图所示为“字符”面板。

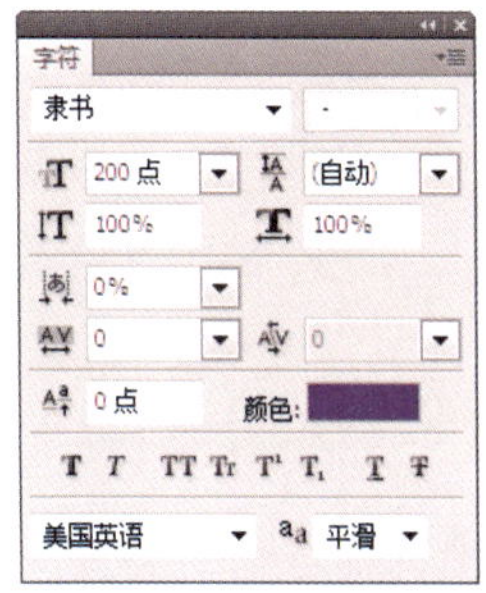

“字符”面板主要用于设置文字的字体、字号、字形以及字间距和行间距等，其中，设置字体、设置字形、设置字体大小、设置字体颜色和消除锯齿选项与文字工具属性栏中的相应选项的功能相同。其他选项的含义如下：

- (自动)：用于设置所选文字的行与行之间的距离，如下图所示。

行距为“自动”

行距为“48点”

● IT 100% ：用于设置所选字符的垂直缩放比例，如下图所示。

垂直缩放比例为200%

垂直缩放比例为50%

● T 100% ：用于设置所选字符的水平缩放比例，如下图所示。

水平缩放比例为150%

水平缩放比例为50%

● 0% ：用于设置两个字符间的字距比例，值越大，字距越小，如下图所示。

比例间距为0%

比例间距为100%

● AV 0 ：用于设置所选字符间的距离，值越大，字符之间的距离越大，如下图所示。

设置字距为－100

设置字距为200

- ：用于微调两个字符的间距。在输入文本状态时，将光标置于两个字符之间（在这两个字符间单击），在该组合框中选择或输入一个数值，即可微调这两个字符的间距，取值范围为 -100 ～ 100。微调效果如下图所示。

微调值为－100

微调值为200

- ：用于设置所选字符与其基线的距离，为正值的上移，为负值的下移，如下图所示。

基线偏移为“10点”

基线偏移为“－10点”

- ：其中的按钮分别用于设置字体的仿粗体、仿斜体、全部大写字母、小型大写字母、上标、下标、下画线和删除线，如下图所示。

正常效果

小型大写字母

仿粗体

上标

仿斜体

下标

全部大写字母

下画线

删除线

6.2.3 “段落”面板的应用

选中段落文本所在的图层，在“段落”面板中即可设置文本的段落格式，如下图所示。

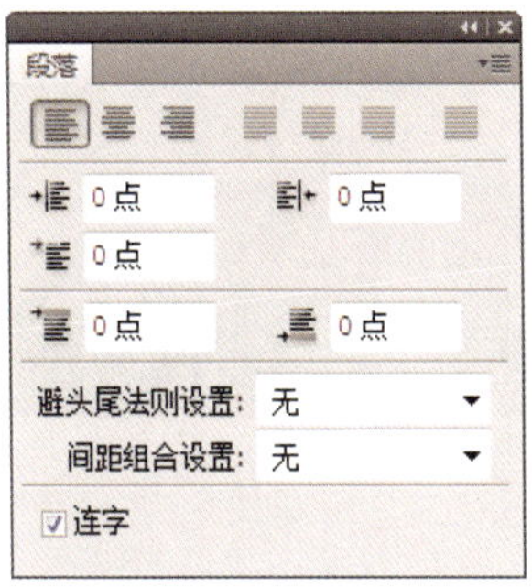

1. 对齐方式

“段落”面板中的按钮用于设置文本的对齐方式，从左至右依次为“左对齐文本”按钮、“居中对齐文本”按钮、“右对齐文本”按钮、“最后一行左对齐”按钮、“最后一行居中对齐”按钮、“最后一行右对齐”按钮和“全部对齐”按钮，各种文本对齐效果如下图所示。

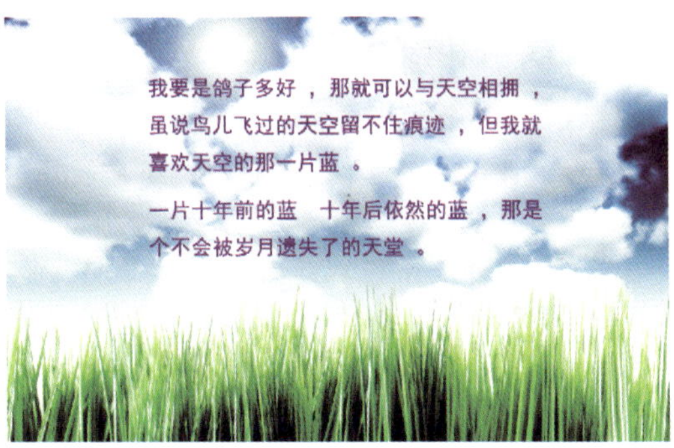

左对齐文本

居中对齐文本

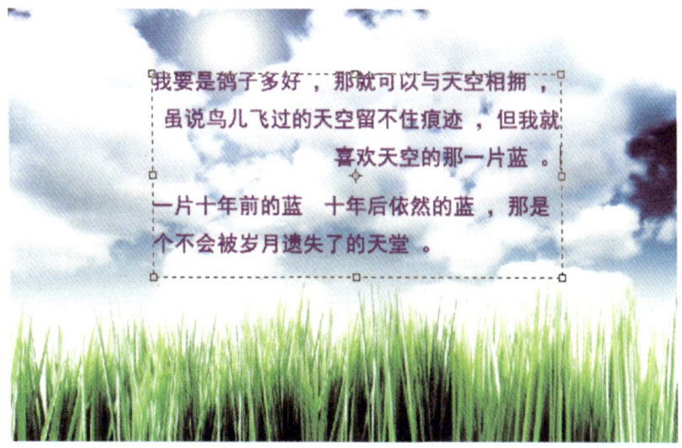

右对齐文本

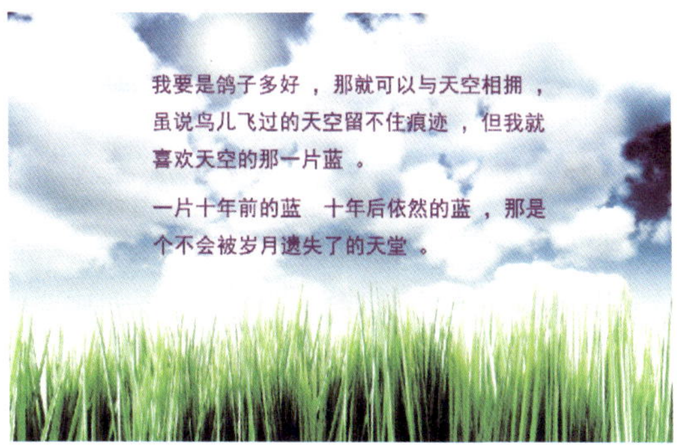

最后一行左对齐文本

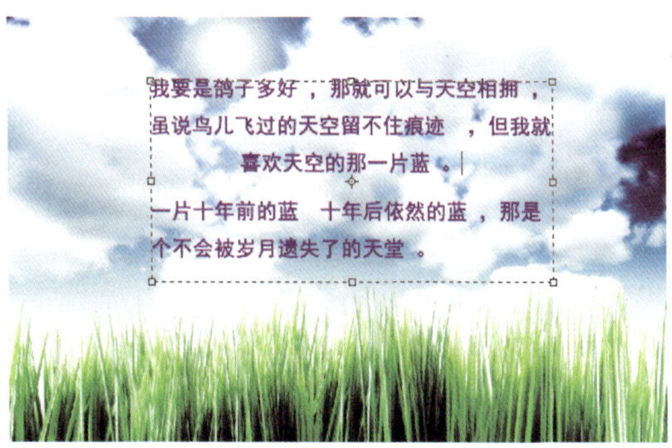

最后一行居中对齐文本

最后一行右对齐文本

全部对齐文本

2．左缩进和右缩进

0点：用于设置段落的左缩进。对于直排文字，该选项可控制从段落顶端的缩进。

0点：用于设置段落的右缩进。对于直排文字，该选项可控制从段落底部的缩进。

原图与各种缩进效果如下图所示。

原图

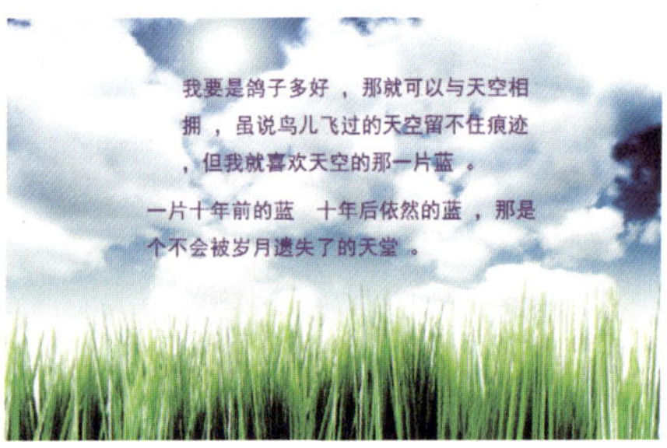

左缩进为“100点”

右缩进为“100点”

3．首行缩进

在“段落”面板中可以对段落文字的首行缩进单独地进行设置，直接在0点中输入缩进量即可，如下图所示。

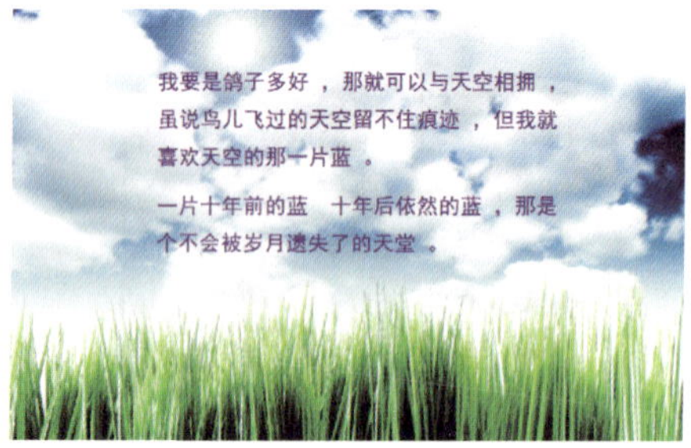

原图

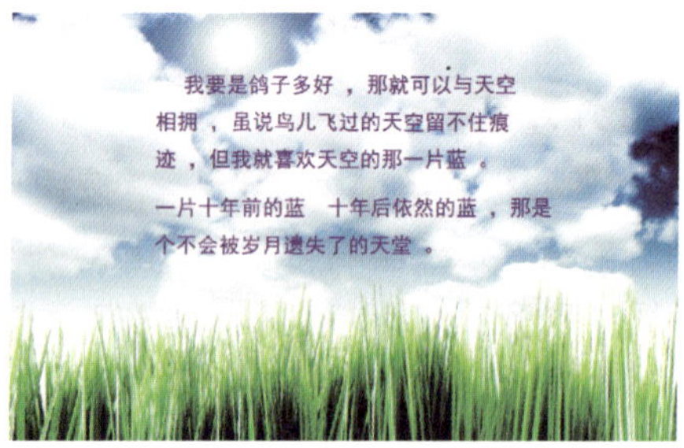

首行缩进为“80点”

4．在段前和段后添加空格

若想在段前添加空格，则在0点中输入点数即可对段前位置进行设置，如下图所示。

原图

设置第2段段前值为“40点”

若想在段后添加空格，则在 0点 中输入点数即可对段后位置进行设置，如下图所示。

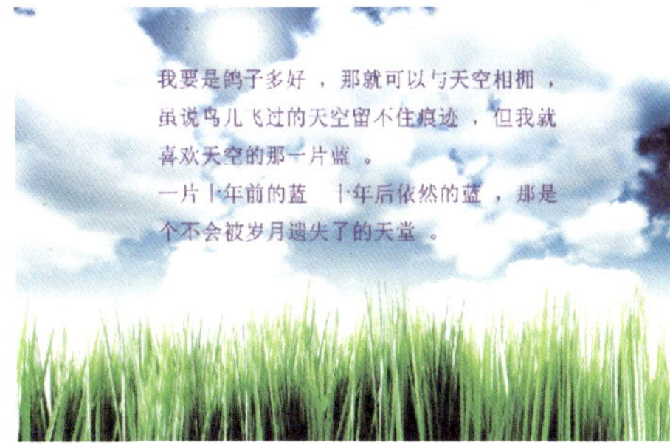

原图

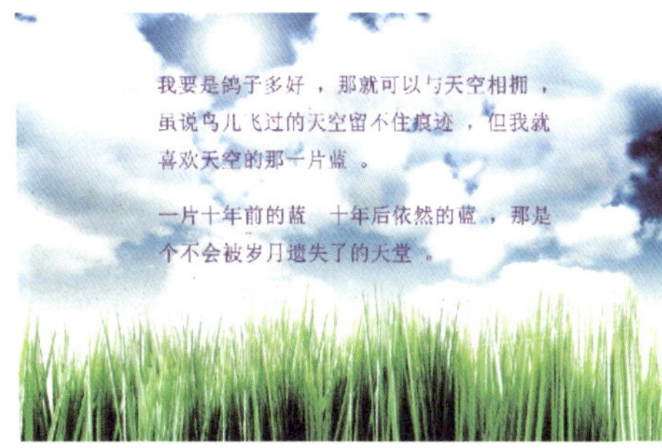

设置段后值为“20点”

6.3 创建文字选区

如果需要创建文字选区，则可以使用“横排文字蒙版工具”和“直排文字蒙版工具”。创建文字选区前要先在属性栏中设置字体和字号（因为形成选区后就不能重新设置字体），然后在图像中单击确定光标位置，接着输入文字，确认操作后即可得到选区。

下面通过一个实例来介绍使用“横排文字蒙版工具”创建选区的方法，具体操作步骤如下：

STEP 01 打开配套光盘中的“素材\第6章\婚纱照.jpg”文件，如下图所示。

STEP 02 选择工具箱中的“横排文字蒙版工具”，在其属性栏中设置参数，然后在图像中单击确定光标位置，此时可以看到图片的颜色发生了变化，如下图所示。

STEP 03 根据需要输入文字，输入完毕后单击属性栏中的✔按钮确认操作，此时即可看到图片的颜色恢复为原有的颜色，且输入的文本变为选区，如下图所示。

STEP 04 设置前景色为红色，按【Alt+Delete】组合键填充选区为前景色，然后按【Ctrl+D】组合键取消选区，得到填充后的效果，此时在“图层”面板中并未产生文字图层，如下图所示。

6.4 创建特效文字

下面将介绍如何在Photoshop中创建一些特效文字。

6.4.1 创建路径文字特效

用户可以根据需要创建沿路径排列的特效文字，具体操作步骤如下：

STEP 01 打开配套光盘中的“素材\第6章\冰棍儿.jpg”文件，如下图所示。

STEP 02 选择工具箱中的“自由钢笔工具”，然后在图像窗口中绘制一条路径，如下图所示。

STEP 03 选择工具箱中的“横排文字工具”，在其属性栏中设置合适的字体和字号，如下图所示。

STEP 04 将鼠标指针移动到路径的起始点处，这时鼠标指针变成形状，单击确定文本插入点，此时将出现一个闪烁的光标，如下图所示。

STEP 05 输入文字，然后单击工具箱中的其他工具的图标确认操作，效果如下图所示。

STEP 06 在工具箱中选择“直接选择工具”，将鼠标指针移至文字上方，待鼠标指针呈形状后，按住鼠标左键并沿路径拖动，即可沿路径移动文字，如下图所示。

STEP 07 选择“窗口”|“路径”命令，打开“路径”面板，在面板的灰色空白处单击隐藏路径，效果如下图所示。

6.4.2 创建区域文字特效

在封闭的路径中输入文字可以使文字按照路径的形态排列，这样即可灵活地制作作品中文字绕图排列的效果。

STEP 01 打开配套光盘中的“素材\第6章\红心.jpg”文件，如下图所示。

STEP 02 使用钢笔工具在图像中绘制一条闭合的路径，如下图所示。

STEP 03 选择工具箱中的“横排文字工具”，并将前景色设置为白色，然后将鼠标指针移动到路径内，当鼠标指针呈形状时，单击确定文字的插入点，如下图所示。

STEP 04 输入需要的文字，如下图所示。

STEP 05 单击工具箱中的其他工具的图标确认操作，然后在“路径”面板的灰色空白处单击隐藏路径，效果如下图所示。

6.4.3 创建变形文字

利用文字的变形命令可以扭曲文字以生成扇形、弧形、拱形和波浪等各种形态的文字效果。对文字应用变形后，还可以随时更改文字的变形样式，以改变文字的变形效果。

STEP 01 打开配套光盘中的“素材\第6章\色彩.jpg”文件，如下图所示。

STEP 02 选取工具箱中的“横排文字工具” T，然

后在图像窗口中输入需要的文字，如下图所示。

STEP 03 单击属性栏中的“创建文字变形”按钮，弹出“变形文字”对话框。在对话框中的“样式”下拉列表中选择要使用的样式，并设置其参数，如下图所示。

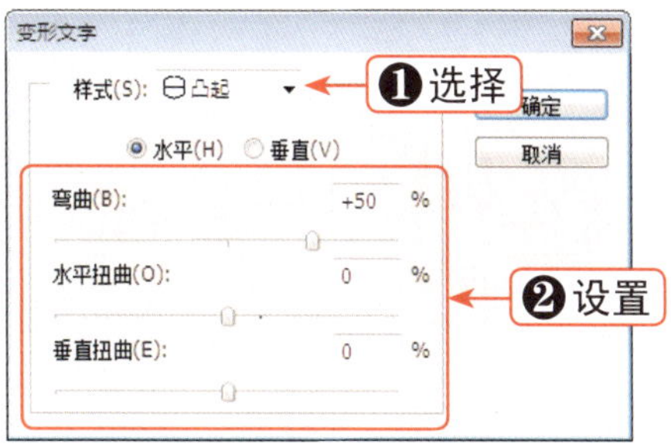

STEP 04 单击“确定”按钮，得到的文字效果如下图所示。

STEP 05 单击工具箱中的其他工具的图标确定操作，然后使用工具箱中的“移动工具”调整文字的位置，效果如下图所示。

STEP 06 用户还可以为变形后的文本添加图层样式，如下图所示。

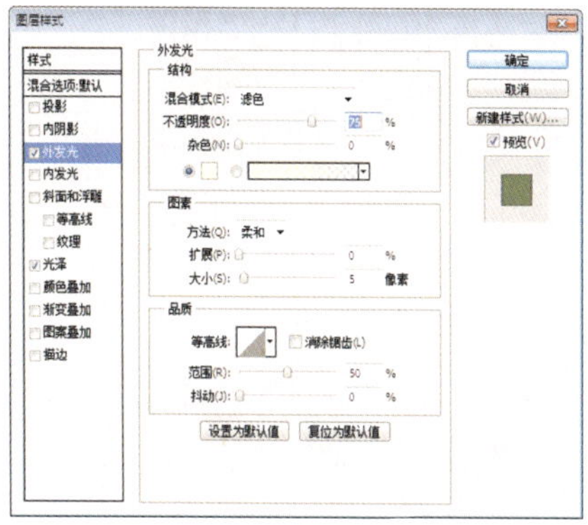

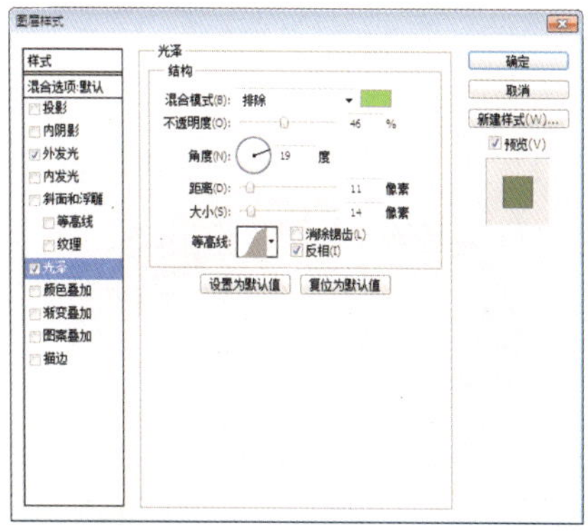

STEP 07 如果用户想对变形样式进行修改，则可以选择工具箱中的“横排文字工具”，在文字上单击使文字处于编辑状态，然后单击属性栏中的按钮，在弹出的“变形文字”对话框中重新进行参数设置。

下图所示为其他变形效果。

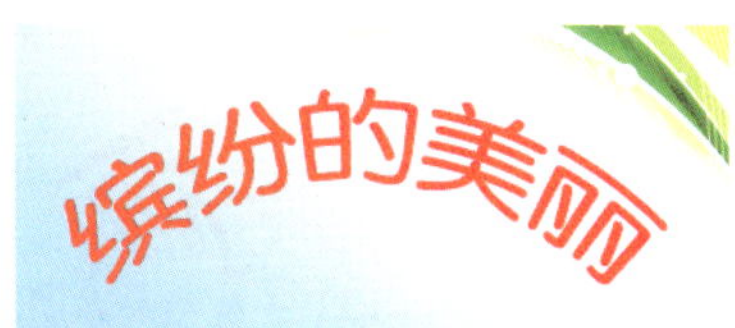

扇形

下弧

上弧

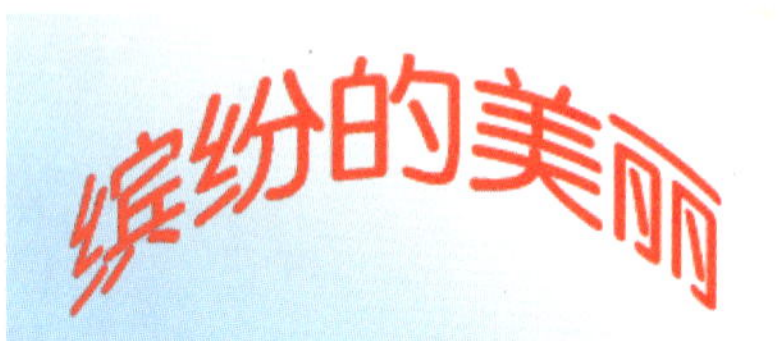

拱形

凸起

贝壳

花冠

旗帜

波浪

鱼形

增加

鱼眼

膨胀

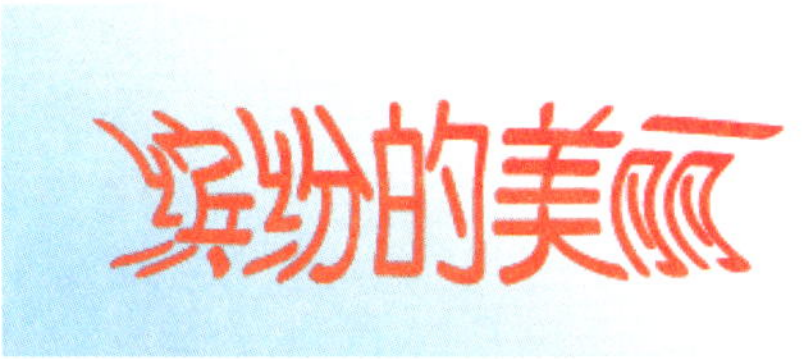

挤压

扭转

知识点拨 Tips

如果文本图层已被设置为当前图层，也可直接选择“图层”|“文字”|“文字变形”命令，在弹出的“变形文字”对话框中设置变形样式。此外，变形设置是针对文本图层的，而不是针对文字的，因此每个文本图层上只能使用一种变形样式。

6.5 文字的转换

由于设计的需要，用户可能需要对文字进行各种转换，下面将介绍如何进行文字的转换。

6.5.1 将文字转换为选区

下面通过一个实例来介绍如何将文字转换为选区，具体操作步骤如下：

STEP 01 打开配套光盘中的“素材\第6章\蓝色海恋.psd”文件，如下图所示。

STEP 02 按住【Ctrl】键的同时单击“图层”面板中的“蓝色海恋”文字图层的缩览图，即可载入文字选区，如下图所示。

STEP 03 隐藏“蓝色海恋”文字图层，并设置“背景”图层为当前图层，如下图所示。

STEP 04 选取工具箱中的“渐变工具”，并在其属性栏中进行如下图所示的设置。

STEP 05 在选区上拖动鼠标进行渐变色的填充，效果如下图所示。

STEP 06 选择“编辑”|“描边”命令，在弹出的对话框中进行如下图所示的设置。

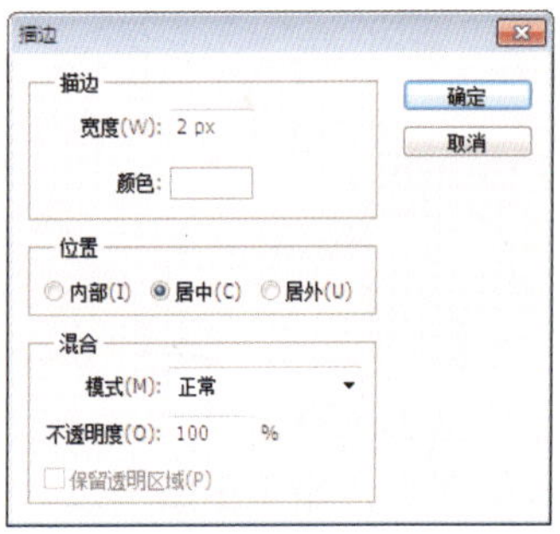

STEP 07 单击“确定”按钮关闭对话框，然后按【Ctrl+D】组合键取消选区，效果如下图所示。

6.5.2 将文字转换为路径

下面通过一个实例来介绍如何将文字转换为路径，具体操作步骤如下：

STEP 01 打开配套光盘中的“素材\第6章\蓝色海恋.psd”文件，如下图所示。

STEP 02 选择“图层”|“文字”|“创建工作路径”命令，即可将文字转换为路径，如下图所示。

STEP 03 选择工具箱中的“路径选择工具”，将路径原文字适当移动一段距离，如下图所示。

STEP 04 将文字转换为路径后，即可对路径进行编辑，如下图所示。

知识点拨 Tips

在“图层”面板中选择要转换为路径的文字图层并右击，在弹出的快捷菜单中选择“创建工作路径”命令，也可以创建工作路径。

6.5.3 将文字图层转换为普通图层

文字图层和普通图层不同，对它只能进行文字属性的设置。要想对文字图层使用“滤镜”菜单中的命令和工具箱中的工具进行编辑，需要将文字图层转换为普通图层，即将文字图层栅格化。

将文字图层转换为普通图层的具体操作步骤如下：

STEP 01 选择文字图层，选择“图层”|“栅格化”|“文字”命令，即可将文字图层转换为普通图层，如下图所示。

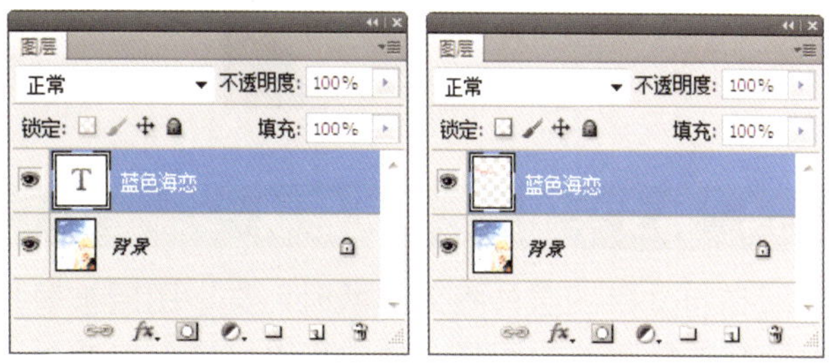

知识点拨 Tips

在“图层”面板中的文字图层上右击，在弹出的快捷菜单中选择“栅格化文字”命令，也可以将文字图层栅格化。将文字图层转换为普通图层后，就不能对文字属性进行设置了。

STEP 02 选择“滤镜”|“纹理”|“染色玻璃”命令，在弹出的对话框中进行参数设置，如下图所示。

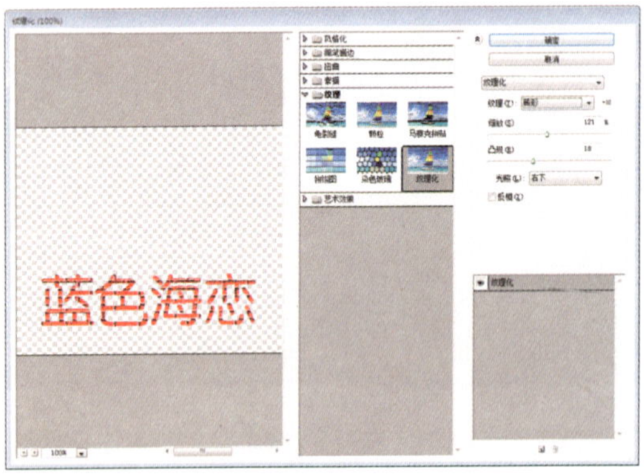

STEP 03 单击“确定”按钮，添加滤镜后的效果如下图所示。

6.5.4 将文字图层转换为形状

在将文字图层转换为形状时，文字图层被替换为具有矢量蒙版的图层。用户可以编辑矢量蒙版，并对图层应用样式，但无法在图层中将字符作为文本再进行编辑。

STEP 01 选择文字图层，选择“图层”|“文字”|“转换为形状”命令，转换为形状后的图像效果及“图层”面板如下图所示。

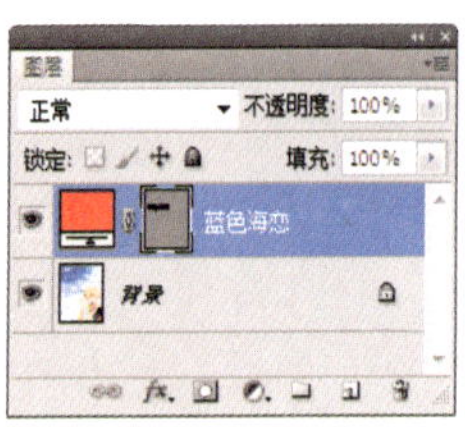

STEP 02 选择“编辑”|“定义自定形状”命令，在弹出的“形状名称”对话框中为形状命名，如下图所示。

STEP 03 单击“确定”按钮，将文字定义为形状。

STEP 04 在“图层”面板中将转换为形状后的文字图层删除，然后新建“图层1”，如下图所示。

STEP 05 在工具箱中选取“自定形状工具”，然后在“形状”面板中选择刚才自定义的文字，如下图所示。

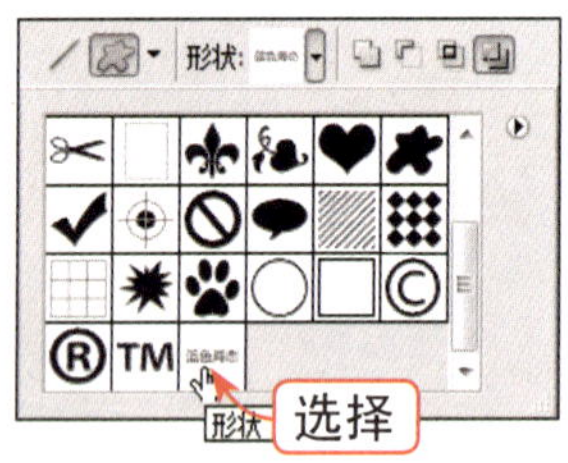

STEP 06 在属性栏中单击□按钮，即可在图像中自由地绘制形状文字，如下图所示。

Chapter 07

色彩与色调的调整

图像色调的调整 ★

知识要点：

学习通过“色阶”、“曲线”、“曝光度”、“对比度”、“阴影/高光”等命令实现图像色调的调整的方法。

★ 图像色彩的调整

知识要点：

学习通过“色相/饱和度”、“自然饱和度”、“色彩平衡”、“黑白”、“去色”、“替换颜色”等命令实现图像色彩的调整的方法。

图像特殊颜色的调整 ★

知识要点：

学习通过“反相”、“色调分离”、“阈值”、“渐变映射”、“变化”、“色调均化”和“HDR色调”命令实现图像特殊颜色的调整方法。

7.1 图像色调的调整

图像色调的调整主要是调整图像的明暗程度。在Photoshop CS5中，用户可以通过“色阶”、“曲线”及“亮度/对比度”等命令实现图像色调的调整。

7.1.1 使用“色阶”命令调整色调

“色阶”命令对于调整图像色调是使用频率非常高的命令之一，它可以通过调整图像的暗调、中间调和高光的强度级别来校正图像的色调范围和色彩平衡。下面通过一个实例来介绍该命令的使用方法，具体操作步骤如下：

STEP 01 打开配套光盘中的“素材\第7章\花.jpg”文件，如下图所示。

STEP 02 选择“图像”|“调整”|“色阶”命令，弹出“色阶”对话框，如下图所示。

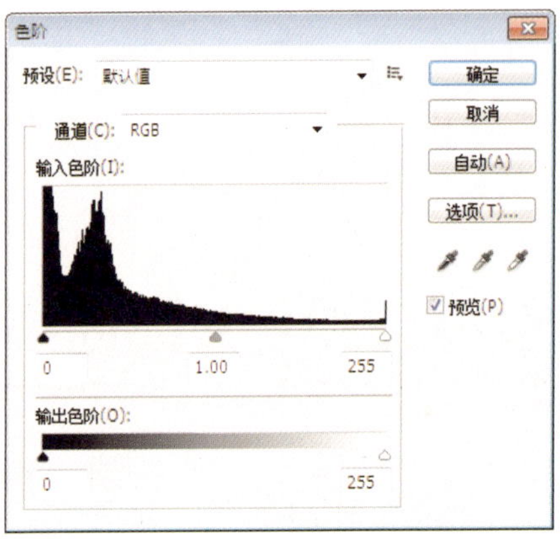

STEP 03 在“色阶”对话框中拖动“输入色阶”选项区域中的滑块调整图像的色彩，如下图所示。

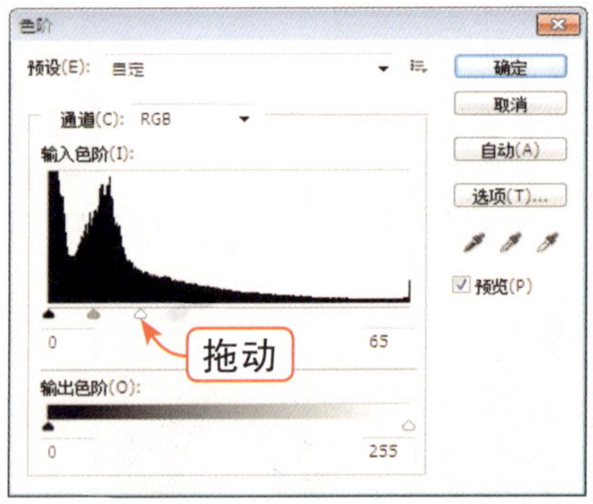

STEP 04 单击“确定”按钮，得到如下图所示的图像效果。

“色阶”对话框中的各选项的含义如下：

1. 通道

该选项用于选择所要进行色调调整的通道。例如，在调整RGB颜色模式的图像的色阶时，选择蓝通道，即可对图像中的蓝色进行调整，如下图所示。

原图

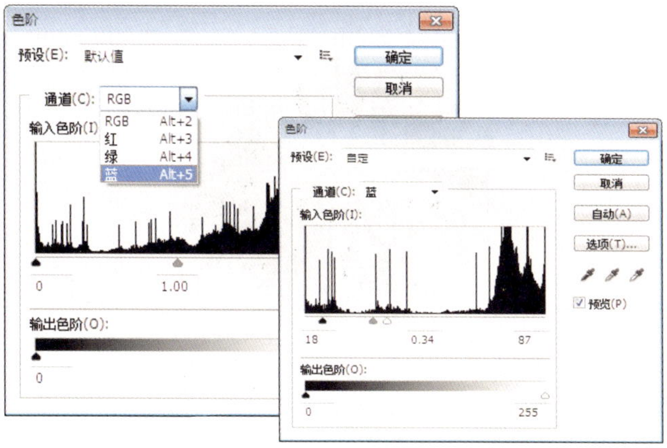

选择蓝色通道　　设置蓝通道

调整后的效果

2. 输入色阶

利用“输入色阶”选项区域中的滑块可以调整图像的颜色，左边黑色的滑块代表阴影，中间灰色的滑块代表中间色，右边白色的滑块代表高光。通过拖动这些滑块可以调整图像中最暗处、中间色和最亮处的色调值，从而调整图像的色调和对比度，如下图所示。

原 图

向右拖动黑色滑块　　图像中的阴影部分变得更暗

向左拖动中间色调滑块　　中间色部分变亮，图像从整体上变亮

向左拖动高光滑块　　图像中亮的部分会更亮

3. 输出色阶

通过“输出色阶”可以调整图像的亮度，将黑色滑块向右拖动时，图像变亮；将右侧的白色滑块向左拖动时，图像变暗，如下图所示。

原 图

向左拖动黑色滑块　　图像变亮

向右拖动白色滑块　　图像变暗

7.1.2 使用“曲线”命令调整色调

“曲线”命令也是 Photoshop 中较常用的色调调整命令之一，它可以在暗调到高光色调范围内对图像中的多个不同的点的色调进行调整。下面通过一个实例来介绍该命令的使用方法，具体操作步骤如下：

STEP 01 打开配套光盘中的“素材 \ 第 7 章 \ 刺 .jpg”文件，如下图所示。

STEP 02 选择“图像”|“调整”|“曲线”命令，弹出“曲线”对话框，如下图所示。

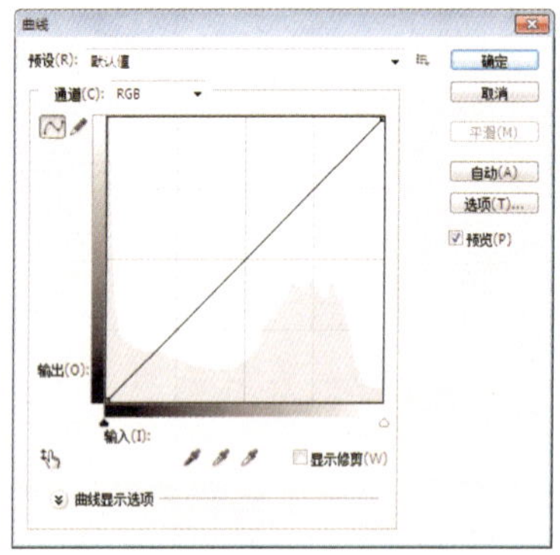

STEP 03 在“曲线”对话框中拖动曲线调整其形状，如下图所示。

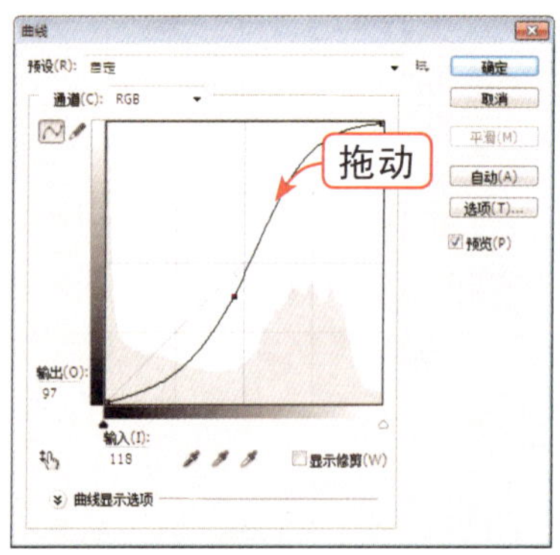

STEP 04 单击“确定”按钮，得到如下图所示的图像效果。

在“曲线”对话框中，水平轴（即输入色阶）代表图像原来的亮度值，垂直轴（即输出色阶）代表图像调整后的颜色值。对于 RGB 颜色模式的图像，曲线显示 0 ～ 255 之间的强度值，暗调位于左边。对于 CMYK 颜色模式的图像，曲线显示 0 ～ 100 之间的百分数，高光位于左边。

对于曝光不足而色调偏暗的 RGB 颜色模式的图像，可以将曲线调整至上凸的状态，从而使图像变亮，如下图所示。

原图

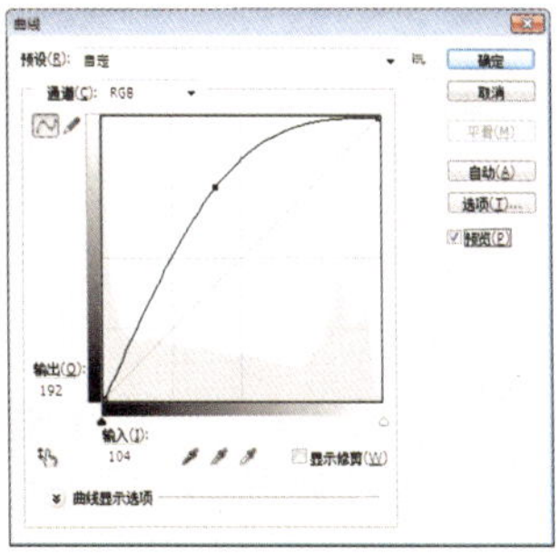

调整曲线

调整曲线后的效果

对于曝光过度而色调高亮的 RGB 颜色模式的图像，可以将曲线调整至下凹的状态，从而使图像变暗，如下图所示。

原图

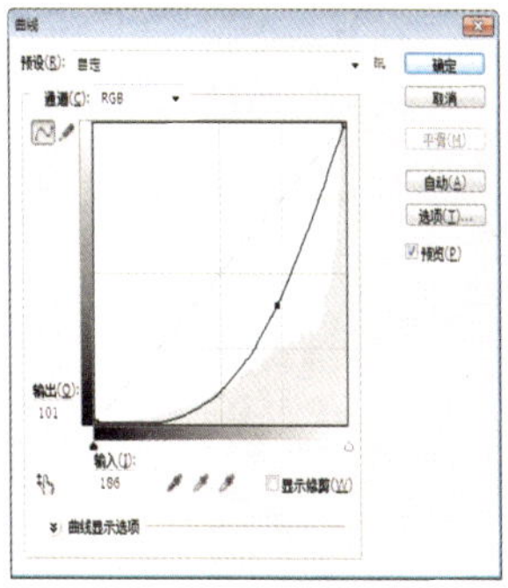

调整曲线

调整曲线后的效果

7.1.3 使用“曝光度”命令调整色调

在图像处理过程中，“曝光度”命令也是一个常用的调整色调的命令。下面通过一个实例来介绍该命令的使用方法，具体操作步骤如下：

STEP 01 打开配套光盘中的“素材\第 7 章\摄影 .jpg”文件，如下图所示。

STEP 02 选择“图像”|“调整”|“曝光度”命令，弹出“曝光度”对话框，在其中拖动曝光度滑块设置曝光度参数，如下图所示。

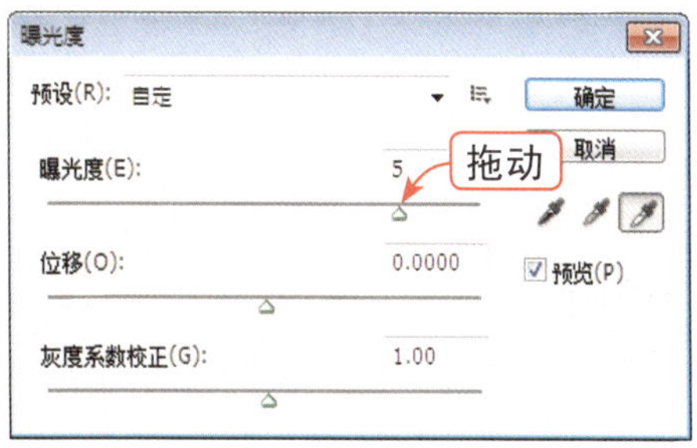

STEP 03 单击“确定”按钮，得到如下图所示的图像效果。

7.1.4 使用“亮度/对比度”命令调整色调

使用“亮度/对比度”命令是对图像的色调范围进行调整的较简单的方法。与“曲线”和“色阶”命令不同，“亮度/对比度”命令是一次性调整图像中的所有像素（高光、暗调和中间调）。下面通过一个实例来介绍“亮度/对比度”命令的使用方法，具体操作步骤如下：

STEP 01 打开配套光盘中的“素材\第7章\野菊花.jpg”文件，如下图所示。

STEP 02 选择“图像”|“调整”|“亮度/对比度”命令，弹出“亮度/对比度”对话框，在其中设置亮度和对比度的参数，如下图所示。

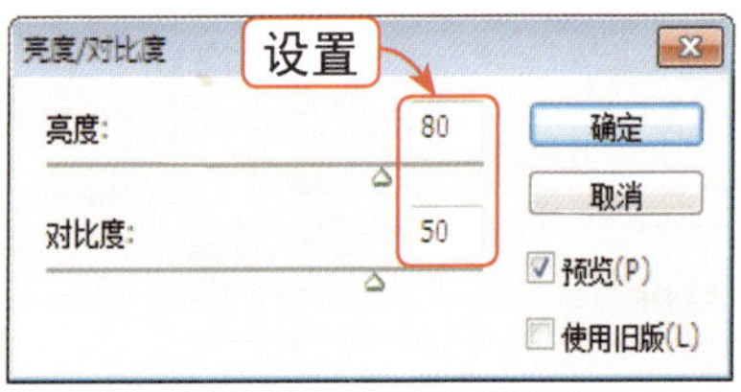

STEP 03 单击“确定”按钮，得到如下图所示的图像效果。

7.1.5 使用“阴影/高光”命令调整色调

“阴影/高光”命令用于校正由于强逆光而形成剪影的照片，或者由于太接近相机的闪光灯而有些发白的焦点。在用其他方式采光的图像中，该命令也可用于使暗调区域变亮。使用“阴影/高光”命令调整色调的具体操作步骤如下：

STEP 01 打开配套光盘中的“素材\第7章\女人.jpg”文件，如下图所示。

STEP 02 选择“图像”|“调整”|“阴影/高光”命令，弹出“阴影/高光”对话框，在其中设置阴影参数，如下图所示。

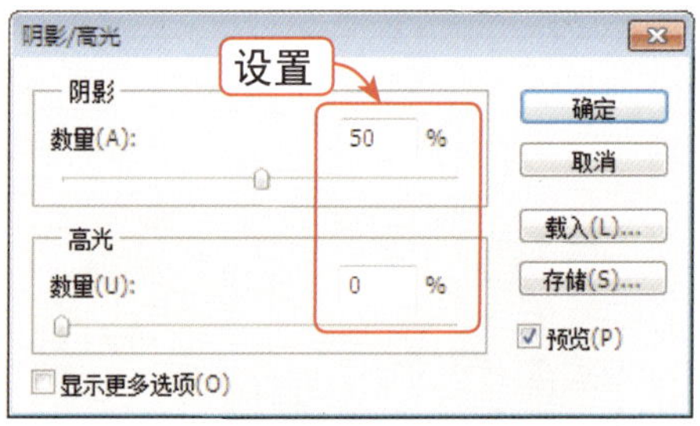

STEP 03 单击“确定”按钮，得到的图像效果如下图所示。

7.1.6 使用“自动色调”、“自动对比度”和“自动颜色”命令调整色调

自动调整命令包括“自动色调”、“自动对比度”和“自动颜色”3 个命令，如下图所示。

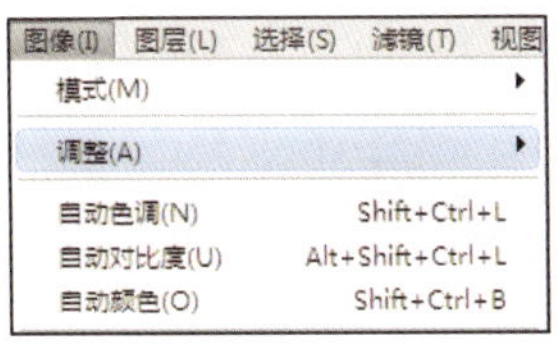

1. 自动色调

色调是指一幅作品色彩外观的基本倾向，包括明度、纯度和色相 3 个要素。“自动色调”命令可根据图像的色调来自动对图像的明度、纯度和色相进行调整，从而将整幅图像的色调均匀化。

选择“图像”|“自动色调”命令，即可将选择的图像或选区内的图像的色调进行自动调整。

原图

调整后的效果

2. 自动对比度

“自动对比度”命令可以调整图像的对比度，使高光区域变得更亮，阴影区域变得更暗，即增强图像之间的对比。该命令用于调整色调较灰，明暗对比不强的图像，如下图所示。

原图

调整后的效果

3. 自动颜色

“自动颜色”命令可以还原图像中各部分的真实颜色，使其不受环境色的影响，如下图所示。

原图

调整后的效果

7.2 图像色彩的调整

校正完色调后，即可准确地判断出图像中的色彩问题，如色偏、色彩过于饱和或饱和度不足等，然后就可以对出现的问题进行调整，以得到正确的显示颜色。

7.2.1 使用“色相/饱和度”命令调整色彩平衡

利用“色相/饱和度”命令可改变图像的颜色，为黑白照片上色，或者调整单个颜色成分的“色相”、“饱和度”和“明度”等。下面通过一个实例来介绍“色相/饱和度”命令的使用方法，具体操作步骤如下：

STEP 01 打开配套光盘中的“素材\第7章\花背景.jpg”文件，如下图所示。

STEP 02 选择“图像”|“调整”|“色相/饱和度”命令，弹出“色相/饱和度”对话框，在其中设置色相的参数，如下图所示。

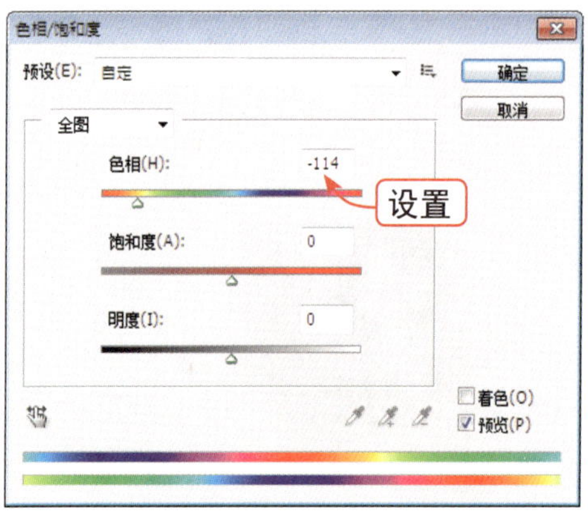

STEP 03 单击“确定”按钮，得到的图像效果如下图所示。

7.2.2 使用“自然饱和度”命令调整色彩平衡

利用“自然饱和度”命令可以将图像饱和度调整到自动状态。它在调整图像饱和度的时候会保护已经饱和的像素，即在调整时会大幅增加不饱和像素的饱和度，而对已经饱和的像素只做很少、很细微的调整，特别是对人物皮肤的肤色有很好的保护作用，这样不但能够增加图像某一部分的色彩，而且能使整幅图像的饱和度恢复正常。

选择“图像”|“调整”|“自然饱和度”命令，弹出“自然饱和度”对话框，如下图所示。

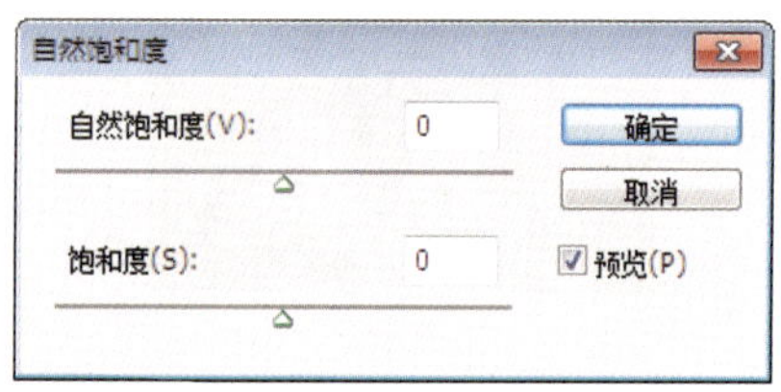

其中各选项的含义如下：

- **自然饱和度**：可以在颜色接近最大饱和度时，最大限度地减少修剪，防止过度饱和。
- **饱和度**：用于调整所有颜色而不考虑当前的饱和度。

原图及调整自然饱和度和饱和度后的效果如下图所示。

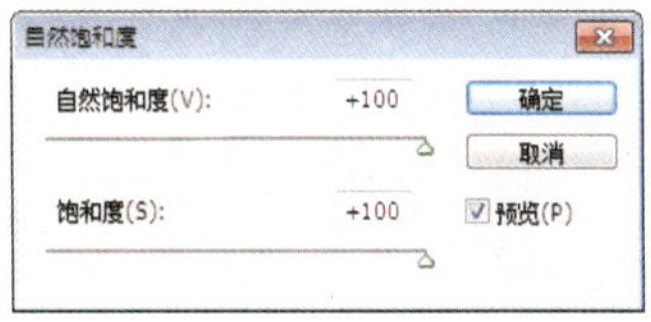

原图

调整后的效果

7.2.3 使用“色彩平衡”命令调整色彩平衡

“色彩平衡”命令用于调整图像的总体混合效果。与“亮度/对比度”命令一样，该命令也用于一般的色彩校正。下面通过一个实例来介绍“色彩平衡”命令的使用方法，具体操作步骤如下：

STEP 01 打开配套光盘中的“素材\第7章\艺术照.jpg”文件，如下图所示。

STEP 02 选择“图像”|“调整”|“色彩平衡”命令，弹出“色彩平衡”对话框，在其中设置各项参数，如下图所示。

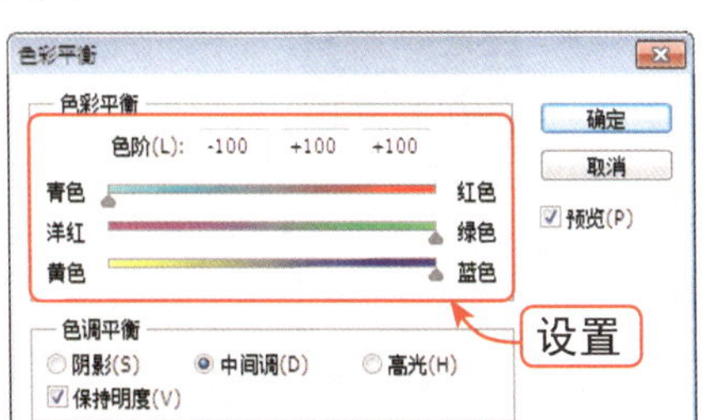

STEP 03 单击“确定”按钮，得到的图像效果如下图所示。

7.2.4 使用“黑白”命令调整图像的色彩

“黑白”命令可以将彩色图像转换成灰色图像，并可以对单个颜色成分做细致的调整。另外，该命令还可以为调整后的灰色图像着色，将其变为单一颜色的图像。下面通过一个实例来介绍“黑白”命令的使用方法，具体操作步骤如下：

STEP 01 打开配套光盘中的“素材\第7章\女孩.jpg”文件，如下图所示。

STEP 02 选择“图像”|“调整”|“黑白”命令，在弹出的“黑白”对话框中设置各项参数，如下图所示。

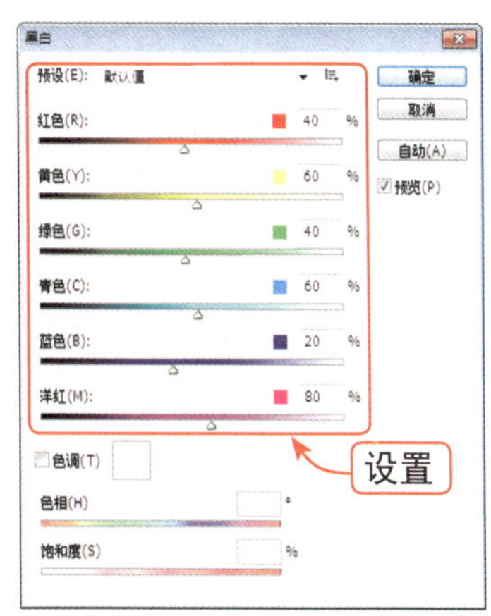

STEP 03 单击“确定”按钮，得到如下图所示的图像效果。

STEP 04 在“黑白”对话框中选中“色调”复选框，激活“色相”和“饱和度”两个选项，然后拖动色相和饱和度滑块为灰色图像着色，参数设置如下图所示。

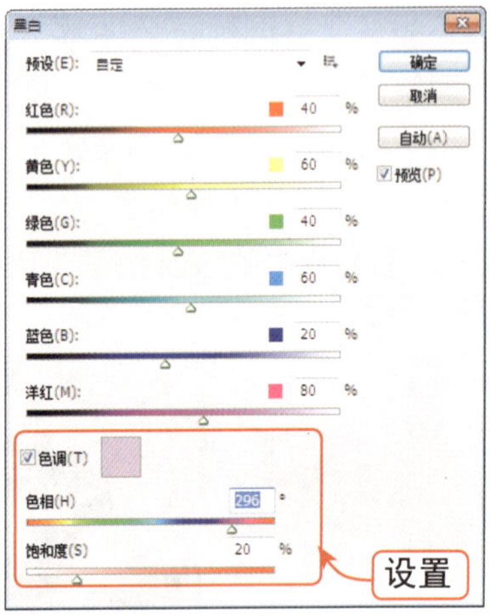

STEP 05 调整到满意的效果后，即可得到单一颜色的彩色图像，如下图所示。

7.2.5 使用“去色”命令去除图像颜色

使用“去色”命令可以去除图像中的选定区域或整幅图像的彩色，从而将其转换为灰度图像，如下图所示。但是，此命令并没有改变图像的模式。

原图

去色后的效果

7.2.6 使用“替换颜色”命令替换颜色

使用“替换颜色”命令可以将其他颜色替换成用户指定的颜色。下面通过一个实例来介绍如何使用“替换颜色”命令替换颜色，具体操作步骤如下：

STEP 01 打开配套光盘中的“素材\第 7 章\卡通女孩.jpg”文件，如下图所示。

STEP 02 选择“图像”|“调整”|“替换颜色”命令，弹出“替换颜色”对话框，如下图所示。

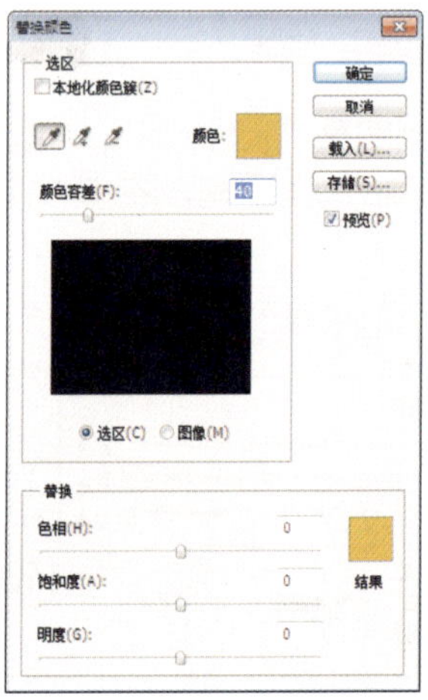

STEP 03 使用吸管工具在图像中单击红花部分，然后使用和工具在图像窗口或预览窗口中单击以增大或减小颜色范围，并适当调整“颜色容差”值以增大或减小选区，再调整所选颜色的“色相”、“饱和度”与“明度”滑块到合适的位置，如下图所示。

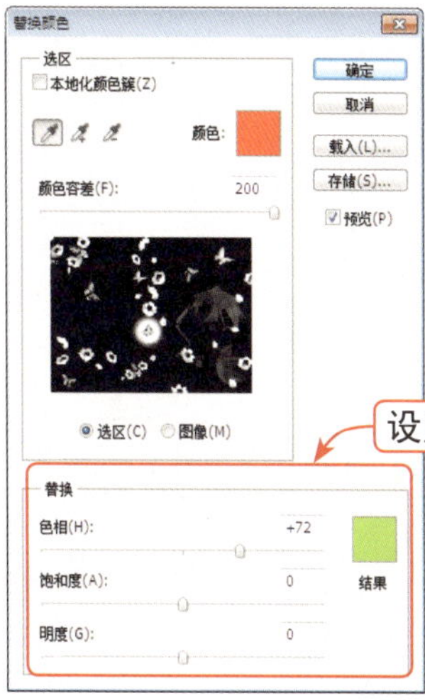

STEP 04 单击“确定”按钮，得到如下图所示的图像效果。

7.2.7 使用“可选颜色”命令替换颜色

“可选颜色”命令可以在图像中的每个加色和减色的原色成分中增加或减少印刷颜色的数量，通过增加或减少与其他印刷油墨相关的印刷油墨数量，可以使用户有选择地修改任何原色中印刷色的数量，而不影响其他原色。下面通过一个实例来介绍“可选颜色”命令的使用方法，具体操作步骤如下：

STEP 01 打开配套光盘中的“素材\第7章\仙子.jpg”文件，如下图所示。

STEP 02 选择“图像”|“调整”|“可选颜色”命令，弹出“可选颜色”对话框，在“颜色”下拉列表中选择要调整的颜色（此处选择蓝色），如下图所示。

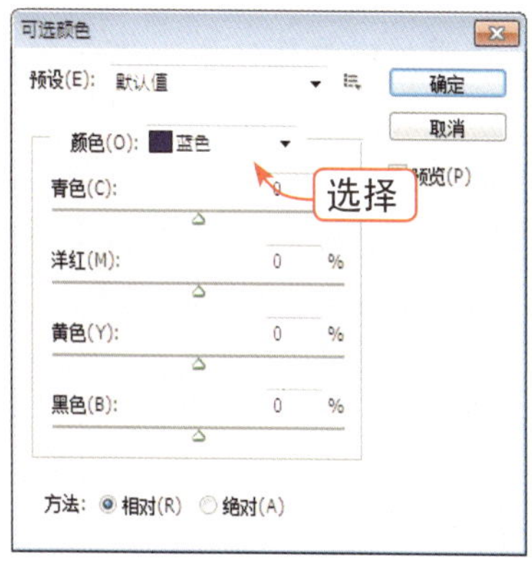

STEP 03 在“可选颜色”对话框中分别拖动各颜色滑块设置参数值，如下图所示。

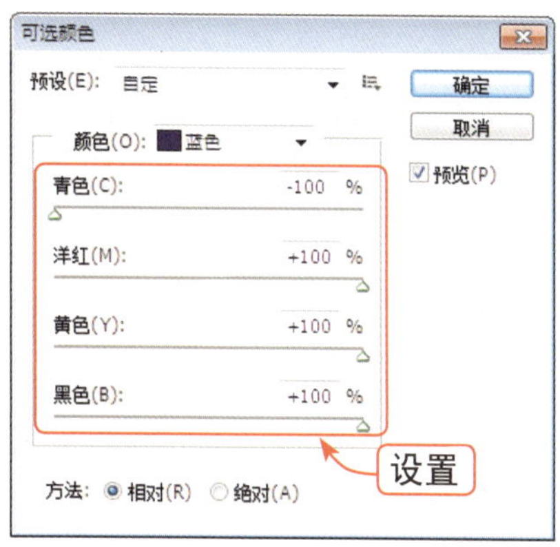

STEP 04 单击“确定”按钮，得到如下图所示的图像效果。

7.2.8 使用“匹配颜色”命令替换颜色

“匹配颜色”命令可将一幅图像（源图像）的颜色与另一幅图像（目标图像）的颜色相匹配。当用户尝试使不同照片中的颜色看上去一致，或者当一幅图像中的特定元素的颜色（如肤色）必须与另一幅图像中的某个元素的颜色相匹配时，该命令会提供很大的帮助。下面通过一个实例来介绍“匹配颜色”命令的使用方法，具体操作步骤如下：

STEP 01 打开配套光盘中的“素材\第 7 章”中的“婚纱 .jpg”和“紫 .jpg”文件，如下图所示。

婚纱.jpg

紫.jpg

STEP 02 选择“图像”|“调整”|“匹配颜色”命令，弹出“匹配颜色”对话框，在其中设置各项参数，如下图所示。

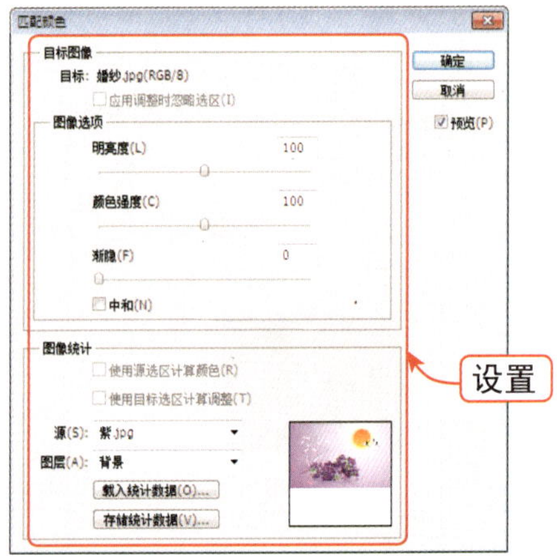

STEP 03 单击“确定”按钮，得到如下图所示的图像效果。

7.2.9 使用“通道混合器”命令调整颜色

使用“通道混合器”命令可以分别对通道中的颜色进行调整。选择“图像”|“调整”|“通道混合器”命令，弹出“通道混合器”对话框，如下图所示。

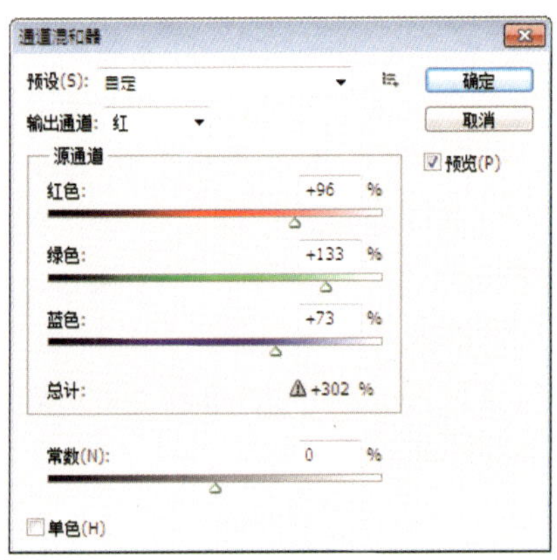

其中各选项的含义如下：

- **输出通道**：用于选择需要进行调整的通道。
- **源通道**：通过拖动相应的颜色滑块或输入数值来调整源通道中的颜色在输出通道中所占的百分比。
- **常数**：通过拖动滑块或输入数值来调整通道的不透明度。
- **单色**：用于将图像转变成只含灰度值的灰度图像。

调整通道中的颜色前后的对比效果如下图所示。

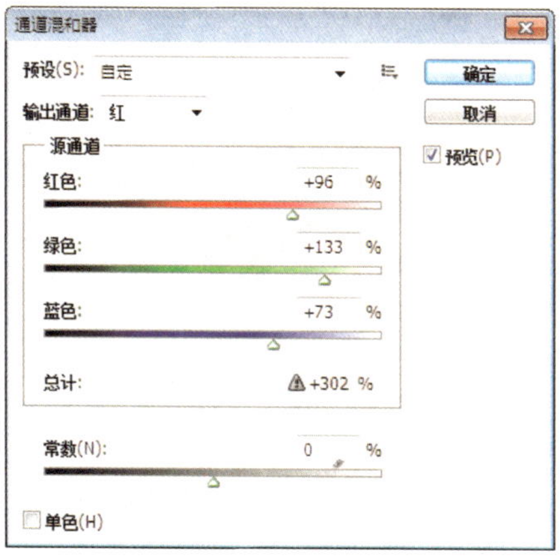

7.2.10 使用“照片滤镜”命令调整颜色

使用“照片滤镜”命令可以使图像产生拍摄照片时在镜头前添加颜色滤镜的效果。选择“图像”|“调整”|“照片滤镜”命令，弹出“照片滤镜”对话框，如下图所示。

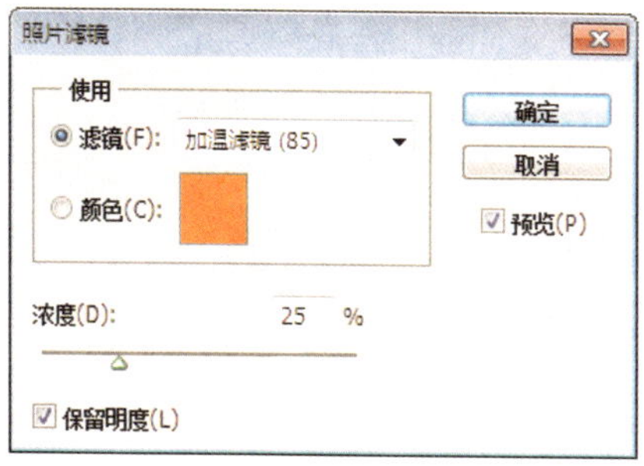

其中各选项的含义如下：

- **滤镜**：用于设置滤镜的类型。
- **颜色**：用于自定义滤镜的颜色。
- **浓度**：通过拖动滑块或输入数值来调整所加滤镜颜色的浓度。
- **保留明度**：选中该复选框后，添加颜色滤镜时将保持原图像的亮度。

使用“照片滤镜”命令调整颜色前后的对比效果如下图所示。

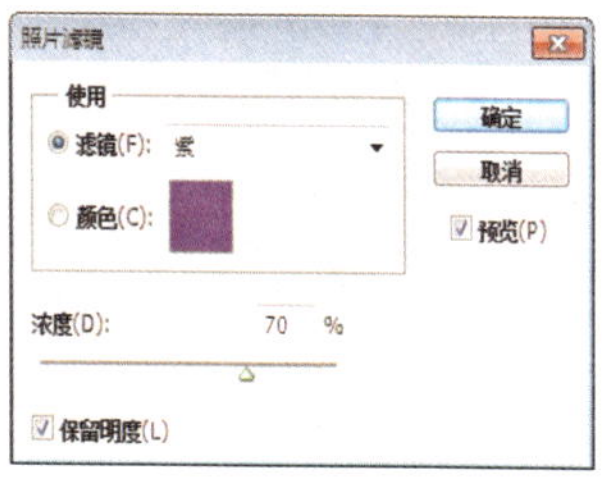

7.3 图像特殊颜色的调整

在Photoshop CS5中，用户不仅可以对图像的色调和颜色进行调整，还可以为图像制作一些特殊的颜色效果。要使图像产生特殊的颜色效果，可以通过“渐变映射”、“反相”、“阈值”、“色调均化”、“色调分离”、“变化”和“HDR色调”等命令来实现。下面将分别对这些命令进行介绍。

7.3.1 “反相”命令

通过“反相”命令可以翻转构成图像的像素的亮度，它常用来制作一些反转效果的图像。“反相”命令的特点是将所有颜色都以它的相反颜色显示，如将黄色转变为蓝色显示和将红色转变为青色显示。

选择“图像”|“调整”|“反相”命令，即可进行图像反相操作，如下图所示。

7.3.2 “色调分离”命令

使用“色调分离”命令可以指定图像中每个通道的色调级（或亮度值）的数目，并将像素映射为最接近的匹配级别。选择“图像”|“调整”|“色调分离”命令，弹出“色调分离”对话框，如下图所示。

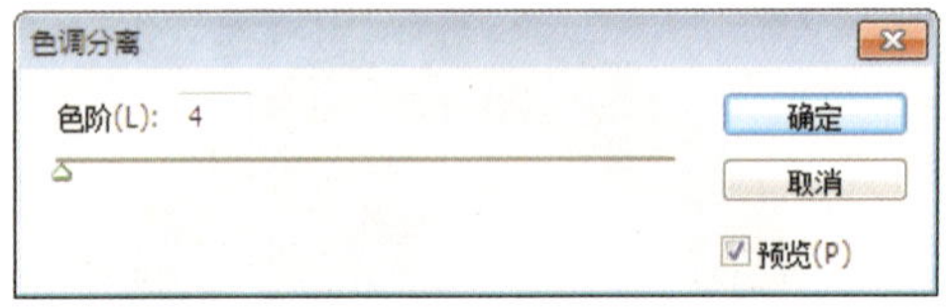

在“色调分离”对话框中可以随意调整阴影，设置的“色阶”值越大，表现出来的形态与原图像越相似；数值越小，画面就会变得越简单粗糙。

调整色阶前后的对比效果如下图所示。

7.3.3 “阈值”命令

通过“阈值”命令可以将一幅彩色图像转换为高对比度的黑白图像。选择“图像”|“调整”|“阈值”命令，弹出“阈值”对话框，如下图所示。

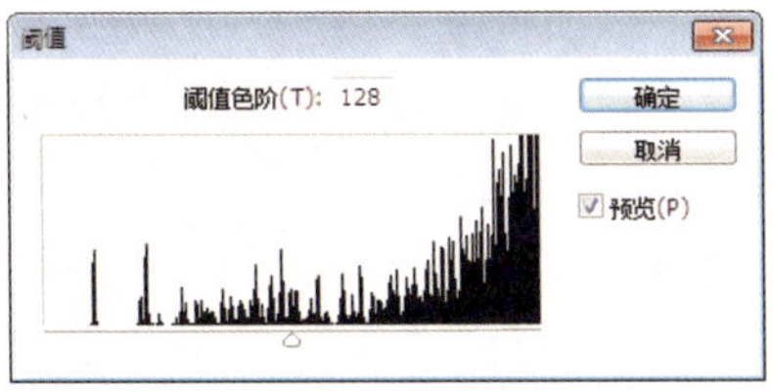

在“阈值色阶”文本框中输入数值，比该数值亮的像素会被转换为白色，比该数值暗的像素会被转换为黑色，从而将一幅灰度或彩色图像转换为高对比度的黑白图像，如下图所示。

7.3.4 “渐变映射”命令

使用“渐变映射”命令可以将图像按指定的渐变色进行色调的调整。选择“图像”|“调整”|“渐变映射”命令，将弹出“渐变映射”对话框，如下图所示。

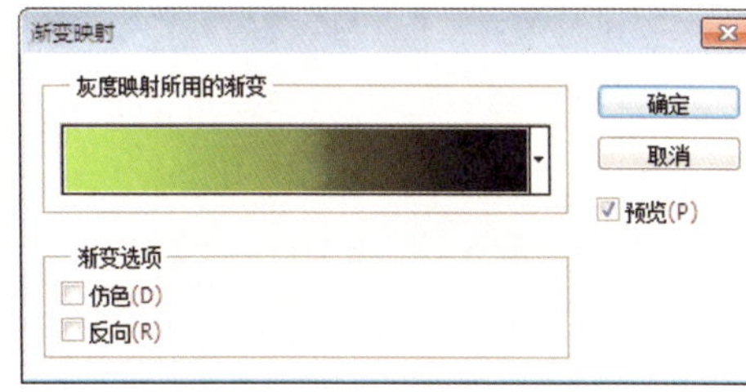

其中各选项的含义如下：

- **灰度映射所用的渐变**：用于设置渐变色的样式。单击渐变条可弹出“渐变编辑器”窗口，从中可自定义渐变色；另外，还可以单击渐变条右侧的下三角按钮，在打开的下拉面板中可选择预设的渐变样式，如下图所示。

- **仿色**：选中该复选框将对渐变映射后的图像做仿色处理，使图像色彩过渡平滑。
- **反向**：选中该复选框后将翻转渐变色的方向。

使用“渐变映射”命令对图像进行调整前后的效果对比如下图所示。

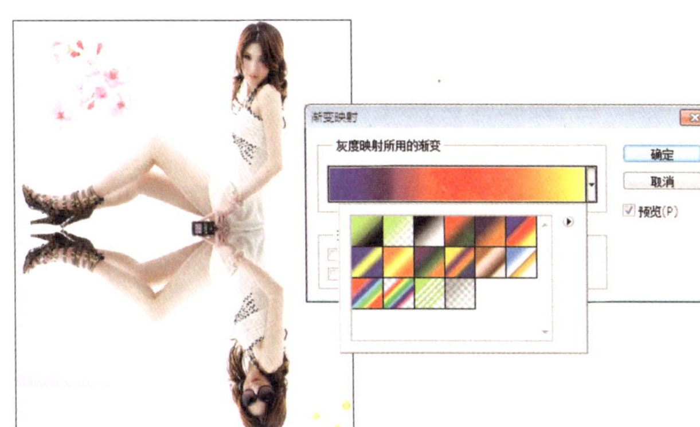

7.3.5 “变化”命令

“变化”命令通过显示和调整图像的缩览图来调整图像的色彩平衡、对比度和饱和度。该命令适用于不需要精确调整某一种颜色、只需要调整平均色调的图像，但是该命令不能在索引颜色模式的图像上应用。选择“图像”|“调整”|“变化”命令，将弹出“变化”对话框，如下图所示。

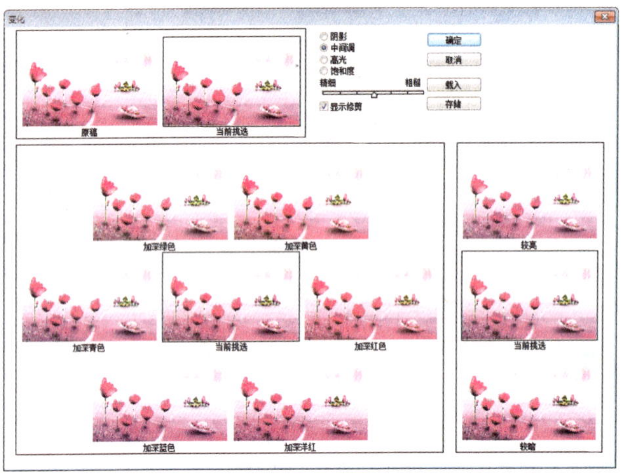

其中各选项的含义如下：

- **阴影**：选中该单选按钮则调整图像中较暗的区域。
- **中间调**：选中该单选按钮则调整图像的中间区域。
- **高光**：选中该单选按钮则调整图像中较亮的区域。
- **饱和度**：选中该单选按钮则调整图像的色相强度，下方的颜色调整区域将变成饱和度调整区域，而亮度调整区域将不存在。
- **精细 / 粗糙**：拖动滑块可设置每次调整的量，向右移动一格将使调整量增加为双倍。
- **图像预览区域**：该区域显示原始图像和包含当前选定的调整内容的图像，第 1 次打开对话框时，两幅图像是相同的，随着调整的进行，“当前挑选”的图像将会不断变化。
- **颜色调整区域**：该区域显示可供调整的颜色，若想将某种颜色添加到图像中，只需单击相应的颜色缩览图即可；若想去掉某种颜色，则单击其相反颜色的缩览图即可。
- **亮度调整区域**：该区域显示亮度的调整选项，包括“较亮”、“当前挑选”和“较暗”3 个缩览图，单击相应的缩览图即可对亮度进行调整。

使用“变化”命令调整图像前后的效果对比如下图所示。

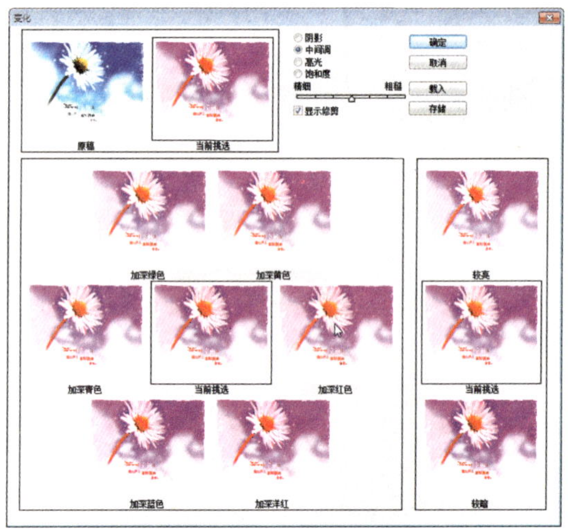

7.3.6 “色调均化”命令

使用“色调均化”命令可以重新分布图像中的亮度值，从而使图像更均匀地呈现所有的亮度级。选择“色调均化”命令后，图像中的最亮值将变为白色，最暗值将变为黑色，中间值则均匀地分布在整幅图像的灰度色调中，如下图所示。

原图

选择“色调均化”命令后的效果

7.3.7 “HDR色调”命令

Photoshop CS5 中新增的“HDR 色调”命令可用来修补较亮或较暗的图像，可制作出高动态范围的图像效果。在“HDR 色调”命令的帮助下，我们可以使用超出普通范围的颜色值，从而渲染出更加真实的 3D 场景。

简单来说，HDR 效果主要有以下 3 个特点：

- 亮的地方可以非常亮。
- 暗的地方可以非常暗。
- 亮部和暗部的细节都很明显。

下面通过一个实例来介绍“HDR 色调”命令的使用方法，具体操作步骤如下：

STEP 01 打开配套光盘中的“素材\第 7 章\林中.jpg”文件，如下图所示。

STEP 02 选择“图像”|“调整”|“HDR 色调”命令，弹出“HDR 色调”对话框，如下图所示。

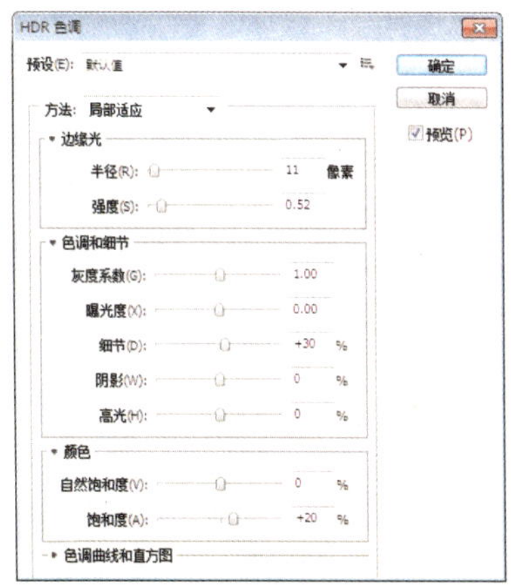

STEP 03 在弹出的对话框中设置参数，如下图所示。

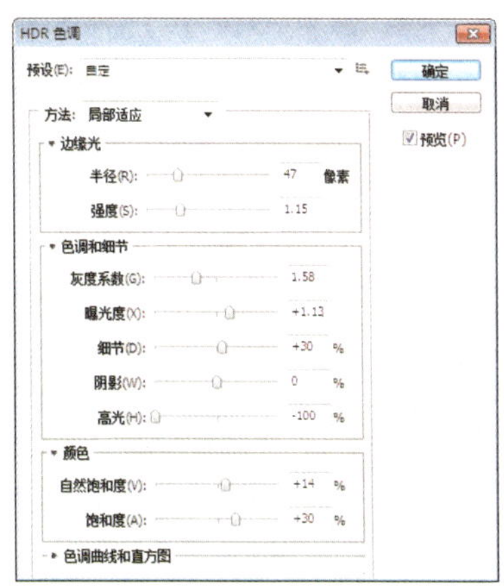

STEP 04 单击“确定”按钮，调整后的图像效果如下图所示。

在“HDR 色调”对话框中，各选项的含义如下：

1. 预设

在该下拉列表中给出了一些系统预设的调整参数，如下图所示。

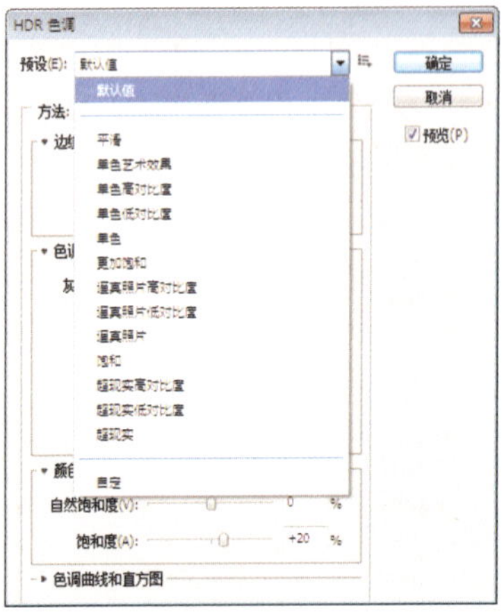

调整预设前后的效果对比如下图所示。

原图

更加饱和

逼真照片

超现实高对比度

2. 方法

在该下拉列表中可以选择进行 HDR 色调调整的方法，选择不同的方法会有不同的参数选项，如下图所示。

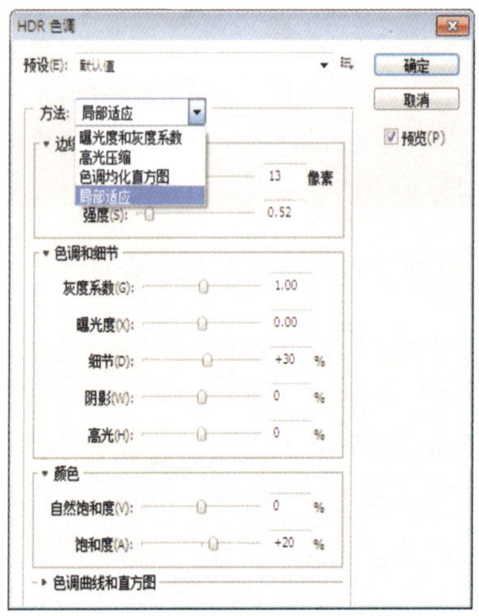

调整方法前后的效果对比如下图所示。

原图

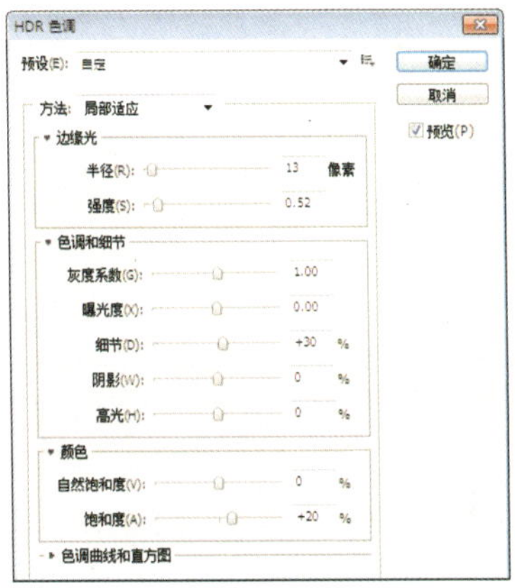

局部适应参数

局部适应调整效果

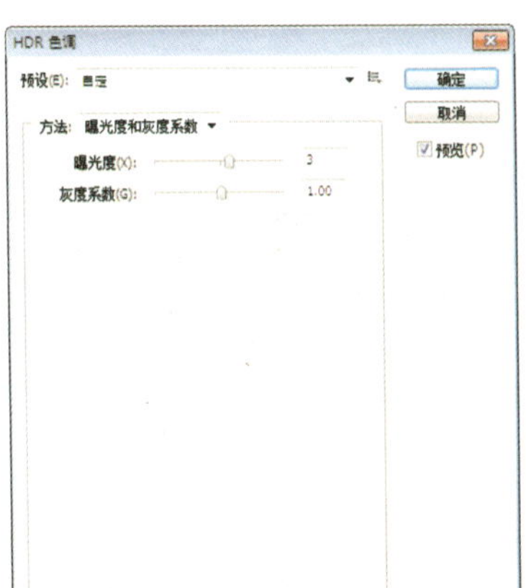

曝光度和灰度系数

曝光度和灰度系数调整效果

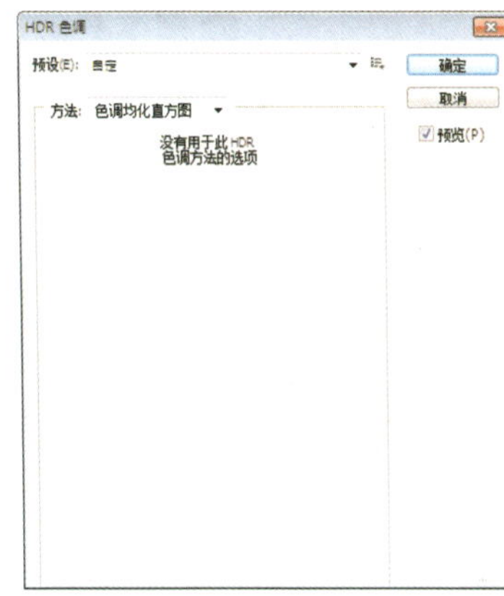

色调均化直方图参数

色调均化直方图调整效果

Chapter 08

图层的应用

图层的基本操作 ★

知识要点：

学习选择图层，新建图层，复制图层，删除图层，隐藏/显示图层，链接图层，锁定图层，对齐与分布图层和调整图层顺序等。

★ 应用图层样式

知识要点：

学习添加投影、内阴影、外发光、内发光、斜面和浮雕、光泽、颜色叠加、渐变叠加、图案叠加和描边等图层样式。

填充图层和调整图层 ★

知识要点：

学习创建与编辑填充图层或调整图层。

8.1 认识图层

图层是Photoshop中重要的概念，它可以让用户在不影响图像中其他元素的情况下，单独处理其中的某一部分。我们可以将图层看做一张张叠起来的透明纸，透过图层的透明区域可以看到下面图层中的图像。用户还可以通过更改图层的顺序和属性来改变图像的合成效果。

下面先来认识一下图层。打开配套光盘中的“素材\第8章\可乐.psd”文件，选择“窗口”|“图层”命令，打开“图层”面板，在其中可以看到组成该图像的所有图层，如下图所示。

可以看出，整幅图像由“可乐”、“花”和“文字”3个图层重叠在一起组成。

使用图层绘制图像有很多好处。例如，对上面的图像来说，若在一个图层中绘制图像，当全部图像绘制完毕后，要想对其中花的效果进行修改，则需要重新绘制这幅图像。而如果分图层制作，将花单独放在了一个图层中，则只需选择该图层进行修改即可，这样可以大大节省绘图的时间。另外，用户还可以在一个图层中任意拖动、复制和调整图像，并对图层中的图像添加各种效果，而这些操作都不会影响到其他图层中的图像。

8.2 认识“图层”面板

“图层”面板中列出了图像中的所有图层、图层组和图层效果。使用“图层”面板可以完成对图层的绝大部分操作。选择“窗口”|“图层”命令或按【F7】键，可以显示或隐藏“图层”面板。

8.2.1 “图层”面板中的选项及按钮

下面先来了解一下“图层”面板中各选项及按钮的名称和功能。

（1）“图层”面板菜单

单击“图层”面板右上角的按钮，将弹出“图层”面板菜单，如下图所示。

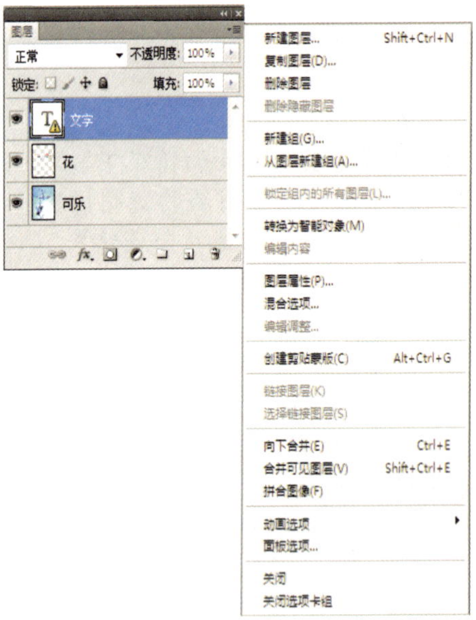

利用“图层”面板菜单，用户可以进行新建图层、复制图层、新建组、合并图层和关闭面板等一系列操作。

在“图层”面板菜单中选择“面板选项”命令，弹出“图层面板选项”对话框，从中选择不同的选项，即可对图层缩览图的尺寸进行调整，如下图所示。

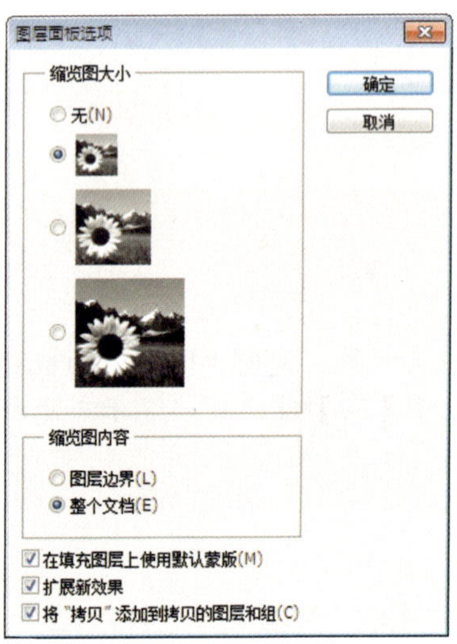

（2）图层混合模式

图层混合模式选项用于设置当前图层中的图像与下面图层中的图像以何种模式进行混合，如下图所示。

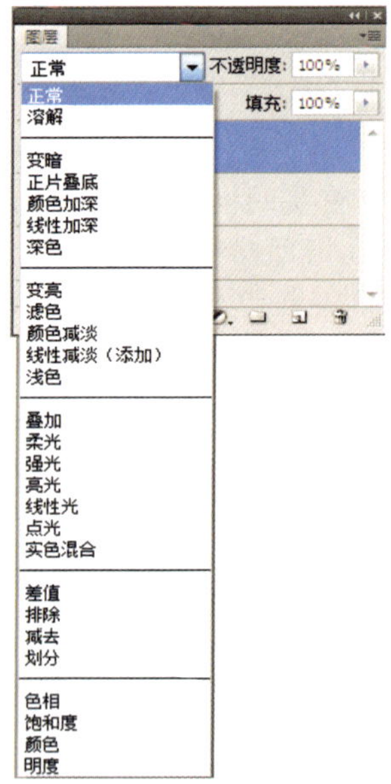

图层混合模式下拉列表

正常模式

正片叠底模式

明度模式

（3）图层不透明度

“不透明度”选项用于设置图层的不透明度，数值越小，图像越透明；数值越大，图像越不透明，如下图所示。

图层“不透明度”为80%

图层“不透明度”为40%

（4）锁定图层

在“图层”面板中有4个锁定按钮，用于设置图层的锁定内容，如下图所示。

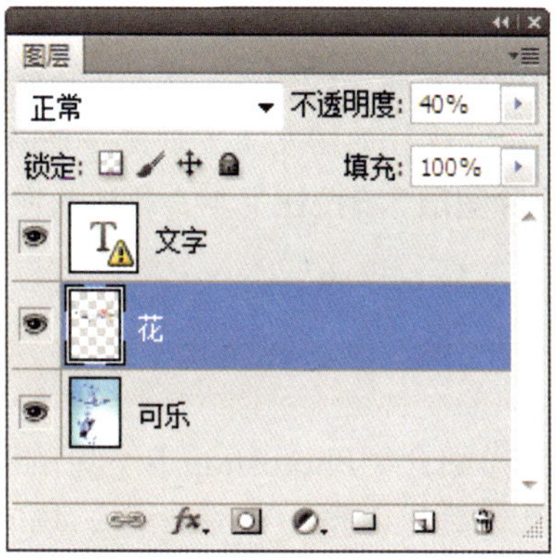

● “锁定透明像素”按钮：单击该按钮后，在操作过程中可不在图层的透明部分上应用，只应用于有图像的部分。

● “锁定图像像素”按钮：单击该按钮后，不能使用画笔等绘图工具在该图层上进行修改和编辑。

● “锁定位置”按钮：单击该按钮后，不能再移动相应图层上的图像。

● “锁定全部”按钮：相应的图层全部被锁定后，将不能再进行其他任何编辑操作，直到解除锁定。

（5）填充

“填充”选项用于设置图层中图像填充颜色的不透明度，如下图所示。

“填充”为100 %

“填充”为50%

（6）指示图层可见性

在“图层”面板中单击各图层前面的“指示图层可见性”图标，可显示或隐藏选中图层中的图像。显示图标表示图层处于可见状态，如下图所示。

显示“花”图层

隐藏“花”图层

（7）图层缩览图

图层缩览图用于显示本图层图像的缩览图，它随着该图层中图像的变化而随时更新，以便用户在进行图像处理时参考，如下图所示。

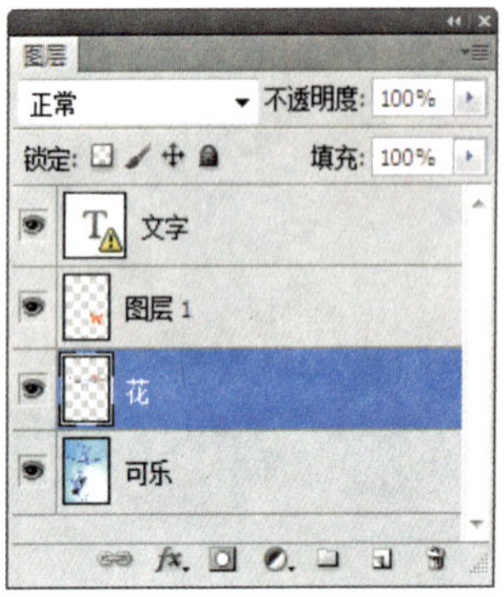

（8）图层名称

在图层缩览图后面显示了图层的名称，以方便用户查找，如下图所示。

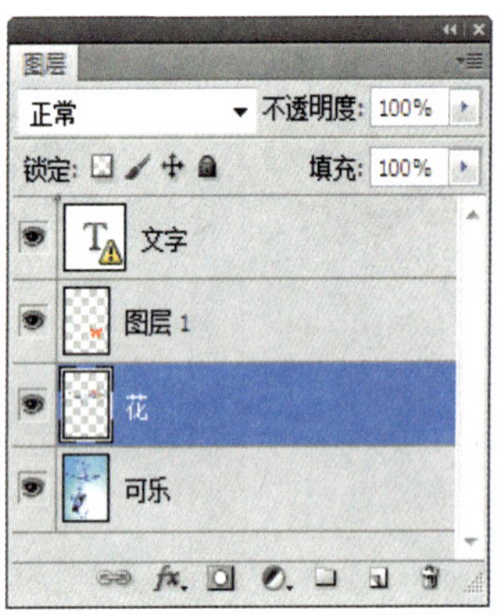

（9）快捷按钮

“图层”面板最下方的是一排跟图层操作有关的快捷按钮，如下图所示。

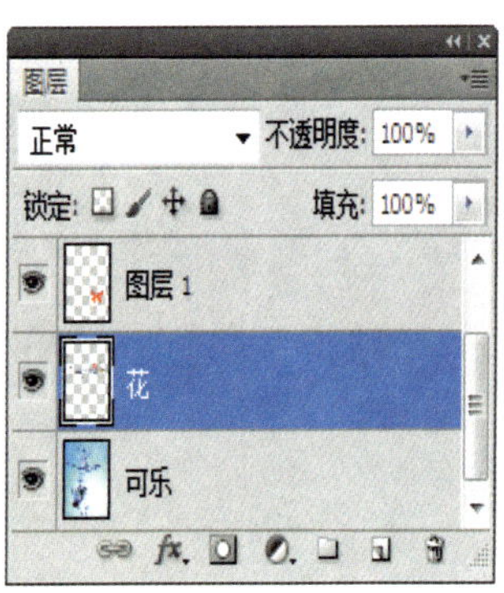

其中各按钮的含义如下：

- **“链接图层”按钮**：通过链接两个或多个图层，可以一起移动链接图层中的内容，也可以对链接图层执行对齐与分布以及合并图层等操作（该按钮只有在选择了两个或两个以上的图层时才能使用）。
- **“添加图层样式”按钮**：为选中的图层添加不同的图层样式，可制作出阴影、发光等样式的效果。
- **“添加图层蒙版样式”按钮**：可以为选中的图层添加一个图层蒙版。如果先在图像窗口中创建适当的选区再单击此按钮，则可以根据选区范围在当前图层上创建适当的蒙版图层。按住【Ctrl】键的同时单击此按钮可以创建矢量蒙版。
- **“创建新的填充或调整图层”按钮**：单击此按钮即可在当前图层上添加一个调整图层，对当前图层下方的图层进行色调、明暗等颜色效果的调整。
- **“创建新组”按钮**：单击此按钮即可创建一个图层组。
- **“创建新图层”按钮**：单击此按钮即可在“图层”面板中当前选择的图层上方创建一个新图层。
- **“删除图层”按钮**：单击此按钮即可删除选中的图层。

8.2.2 常用图层类型

下面将详细介绍Photoshop中常见的图层类型，其中包括“背景”图层、普通图层、填充图层、调整图层、效果图层、形状图层、蒙版图层和文字图层等。

1. “背景”图层

“背景”图层相当于绘画中的纸。在Photoshop中，一个图像文件中只有一个“背景”图层，且必须位于所有图层的最下方。“背景”图层为不透明的图层，如下图所示。

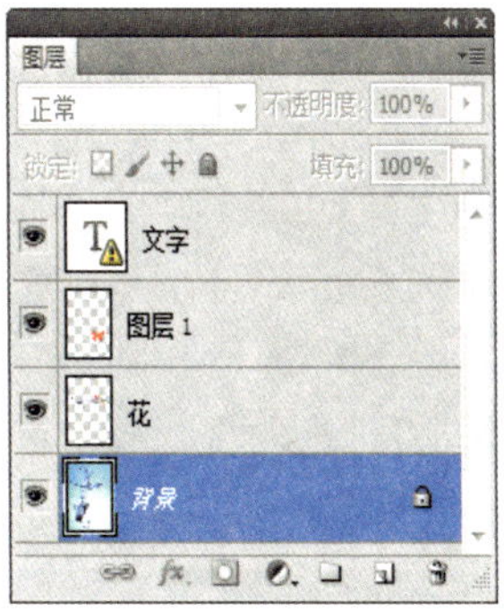

“背景”图层可以与普通图层进行转换，如果当前图层为“背景”图层，则选择“图层”|“新建”|“背景图层”命令，或直接在“图层”面板中双击“背景”图层，在弹出的“新建图层”对话框中单击“确定”按钮，即可将“背景”图层转换为普通图层，如下图所示。

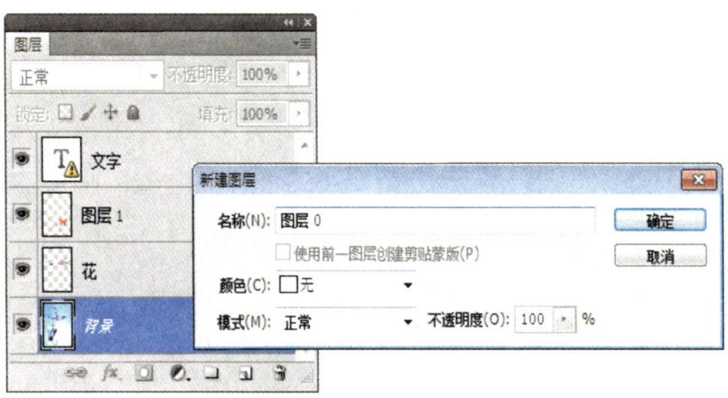

2. 普通图层

普通图层相当于一张完全透明的纸，它是Photoshop中基本的图层类型。单击“图层”面板底部的“创建新图层”按钮或选择“图层”|“新建”|“图层”命令，即可在当前图层的上方新建一个普通图层，如下图所示。

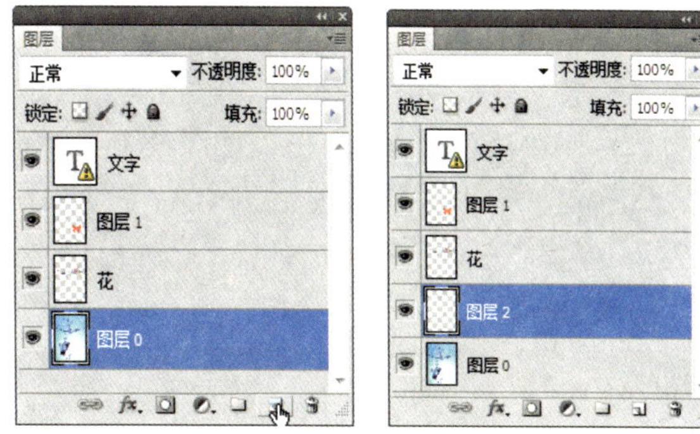

新建的普通图层是完全透明的，透过它可以看到其下面图层中的所有内容。

选择“图层”|“新建”|“背景图层”命令，可以将普通图层转换为“背景”图层，如下图所示。

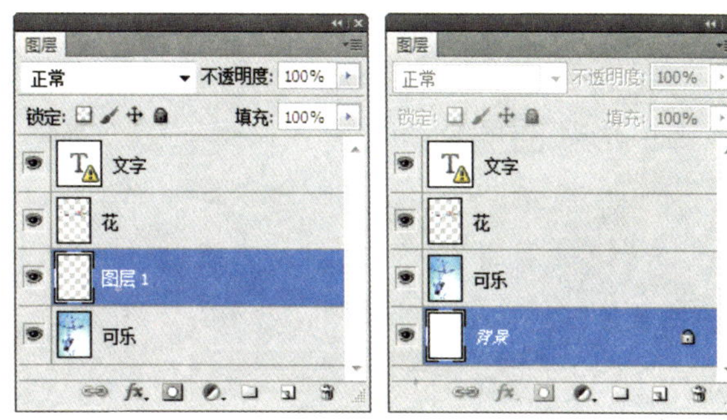

3. 填充图层和调整图层

填充图层和调整图层是用来调整图像的颜色、色调、亮度和饱和度的辅助图层。单击“图层”面板底部的按钮，在弹出的下拉菜单中选择相应的命令，即可创建填充图层或调整图层，如下图所示。

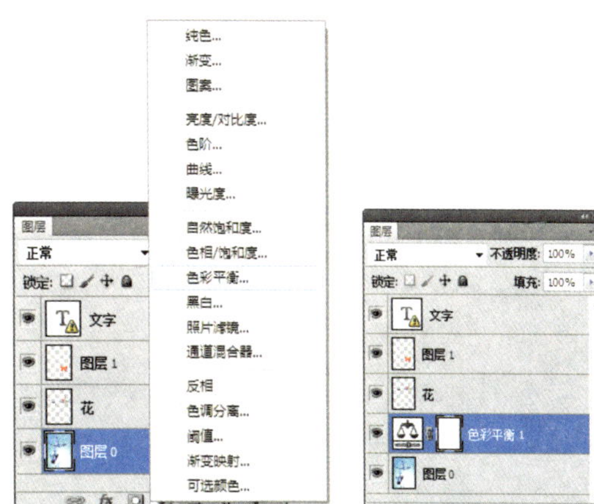

4. 效果图层

“图层”面板中的图层在应用图层效果后，就会在其右侧出现一个 fx 图标，此时表明该图层是效果图层。单击“图层”面板底部的“添加图层样式”按钮 fx，在弹出的下拉菜单中选择任意一个命令，即可创建效果图层，如下图所示。

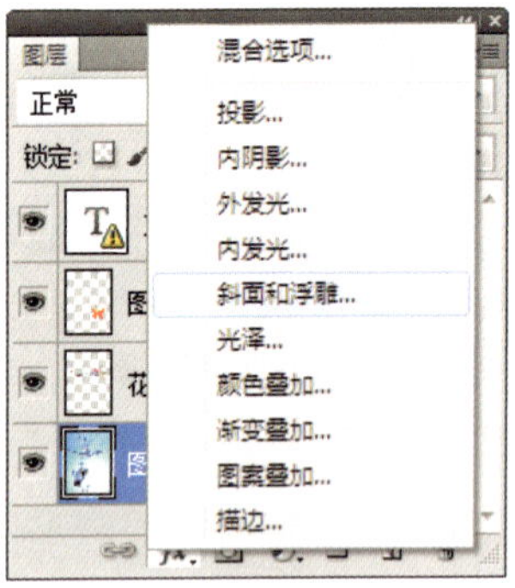

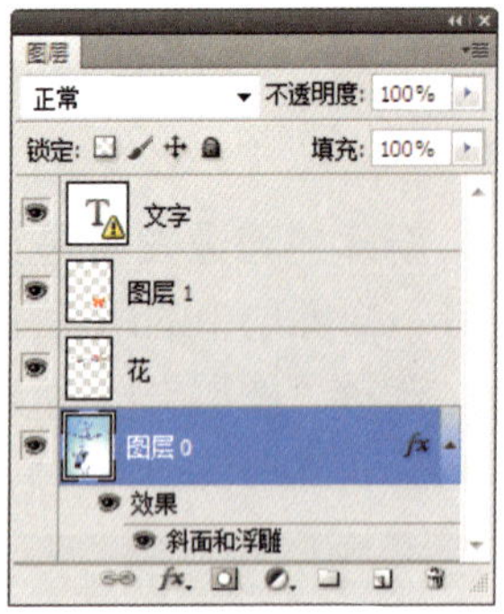

5. 形状图层

使用工具箱中的矢量图形工具在文件中创建图形后，“图层”面板中就会自动生成形状图层，如下图所示。

选择形状图层，选择“图层”|“栅格化”|“形状”命令，即可将形状图层转换为普通图层，如下图所示。

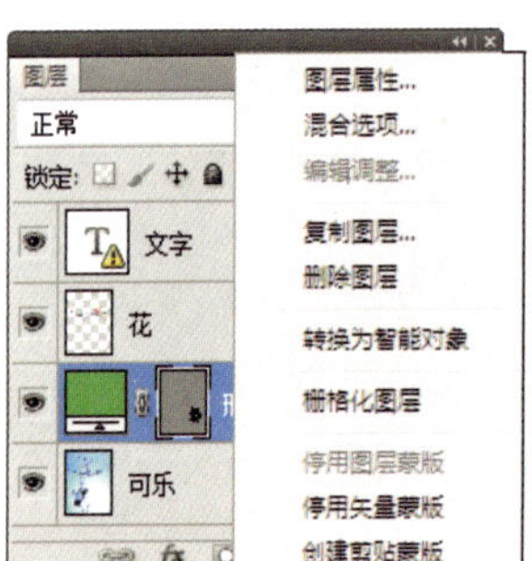

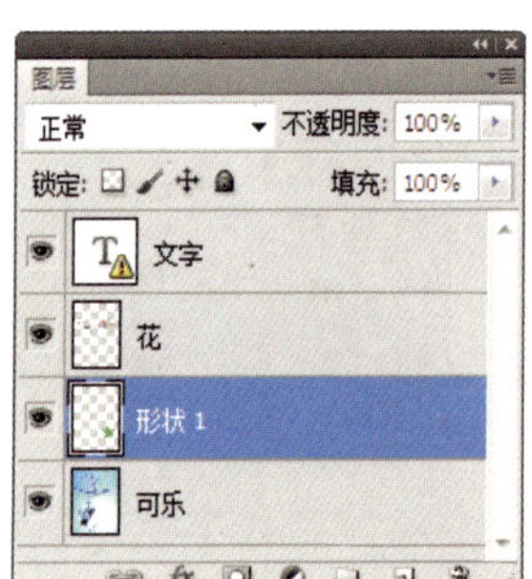

6. 蒙版图层

在图像中，图层蒙版中颜色的变化使其所在图层的相应位置产生透明效果，如下图所示。其中，该图层中与蒙版的白色部分相对应的图像不产生透明效果，与蒙版的黑色部分相对应的图像产生完全透明效果，与蒙版中的灰色部分相对应的图像则根据其灰度产生相应程度的透明效果。

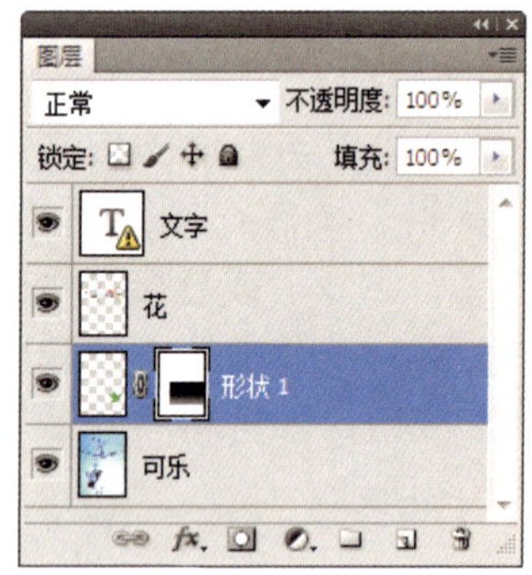

7. 文字图层

在文件中创建文字后，“图层”面板中将自动生成文本图层，其缩览图显示为T，如下图所示。

当对输入的文字进行变形后，文本图层将显示为变形文本图层，其缩览图显示为T，如下图所示。

8.3 图层的基本操作

对图像的处理离不开对图层的操作。图层的基本操作包括新建、复制、删除、隐藏、显示、链接、合并、锁定以及调整图层顺序等，这些操作都可以通过“图层”菜单中的相应命令或在“图层”面板中完成。下面将进行详细介绍图层的基本操作。

8.3.1 选择图层

在“图层”面板中显示为蓝色的图层即当前选中的图层，若要选择其他图层，只需在“图层”面板中单击对应的图层即可，如下图所示。

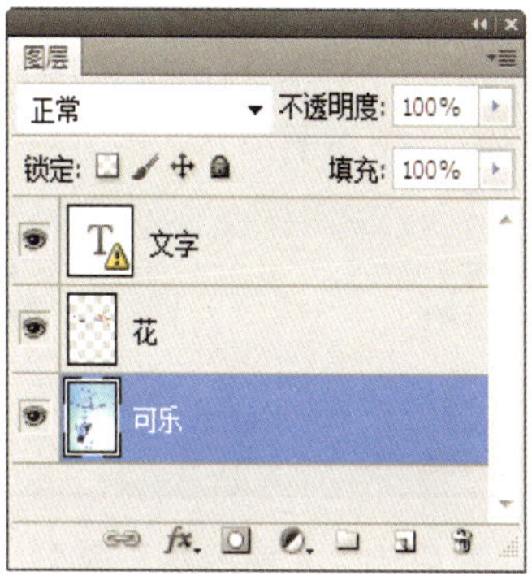

将鼠标指针放在图像上，右击，在弹出的快捷菜单中选择图层的名称，也可以选中对应的图层，如下图所示。

如果在按住【Ctrl】键的同时连续单击图层，则可以同时选中多个图层，如下图所示。

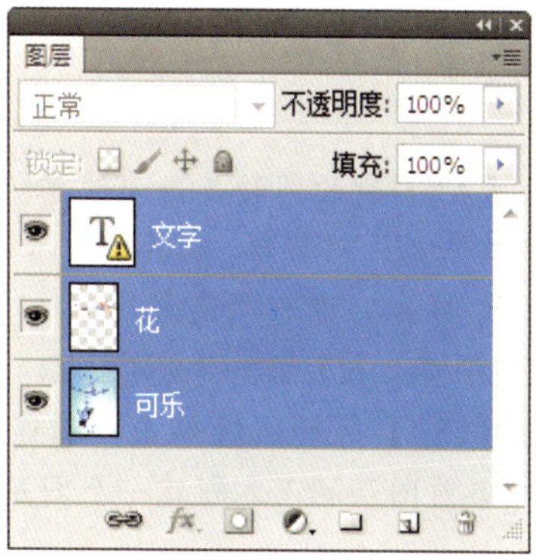

8.3.2 新建图层

普通图层是Photoshop中常用的图层，用户可以通过多种方式进行新建。

● 在“图层”面板下方单击“创建新图层”按钮，即可在当前选择的图层的上方创建一个新的图层，并会自动选择新建的图层，如下图所示。

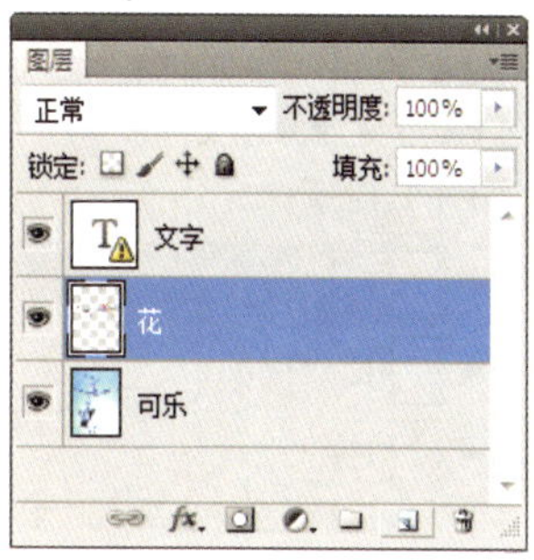

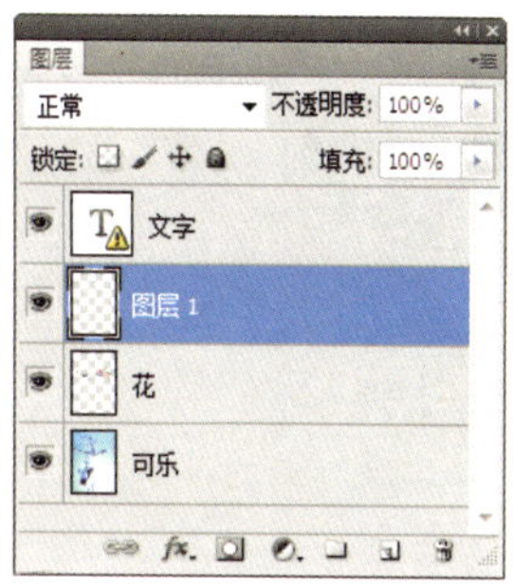

● 选择“图层”|“新建”|“图层”命令，弹出“新建图层”对话框，如下图所示。在其中输入图层的名称，然后单击“确定”按钮，即可新建图层。

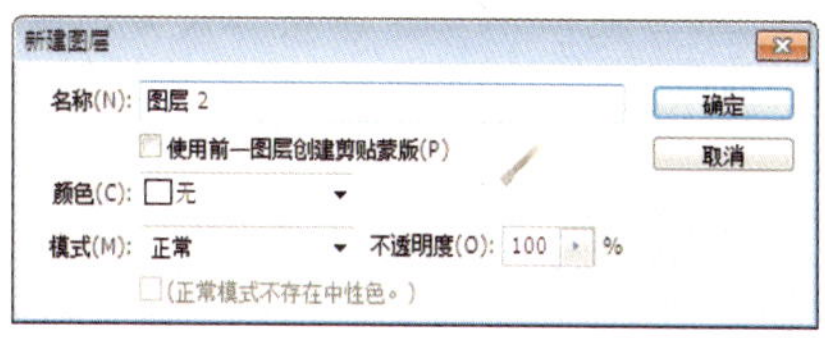

● 单击“图层”面板右上角的▼☰按钮，在弹出的下拉菜单中选择“新建图层”命令，如下图所示，弹出“新建图层”对话框，在其中输入图层的名称，并单击“确定”按钮，从而新建图层。

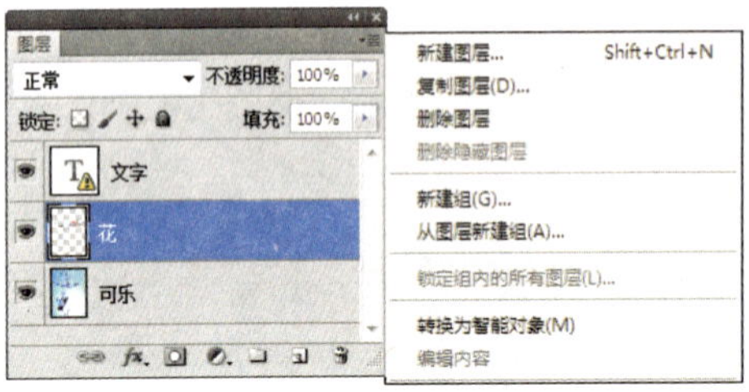

● 按住【Alt】键的同时单击“创建新图层”按钮，弹出“新建图层”对话框，在其中输入图层的名称，并单击“确定”按钮，即可新建图层。

● 按【Ctrl+Shift+N】组合键新建图层。

● 按住【Ctrl】键的同时单击“创建新图层”按钮，即可在当前图层的下方新建一个图层。

8.3.3 复制图层

当需要将同一幅图像进行不同的操作时，可以对该图像所在的图层进行复制，然后再进行下一步的操作。

● 在“图层”面板中选中要复制的图层，将选中的图层拖曳到“创建新图层”按钮上即可复制该图层，如下图所示。

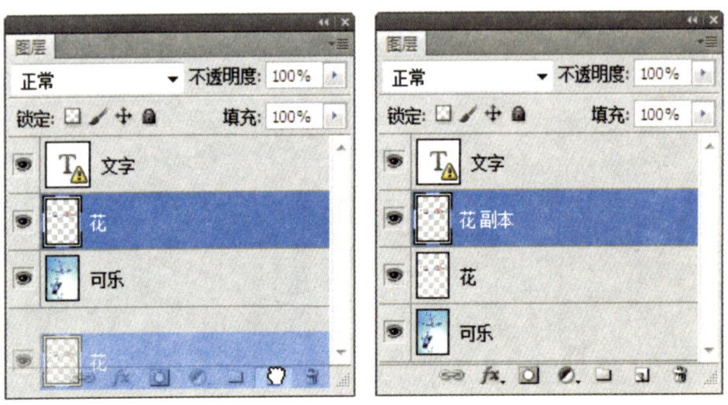

● 单击“图层”面板右上角的▼☰按钮，在弹出的下拉菜单中选择“复制图层”命令，弹出“复制图层”对话框，如下图所示。保持默认设置，单击“确定”按钮即可复制图层。

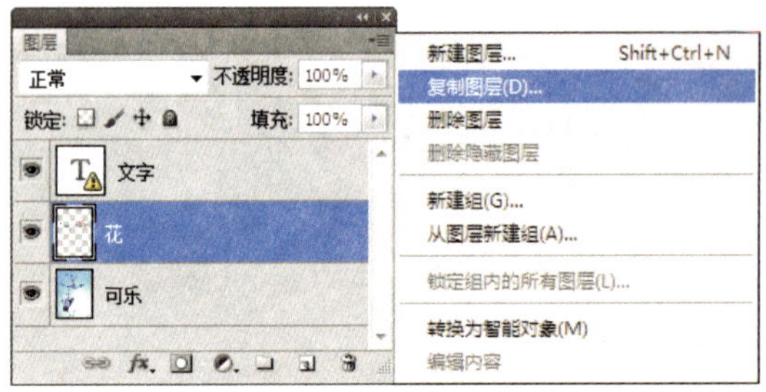

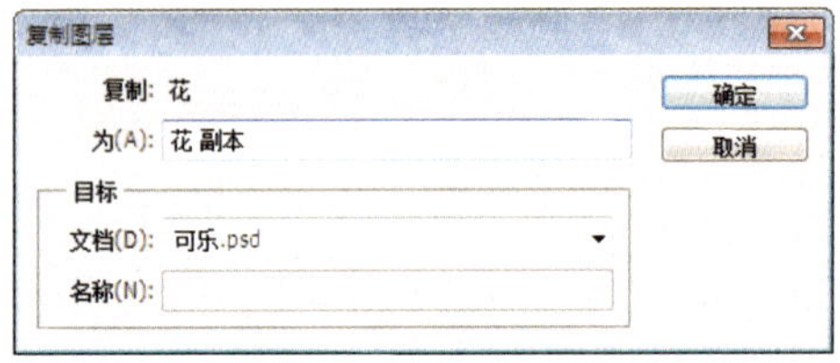

如果在“文档”下拉列表中选择“新建”选项，则可以生成一个包含当前选中图层的新文件，且原文件不消失，如下图所示。

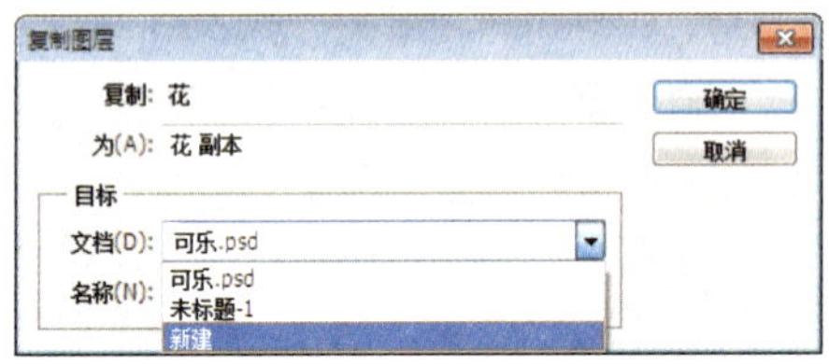

● 选择“图层”|“复制图层”命令，在弹出的“复制图层”对话框中单击“确定”按钮即可复制图层。

● 选择“移动工具”，然后按住【Alt】键，当鼠标指针变成形状时，拖动要复制的图像即可实现复制操作，这时“图层”面板中会自动添加一个副本，如下图所示。

8.3.4 删除图层

删除不需要的图层的具体操作方法如下：

● 在“图层”面板中选中要删除的图层，然后将其拖动到“删除图层”按钮上即可删除图层，如下图所示。

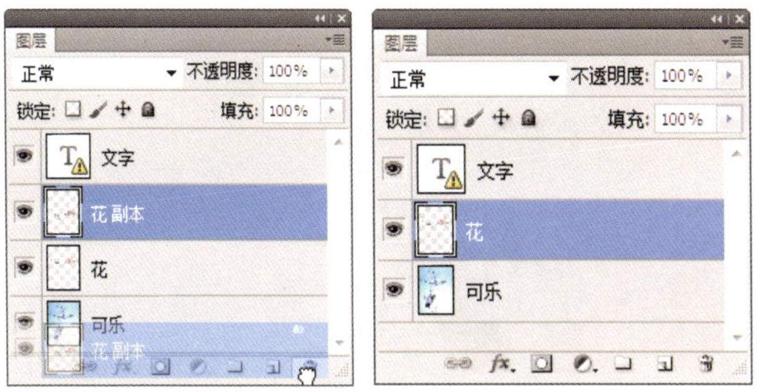

● 在“图层”面板中选中要删除的图层，然后单击面板下方的“删除图层”按钮，弹出确认删除的提示对话框，单击“是”按钮即可删除图层，如下图所示。

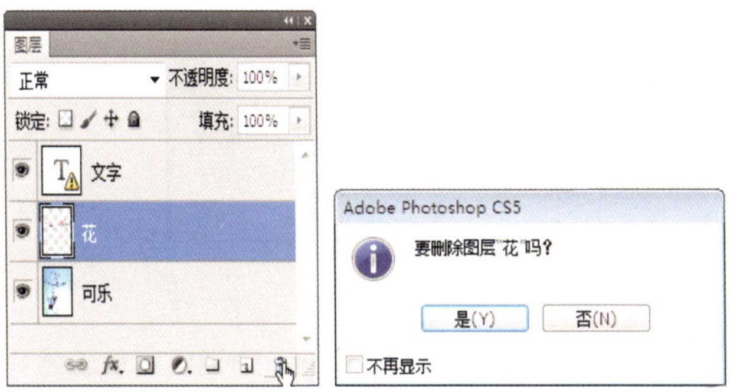

● 选择“图层”|“删除”|“图层”命令即可删除所选择的图层。

● 右击要删除的图层，在弹出的快捷菜单中选择“删除图层”命令，即可删除图层，如下图所示。

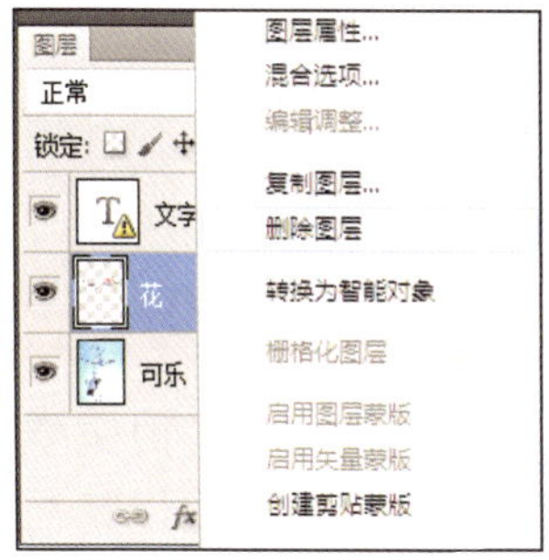

● 如果所选图层是隐藏图层，则选择“图层”|“删除”|“隐藏图层”命令即可将隐藏图层删除。

8.3.5 隐藏/显示图层

在编辑图像的过程中，有时需要对部分图层进行隐藏，以便观察当前的图像效果。

单击图层缩览图前的图标，使其变为图标，即可隐藏选中图层中的图像，如下图所示。

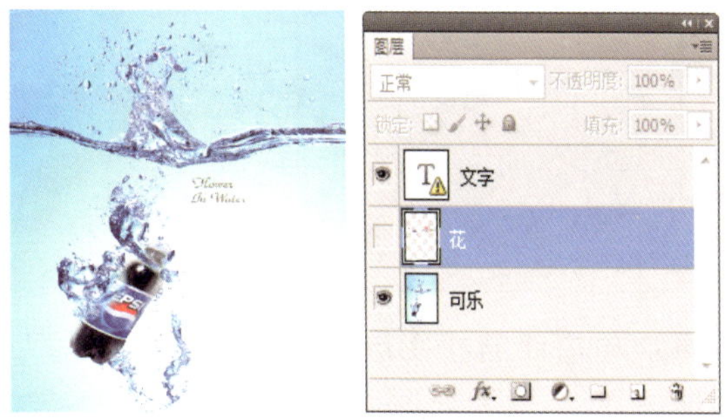

单击眼睛图标隐藏选中的图层

再次单击图标，即可重新显示图层内容，如下图所示。

单击图标显示选中的隐藏图层

选择“图层”|“隐藏图层”命令，可以隐藏所选中的图层；选择“图层”|“显示图层”命令，可以显示选中的隐藏图层。

8.3.6 链接图层

在编辑图像的过程中，有时需要对图像中的多个图层进行整体操作，这时可以将需要操作的多个图层进行链接。链接图层的具体操作步骤如下：

按住【Ctrl】键的同时在“图层”面板中单击需要链接的图层，然后单击“图层”面板下方的“链接图层”按钮，当选中的图层名称后面出现符号时，表示选中的所有图层链接在了一起，如下图所示。

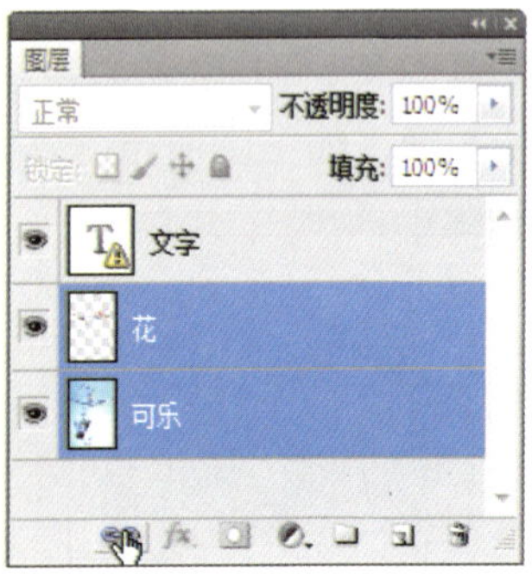

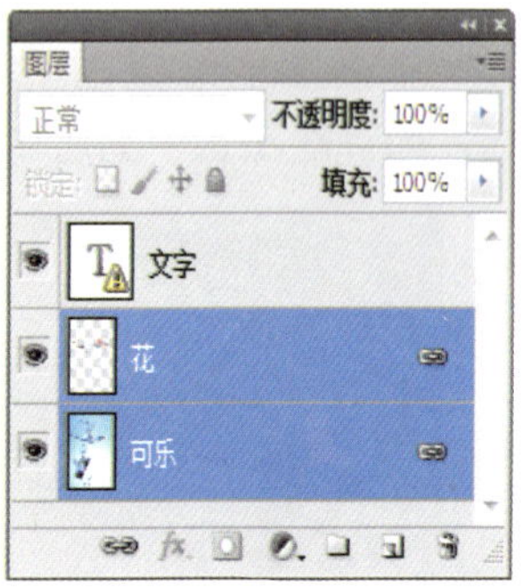

再次单击“链接图层”按钮，可以取消图层的链接。

8.3.7 锁定图层

锁定图层后可以防止在完成的图层上进行错误的操作，从而影响图层的效果。在前面已经介绍过，“图层”面板中有4个按钮用于设置图层的锁定内容，下面将分别对它们进行介绍。

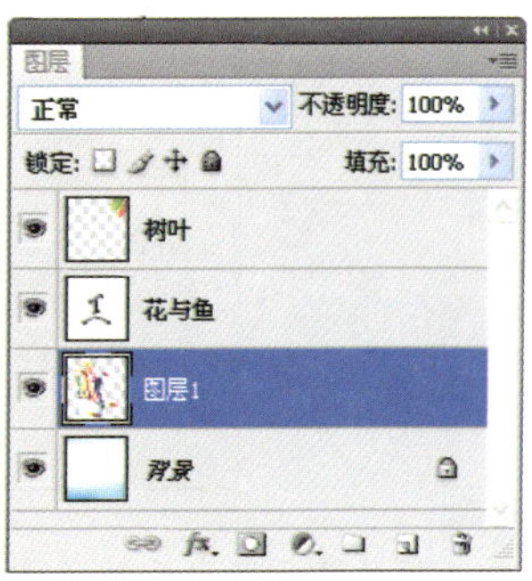

1. 锁定透明像素

单击“锁定透明像素”按钮，当前图层上原本透明的部分被保护起来，不允许被编辑，以后所有的操作只对不透明图像起作用。

2. 锁定图像像素

单击“锁定图像像素”按钮，当前图层被锁定，不管是透明区域还是图像区域，都不允许填充颜色或进行色彩编辑。此时，如果将绘图工具移动到图像窗口中，会出现图标，表示该功能对锁定图层像素无效，如下图所示。

如果使用“画笔工具”或其他绘图工具调整图像，将会弹出提示对话框，提示无法使用此工具，因为图层已锁定，如下图所示。

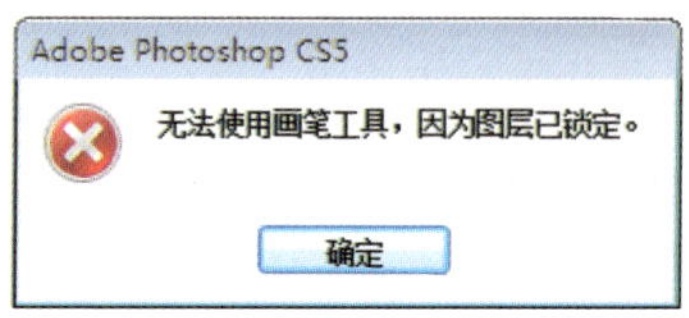

3. 锁定位置

单击“锁定位置”按钮，则当前图层像素将被锁定，不允许被移动或进行各种变形操作。但可以对该图层进行填充和描边等其他绘图操作。

4. 锁定全部

单击“锁定全部”按钮，当前图层的所有编辑都将被锁定，不允许对图层图像进行任何操作，此时只能改变图层的叠放顺序。

8.3.8 对齐与分布图层

使用“图层”菜单中的“对齐”与“分布”命令可以以当前工作图层中的图像为依据，对“图层”面板中所有与当前工作图层同时选取或链接的图层进行对齐与分布操作。

1. 对齐图层

选中两个或多个图层，选择“图层”|“对齐”子菜单中的命令，可以对图层进行相应的对齐操作，如下图所示。

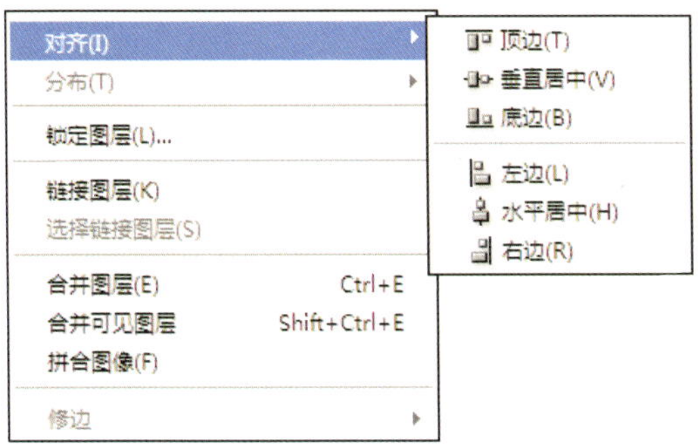

原图像

顶边对齐

垂直居中对齐

底边对齐

左边对齐

水平居中对齐

右边对齐

选择两个或多个图层，再选择工具箱中的“移动工具”，使用其属性栏中的按钮也可以对图层进行对齐操作，如下图所示。

这些按钮从左至右分别是顶对齐、垂直居中对齐、底对齐、左对齐、水平居中对齐、右对齐。

2. 分布图层

分布图层是间隔分布选中的图层，执行“分布”命令后，位于边缘的两个图层的位置不会发生变化。

选中3个或3个以上的图层，选择“图层”|“分布”子菜单中的命令，可以对图层进行相应的分布操作，如下图所示。

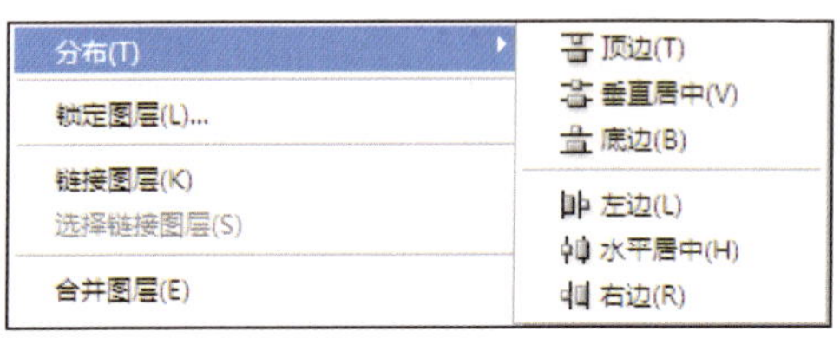

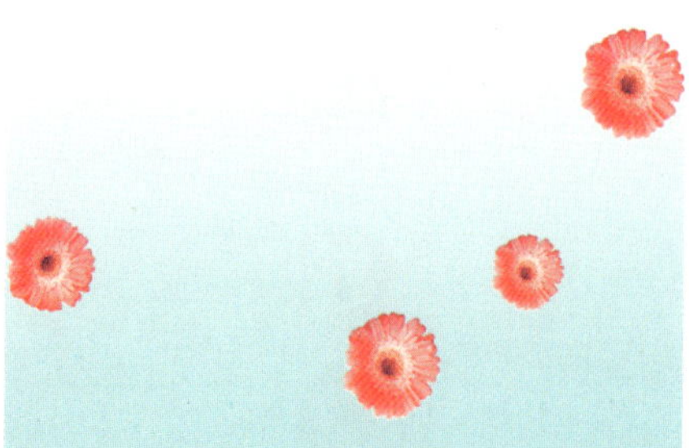

原图像

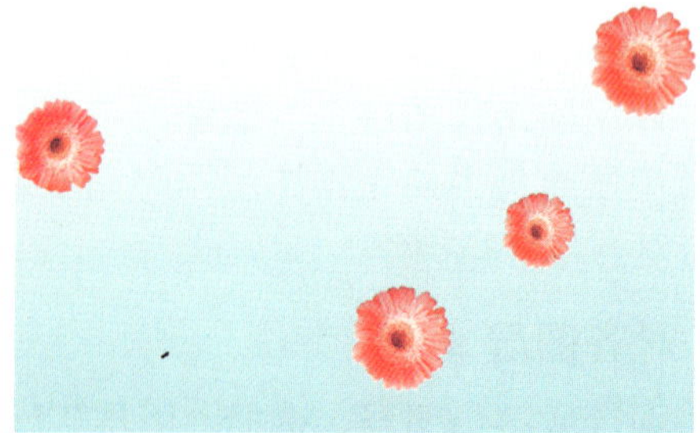

顶边分布

垂直居中分布

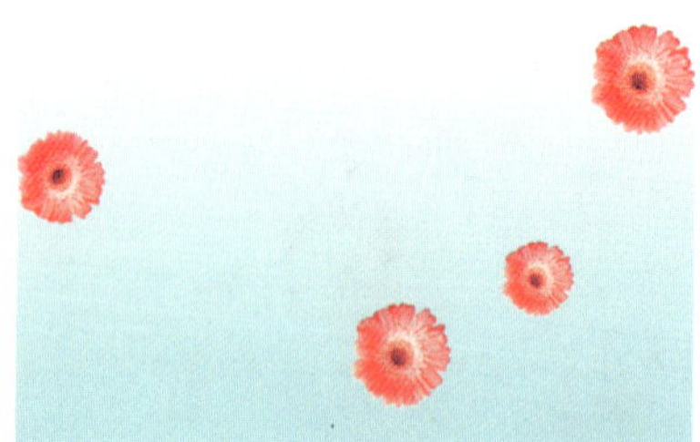

底边分布

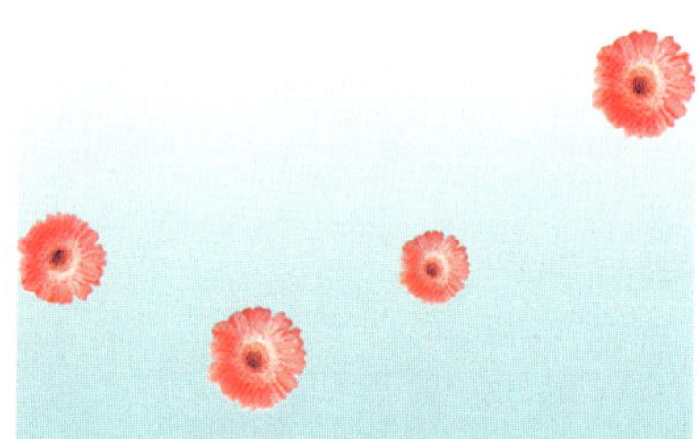

左边分布

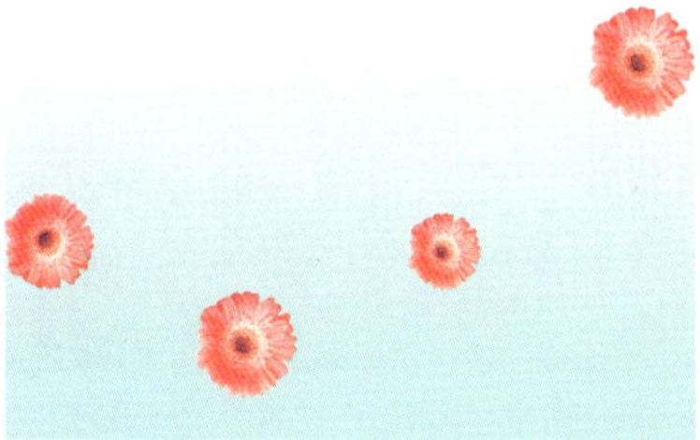

水平居中分布

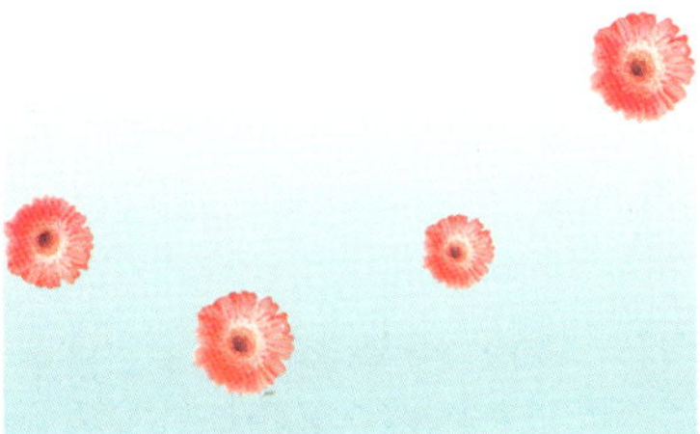

右边分布

选中3个或3个以上的图层，再选择工具箱中的“移动工具”，使用其属性栏中的按钮也可以对图层进行分布操作。这些按钮从左至右分别是按顶分布、垂直居中分布、按底分布、按左分布、水平居中分布、按右分布，如下图所示。

8.3.9 调整图层的顺序

图层的顺序会影响图像的效果，用户可以根据需要调整图层的顺序。使用拖动的方法调整图层的顺序是比较常用的方法，具体操作步骤如下：

STEP 01 在“图层”面板中选择要调整的图层，如下图所示。

STEP 02 按住鼠标左键并拖动选中的图层，此时鼠标指针变成形状，如下图所示。

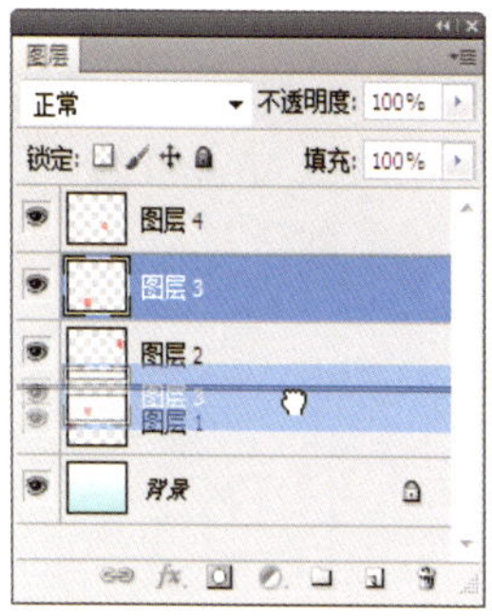

STEP 03 当移动到适当位置后释放鼠标左键，即可调整图层的顺序，如下图所示。

8.4 图层的合并

当图像中的某些图层编辑完成后，可以将图层合并，以减小图像文件所占的存储空间。单击“图层”面板右上角的按钮，在弹出的下拉菜单中选择相应的命令，即可进行不同的合并图层操作，如下图所示。

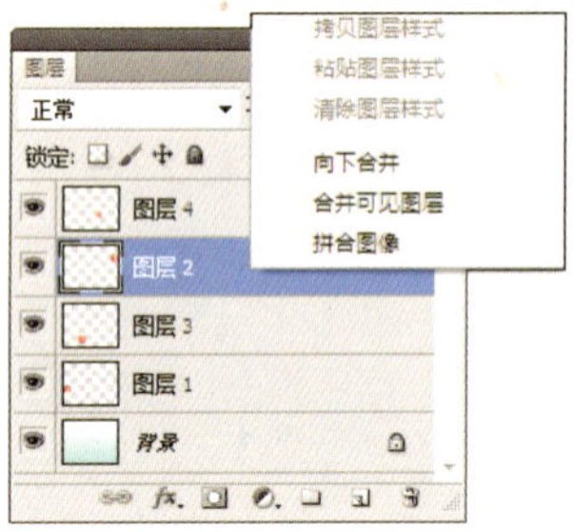

1. 向下合并图层

选择“向下合并”命令可将此图层与其下面的图层合并为一个图层，并以合并的下一个图层名称显示，如下图所示。

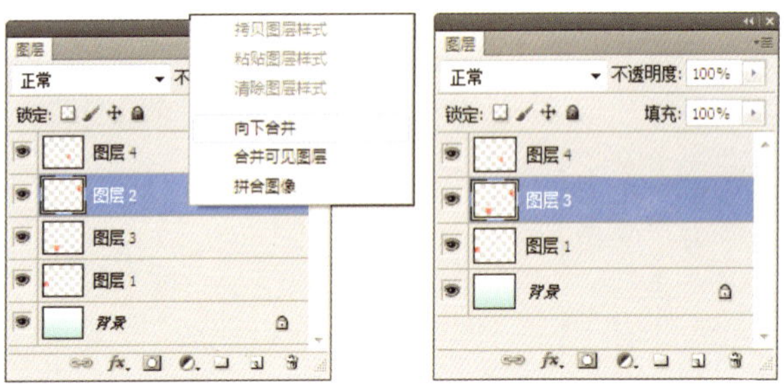

2. 合并可见图层

选择“合并可见图层”命令，可以将图像中除隐藏图层以外的所有图层合并为一个图层。

在“图层”面板中选择一个图层后，单击“图层”面板中的按钮，在弹出的下拉菜单中选择“合并可见图层”命令，或按【Shift+Ctrl+E】组合键，即可将所有可见图层合并为一个图层，并以先前选择的图层名称显示，如下图所示。

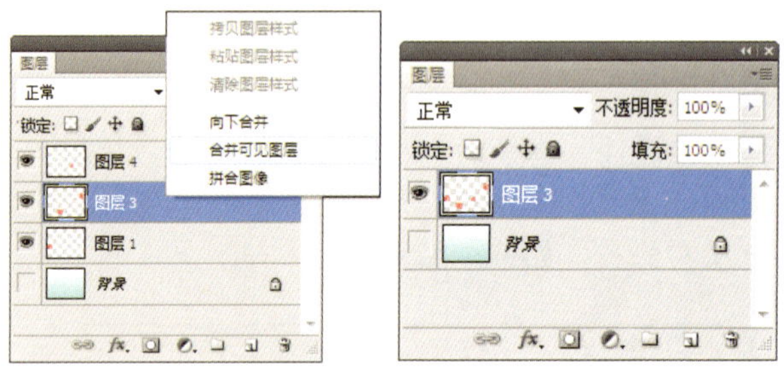

3. 拼合图像

选择“拼合图像”命令，可以将图像中所有的图层合并为一个图层，并创建为“背景”图层，如下图所示。

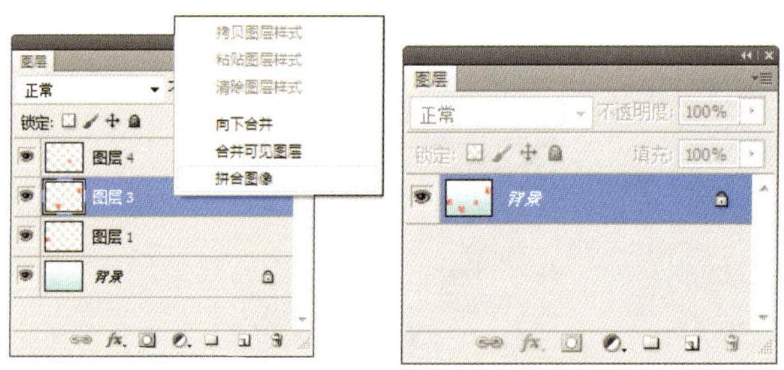

8.5 图层组的基本操作

在编辑图层较多的图像文件时，可以使用图层组将有联系的图层放置在一起，从而方便用户对图层进行查找和编辑。

8.5.1 创建图层组

创建图层组的方法有多种，下面将分别进行介绍。

● 单击“图层”面板下方的“创建新组”按钮❑即可创建图层组，如下图所示。

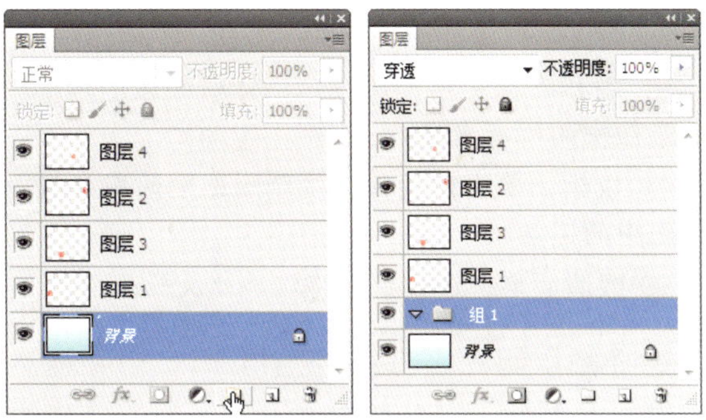

● 单击“图层”面板右上角的▾☰按钮，在弹出的下拉菜单中选择“新建组”命令，或选择“图层”|“新建”|“组”命令，弹出“新建组”对话框，如下图所示。

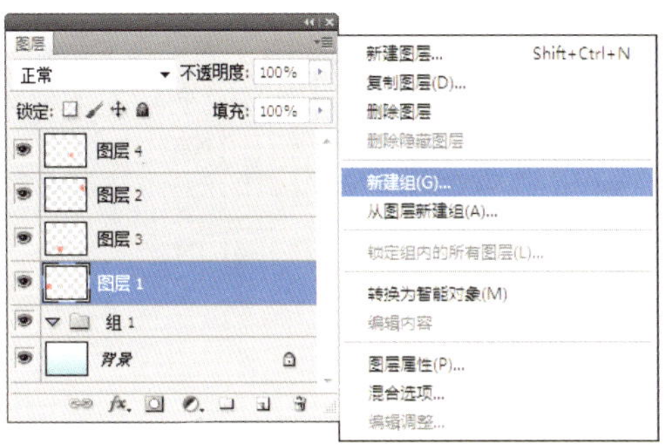

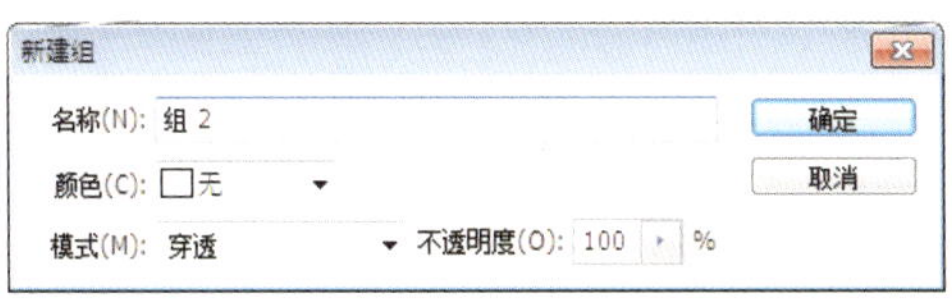

对话框中的各选项的含义如下：

名称：用于设置新组的名称。

颜色：可以在组的前面增加标识，起到对图层进行标注的作用。

模式：用于设置图层组的混合模式，默认为“穿透”。

不透明度：用于设置整个图层组的不透明度。

● 在“图层”面板中选择任意一个或多个图层，如下图所示。

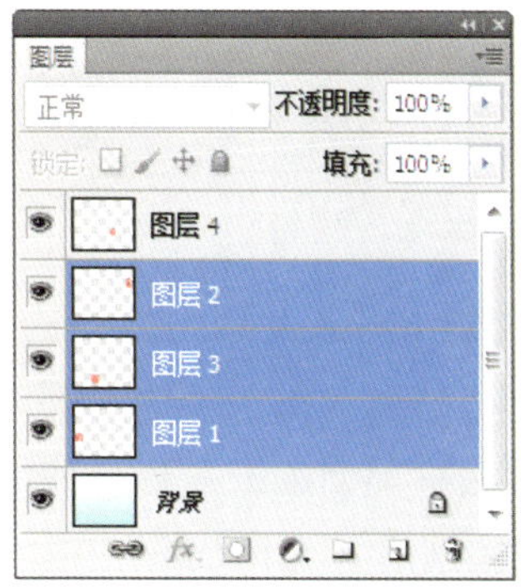

选择“图层”|“新建”|“从图层建立组”命令，在弹出的对话框中设置图层组的名称和颜色等参数，单击“确定”按钮，即可将所选择的图层转换为图层组，如下图所示。

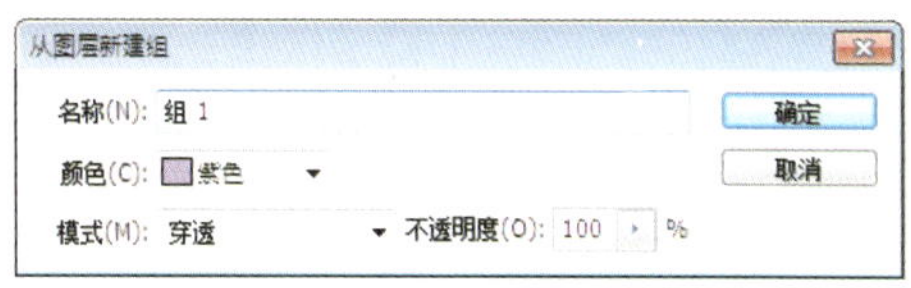

8.5.2 将图层拖入/拖出图层组

新建图层组后，通过在“图层”面板中拖动，可以将其他图层拖入到图层组中进行编组，也可以将图层组中的图层拖出组。

当一个图层组前面的三角形呈倒三角形状时，说明图层组处于展开并选中的情况下，此时如果新建图层，则新建的图层会被归入到选中的图层组中，如下图所示。

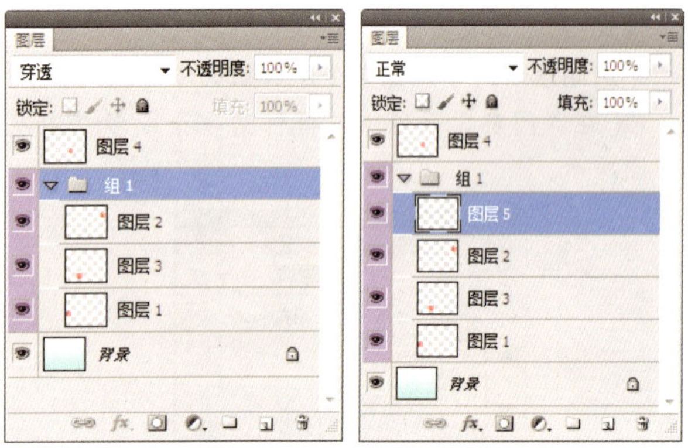

如果不希望新建的图层被归入到图层组中，只需单击图层组名称前面的三角形，使图层组折叠起来，即可避免这种情况，如下图所示。

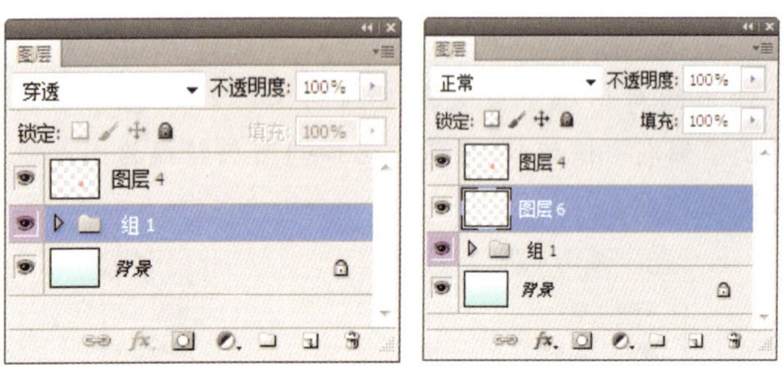

8.5.3 删除与合并图层组

选中图层组，选择“图层”|“删除”|“组”命令，或单击“图层”面板右上角的按钮，在弹出的下拉菜单中选择“删除组”命令，弹出提示对话框，如下图所示。

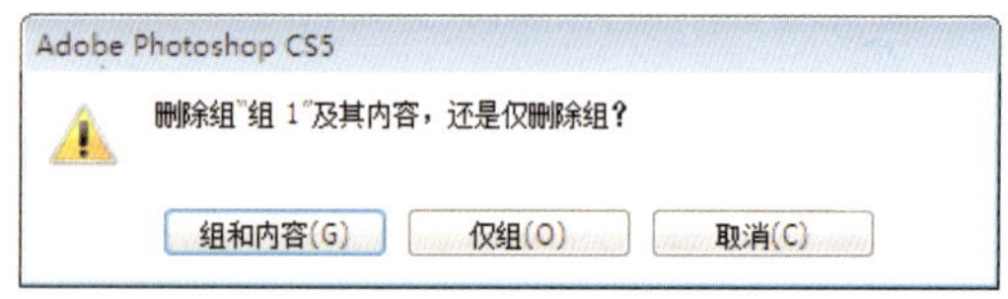

对话框中的按钮的含义如下：

- **组和内容**：单击该按钮，将删除选中的图层组和图层组中的所有内容。
- **仅组**：单击该按钮，将删除选中的图层组，而保留组中的图层。
- **取消**：单击该按钮，将取消此次删除操作。

选择图层组后，选择“图层”|“合并组”命令，即可合并组。执行该命令后，可以将图层组中的所有图层合并为一个图层，新图层以原来组的名称命名，如下图所示。

8.6 应用图层样式

Photoshop提供了多种图层样式，用户可以使用其中一种或多种样式制作出发光、阴影、斜面和浮雕等特殊效果，如下图所示。

原图

外发光效果

8.6.1 认识"图层样式"对话框

图层样式是在"图层样式"对话框中进行设置并完成的。打开"图层样式"对话框的方法有以下几种：

- 选中要添加图层样式的图层，选择"图层"|"图层样式"子菜单中的命令，即可弹出"图层样式"对话框。
- 在"图层"面板中双击图层缩览图，如下图所示，即可弹出"图层样式"对话框。

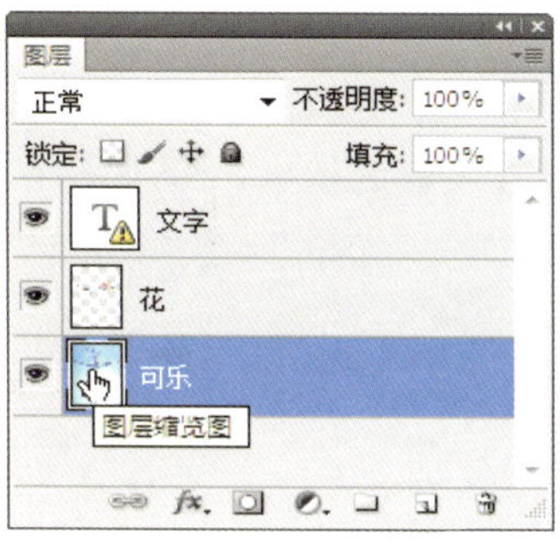

- 单击"图层"面板下方的"添加图层样式"按钮fx，在弹出的下拉菜单中选择一个命令，如下图所示，即可弹出"图层样式"对话框。

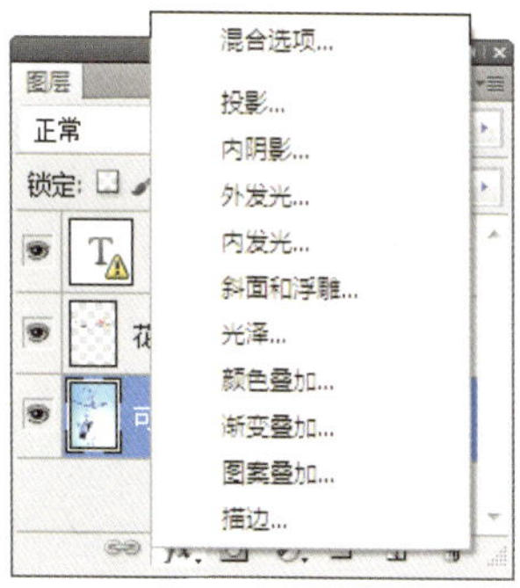

- 如果图层已经应用了图层样式，则在其效果样式列表中双击图层效果名称，即可弹出"图层样式"对话框，如下图所示。

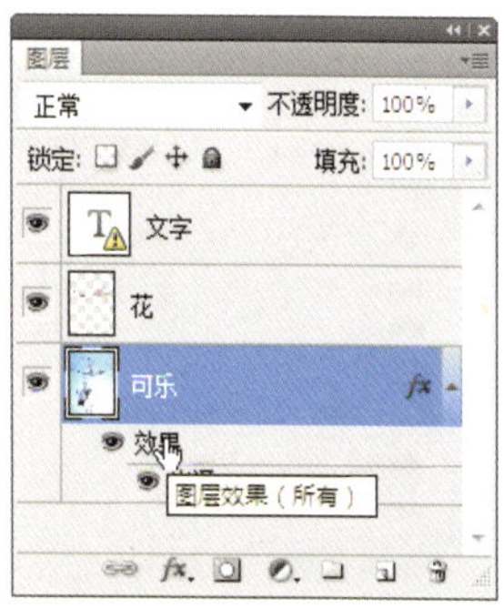

通过双击图层缩览图的方式弹出的"图层样式"对话框，将默认打开"混合选项"选项卡，如下图所示。

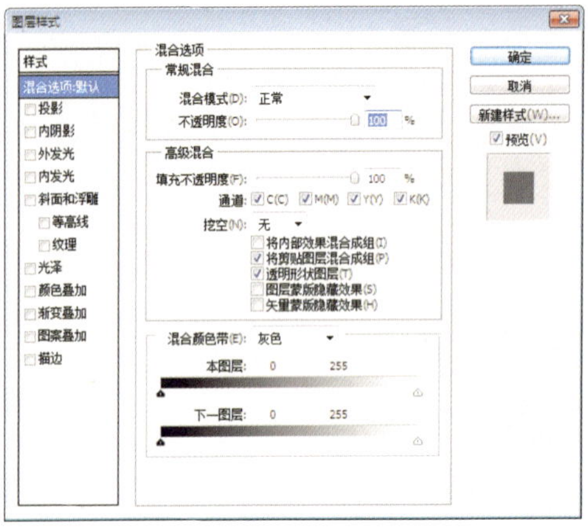

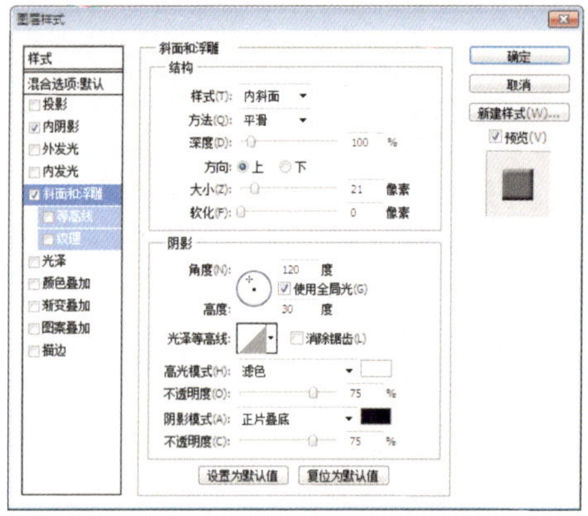

选择对话框左上方的“样式”选项，在“图层样式”对话框中会显示默认的样式及自定义载入的样式，如下图所示。

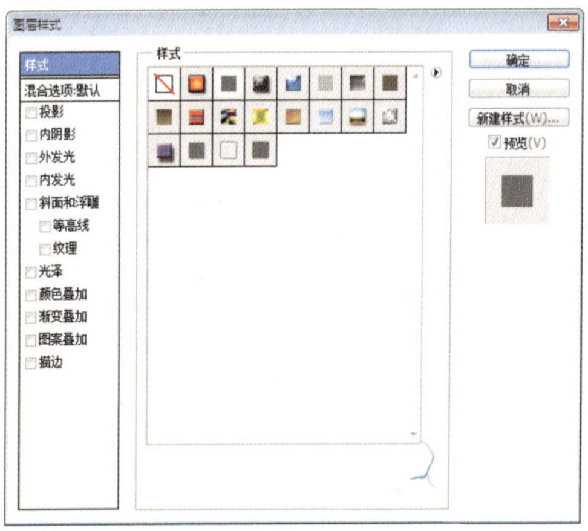

在对话框左侧选择不同的样式选项，在对话框右侧会打开相应的参数设置选项卡，如下图所示。

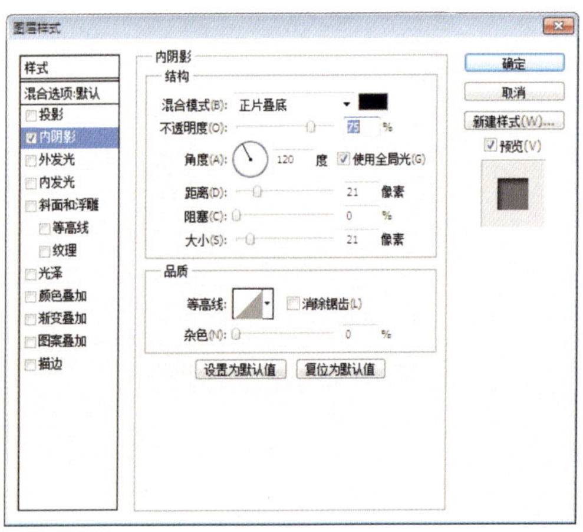

8.6.2 图层样式详细介绍

Photoshop CS5中共提供了10种图层样式，分别为投影、内阴影、外发光、内发光、斜面和浮雕、光泽、颜色叠加、渐变叠加、图案叠加和描边。下面将分别对它们进行介绍。

1. “投影”图层样式

应用“投影”样式可以为图层内容增加类似于影子的效果，如下图所示。

在“图层样式”对话框中选择“投影”选项，将打开投影参数设置选项卡，如下图所示。

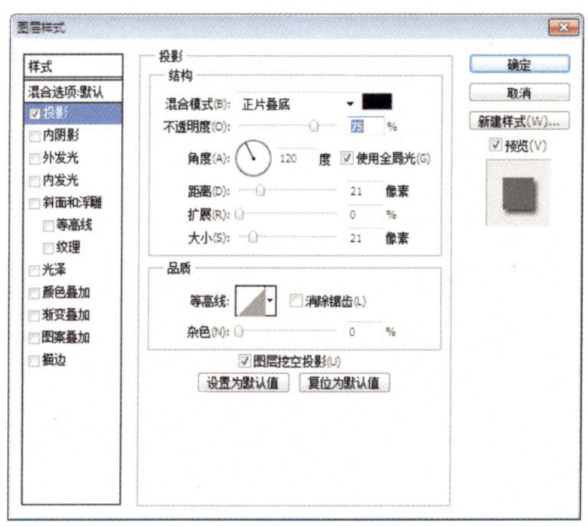

该选项卡中主要的参数的含义如下：

● 混合模式(B): 正片叠底：用于设置阴影与下方图层的混合模式，不同的混合模式有不同的投影效果。

● ■：单击该色块，在弹出的拾色器对话框中可以设置阴影的颜色。

● **不透明度**：用于设置投影的不透明度。

● **角度**：用于设置投影的角度。

● ☑使用全局光(G)：选中该复选框，表示为同一图像中的所有层使用相同的光照角度。

● **距离**：用于设置投影与图像的距离。数值越大，投影越远。

● **扩展**：预设时，阴影大小与图层大小相当，若希望阴影较粗，则可以在文本框中输入相应的数值或拖动滑块进行设置。

● **大小**：用于设置阴影边缘的柔化效果。

● 等高线：使用等高线能够为投影增加不透明度的变化，从而改变投影的外形，使投影更加生动自然。单击“等高线”右侧的图标，弹出“等高线编辑器”对话框，如下图所示。

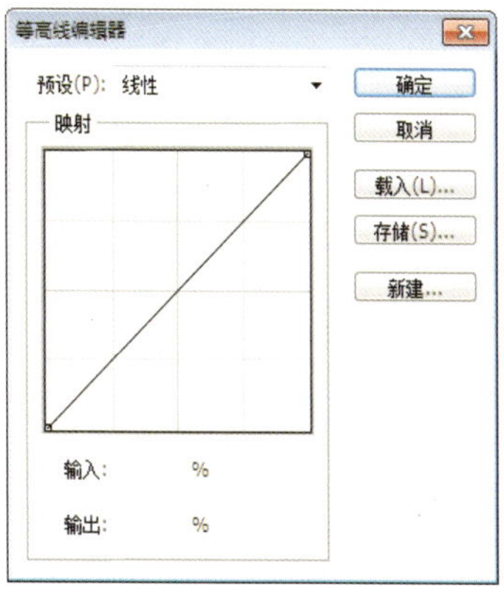

单击“等高线”选项后面的下三角按钮，在弹出的下拉面板中可以选择所需要的等高线，如下图所示。

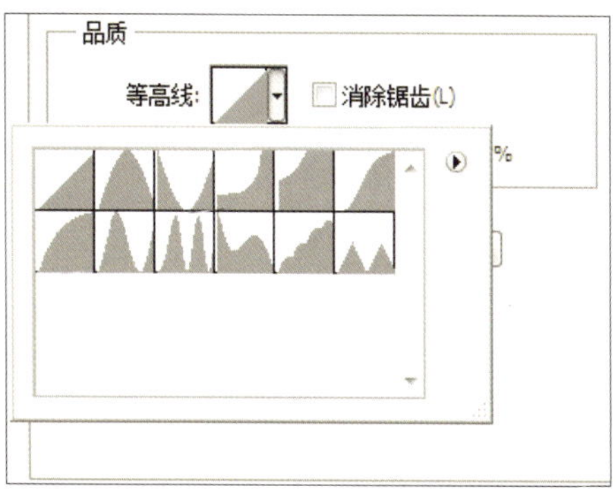

● □消除锯齿(L)：选中该复选框，可以消除投影边缘的锯齿。

● **杂色**：用于设置颗粒在投影中的填充数量。

● **图层挖空阴影**：当原始图像所在图层的填充不透明度低于100%时，选中该复选框，则投影不会因为原始图像的不透明度而显示出来。

2. “内阴影”图层样式

应用“内阴影”样式可在图像的边缘上增加投影效果，使图像产生一定的立体感和凹陷感，如下图所示。

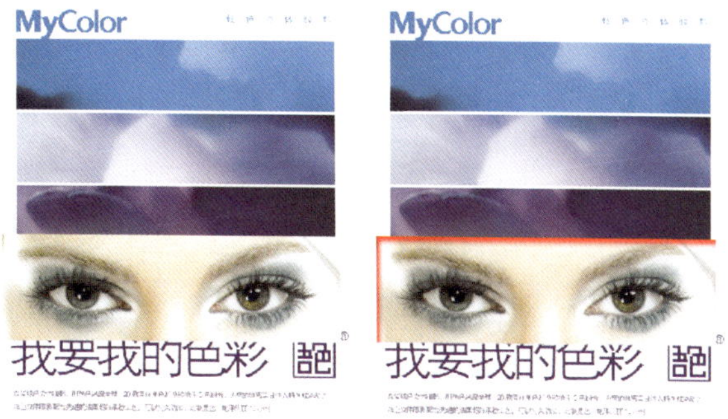

在“图层样式”对话框中选择“内阴影”选项，将打开内阴影参数设置选项卡，如下图所示。

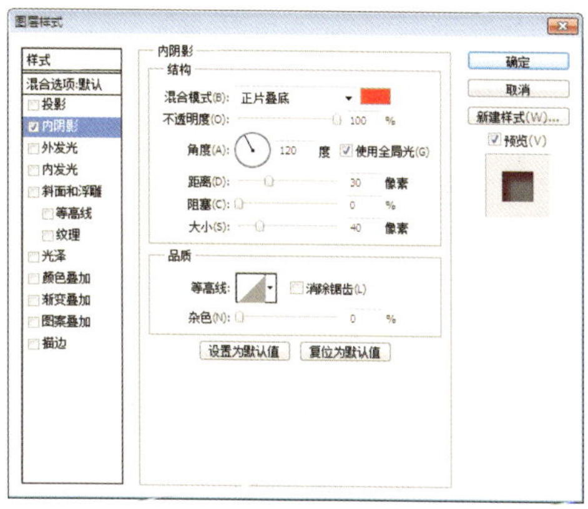

该选项卡中的大部分参数与“投影”图层样式的参数相同。唯一不同的是“阻塞”参数，它的作用是减小内阴影的模糊程度，其范围与“大小”参数相关，数值越大，“阻塞”的范围越大，当“大小”为0时，设置“阻塞”的参数对内阴影的效果不起作用，如下图所示。

阻塞值为0

阻塞值为100

3. “外发光”图层样式

应用“外发光”样式可以添加从图像外边缘发光的效果，如下图所示。

在“图层样式”对话框中选择“外发光”选项，将打开外发光参数设置选项卡，如下图所示。

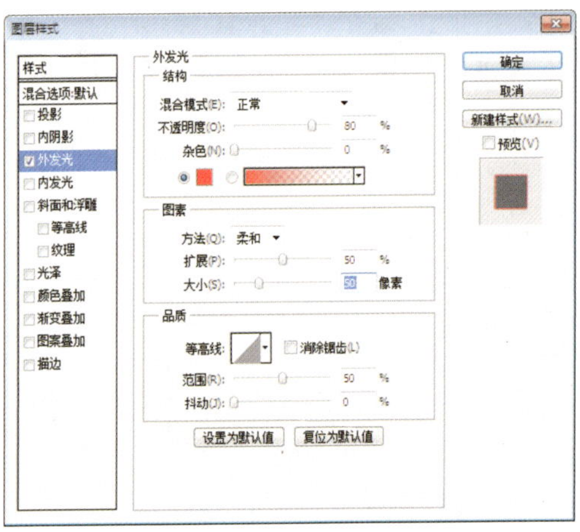

该选项卡中的主要参数的含义如下：

- 杂色：可以使外发光效果颗粒化，数值越大，颗粒越明显。
- ◉■ ○[渐变]：用于设置光晕的颜色。
- 方法(Q): 柔和：用于设置边缘元素的模型。其中，“精确”选项可以设置光线沿图像的边缘精确分布；“柔和”选项可设置光线自由发散。
- 范围(R):：用于设置等高线的作用范围。范围越大，等高线处理的区域越大。
- 抖动(J):：用于控制光的渐变。使用渐变光晕可以产生类似的溶解模式的效果。

4. “内发光”图层样式

应用“内发光”样式可以添加从图像内边缘发光的效果，如下图所示。

在“图层样式”对话框中选择“内发光”选项，将打开内发光参数设置选项卡，如下图所示。

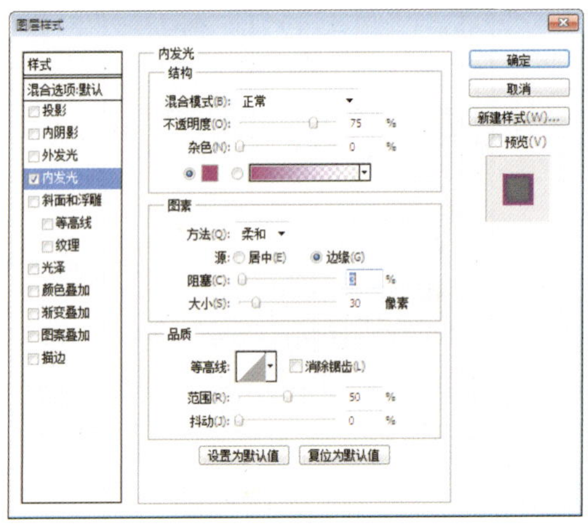

“内发光”图层样式的参数与“外发光”基本相同，除了“扩展”选项变为“阻塞”选项外，还增加了对光源位置进行设置的选项。

- 源: ○居中(E) ◉边缘(G)：选中“居中”单选按钮，可以在图像的中央进行发光。选中“边缘”单选按钮，可以在图像的边缘进行发光，如下图所示。

内发光位置为居中

内发光位置为边缘

● **阻塞**：用于设置光源向内发散的大小。不同的阻塞值的图像效果如下图所示。

阻塞值为0

阻塞值为30

5. “斜面和浮雕”图层样式

“斜面和浮雕”样式可以使图层内容产生类似于浮雕的立体效果，如下图所示。

在“图层样式”对话框中选择“斜面和浮雕”选项，将打开斜面和浮雕参数设置选项卡，如下图所示。

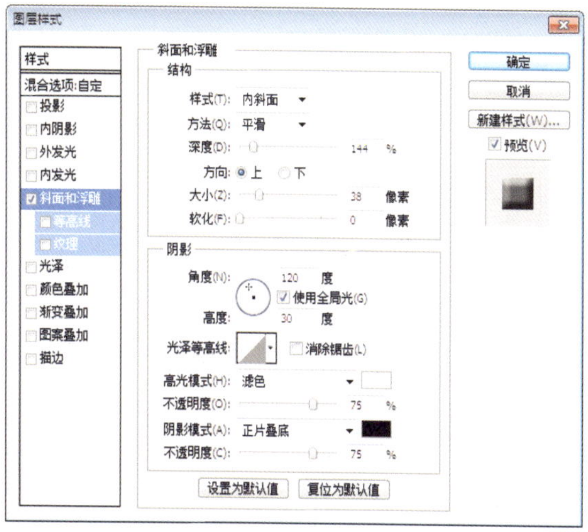

该选项卡中的主要参数的含义如下：

（1）“结构”选项区域

● **样式**：用于设置斜面和浮雕效果的样式，其中包括外斜面、内斜面、浮雕效果、枕状浮雕和描边浮雕效果。

● **方法**：用于设置进行浮雕的方法，分别为平滑、雕刻清晰和雕刻柔和。

● **深度**：用于设置斜面的深度，较大的深度值可增加阴影部分的作用范围。参数值越大，图像效果越深，反之越浅。

● **方向**：用于对调高光和阴影的位置。

● **大小**：用于控制斜面的大小。

● **软化**：用于设置斜面柔和度，使斜面的高光和阴影部分产生模糊，其数值在 0 ～ 16 之间。该选项多与“大小”选项配合使用。

（2）“阴影”选项区域

● **角度**：用于设置立体化光源的角度。

● **高度**：用于设置立体化光源的高度。

● **光泽等高线**：用于定义不规则、不均匀的高光和阴影。它不影响图层效果，与其他选项卡中的等高线不同。

● **高光模式**：用于设定高光部分的颜色，不透明度与原始图像的作用模式。

● **阴影模式**：用于设置立体化后阴影的混合模式，单击其右侧的色块可以设置阴影的颜色。

在“图层样式”对话框中，在“斜面和浮雕”选项的下方还有两个选项，分别为“等高线”选项和“纹理”选项。

在“图层样式”对话框中选择“等高线”选项，将打开等高线参数设置选项卡，如下图所示。

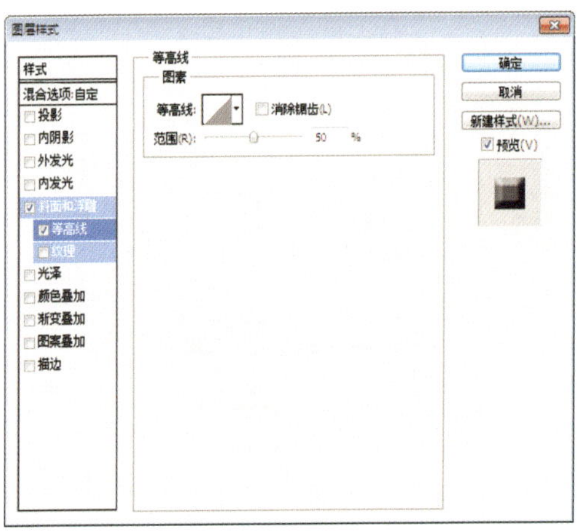

● **等高线**：用于设置立体对象的分布方式。

● **范围**：用于设置等高线对于该立体对象的位置。

在“图层样式”对话框中选择“纹理”选项，将打开纹理参数设置选项卡，如下图所示。

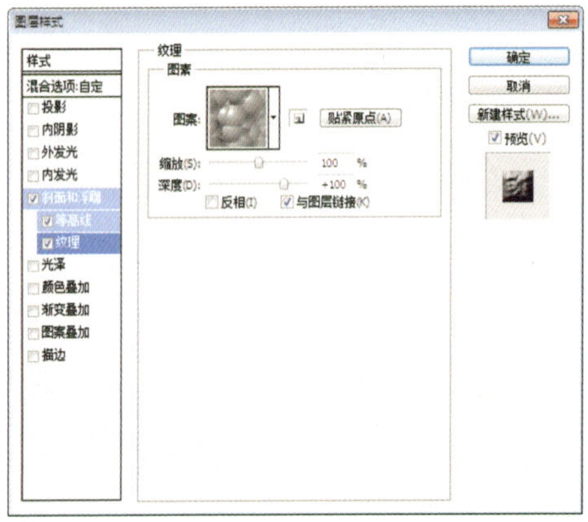

● **图案**：用于设置或选择合适的材质。

● **贴紧原点**：单击该按钮，可以使图案返回到原来的位置。

● **缩放**：用于图案的扩大或缩小操作，以适合要求。

● **深度**：用于设置立体对象的对比效果的强度。

6. “光泽”图层样式

“光泽”图层样式可以模拟内放射的效果，改变等高线设置能制作出内放射效果，如下图所示。

在“图层样式”对话框中选择“光泽”选项，将打开光泽参数设置选项卡，如下图所示。该选项卡中的选项与前面介绍的效果的选项类似，这里不再赘述。

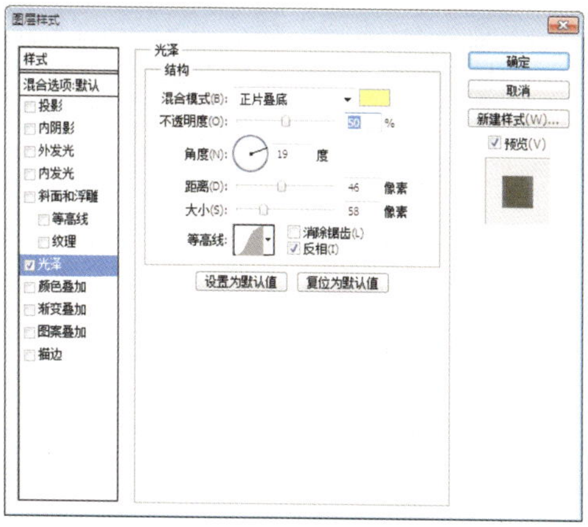

7. “颜色叠加”图层样式

“颜色叠加”样式可以在当前图像上添加单一的色彩，与“填充颜色”和“纯色填充”相同，但使用“颜色叠加”样式时要设置填充的混合模式和不透明度，如下图所示。

在“图层样式”对话框中选择“颜色叠加”选项，将打开颜色叠加参数设置选项卡，如下图所示。

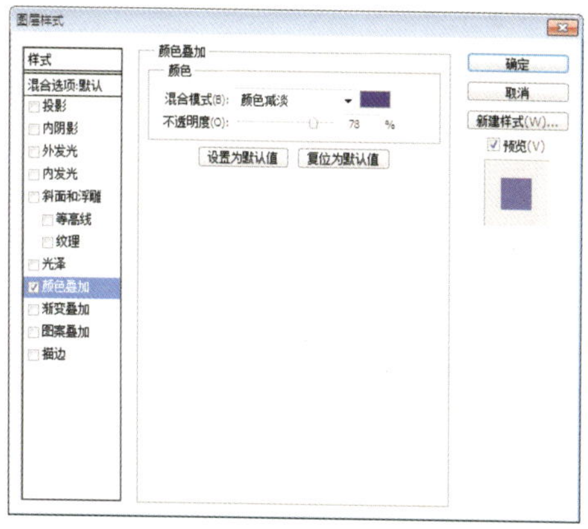

8. “渐变叠加”图层样式

“渐变叠加”样式可以在当前图像上添加渐变颜色，如下图所示。

在“图层样式”对话框中选择“渐变叠加”选项，将打开渐变叠加参数设置选项卡，如下图所示。

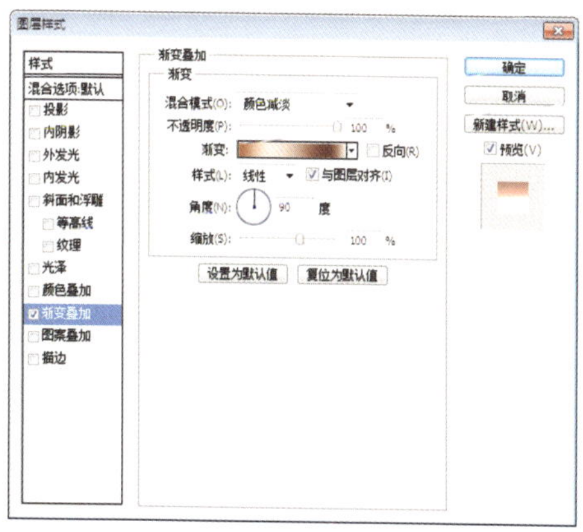

9. “图案叠加”图层样式

“图案叠加”样式可以在当前图像上添加图案填充，如下图所示。

在“图层样式”对话框中选择“图案叠加”选项，将打开图案叠加参数设置选项卡，如下图所示。

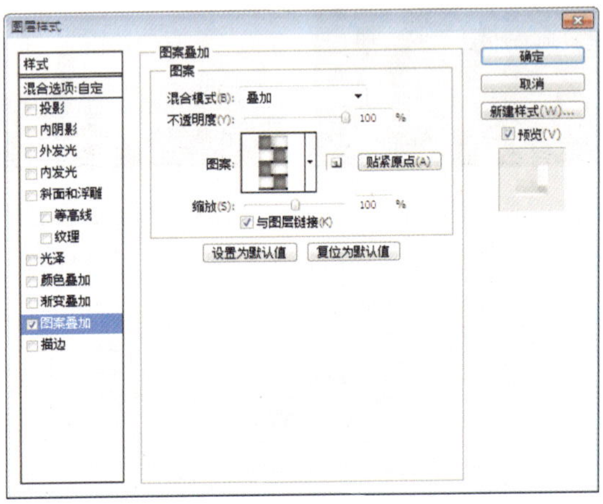

10. “描边”图层样式

“描边”图层样式是将原始图像的边界向外扩展，从而形成边的包围效果，如下图所示。

在“图层样式”对话框中选择“描边”选项，将打开描边参数设置选项卡，如下图所示。

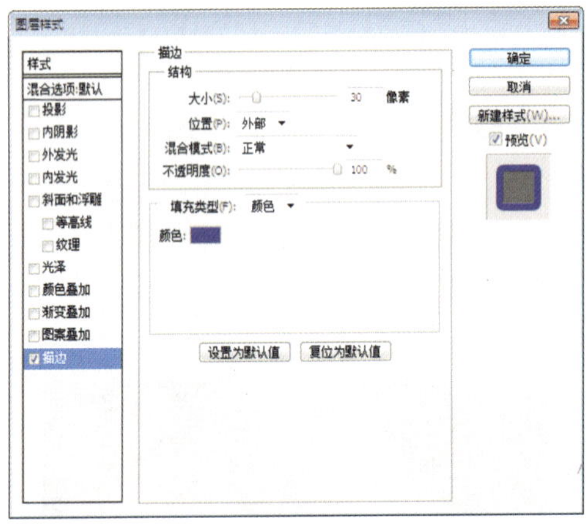

8.6.3 “样式”面板

选择“窗口”|“样式”命令，即可打开“样式”面板，如下图所示。

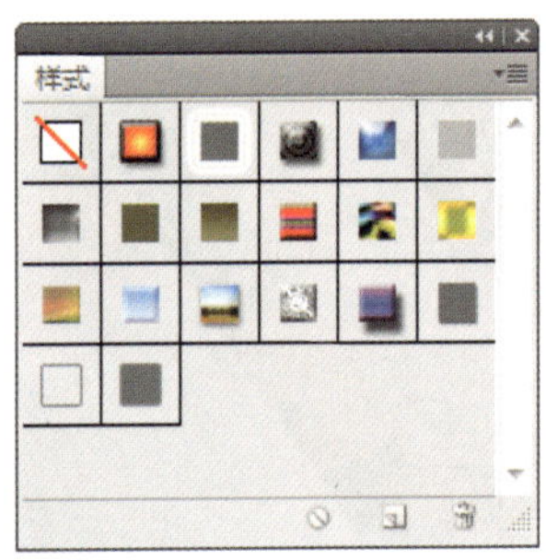

选择需要添加样式的图像后，在“样式”面板中选择其中的一种样式，即可在图像中应用选择的样式效果，如下图所示。

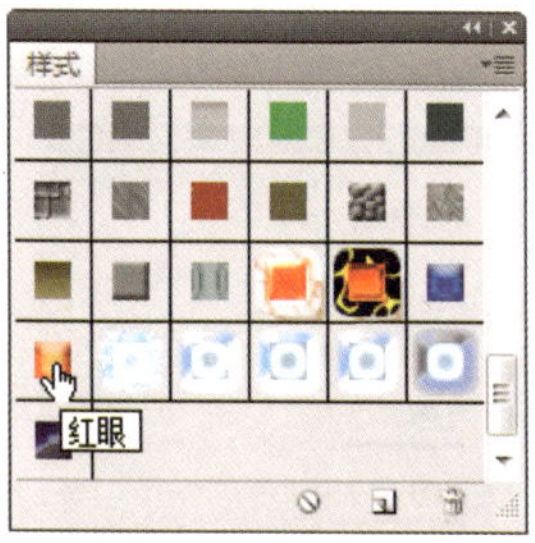

单击“样式”面板右上角的按钮，在弹出的下拉菜单中可以选择多种样式，如下图所示。

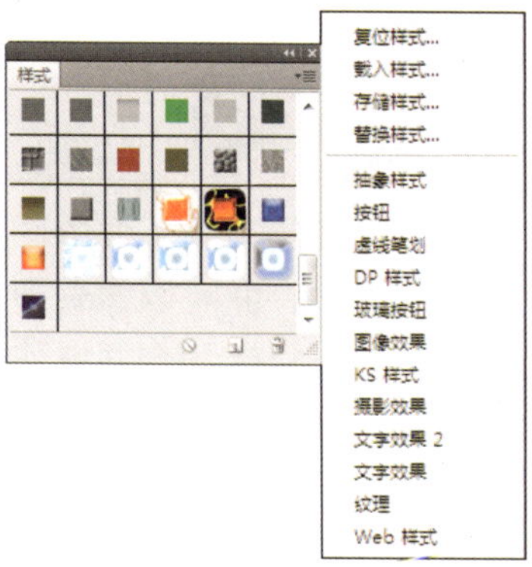

为图像添加样式之后，在“图层”面板中应用此样式的图层后面会显示图标，如下图所示。

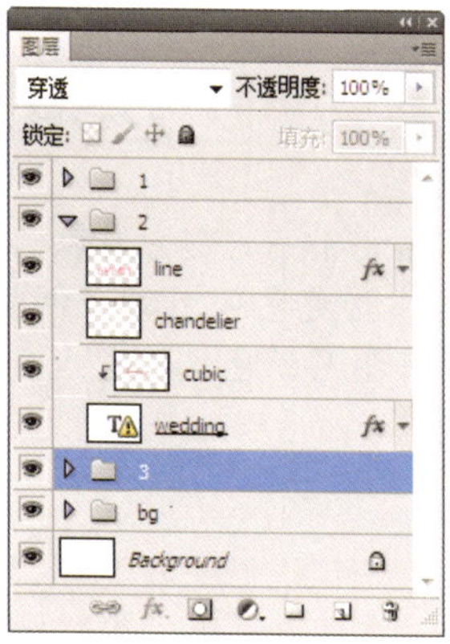

单击图标后面的三角形按钮，即可将样式子图层显示或隐藏，如下图所示。

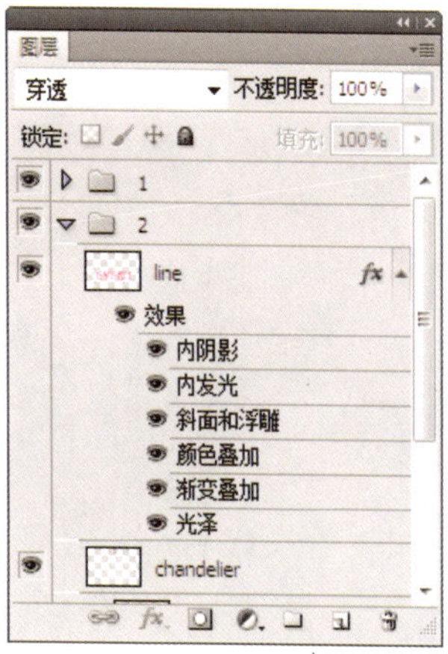

如果不需要设置的样式，则可以将其删除，方法是在“图层”面板中的图标上按住鼠标左键将其移动到“删除图层”按钮上，释放鼠标左键即可将样式删除，如下图所示。

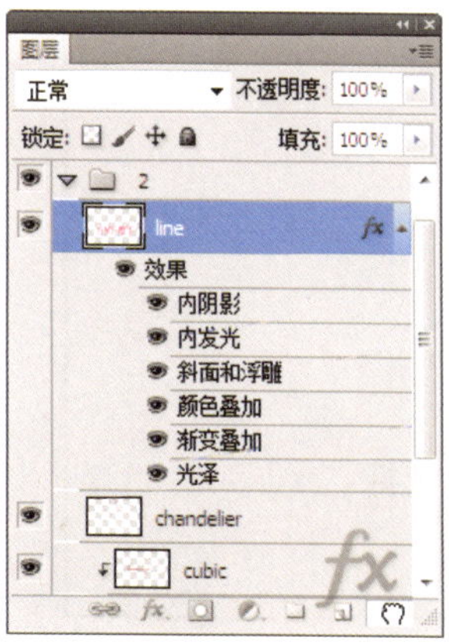

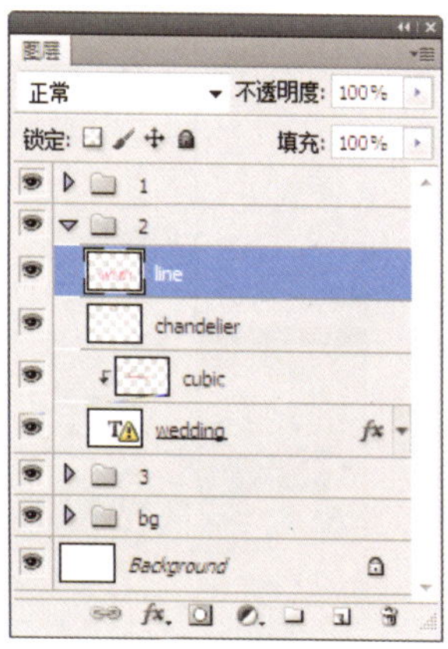

8.7 填充图层和调整图层

在Photoshop CS5中可以为图像创建新的填充图层和调整图层。填充图层中的填充内容可以是纯色、渐变色和图案；调整图层的作用与“调整”命令相似，主要用于调整当前图层及其以下所有图层的色调。

8.7.1 创建与编辑填充图层或调整图层

创建填充图层或调整图层的具体操作步骤如下：

STEP 01 打开配套光盘中的“素材\第8章\莲女.jpg”文件，如下图所示。

STEP 02 单击“图层”面板下方的按钮，在弹出的下拉菜单中选择要创建的图层类型，如下图所示。

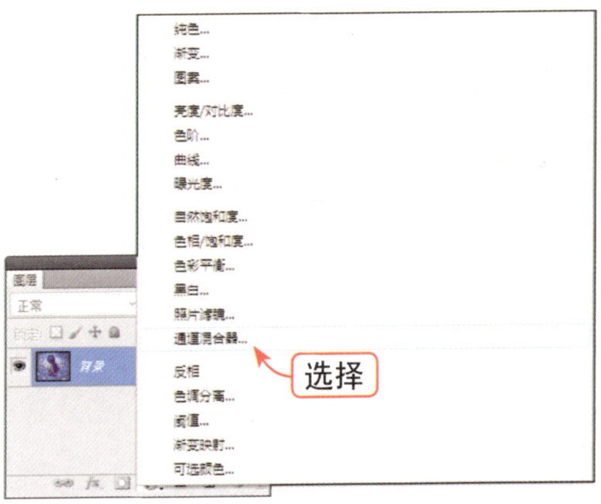

STEP 03 选择任意一个填充或调整命令后，在打开的相应面板中设置各项参数，即可创建填充图层或调整图层，如下图所示。

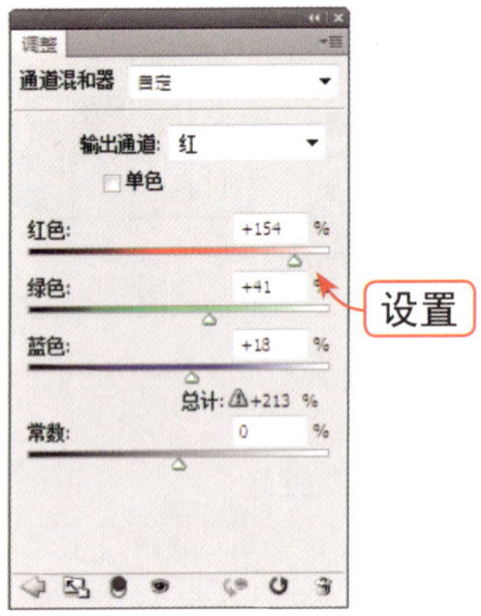

STEP 04 此时，“图层”面板中将出现一个调整图层，且图像的效果已经发生了改变，如下图所示。

填充图层和调整图层与其下面的图层有着相同的不透明度和混合模式，并可以像普通图层一样进行重排、删除、隐藏、复制和合并操作。将填充图层或调整图层与它下面的图层合并后，该调整效果将被栅格化，并永久应用于合并的图层内。

在“图层”面板中选择要进行编辑的填充图层或调整图层，选择“图层”|“图层内容选项”命令，在打开的相应面板中进行所需的调整即可。

8.7.2 认识“调整”面板

选择“窗口”|“调整”命令，即可打开“调整”面板。该面板用于对调整图层进行管理，如下图所示。

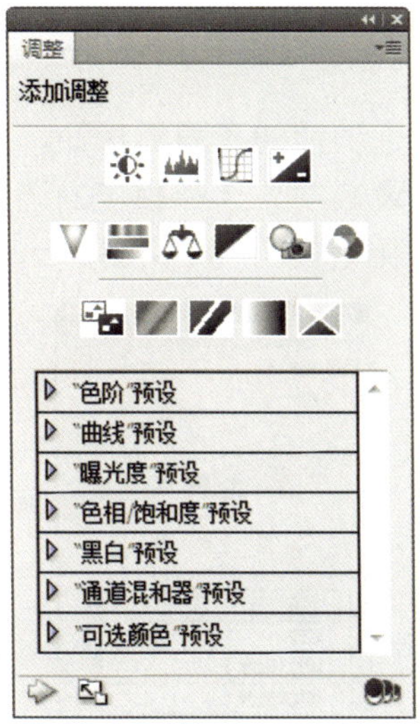

1. 调整图层命令图标

“调整”面板的上方是调整图层命令的图标，其中包含了15个调整命令，将鼠标指针放到图标上，在面板上部就会出现相应的命令名称，如下图所示。

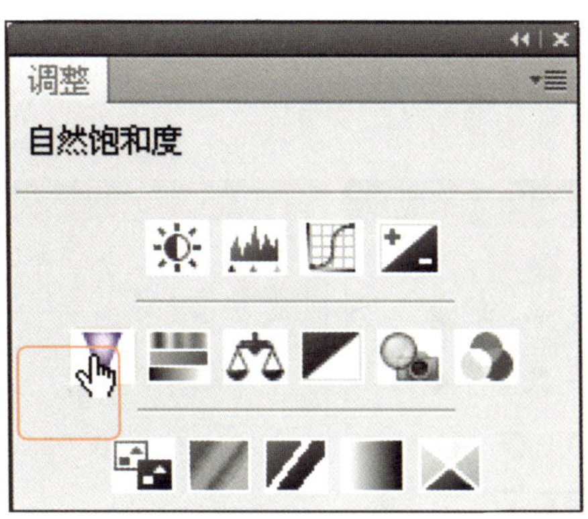

单击这些调整图层命令的图标，即可在选择的图层的上方创建一个调整图层，并且“调整”面板会自动切换到该调整命令的调整选项界面，如下图所示。

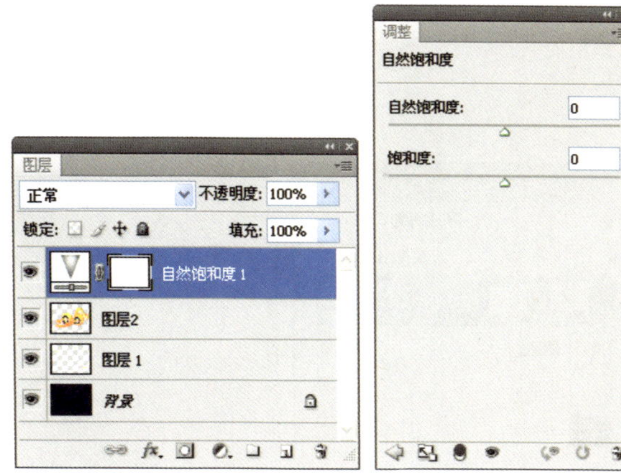

在“调整”面板下方有一排按钮，各按钮的含义如下：

● “返回到调整列表”按钮：单击该按钮即可返回到刚才的调整列表中，并可以再选择创建其他的调整图层，如下图所示。

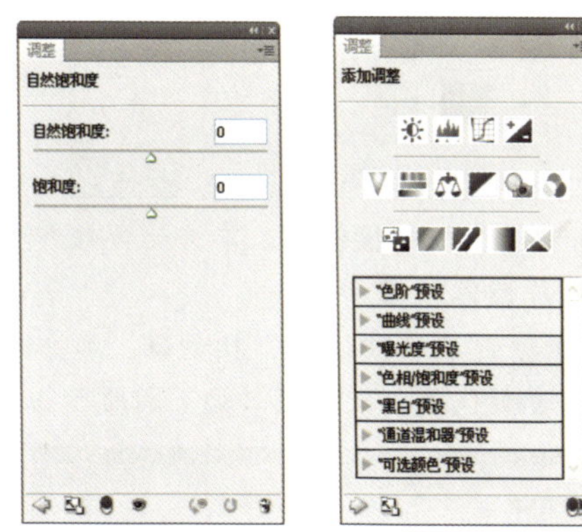

● 剪切到图层按钮：单击该按钮即可设置调整图层影响其下面的所有图层，如下图所示。

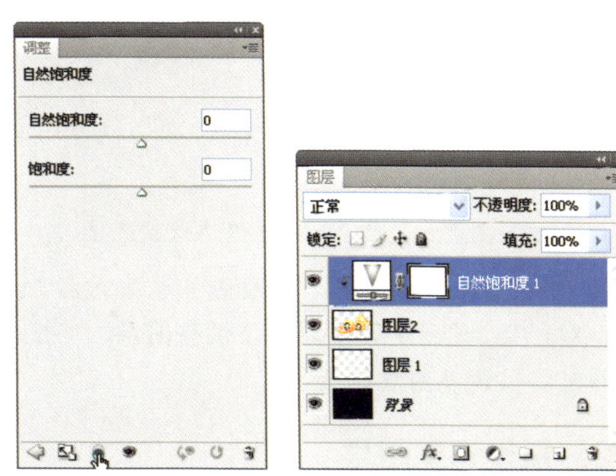

● “切换图层可见性”按钮：单击该按钮即可隐藏该调整图层，再次单击才能显示该调整图层的效果，如下图所示。

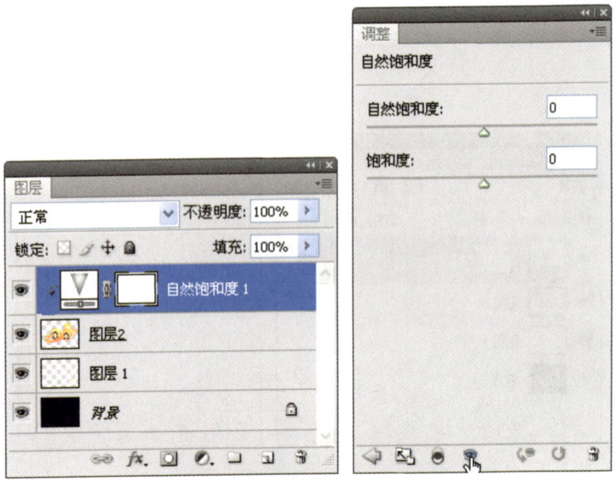

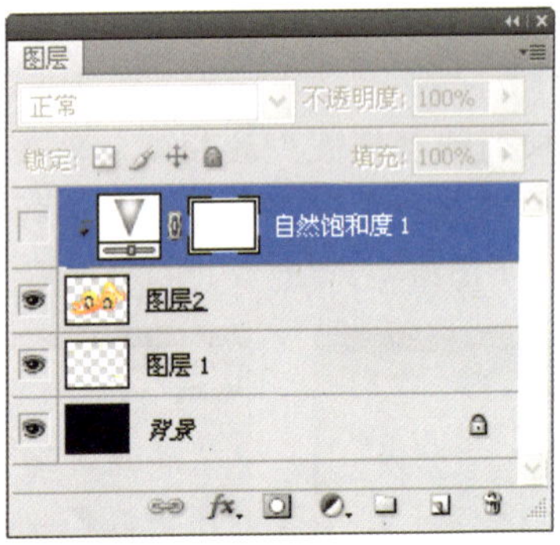

● 查看图像效果按钮：单击此按钮即可在图像窗口中查看原图像效果。

● “复位到调整默认值”按钮：单击此按钮即可将设置的参数恢复到默认值，如下图所示。

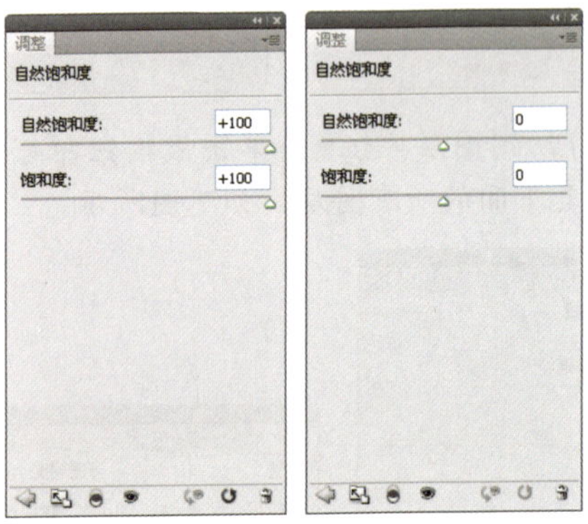

● “删除此调整图层”按钮：单击该按钮将弹出提示对话框，询问是否要删除该调整图层，单击“是”按钮即可将该调整图层删除。

2. 预设调整图层

预设调整图层列表中包含了7个预设调整图层选项供用户选择，如下图所示。

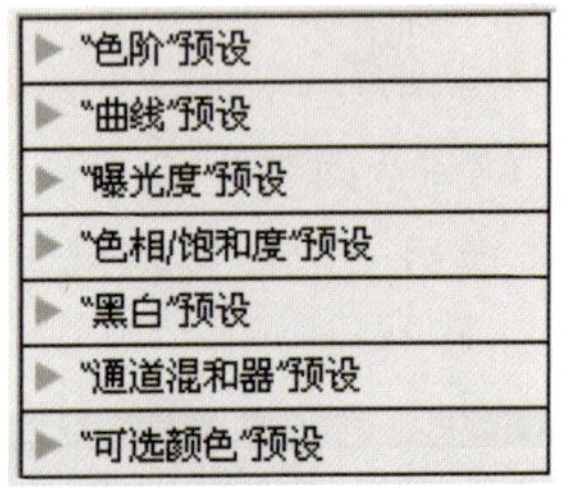

单击每个选项前的三角形按钮，即可弹出该调整命令下的预设选项。选择相应的选项，即可创建该调整图层的预设效果，如下图所示。

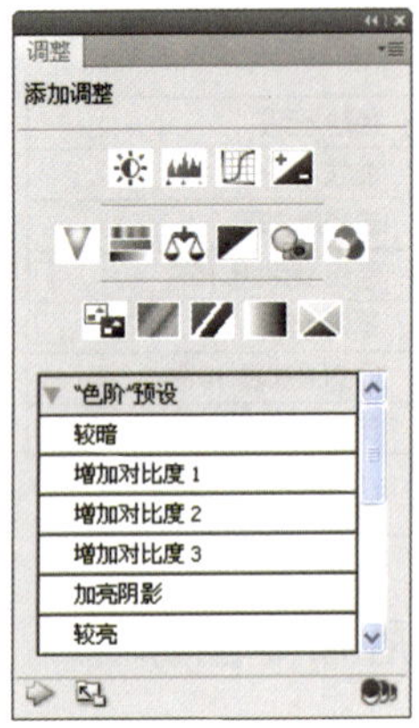

3. 切换面板按钮

切换面板按钮在“调整”面板的下方，用于切换面板的显示视图。单击按钮，即可将面板切换到标准视图；单击按钮，即可将面板切换到展开的视图，如下图所示。

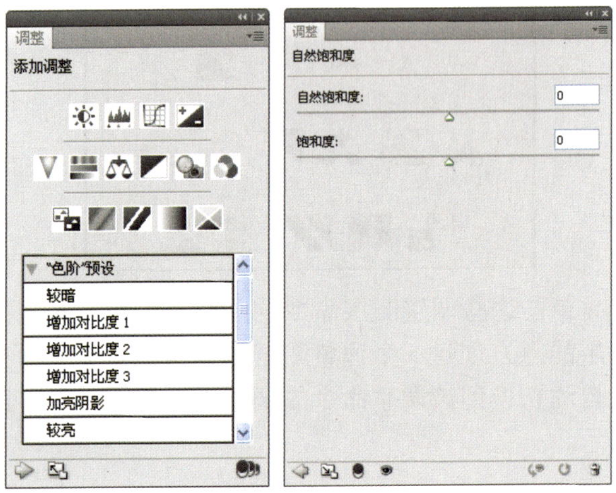

Chapter 09

蒙版的应用

快速蒙版与图层蒙版 ★

知识要点：

理解快速蒙版与图层蒙版的概念，并能利用快速蒙版和图层蒙版对图形进行处理与操作。

★ 剪贴蒙版与矢量蒙版

知识要点：

理解剪贴蒙版与矢量蒙版的概念，并能利用剪贴蒙版和矢量蒙版对图形进行处理与操作。

图层蒙版的高级设置 ★

知识要点：

学会编辑蒙版边缘、蒙版反相以及图层蒙版与选区的相互转换等操作。

9.1 快速蒙版

快速蒙版是一个编辑选区的临时环境，可以辅助用户创建选区。默认情况下，在快速蒙版模式中，无色的区域表示选区以内的区域，半透明的红色区域表示选区以外的区域。当退出快速蒙版时，无色区域为当前选择的区域。

9.1.1 认识快速蒙版

单击工具箱中的“以快速蒙版模式编辑”按钮，即可进入快速蒙版编辑状态，然后使用工具箱中的工具对蒙版进行编辑，最后单击工具箱中的“以标准模式编辑”按钮，即可退出快速蒙版状态，并将快速蒙版转换为选区。下面通过一个实例来介绍快速蒙版的使用方法，具体操作步骤如下：

STEP 01 打开配套光盘中的“素材\第 9 章\女孩 .jpg”文件，如下图所示。

STEP 02 单击工具箱中的“以快速蒙版模式编辑”按钮，进入蒙版编辑状态，如下图所示。

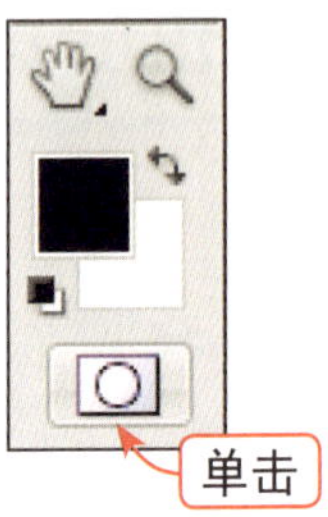

STEP 03 选择工具箱中的“画笔工具”，设置前景色为黑色，在人物以外的区域进行涂抹，此时涂抹过的区域将变成半透明的红色，如下图所示。

STEP 04 单击工具箱中的“以标准模式编辑”按钮退出蒙版编辑状态，此时蒙版区域外的部分将变为选区，如下图所示。

STEP 05 按【Ctrl+C】组合键复制选区内的图像。打开配套光盘中的“素材\第 9 章\海滩 .jpg”文件，如下图所示。

STEP 06 按【Ctrl+V】组合键粘贴选区内的图像，效果如下图所示。

9.1.2 认识“快速蒙版选项”对话框

双击工具箱中的◯图标，弹出“快速蒙版选项”对话框，如下图所示。

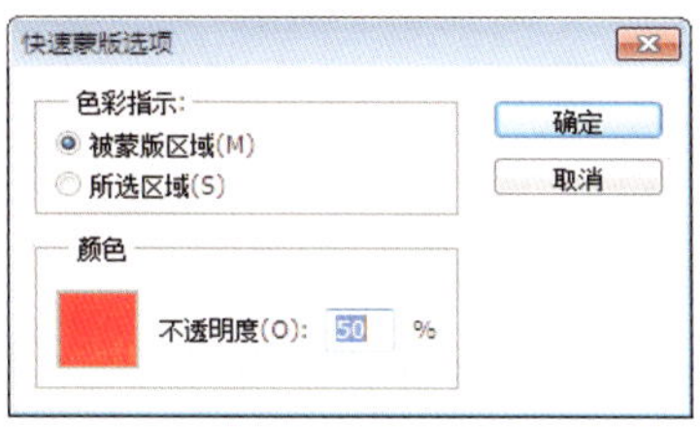

对话框中的选项的含义如下：

1. 被蒙版区域

选中该单选按钮，则在快速蒙版状态下使用“画笔工具”在图像上进行涂抹时，涂抹的区域为被蒙版的区域，当退出快速蒙版状态后，涂抹区域以外的部分会转换为选区。默认情况下为选中该单选按钮。

2. 所选区域

选中该单选按钮，则在快速蒙版状态下使用“画笔工具”在图像上进行涂抹时，被涂抹的区域为所选选区，如下图所示。

3. 颜色

单击颜色色块，在弹出的“选择快速蒙版颜色”对话框中可以设置蒙版选区的颜色，如下图所示。

4. 不透明度

该选项用于设置蒙版的不透明度，如下图所示。

不透明度为20%　　不透明度为90%

9.2 图层蒙版

图层蒙版是与分辨率相关的位图图像，它主要通过绘制颜色的深浅来控制图层中图像的隐藏与显示。

9.2.1 认识图层蒙版

下面通过一个实例来让读者了解一下图层蒙版，具体操作步骤如下：

STEP 01 打开配套光盘中的“素材\第 9 章\彩色背景 .jpg”文件，如下图所示。

STEP 02 打开配套光盘中的“素材\第 9 章\夏日 .jpg”文件，如下图所示。

STEP 03 选择工具箱中的“移动工具”，将人物图像移动到“彩色背景 .jpg”文件中，并调整至合适的大小和位置，如下图所示。

STEP 04 在“图层”面板中单击“添加图层蒙版”按钮，为“图层 1”添加图层蒙版，如下图所示。

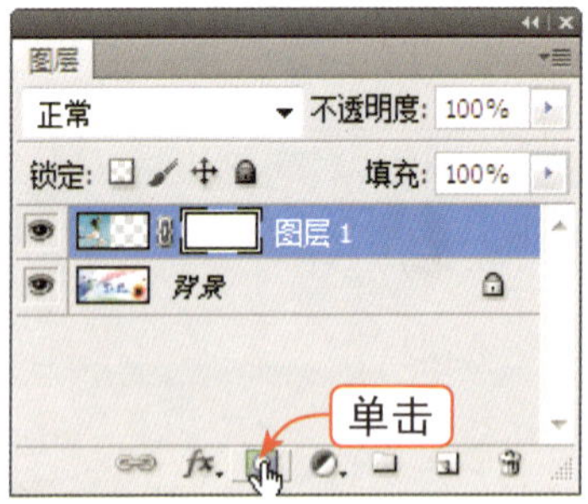

STEP 05 选择工具箱中的“渐变工具”，并在其属性栏中设置参数，如下图所示。

STEP 06 在图像上从左向右拖动鼠标为蒙版填充渐变色，得到过渡非常自然的图像效果，如下图所示（可多次拖动鼠标，以得到理想的效果）。

STEP 07 此时的“图层”面板如下图所示。

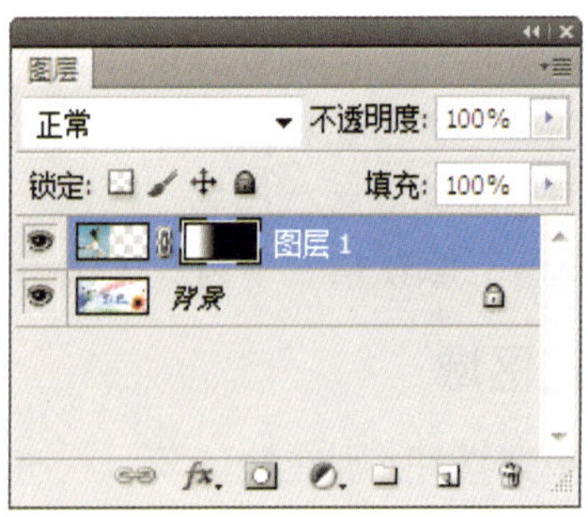

9.2.2 创建图层蒙版

在 Photoshop 中添加图层蒙版的方法有如下几种：

● 在"图层"面板中选择要添加蒙版的图层，然后单击"添加图层蒙版"按钮，即可为当前图层添加图层蒙版，如下图所示。

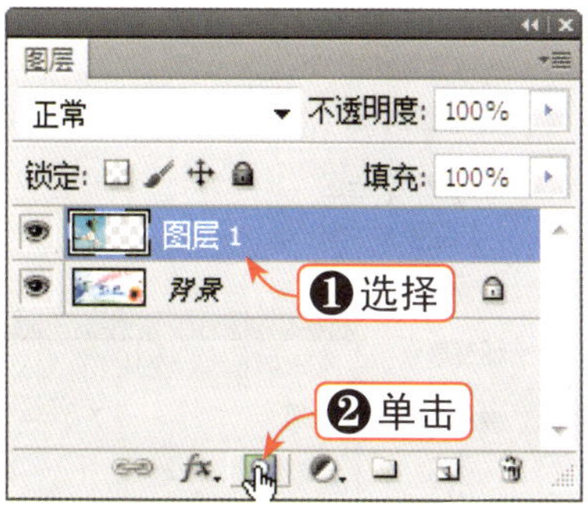

● 在"图层"面板中选择要添加蒙版的图层，然后按住【Alt】键的同时单击"添加图层蒙版"按钮或选择"图层"|"图层蒙版"|"隐藏全部"命令，即可为当前图层添加一个黑色的图层蒙版，此时将隐藏当前图层中的所有内容，如下图所示。

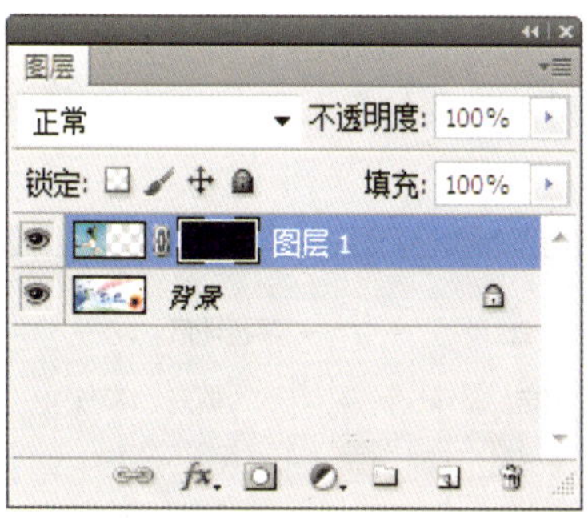

● 如果当前图层中存在选区，单击"添加图层蒙版"按钮或选择"图层"|"图层蒙版"|"显示选区"命令，即可创建一个用于显示选区、隐藏图层其余部分的蒙版，如下图所示。

创建选区

添加的蒙版

9.2.3 蒙版的基本操作

下面介绍有关图层蒙版的一些基本操作，如图层蒙版的停用、启用和删除等。

1. 停用图层蒙版

对于已经通过蒙版进行编辑的图层，如果需要查看原图像效果，则可以暂时将蒙版停用，方法有如下几种：

● 右击蒙版缩览图，在弹出的快捷菜单中选择"停用图层蒙版"命令即可停用图层蒙版，如下图所示。

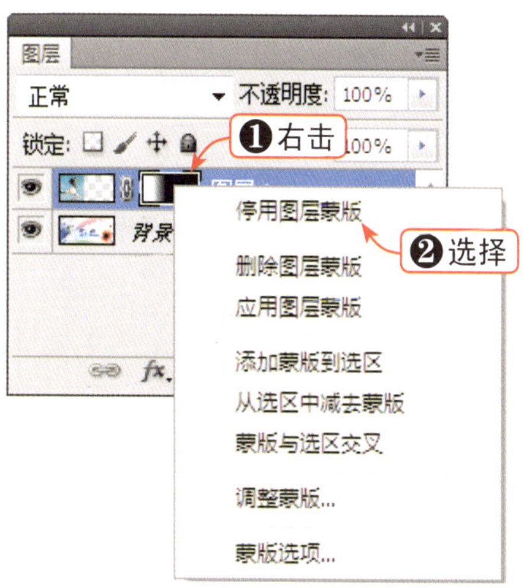

● 被停用的图层蒙版将在图层蒙版缩览图上显示出一个红色的“×”号，表明该图层蒙版被禁止，如下图所示。

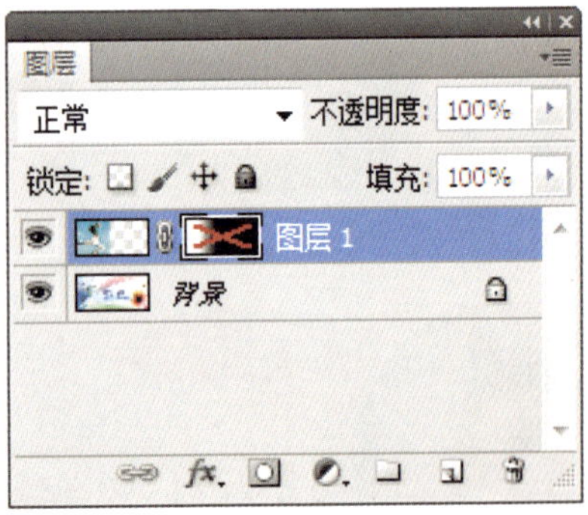

● 按住【Shift】键的同时单击图层蒙版的缩览图，也可停用图层蒙版。

● 选择“图层”|“图层蒙版”|“停用”命令，也可停用图层蒙版。

2. 启用图层蒙版

停用图层蒙版后，如果要再次启用图层蒙版，方法有以下几种：

● 直接单击图层蒙版的缩览图。

● 选择“图层”|“图层蒙版”|“启用”命令。

● 右击蒙版缩览图，在弹出的快捷菜单中选择“启用图层蒙版”命令，如下图所示。

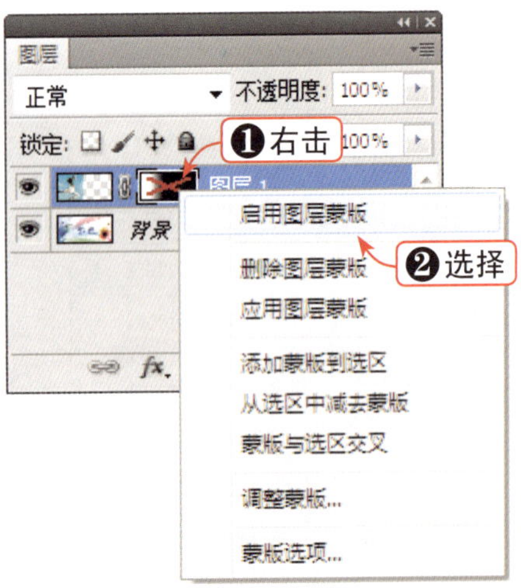

3. 删除图层蒙版

如果不需要创建的图层蒙版，则可以将其删除，方法有如下几种：

● 选择要删除的蒙版，右击蒙版缩览图，在弹出的快捷菜单中选择“删除图层蒙版”命令，即可将图层蒙版删除，如下图所示。

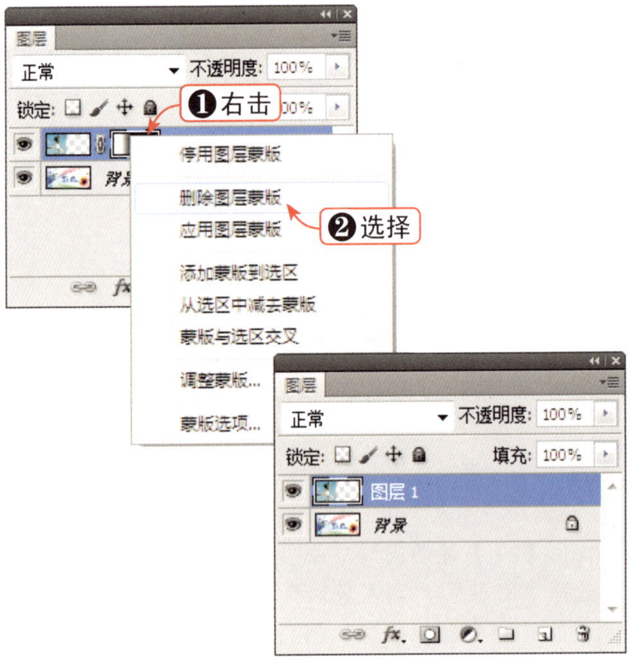

● 选择要删除的蒙版（注意，要选择蒙版，是单击蒙版的缩览图，而不是单击图层的缩览图），将其拖动到“删除图层”按钮上，即可弹出一个提示对话框，如下图（下）所示。

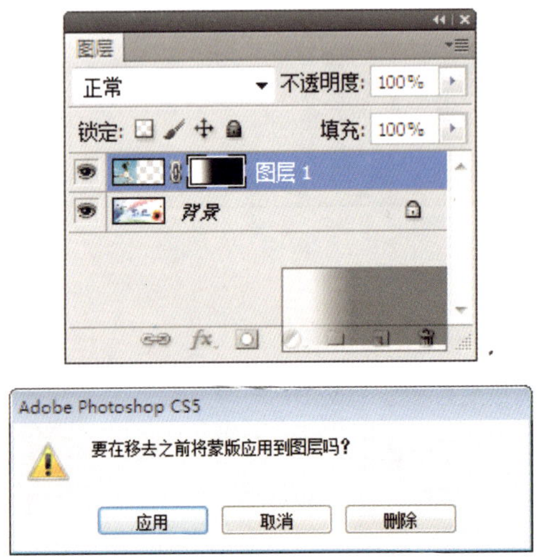

如果单击“应用”按钮，则将蒙版应用到图像中；单击“删除”按钮，则将整个图层蒙版删除。

● 选择要删除的蒙版，选择“图层”|“图层蒙版”|“删除”命令，即可直接将图层蒙版删除。

9.3 剪贴蒙版

剪贴蒙版是用某个图层的内容来遮盖其上方图层的内容，它只能通过底层图层中的形状来定义图像的显示区域。剪贴蒙版中的基底图层名称带有下画线，上层图层的缩览图是缩进的，且在左侧显示剪贴蒙版图标。

9.3.1 认识剪贴蒙版

下面通过一个实例来让读者了解一下剪贴蒙版，具体操作步骤如下：

STEP 01 打开配套光盘中的“素材\第9章\花背景.jpg”文件，如下图所示。

STEP 02 在“图层”面板中单击“创建新图层”按钮新建“图层1”图层，如下图所示。

STEP 03 选择工具箱中的“画笔工具”，在图像窗口中绘制图像，如下图所示。

STEP 04 打开配套光盘中的“素材\第9章\绚丽条纹.jpg”文件，如下图所示。

STEP 05 选择工具箱中的“移动工具”，将“绚丽条纹.jpg”图像移动到“花背景.jpg”文件中，并将其调整至合适的大小和位置，如下图所示。

STEP 06 按住【Alt】键的同时在“图层 1”和“图层 2”两个图层中间单击（见下图），创建剪贴蒙版。

STEP 07 此时的图像效果如下图所示。

9.3.2 创建剪贴蒙版

创建剪贴蒙版的方法有以下两种：

- 按住【Alt】键的同时在两个图层中间单击，即可创建剪贴蒙版，如下图所示。

- 选择要作为剪贴图层的图层，选择“图层”|“创建剪贴蒙版”命令，也可创建剪贴蒙版。
- 选择要作为剪贴图层的图层，按【Ctrl+Alt+G】组合键即可创建剪贴蒙版。
- 选择要作为剪贴图层的图层，右击，在弹出的快捷菜单中选择“创建剪贴蒙版”命令，也可以创建剪贴蒙版，如下图所示。

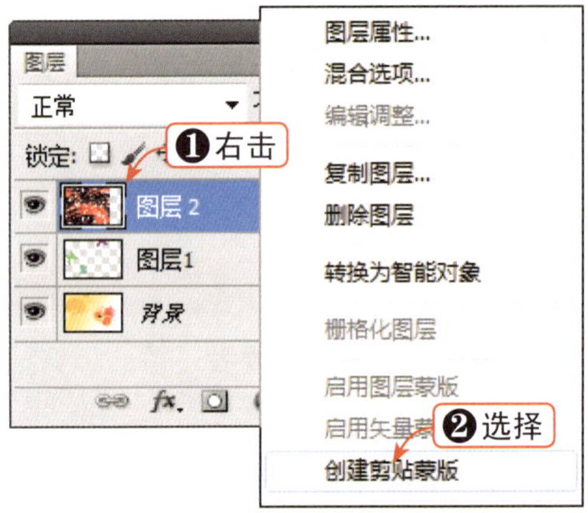

9.3.3 移入或移出剪贴蒙版

如果用户要将剪贴蒙版以外的图层添加到剪贴蒙版中，只需将其拖动到剪贴蒙版组中即可，如下图所示。

如果要释放剪贴蒙版，方法有以下几种：

- 在“图层”面板中选择剪贴蒙版中的图层，选择“图层”|“释放剪贴蒙版”命令，即可从剪贴蒙版中移去该图层及其上面的任何图层，如下图所示。

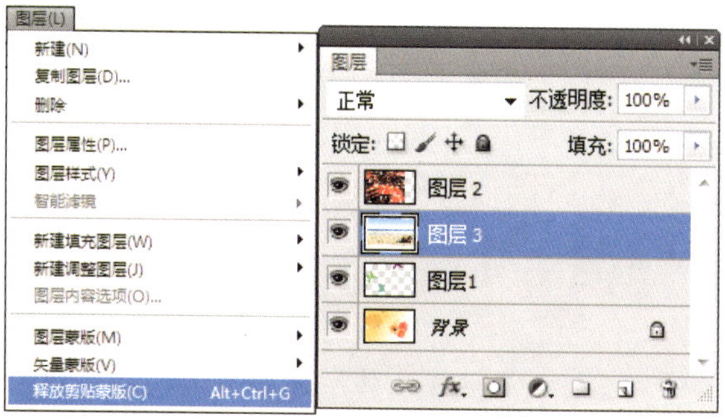

●按住【Alt】键的同时在剪贴层之间单击，即可将上方图层以及上面的任何图层移出图层剪贴蒙版，如下图所示。

●直接将剪贴层拖出剪贴蒙版，即可释放剪贴蒙版，如下图所示。

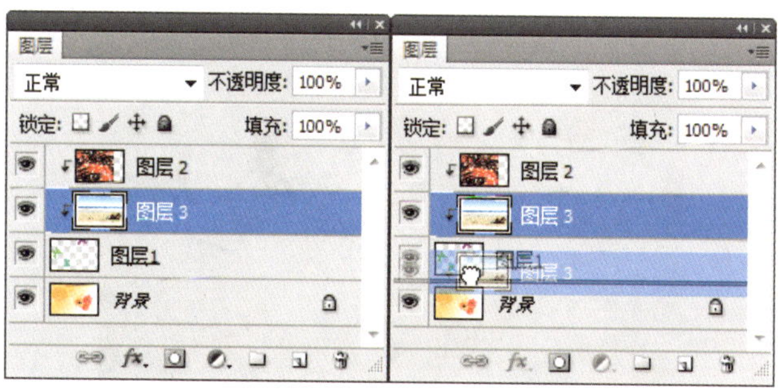

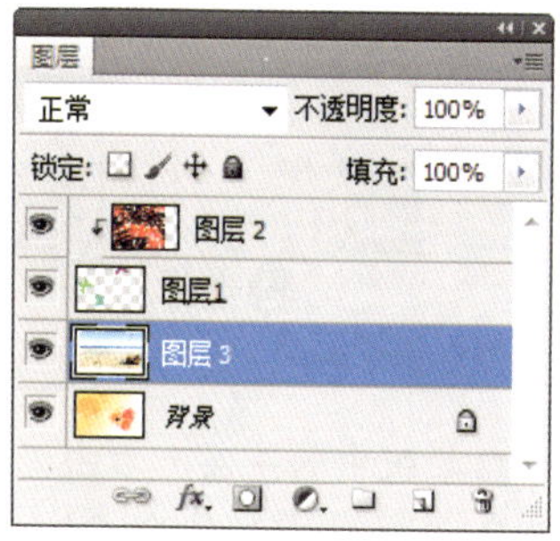

●在“图层”面板中选择位于上方的图层，右击，在弹出的快捷菜单中选择“释放剪贴蒙版”命令，即可释放剪贴蒙版，如下图所示。

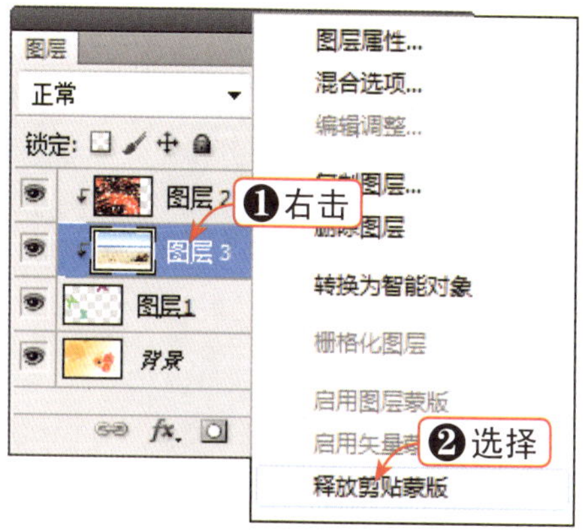

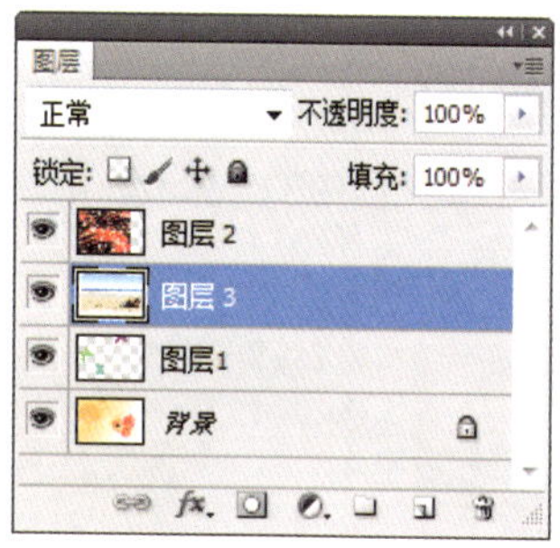

9.3.4 合并剪贴蒙版

当创建剪贴蒙版后出现图层较多又不需要更改的情况时，可以将剪贴蒙版进行合并，以更方便地管理图层。合并剪贴蒙版的方法如下：

●选择剪贴蒙版中的基层，单击“图层”面板右上角的按钮，在弹出的下拉菜单中选择“合并剪贴蒙版”命令，即可将剪贴蒙版合并为一个图层，如下图所示。

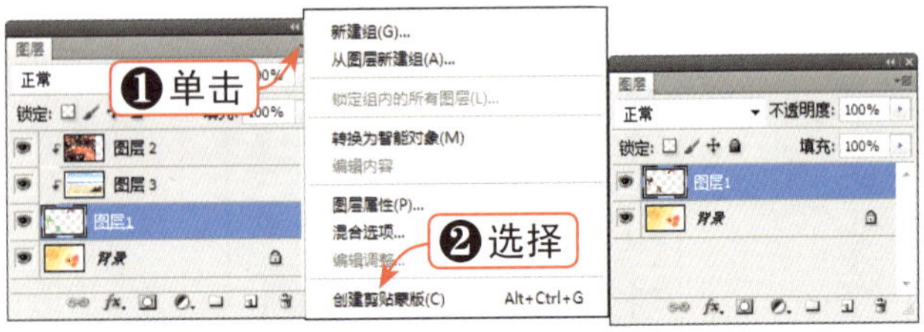

● 选择剪贴蒙版中的基层，右击，在弹出的快捷菜单中选择“合并剪贴蒙版”命令，即可将剪贴蒙版合并为一个图层，如下图所示。

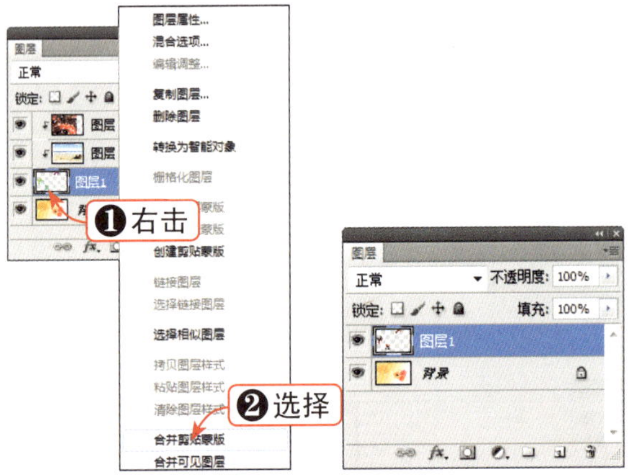

9.4 矢量蒙版

矢量蒙版通过路径图形来定义图层中图像的显示区域，它是由“钢笔工具”或形状工具创建的，与分辨率无关。

9.4.1 认识矢量蒙版

下面通过一个实例来让读者了解一下矢量蒙版，具体操作步骤如下：

STEP 01 打开配套光盘中的“素材\第 9 章\蝴蝶 .jpg”文件，如下图所示。

STEP 02 选择工具箱中的“钢笔工具”，在图像中创建路径，如下图所示。

STEP 03 打开配套光盘中的“素材\第 9 章\少女 .jpg”文件，如下图所示。

STEP 04 选择工具箱中的“移动工具”，将“少女 .jpg”图像移动到“蝴蝶 .jpg”文件中，如下图所示。

STEP 05 选择“窗口”|“路径”命令，打开“路径”面板，在灰色空白处单击隐藏路径，如下图所示。

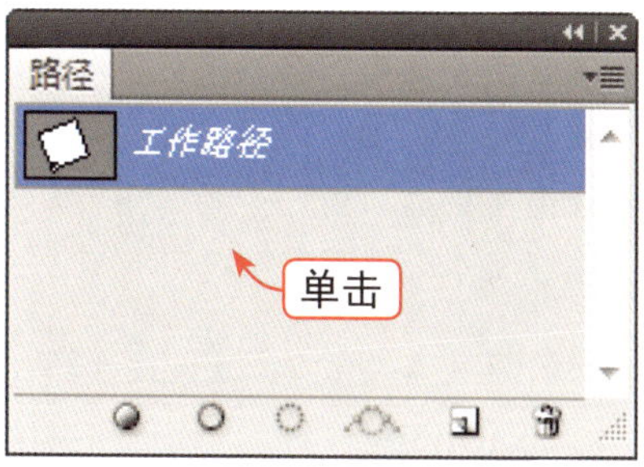

STEP 06 按【Ctrl+T】组合键在图像周围出现变换框，然后对图像进行放大和旋转操作，如下图所示。

STEP 07 在图像上双击确认变换操作，然后在“路径”面板中单击“工作路径”层将路径显示出来，如下图所示。

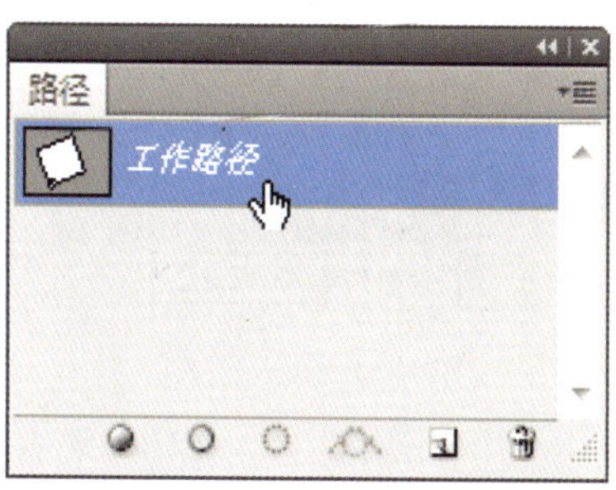

STEP 08 在“图层”面板中按住【Ctrl】键的同时单击“图层”面板下方的“添加图层蒙版”按钮，为“图层 1”添加矢量蒙版，如下图所示。

STEP 09 在“路径”面板的灰色空白处单击隐藏路径，如下图所示。

STEP 10 此时的“图层”面板如下图所示。

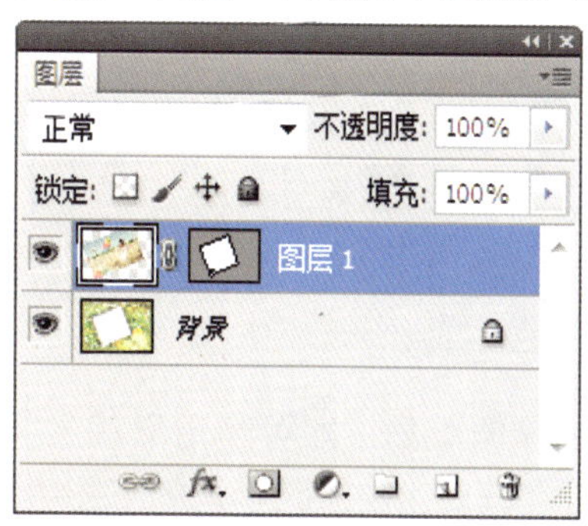

9.4.2 创建矢量蒙版

创建矢量蒙版的方法有以下几种：

- 在“图层”面板中选择要添加矢量蒙版的图层，选择“图层”|“矢量蒙版”|“显示全部”命令或选择“图层”|“矢量蒙版”|“隐藏全部”命令即可创建矢量蒙版，如下图所示。

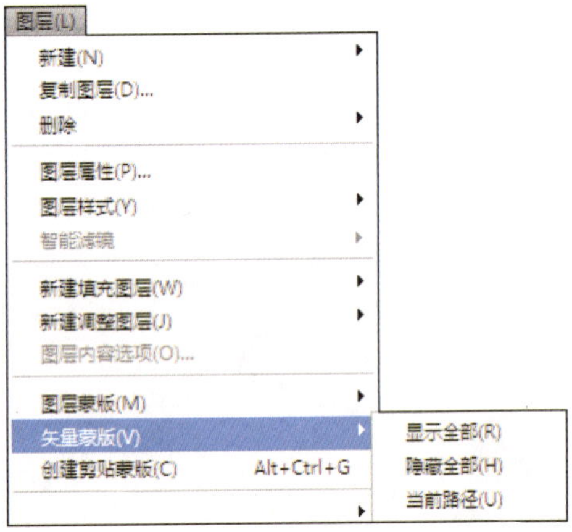

- 在“图层”面板中选择要添加矢量蒙版的图层，按住【Ctrl】键的同时单击“图层”面板下方的“添加图层蒙版”按钮，即可新增矢量蒙版，如下图所示。

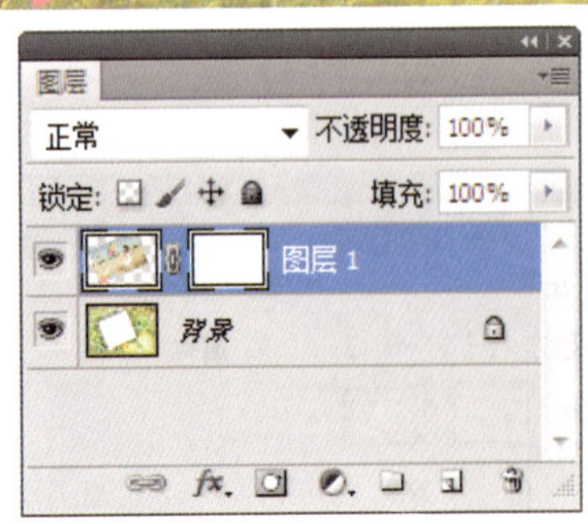

添加矢量蒙版后，即可使用形状工具或“钢笔工具”直接在蒙版上绘制路径，如下图所示。

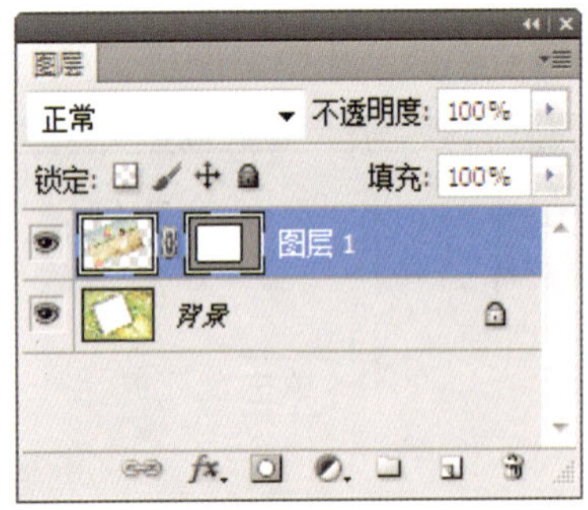

- 如果图像中存在路径，且路径处于显示状态，则选择“图层”|“矢量蒙版”|“当前路径”命令，或按住【Ctrl】键的同时单击“图层”面板下方的“添加图层蒙版”按钮，即可创建显示形状内容的矢量蒙版。

9.4.3 停用/启用与删除矢量蒙版

下面介绍停用/启用与删除矢量蒙版的方法。

1. 停用矢量蒙版

在图像处理过程中如果要停用矢量蒙版，方法有如下几种：

- 按住【Shift】键的同时单击矢量蒙版的缩览图，即可停用矢量蒙版，被停用的矢量蒙版将在矢量蒙版缩览图上显示出一个红色的“×”号，表明该蒙版被禁止，如下图所示。

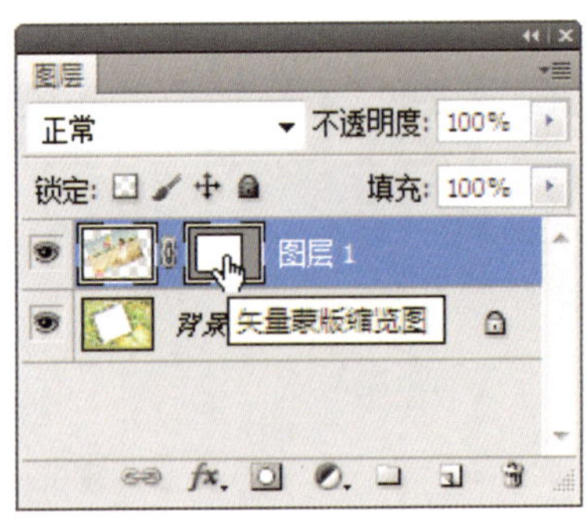

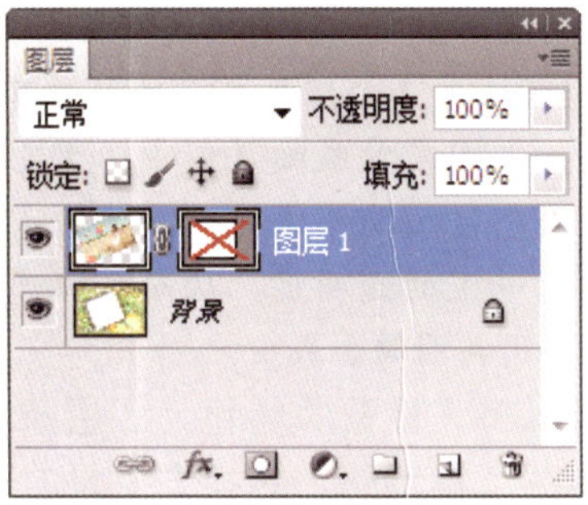

● 选择"图层"|"矢量蒙版"|"停用"命令，也可停用矢量蒙版，如下图所示。

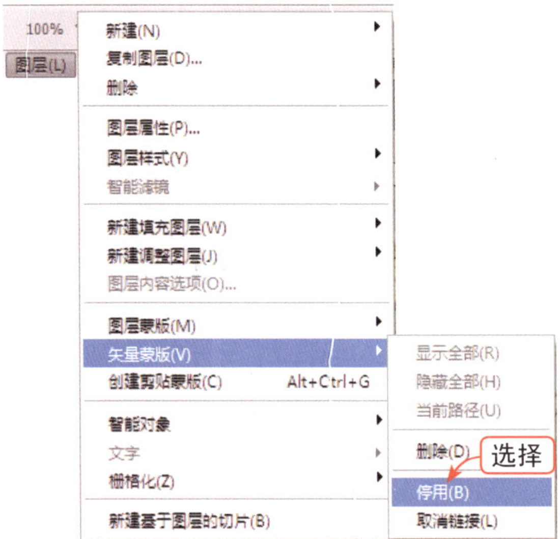

● 右击矢量蒙版缩览图，在弹出的快捷菜单中选择"停用矢量蒙版"命令，也可停用矢量蒙版，如下图所示。

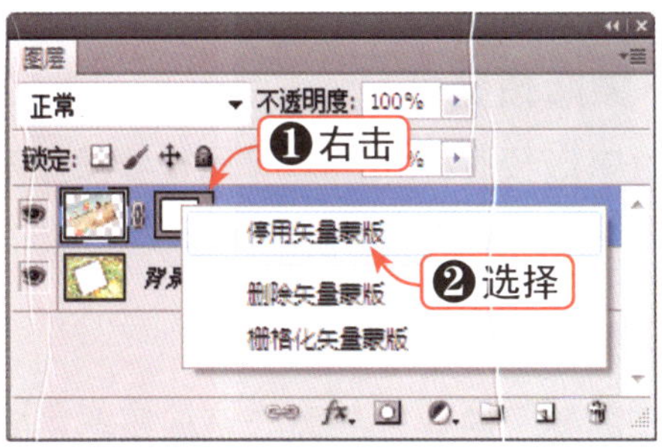

2. 启用矢量蒙版

停用矢量蒙版后，如果要再次启用矢量蒙版，方法有如下几种：

● 按住【Shift】键的同时单击图层蒙版的缩览图，如下图所示。

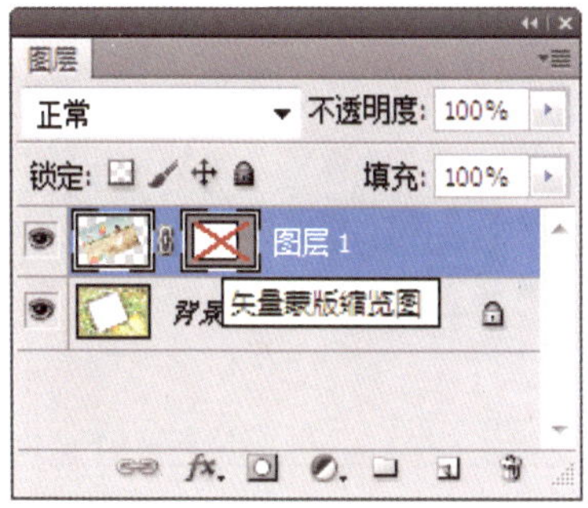

● 选择"图层"|"矢量蒙版"|"启用"命令，如下图所示。

● 右击矢量蒙版缩览图，在弹出的快捷菜单中选择"启用矢量蒙版"命令，如下图所示。

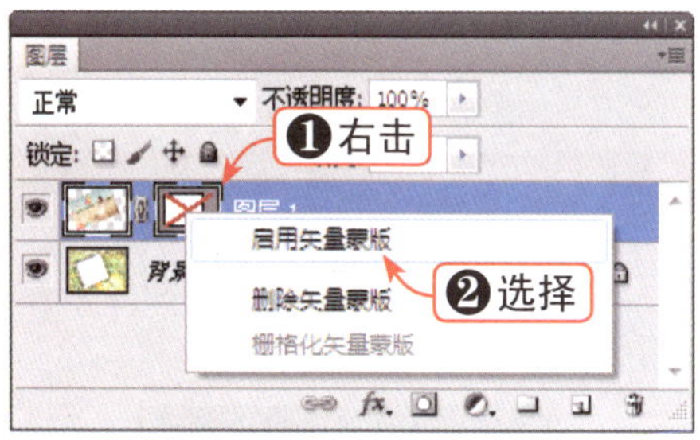

3. 删除矢量蒙版

如果要删除矢量蒙版，方法有如下几种：

● 选择矢量蒙版，选择"图层"|"矢量蒙版"|"删除"命令即可删除矢量蒙版。

● 单击矢量蒙版的缩览图，将其拖动到"删除图层"按钮上，在弹出的对话框中单击"确定"按钮即可删除矢量蒙版，如下图所示。

9.4.4 矢量蒙版和图层蒙版的转换

矢量蒙版和图层蒙版一样，都可以用来显示或隐藏图像的一部分或保护图像不被编辑。它们的区别如下：

- 矢量蒙版是由路径工具创建的，不是基于位图的，因此对其进行缩放，其边缘依然保持清晰。在矢量蒙版缩览图中，灰色区域将图像完全遮盖，白色区域使图像完全显示出来，没有半透明状态。
- 图层蒙版是由绘图工具或选择工具创建的，是基于位图的。在图层蒙版缩览图中，黑色区域将图像完全遮盖，白色区域使图像完全显示出来，灰色区域则使图像具有一定的透明度，从而可以产生自然的过渡效果，它多用在图像合成中。

用户可以将矢量蒙版转化为图层蒙版，从而使其可以被绘图工具编辑。转换方法是右击蒙版缩览图，在弹出的快捷菜单中选择“栅格化矢量蒙版”命令，如下图所示。

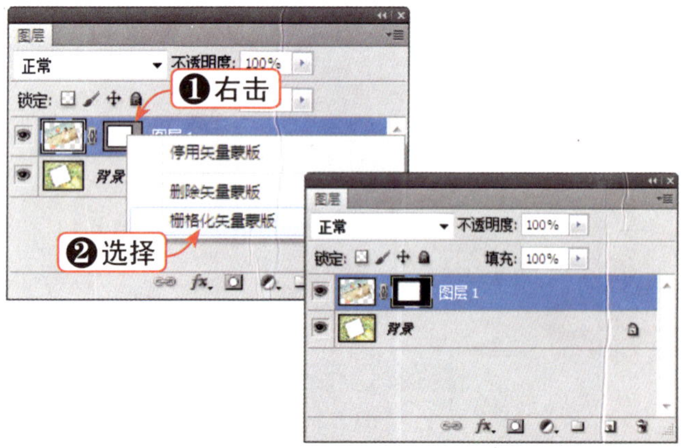

9.5 “蒙版”面板

在 Photoshop 中使用“蒙版”面板可以快速地创建蒙版，以及对蒙版进行各种编辑操作。

9.5.1 认识“蒙版”面板

选择“窗口”|“蒙版”命令，即可打开“蒙版”面板，如下图所示。

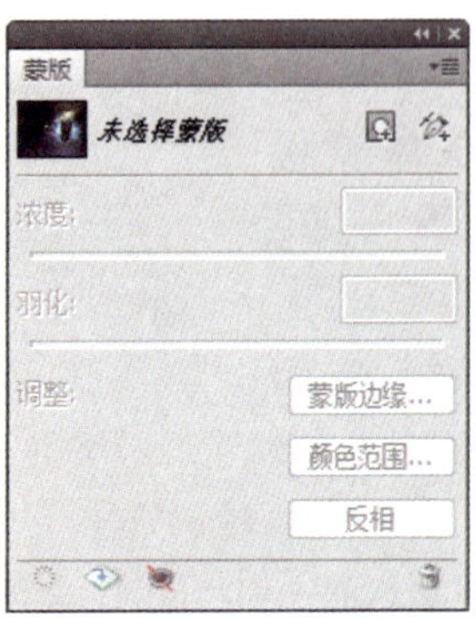

1. 蒙版预览框

通过蒙版预览框可以查看蒙版形状，且在其后显示当前创建的蒙版类型。

2. 添加像素蒙版

在“蒙版”面板中单击“添加像素蒙版”按钮，即可针对当前图层添加像素蒙版（即图层蒙版），如下图所示。

“图层”面板

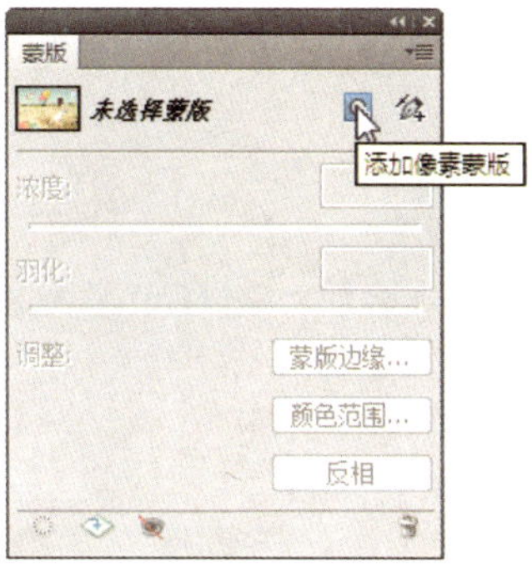

单击按钮

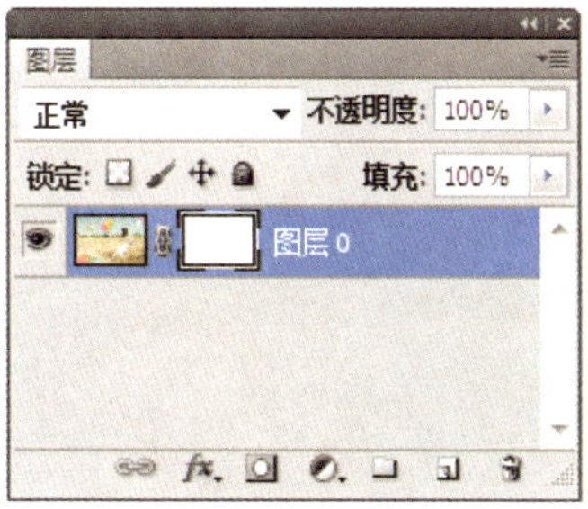

创建像素蒙版

3. 添加矢量蒙版

在“蒙版”面板中单击“添加矢量蒙版”按钮，即可针对当前图层添加矢量蒙版。

4. 浓度

该选项用于设置蒙版的浓度，即蒙版的应用深度。数值越小，蒙版效果就越淡，当设置为 0% 时，蒙版效果即可被完全隐蔽。其默认参数为 100%。

5. 羽化

通过设置“羽化”选项可以调整蒙版边缘的羽化效果。设置的参数越大，蒙版边缘模糊区域就越大，即羽化区域越大。

6. 调整

“调整”选项区域中的 3 个按钮主要用于对像素蒙版进行编辑。当为图层创建了像素蒙版后，可以通过“蒙版边缘”按钮对蒙版的边缘进行编辑；通过“颜色范围”按钮可以选择需要调整的蒙版的颜色区域；通过“反相”按钮可以将蒙版区域进行反相处理。

7. 快速按钮

该区域中有 5 个按钮，其各自的作用如下：

- “从蒙版中载入选区”按钮：单击该按钮，即可将蒙版区域载入为选区。
- “应用蒙版”按钮：当创建蒙版后确认效果不再更改时，单击该按钮，即可将蒙版效果应用到当前图层中。
- “停用/启用蒙版”按钮：单击该按钮可以暂时隐藏图像中的蒙版效果，再次单击即可显示蒙版。
- “删除蒙版”按钮：选择不需要的蒙版图层，单击该按钮，即可将该图层中的蒙版删除。
- 面板菜单按钮：单击该按钮，即可弹出面板控制菜单。

9.5.2 “蒙版”面板控制菜单

单击“蒙版”面板右上角的按钮，即可弹出面板控制菜单，如下图所示。

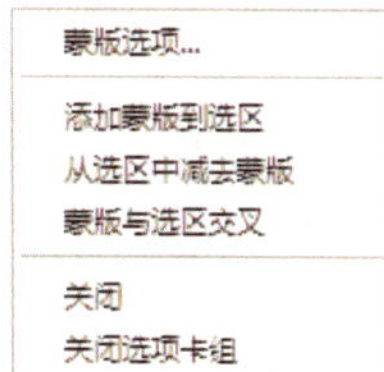

通过该菜单可以对蒙版选项进行设置，并对蒙版与选区进行编辑。其中各命令的作用如下：

- **蒙版选项**：选择该命令，将弹出“图层蒙版显示选项”对话框，从中可以对蒙版的颜色和不透明度进行设置，如下图所示。

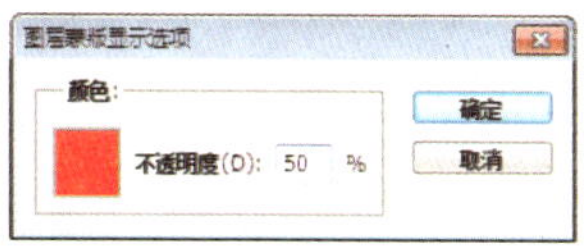

- **添加蒙版到选区**：在蒙版区域上创建选区后，选择该命令，即可将蒙版与选区相交区域添加到选区。
- **从选区中减去蒙版**：创建选区后，选择该命令，即可将选区与蒙版相交的区域减去。
- **蒙版与选区交叉**：创建选区后，选择该命令，即可保留蒙版与选区相交的区域。
- **关闭**：选择该命令，即可关闭“蒙版”面板。
- **关闭选项卡组**：选择该命令，即可关闭“蒙版”面板以及与其组合在一起的面板。

9.6 图层蒙版的高级设置

图层蒙版是 Photoshop 中常用的蒙版，在新增加的“蒙版”面板中还为图层蒙版的设置提供了多个命令，以便用户可以更好地对图层蒙版进行编辑。

9.6.1 编辑蒙版边缘

使用“蒙版”面板中提供的“调整边缘”按钮可以像调整选区边缘一样灵活地调整蒙版图像的边缘。选择需要调整的蒙版后，在“蒙版”面板中单击“调整边缘”按钮，将弹出“调整蒙版”对话框，通过该对话框即可对蒙版边缘的半径、对比度、羽化及收缩/扩展等进行调整，从而得到理想的蒙版效果。下面将通过一个实例来进行介绍，具体操作步骤如下：

STEP 01 打开配套光盘中的“素材\第 9 章\花朵.jpg”文件，如下图所示。

STEP 02 选择工具箱中的“快速选择工具”，在图像中的黄色花瓣上拖动鼠标创建选区，如下图所示。

STEP 03 在“蒙版”面板中单击“添加像素蒙版”按钮添加图层蒙版，如下图所示。

STEP 04 在“蒙版”面板中单击“蒙版边缘”按钮，如下图所示。

STEP 05 在弹出的对话框中进行参数设置，如下图所示。

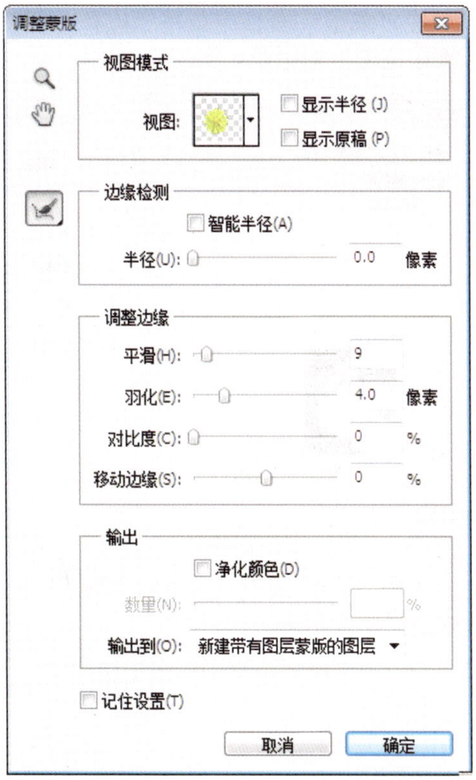

STEP 06 单击“确定”按钮，即可得到调整后的蒙版效果，如下图所示。

9.6.2 蒙版的隐藏和显示

通过“蒙版”面板中的“颜色范围”按钮可以选择图像中的色彩进行蒙版的隐藏和显示，下面将通过实例来进行介绍，具体操作步骤如下：

STEP 01 打开配套光盘中的“素材 \ 第 9 章 \ 蓝天白云 .jpg”文件，如下图所示。

STEP 02 选择“文件” | “置入”命令，在弹出的“置入”对话框中选择配套光盘中的“素材 \ 第 9 章 \ 蝴蝶飞 .jpg”文件，如下图所示。

STEP 03 单击“置入”按钮置入文件，在“图层”面板中可以看到置入的图像以文件名为图层名，如下图所示。

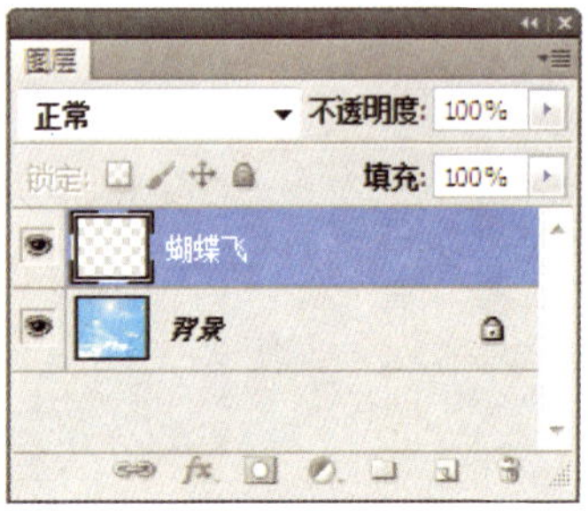

STEP 04 拖动置入的图像周围的控制手柄，然后适当移动图像的位置，如下图所示。

STEP 05 双击确认置入图像的操作，如下图所示。

STEP 06 选择“窗口”|“蒙版”命令，打开“蒙版”面板，单击“添加像素蒙版”按钮对当前图层添加图层蒙版，如下图所示。

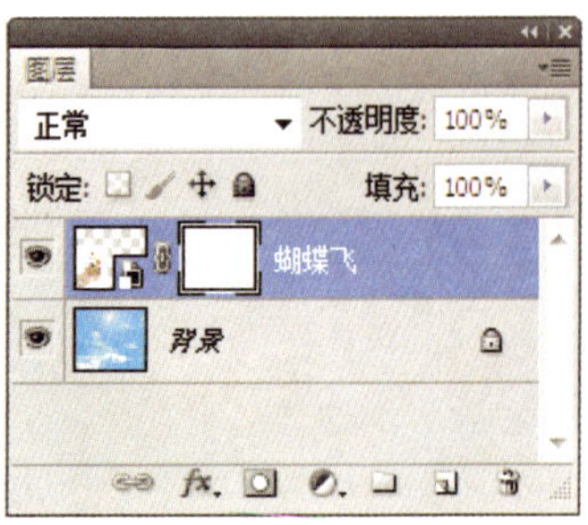

STEP 07 在“蒙版”面板中单击“颜色范围”按钮，弹出“色彩范围”对话框，如下图所示。

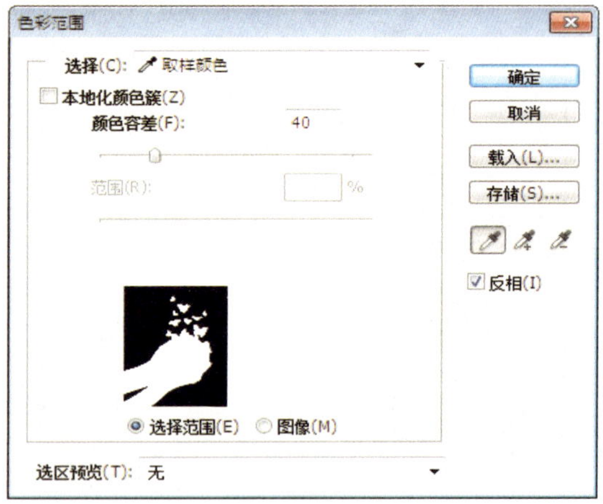

STEP 08 设置“颜色容差”为 55，单击“确定”按钮关闭对话框，效果如下图所示。

9.6.3 蒙版反相

使用“蒙版”面板中的“反相”按钮可以将设置的蒙版效果进行反相，即将原来的显示区域翻转为隐藏区域，而原来隐藏的区域则被显示，如下图所示。

9.7 图层蒙版与选区的转换

在 Photoshop 中可以在蒙版和选区间进行转换，下面将对其进行介绍。

如果要将蒙版转换为选区，右击蒙版缩览图，然后在弹出的快捷菜单中选择相应的命令即可，如下图所示。

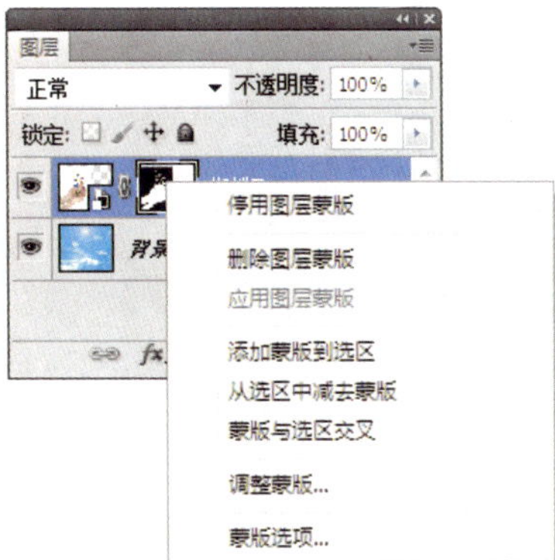

- **添加蒙版到选区**：将由蒙版得到的选区添加到现有选区。
- **从选区中减去蒙版**：从现有选区中减去由蒙版得到的选区。
- **蒙版与选区交叉**：对现有选区和由蒙版得到的选区求交。

如果先在图像中创建选区，然后单击“添加图层蒙版”按钮，则可以将选区转换为蒙版，选区内的图像对应蒙版中白色的部分，如下图所示。

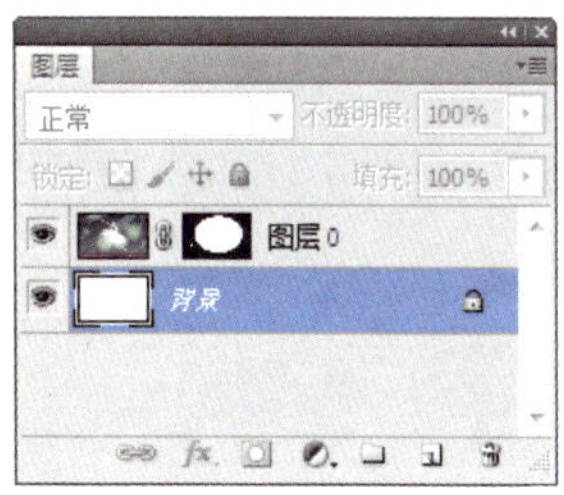

读书笔记

Chapter 10 滤镜的应用

★特殊滤镜

知识要点：

使用“滤镜库”命令，用户不但能轻松地一次性完成几种设置，还可以预览图像应用多种滤镜后的效果。

转换为智能滤镜 ★

知识要点：

使用智能滤镜，用户可以随时对添加的滤镜进行调整、移除或隐藏等操作。

其他滤镜 ★

知识要点：

在“滤镜”菜单中有13个滤镜组，每个滤镜组中都包含多个单个滤镜，使用这些滤镜可以在图像中快速地制作出独特的艺术效果。

10.1 关于滤镜

滤镜是Photoshop中功能比较丰富、效果比较独特的工具之一。它可以通过不同的运算方式来改变图像中的像素数据，以达到对图像进行抽象和艺术化处理的特殊效果。

Photoshop的滤镜主要分为两部分，一部分是Photoshop的内置滤镜，另一部分是第三方开发的外挂滤镜。内置滤镜是指Photoshop程序自带的滤镜，外挂滤镜是指由第三方厂商为Photoshop所生产的滤镜。外挂滤镜不但数量庞大，种类繁多，功能强大，而且版本和种类都在不断地升级和更新。用户可以选择使用不同的滤镜，轻松地创作各种艺术效果。

10.1.1 应用滤镜的注意事项

Photoshop 中滤镜的种类繁多、功能不一，应用不同的滤镜可以产生不同的图像效果。但滤镜也存在以下几点局限性：

滤镜不能应用于位图模式、索引颜色模式以及16 位 / 通道的图像。某些滤镜只能用于 RGB 颜色模式，而不能用于 CMYK 颜色模式，所以用户可先将其他模式转换为 RGB 颜色模式，然后再应用滤镜。

滤镜是以像素为单位对图像进行处理的，因此在对不同分辨率的图像应用相同参数的滤镜时，所产生的图像效果也会不同。

在对分辨率较高的图像文件应用某些滤镜时，会占用较大的存储空间，并导致计算机的运行速度减慢。

在对图像的某一部分应用滤镜时，可以先羽化选区的边缘，使其过渡平滑。

用户在学习滤镜时，不能只单独地看某一个滤镜的效果，应针对滤镜的功能特征进行分析，以达到真正认识滤镜的目的。

10.1.2 滤镜的操作方法

Photoshop CS5 中的滤镜全部放在“滤镜”菜单中，如下图所示。该菜单由 6 部分组成，最上面显示的是上次使用的滤镜命令；第 2 部分为将智能滤镜应用于智能对象图层的命令；第 3 部分列出了 4 个较为特殊的滤镜命令，分别为“滤镜库”、“液化”、“镜头校正”和“消失点”；第 4 部分是具体的 13 个滤镜组；第 5 部分是 Digimarc 命令；最后一部分是“浏览联机滤镜”命令。

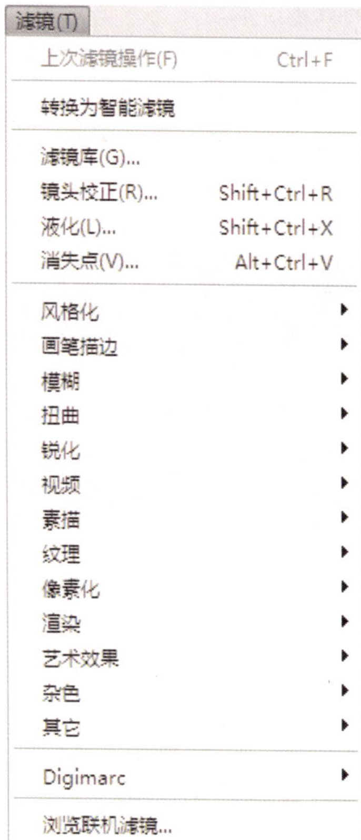

“滤镜”菜单中各种滤镜的使用方法基本相同，只需打开所需的图像窗口，然后选择“滤镜”菜单中相应的命令，再在弹出的对话框中设置适当的参数，最后单击“确定”按钮即可。

在滤镜参数设置对话框中都有预览图像效果的功能。下面以“高斯模糊”对话框为例进行介绍。

打开一个图像文件，选择“滤镜”|“模糊”|“高斯模糊”命令，弹出“高斯模糊”对话框，如下图所示。

其中各选项的含义如下：

- **预览**：选中该复选框，即可在原图像中显示应用该滤镜后的效果；取消选中该复选框，则只能通过对话框中的预览框来观察应用滤镜后的效果。
- **－按钮和＋按钮**：用于控制预览框中图像的显示比例。单击－按钮，即可减小图像的显示比例；单击＋按钮，即可增大图像的显示比例。

在该对话框中将鼠标指针移动到预览框中，当鼠标指针变成手形时，按住鼠标左键并拖动，即可移动其中的图像来显示不同的位置的图像；将鼠标指针移动到原图像中，当鼠标指针变为□形状时在图像上单击，则预览框中显示的图像将以该处为中心位置进行显示，如下图所示。

10.2 转换为智能滤镜

在Photoshop CS5中除了可以直接为图像添加滤镜效果外，还可以先将图像转换为智能对象，然后为智能对象添加滤镜效果。应用于智能对象的滤镜称为“智能滤镜”，使用智能滤镜可以方便用户随时对添加的滤镜进行调整、移除或隐藏等操作。

下面通过一个实例来介绍如何将图像转换为智能对象并添加滤镜效果，具体操作步骤如下：

STEP 01 打开配套光盘中的“素材\第 10 章\野外 .jpg”文件，如下图所示。

STEP 02 选择“滤镜”|“转换为智能滤镜”命令，将弹出一个提示对话框，如下图所示。

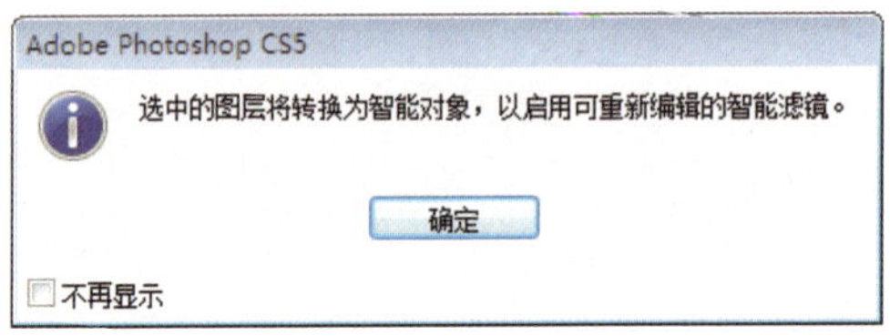

STEP 03 单击“确定”按钮关闭对话框，这时“背景”图层将转换为智能对象图层，并在图层缩览图上显示智能对象图标，如下图所示。

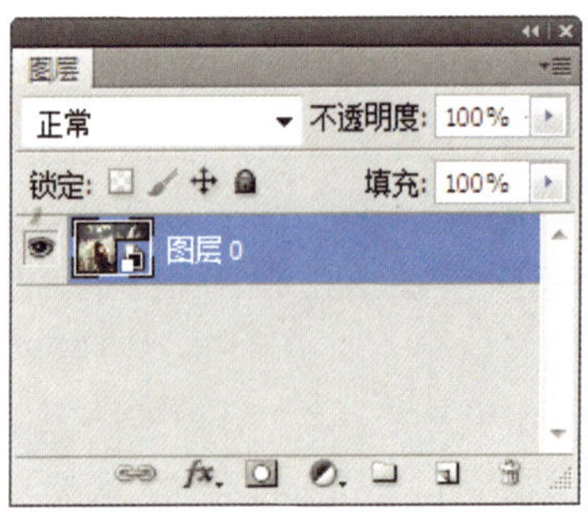

STEP 04 选择“滤镜”|“扭曲”|“扩散亮光”命令，在弹出的对话框中进行参数设置，如下图所示。

STEP 05 单击“确定”按钮应用滤镜，刚添加的智能滤镜将显示在“图层”面板中智能对象图层下方的智能滤镜行的下面，如下图所示。

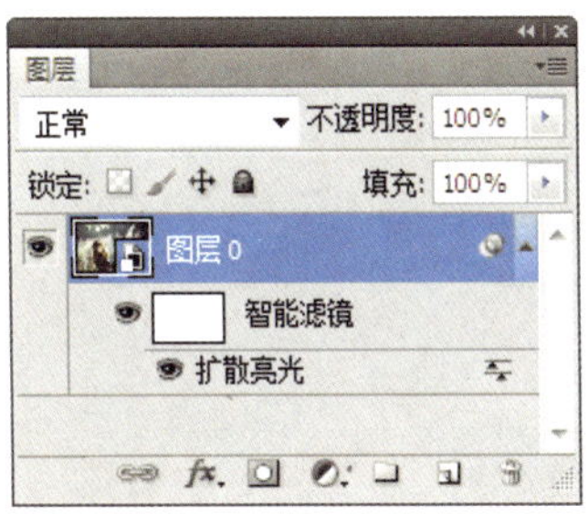

知识点拨 Tips

如果在添加智能滤镜效果前在图像中存在选区，那么添加的智能滤镜效果将限制在选定区域。

STEP 06 单击“扩散亮光”智能滤镜前的眼睛图标，即可将滤镜效果隐藏，如下图所示，再次单击则将其显示。

知识点拨 Tips

如果单击智能滤镜行前的眼睛图标，则会隐藏应用于智能对象图层上的所有智能滤镜。

STEP 07 在“图层”面板中双击某个智能滤镜的名称，可以在弹出的对话框中对滤镜进行设置。双击滤镜右边的“双击以编辑滤镜混合选项”图标，可以在弹出的混合选项对话框中设置智能滤镜混合选项，如下图所示。

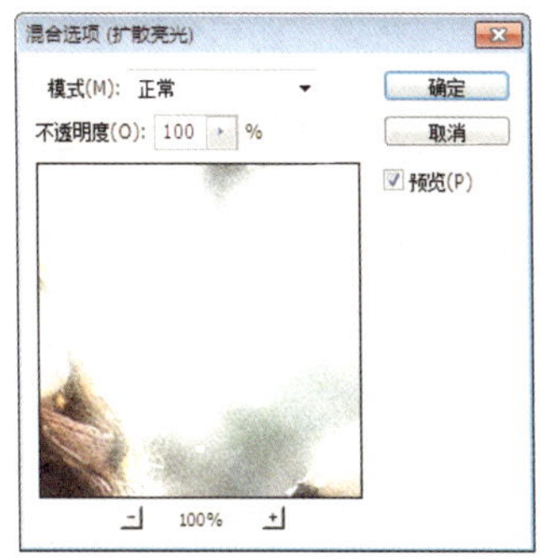

STEP 08 切换到“通道”面板，在面板中自动产生一个“图层 0 滤镜蒙版”通道，如下图所示。该通道实际上是“图层 0”的滤镜蒙版，编辑该通道也就是编辑“图层 0”的滤镜蒙版。

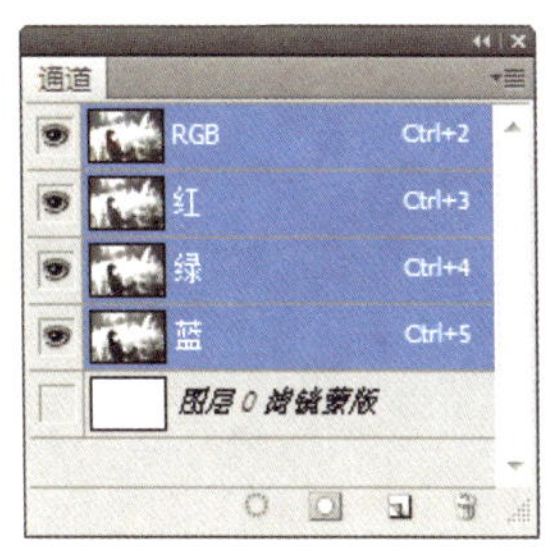

STEP 09 选中该通道，设置前景色为黑色，使用画笔工具在“图层 0 滤镜蒙版”通道中进行编辑，效果如下图所示。

知识点拨 Tips

选择“图层”|“智能滤镜”|“清除智能滤镜”命令，即可将应用于智能对象图层上的智能滤镜删除。

10.3 特殊滤镜

在Photoshop CS5中有4个特殊的滤镜命令，分别为“滤镜库”、“液化”、“消失点”和“镜头校正”，下面将分别对它们进行介绍。

10.3.1 滤镜库

在 Photoshop CS5 中提供了一个“滤镜库”命令，该滤镜库将 Photoshop CS5 的部分滤镜整合在一起，通过图标的形式表现。使用“滤镜库”命令可以一次性打开风格化、画笔描边、扭曲、素描、纹理和艺术效果滤镜组，并且只需单击相应的滤镜命令图标，即可在预览框中查看图像应用该滤镜后的效果。

用户在处理图像时，可以根据需要单独使用某一个滤镜，或使用多个滤镜，或者将某些滤镜在图像中应用多次。

在图像中创建好选区或选择好需要应用滤镜效果的图层，然后选择“滤镜”|“滤镜库”命令，弹出“滤镜库”对话框，如下图所示。

1. 预览图像效果

在“滤镜库”对话框中可以设置多种滤镜，以制作特殊的图像效果，并可以通过预览框直接预览设置的滤镜效果，如下图所示。

在预览框中可以对图像进行放大或缩小，方法是单击预览框左下角的⊟按钮和⊞按钮，或单击 50% 右侧的下三角按钮，在弹出的下拉列表中选择缩放比例。

知识点拨 Tips

在“滤镜库”对话框中也可按【Ctrl++】组合键放大预览框中的图像，按【Ctrl+－】组合键缩小预览框中的图像。

2. 选择滤镜效果

在“滤镜库”对话框中单击滤镜组文件夹左侧

的▶按钮将其展开，单击展开的滤镜项中的滤镜图标即可选择该滤镜效果，如下图所示。

知识点拨 Tips

也可以在“滤镜库”对话框右侧的“取消”按钮下方的下拉列表中选择其他的滤镜，其中包含了“滤镜库”中的所有滤镜，如下图所示。

3. 新建和删除效果图层

通过“滤镜库”对话框不仅可以创建单个滤镜，还可以通过选项的设置为一幅图像同时添加多个滤镜效果，并可以通过“滤镜库”对话框右下方的滤镜图层管理框进行管理，如下图所示。

● 👁：单击显示/隐藏滤镜图层图标👁，即可显示或隐藏设置的滤镜效果。

● ◻：单击“新建效果图层”按钮◻可以添加效果，以便在图像上应用多个滤镜，如下图所示。

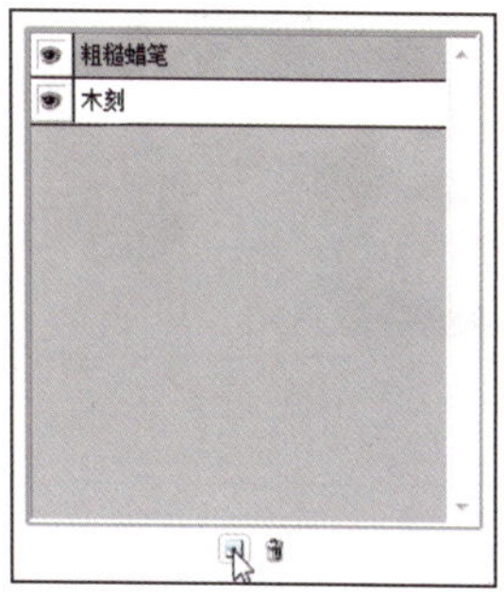

单击“新建效果图层”按钮

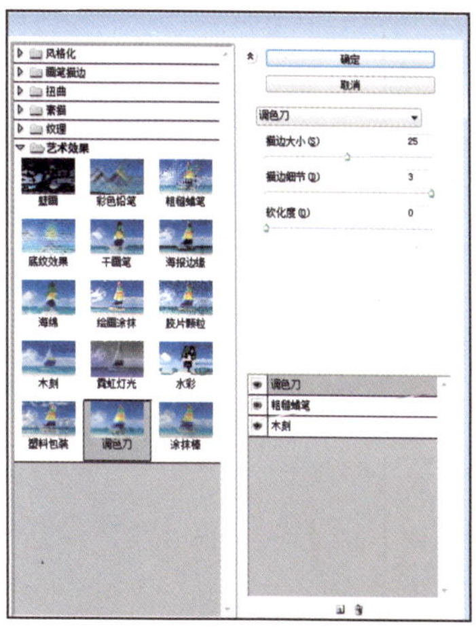

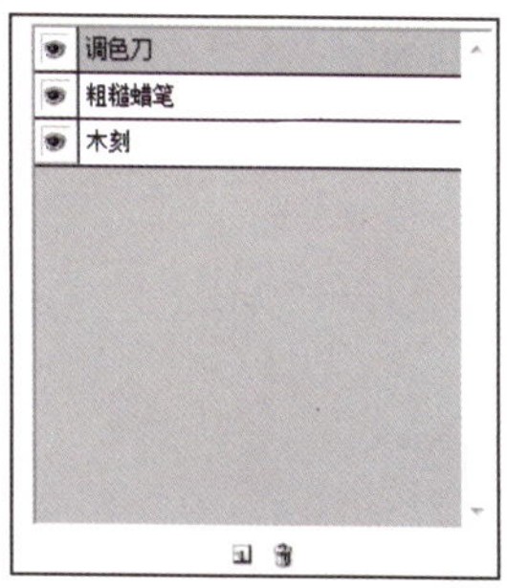

单击要应用的滤镜的图标　　变为滤镜图层

● 🗑：选中要删除的效果图层，单击“删除效果图层”按钮🗑即可将其删除。需要注意的是，在滤镜图层管理框中只有一个效果图层时不能进行删除操作。

10.3.2 “液化”滤镜

“液化”滤镜可以通过交互方式对图像进行拼凑、推、拉、旋转、反射、折叠和膨胀等变形。使用该滤镜创建的扭曲可以是细微的扭曲效果或强烈的扭曲效果，这就使得“液化”命令成为修饰图像和创建艺术效果的强大工具。

选择“滤镜”|“液化”命令，在弹出的“液化”对话框中即可通过其中的工具对图像进行液化处理，如下图所示。

1. 工具箱

“液化”对话框的左侧为工具箱，如下图所示。

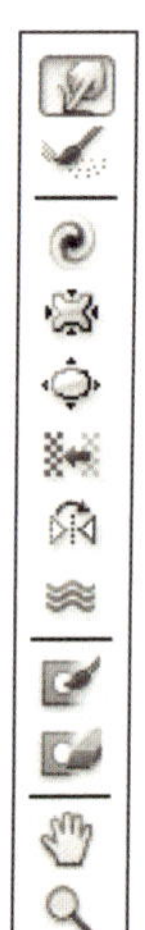

- “向前变形工具”：选择该工具，通过拖动鼠标可以推动像素从而变形图像。
- “重建工具”：使用该工具拖动变形部分，即可将图像恢复为原始状态。
- “顺时针旋转扭曲工具”：按照顺时针或逆时针方向旋转图像。
- “褶皱工具”：使用该工具可以像使用凹透镜一样缩小图像，从而变形图像。
- “膨胀工具”：使用该工具可以像使用凸透镜一样放大图像，从而变形图像。
- “左推工具”：向左移动图像的像素，从而扭曲图像。
- “镜像工具”：使用该工具可以将图像扭曲为反射形态。
- “湍流工具”：使用该工具可将图像扭曲为类似风或气流流动的形态。
- 冻结蒙版工具：用于设置蒙版，使被蒙版区域不会产生变形。
- “解冻蒙版工具”：用于解除蒙版区域。
- “抓手工具”：用于移动预览框中图像的位置。
- “缩放工具”：用户可放大或缩小预览框中的图像（默认为放大工具，按住【Alt】键则变为缩小工具）。

2. 工具选项

在“工具选项”选项区域中可以设置画笔的大小和压力程度等参数，如下图所示。

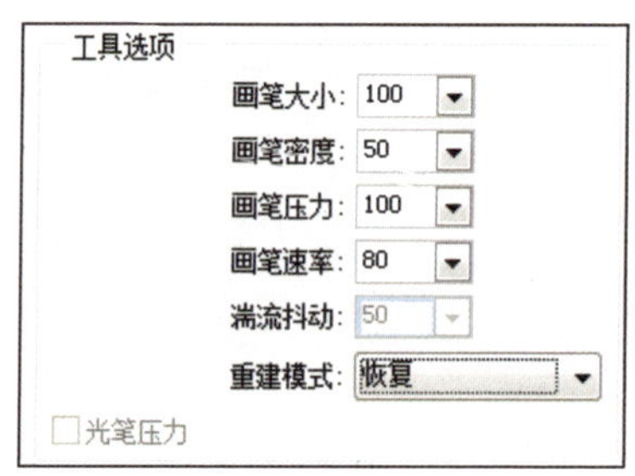

- 画笔大小：设置用来扭曲图像的画笔的宽度。
- 画笔密度：用于控制画笔如何在图像边缘羽化。
- 画笔压力：用于设置在预览图像中拖动工具时的扭曲速度。
- 画笔速度：用于设置工具在预览图像中保持静止时，扭曲所应用的速度。
- 湍流抖动：控制“湍流工具”对像素混杂的紧密程度。
- 重建模式：该选项用于设置重建工具如何重建预览图像区域。
- 光笔压力：可使用从光笔绘图板读出的压力。

3. 重建选项

在“重建选项”选项区域中可以设置恢复被扭曲的图像时的参数，如下图所示。

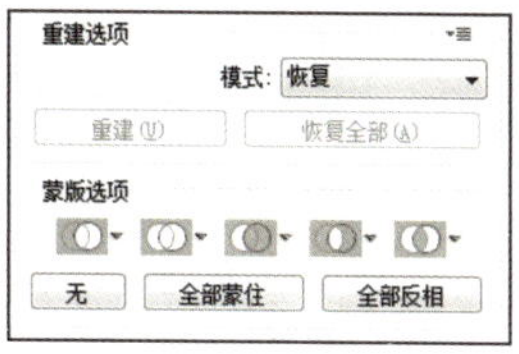

- **模式**：用于设置恢复图像时所使用的模式。
- **“重建”按钮**：对图像应用重建效果，以创建扭曲度较小的显示效果。
- **“恢复全部”按钮**：用于移去所有扭曲效果。

4. 蒙版选项

该选项区域用于编辑、修改蒙版区域，如下图所示。

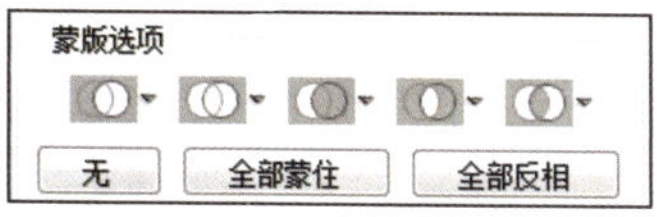

- ：单击该按钮，新选区将替换原选区。
- ：单击该按钮，新选区将添加到原选区。
- ：单击该按钮，新选区将从原选区中减去。
- ：单击该按钮，新选区与原选区的交叉部分为最终选区。
- ：单击此按钮可以将选区反相。
- **“无”按钮**：单击此按钮可以移去所有的冻结区域。
- **“全部蒙住”按钮**：单击此按钮将冻结整个图像。
- **“全部反相”按钮**：单击此按钮将反相所有的冻结区域。

5. 视图选项

该选项区域用于设置在画面中显示或隐藏蒙版区域或网格，如下图所示。

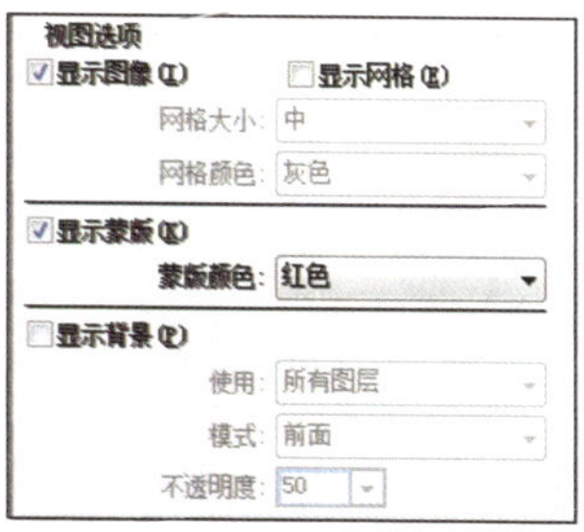

- **显示图像**：选中该复选框，即可在预览框中显示图像。
- **显示网格**：选中该复选框，即可在预览框中显示网格，并可在下面的两个下拉列表框中设置网格大小和网格颜色。
- **显示蒙版**：在该选项区域中可设置在冻结区域显示覆盖的颜色。
- **显示背景**：在该选项区域中可以选择使用哪个图层为背景，并以哪种模式、多少透明度显示。

下面通过一个实例来介绍“液化”滤镜的使用方法。该实例将通过使用滤镜使照片中的女孩更加漂亮，前后对比效果如下图所示。

制作该实例的具体操作步骤如下：

STEP 01 打开配套光盘中的“素材\第10章\女孩.jpg”文件，如下图所示。

STEP 02 选择“滤镜”|“液化”命令，弹出“液化”对话框，如下图所示。

STEP 03 在左侧的工具箱中选择“冻结蒙版工具”，在人物的眼睛、鼻子、嘴巴上进行涂抹，以防止后面的操作使其变形，如下图所示。

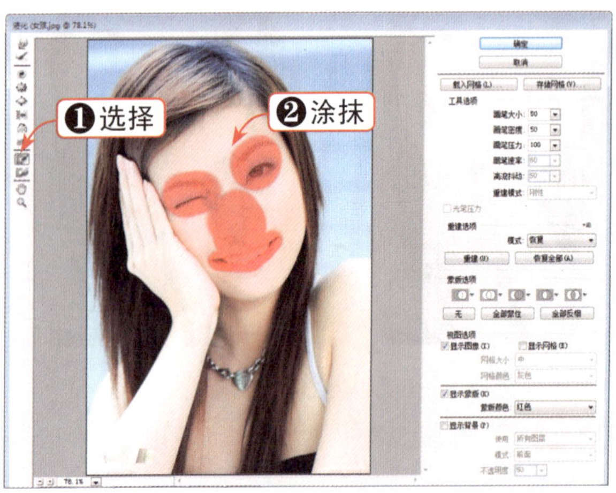

STEP 04 选择“向前变形工具”，设置“画笔大小”为 150，然后在人物脸部边缘由外向内上拖动鼠标进行修饰脸型的操作，如下图所示。

STEP 05 选择“解冻蒙版工具”，在冻结区域上进行涂抹取消冻结操作，如下图所示。

STEP 06 选择“膨胀工具”，设置“画笔大小”为 85，在人物的右眼睛上单击 3 次将眼睛放大，如下图所示。

STEP 07 单击“确定”按钮关闭“液化”对话框，得到的效果如下图所示。

10.3.3 “消失点”滤镜

“消失点”滤镜命令允许用户在包含透视平面的图像中进行透视校正编辑。利用“消失点”滤镜，用户将以立体方式在图像中的透视平面上工作。选择“滤镜”|“消失点”命令，弹出“消失点”对话框，如下图所示。

1. 工具箱

“消失点”对话框的左侧为工具箱，如下图所示。

- “编辑平面工具”：选择该工具，即可选择、编辑、移动平面和调整平面的大小。
- “创建平面工具”：选择该工具，即可定义平面的4个角节点，调整平面的大小和形状，并拉出新的平面。
- “选框工具”：选择该工具，即可创建方形或矩形选区，同时移动或仿制选区。
- “图章工具”：选择该工具，即可使用图像的一个样本绘图，但不能仿制其他图像中的元素。
- “画笔工具”：选择该工具，即可在平面中使用选定的颜色进行绘画。
- “变换工具”：选择该工具，即可通过拖动控制手柄来缩放、旋转和移动浮动选区。
- “吸管工具”：选择该工具，即可在预览图像中选择一种颜色用于绘画。
- “抓手工具”：用于移动预览框中图像的位置。
- “缩放工具”：用于放大或缩小预览框中的图像（默认为放大工具，按住【Alt】键则变为缩小工具）。

2. 属性栏

在工具箱中选择某个工具后，在对话框中的预览框的上方将出现该工具的属性栏，如下图所示。

3. 预览框

在预览框中由蓝色线条组成的透视框为创建的平面，在“消失点”对话框（见下图）中创建的平面颜色为蓝色的为有效平面，为黄色则为无效的平面。

下面通过一个实例来介绍“消失点”滤镜的使用方法，该实例将通过“消失点”滤镜为桌面铺上美丽的桌布，前后对比效果如下图所示。

制作该实例的具体操作步骤如下：

STEP 01 打开配套光盘中的“素材\第 10 章\咖啡.jpg”和“花纹.jpg”文件，如下图所示。

STEP 02 选中“咖啡.jpg”文件，使用工具箱中的选区创建工具创建桌面选区，如下图所示。

STEP 03 按【Ctrl+J】组合键复制选区内的图像，得到“图层 1”，如下图所示。

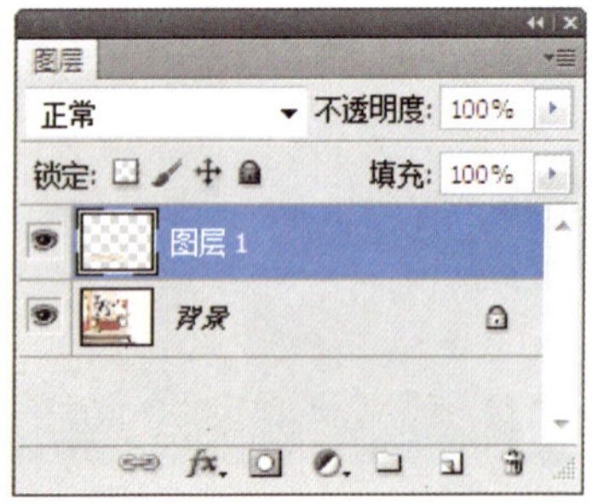

STEP 04 选中“花纹.jpg”文件，按【Ctrl+A】组合键全选图像，然后按【Ctrl+C】组合键复制图像，如下图所示。

STEP 05 回到“咖啡.jpg”文件，在“图层”面板中选择“图层 1”，并隐藏“背景”图层，如下图所示。

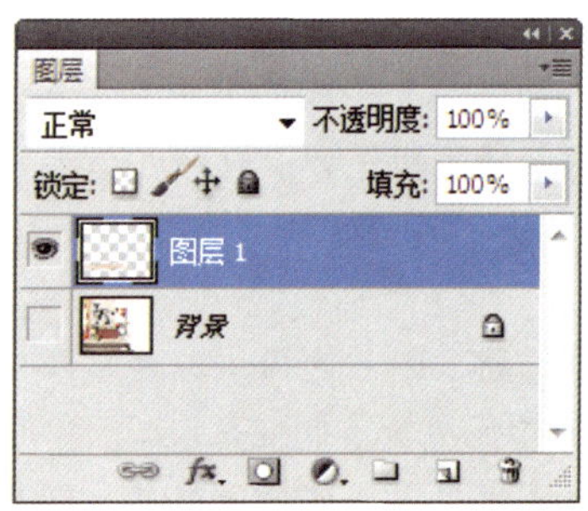

STEP 06 选择“滤镜”|“消失点”命令，在弹出的“消失点”对话框中选择“创建平面工具”，在桌子的 4 个边角上单击创建一个表格，如下图所示。

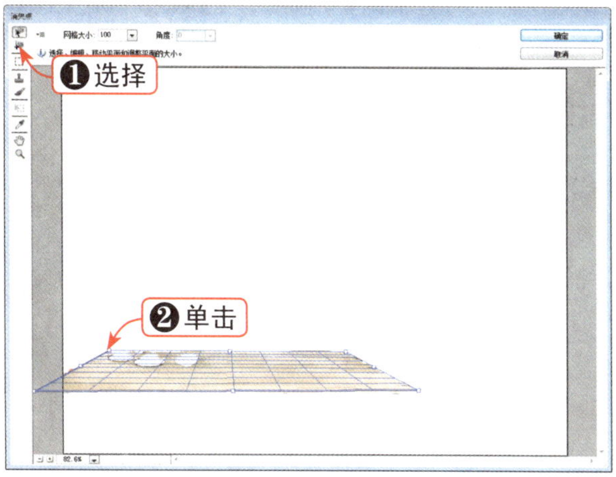

STEP 07 按【Ctrl+V】组合键将刚才复制的图像粘贴到“消失点”对话框中，可以看到粘贴的图像以选区显示，如下图所示。

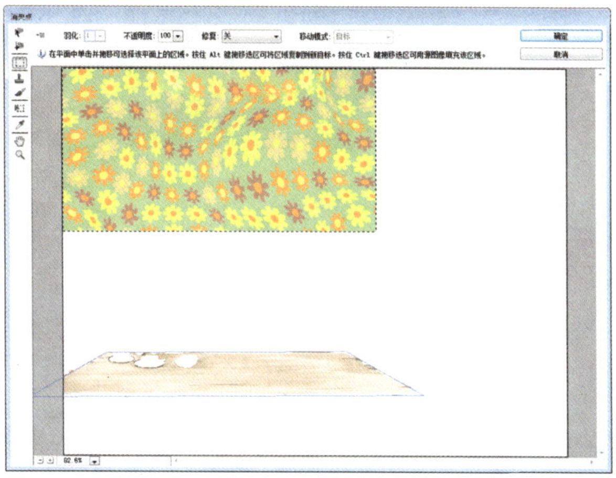

STEP 08 选择“变换工具”，在粘贴的图像的周围出现的变换框上拖动控制手柄将图像缩小，并移动至合适的位置，如下图所示。

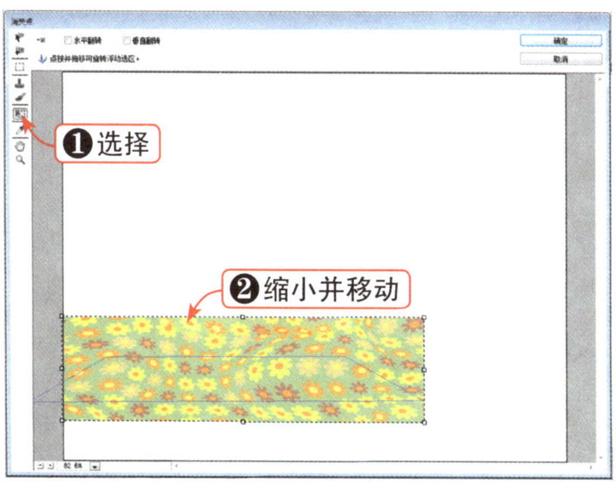

STEP 09 将粘贴的图像拖动到蓝色的边框内，图像自动形成透视关系，如下图所示。

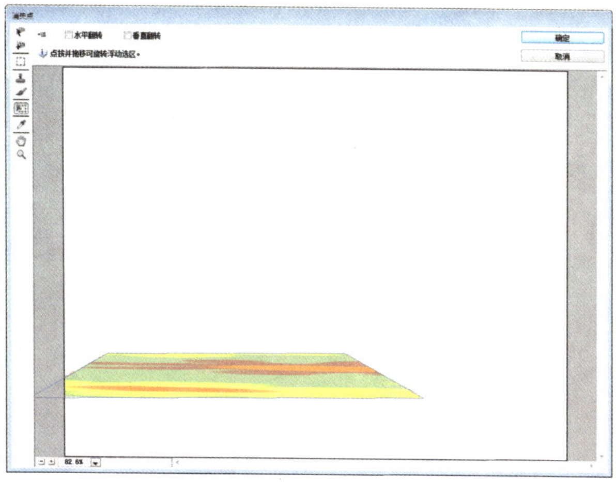

STEP 10 单击“确定”按钮关闭对话框，在图像中即可应用设置的消失点效果，如下图所示。

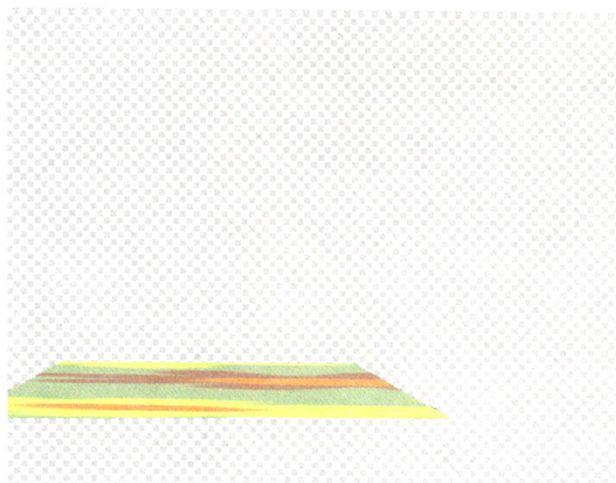

STEP 11 显示“背景”图层，设置“图层 1”的图层混合模式为“正片叠底”，效果如下图所示。

10.3.4 “镜头校正”滤镜

“镜头校正”滤镜是 Photoshop CS5 新增的滤镜，用于根据 Adobe 对各种相机与镜头的测量进行自动校正，可以更轻易地消除桶装和枕状变形、照片四边暗角，以及造成边缘出现彩色光晕的色相差。

选择“滤镜”|“镜头校正”命令，即可弹出“镜头校正”对话框，如下图所示。

1. 工具箱

“镜头校正”对话框的左侧为工具箱，如下图所示。

- “移去扭曲工具”：用于向中心拖动或拖离中心，以校正失真。
- “拉直工具”：绘制一条直线，以将图像拉直到新的横轴或纵轴。
- “移动网格工具”：拖动以移动对齐网格。
- “抓手工具”：用于移动预览框中图像的位置。
- “缩放工具”：用户可以放大或缩小预览框中的图像（默认为放大工具，按住【Alt】键则变为缩小工具）。

2. 照片相关参数

在预览框的下方的左侧显示了照片的相关信息，如下图所示。

在预览框的下方的右侧选中“预览”复选框，即可在预览框中预览校正后的效果；选中“显示网格”复选框，即可在预览框中显示网格，并可以通过“大小”和“颜色”选项设置网格的大小和颜色，如下图所示。

3. “自动校正”选项卡

在“自动校正”选项卡的“搜索条件”选项区域中可以设置相机的品牌、型号和镜头型号，在“校正”选项区域中可以选择需要自动校正的项目，以自动校正图像，如下图所示。

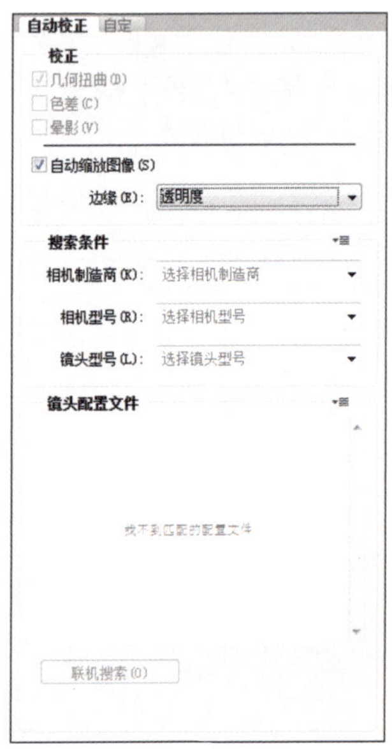

4. “自定”选项卡

在“自定”选项卡中可以手动设置校正的各项参数，以精确地校正扭曲，如下图所示。

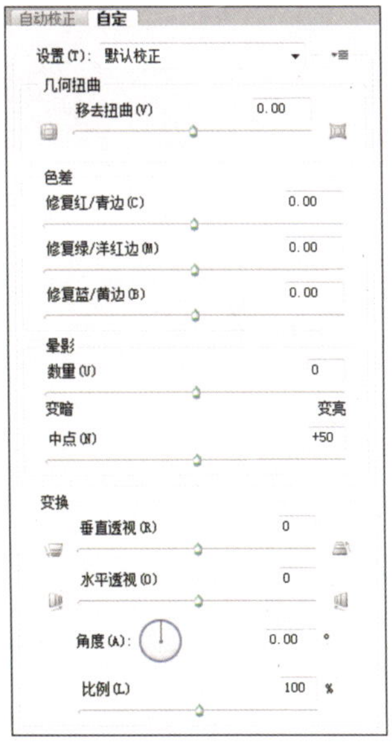

下面通过一个实例来介绍“自动校正”滤镜的使用方法，该实例将通过“自动校正”滤镜校正一张照片，前后对比效果如下图所示。

制作该实例的具体操作步骤如下：

STEP 01 打开配套光盘中的“素材\第 10 章\故事.jpg”文件，如下图所示。

STEP 02 选择“滤镜”|“镜头校正”命令，弹出“镜头校正”对话框，如下图所示。

STEP 03 切换到“自定”选项卡，在“几何扭曲”选项区域中设置“移去扭曲”为 -12，如下图所示。

STEP 04 单击“确定”按钮，校正后的效果如下图所示。

知识点拨 Tips

用户也可以灵活地使用“自动校正”滤镜创作一些特殊效果。

10.4 其他滤镜

下面将介绍“滤镜”菜单中的13个滤镜组。

10.4.1 “风格化”滤镜组

“风格化”滤镜组通过置换图像中的像素和查找并增加图像的对比度，使图像产生绘画或印象派风格的艺术效果。

该滤镜组中共包含以下 9 个滤镜：

- **查找边缘**：该滤镜主要用来搜索颜色像素对比度变化剧烈的边界，将高反差区变亮，低反差区变暗，其他区域则介于二者之间，将硬边变为线条，柔边变粗，形成一个厚实的轮廓。
- **等高线**：该滤镜与“查找边缘”滤镜类似，它沿亮区和暗区边界绘出一条较细的线。在“等高线”对话框中可以设定“色阶”和“边缘”选项。
- **风**：该滤镜通过在图像中增加一些细小的水平线生成起风的效果。在“风”对话框中可以设定 3 种起风的方式（“风”、“大风”和“飓风”）以及 2 种起风的方向（“从左”和“从右”）。
- **浮雕效果**：该滤镜主要用来产生浮雕效果。它通过绘制图像或所选取区域的轮廓和降低周围色值来生成浮雕效果。
- **扩散**：该滤镜使像素按规定的方式有机移动，形成一种像透过磨砂玻璃观察一样的分离模糊效果。
- **拼贴**：该滤镜根据“拼贴”对话框中指定的值将图像分成多块瓷砖状，从而产生拼贴效果。该滤镜与“凸出”滤镜相似，但生成砖块的方法不同。应用“拼贴”滤镜后，在各砖块之间会产生一定的空隙，其空隙中的图像内容可在“拼贴”对话框中自由设定。
- **曝光过度**：该滤镜产生图像正片和负片混合的效果，类似于摄影中增加光线强度产生的过度曝光效果。没有“曝光过度”对话框。
- **凸出**：该滤镜可以给图像加上叠瓦效果，即将图像分成一系列大小相同且有机重叠放置的立方体或锥体。
- **照亮边缘**：该滤镜可以搜索主要颜色变化区域，加强其过渡像素，从而产生轮廓发光的效果。

应用滤镜前后的图像效果对比如下图所示。

原图像

查找边缘

等高线

风

浮雕效果

扩散

拼贴

曝光过度

凸出

照亮边缘

10.4.2 “画笔描边”滤镜组

“画笔描边”滤镜组共包括“喷溅”、“喷色描边”、“强化的边缘”、“成角的线条”、“墨水轮廓”、“深色线条”、“烟灰墨”和“阴影线”8个滤镜，这些滤镜主要使用不同的画笔和油墨进行描边，从而创建出具有绘画效果的图像外观。该滤镜组中有些滤镜通过向图像添加颗粒、绘画、杂色、边缘细节或纹理，从而创建出点状化的图像效果。需要注意的是，该组滤镜只能在RGB颜色模式、灰度模式和多通道模式下使用。

该滤镜组中各滤镜的作用如下：

- **成角的线条**：该滤镜可以利用一定方向的笔画表现油墨效果，从而制作出如同用油墨笔在对角线上绘制的效果。
- **墨水轮廓**：使用该滤镜可以在图像的轮廓上绘制出钢笔勾画的效果。
- **喷溅**：使用该滤镜可以产生画面颗粒飞溅的沸水效果。
- **喷色描边**：该滤镜比“喷溅”滤镜产生的效果更均匀一些，而且可以设置喷射的角度，从而产生倾斜的飞溅效果。
- **强化的边缘**：该滤镜可强调图像边线，可以在图像的边线部分上绘制，形成颜色对比的图像。
- **深色线条**：该滤镜可以使图像产生一种很强烈的黑色阴影效果。
- **烟灰墨**：使用该滤镜可以表现出木炭或墨水被宣纸吸收后洇开的效果。
- **阴影线**：该滤镜可以使图像产生用交叉网线描绘或雕刻的效果，并产生一种网状的阴影。

应用滤镜前后的图像效果对比如下图所示。

原图像

成角的线条

墨水轮廓

喷溅

喷色描边

强化的边缘

深色线条

烟灰墨

阴影线

10.4.3 “模糊”滤镜组

“模糊”滤镜组是一组常用的滤镜，其主要作用是削弱相邻像素间的对比度，达到柔化图像的效果。

- **表面模糊**：该滤镜可以将图像表面设置成模糊效果。
- **动感模糊**：该滤镜可以模拟拍摄运动的物体，使图像产生一种动态效果。
- **方框模糊**：该滤镜可以使需要模糊的区域以小方块的形式进行模糊。
- **高斯模糊**：该滤镜可以通过“高斯模糊”对话框中的“半径”选项来调整像素色值，从而控制模糊效果。
- **进一步模糊**：该滤镜可对图像做强烈的柔化处理，其模糊程度是“模糊”滤镜的 3～4 倍。
- **径向模糊**：该滤镜能模拟摄影时旋转相机或聚焦、变焦的效果，从而将图像旋转成从中心辐射的效果。
- **镜头模糊**：该滤镜可以表现出类似于使用照相机镜头的模糊效果。
- **模糊**：该滤镜可以表现出焦距没有调准而造成的模糊效果，可对图像做轻微的柔和处理，使图像对比度减小，趋于模糊。该滤镜主要用于消除图像中色彩过渡中的噪点。
- **平均**：该滤镜可以根据图像中颜色最多的颜色进行模糊处理，使模糊后的图像呈现一种颜色。
- **特殊模糊**：该滤镜可以使图像产生一种清晰边界的模糊效果。
- **形状模糊**：该滤镜可以将选择的形状应用到图像的模糊效果中。

应用滤镜前后的图像效果对比如下图所示。

原图像

表面模糊

动感模糊

方框模糊

高斯模糊

进一步模糊

径向模糊

镜头模糊

模糊

平均

特殊模糊

形状模糊

10.4.4 “扭曲”滤镜组

使用“扭曲”滤镜组中的滤镜可以移动、扩展或缩小构成图像的像素，将原图像变为各种形态。

- **波浪**：使用该滤镜可以使图像产生强烈的波纹起伏的波浪效果。
- **波纹**：和“波浪”滤镜相似，“波纹”滤镜同样可以产生波纹起伏的效果，但效果较为柔和。
- **玻璃**：该滤镜可以使图像产生类似于透过不同类型的玻璃来观看的效果。
- **海洋波纹**：该滤镜可以将随机分隔的波纹添加到图像表面，使图像看上去好像在水中一样。
- **极坐标**：该滤镜将图形中假设的直角坐标转换为极坐标，把矩形的上边往里压缩，下边向外延伸，最后，上面的区域形成圆心部分，下面变成圆周部分，从而使图形畸形失真。
- **挤压**：使用该滤镜可以把图像挤压变形，使其收缩或膨胀，从而产生一些奇妙的效果。
- **扩散亮光**：该滤镜可以为图像添加透明的白杂色，并从选区的中心向外渐隐亮光，将图像渲染成如同透过一个柔和的扩散滤镜来观看一样的效果。
- **切变**：使用该滤镜可以使图像沿着“切变”对话框中一条指定的曲线扭曲图像。
- **球面化**：使用该滤镜可以通过立体球形的镜头扭曲图像，还可以在垂直、水平方向上对其进行变形。
- **水波**：使用该滤镜可以在图像上设置水面上出现的同心圆的水波形态。
- **旋转扭曲**：使用该滤镜可以在图形的选择区域内产生旋转的效果，选择区域中心旋转的强度比边缘大。
- **置换**：使用该滤镜可以用另一幅PSD格式的图像中的颜色和形状来确定当前图像中图形的改变样式。

应用滤镜前后的图像效果对比如下图所示。

原图像

波浪

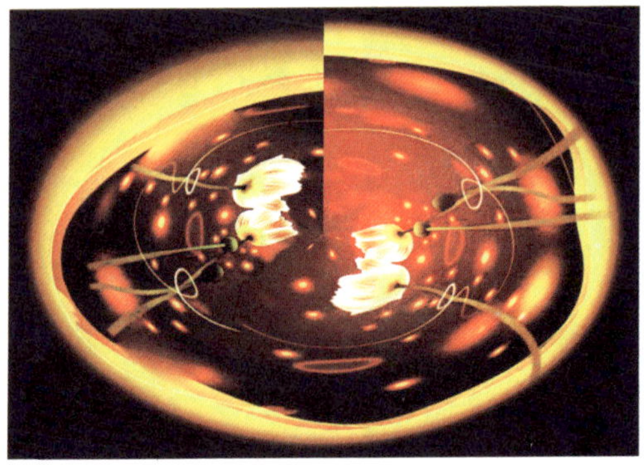
极坐标

波纹

挤压

玻璃

扩散亮光

海洋波纹

切变

球面化

水波

旋转扭曲

置换

10.4.5 “锐化”滤镜组

“锐化”滤镜组主要通过增强相邻像素间的对比来减弱或消除图像的模糊，从而达到清晰图像的效果。

- **USM锐化**：该滤镜在处理过程中使用了模糊蒙版，从而使图像产生边缘轮廓锐化的效果。该滤镜是所有“锐化”滤镜中锐化效果最强的，它兼有“进一步锐化”、“锐化”和“锐化边缘”3种滤镜的所有功能。
- **“锐化”和“进一步锐化”**：这两个滤镜的主要功能都是提高相邻像素点之间的对比度，从而使图像更清晰。两者的不同之处在于“进一步锐化”滤镜比“锐化”滤镜的锐化效果更为强烈。
- **锐化边缘**：该滤镜仅锐化图像的轮廓，使不同颜色之间分界明显。也就是说，在颜色变化较大的色块边缘锐化，从而达到较清晰的图像效果，同时又不会影响图像的细节。
- **智能锐化**：该滤镜采用新的运算方法，可以更好地进行边缘探测，减少锐化后所产生的晕影，从而进一步调整图像的边缘细节。

应用滤镜前后的图像效果对比如下图所示。

原图像

USM锐化

进一步锐化

锐化

锐化边缘

智能锐化

10.4.6 “素描”滤镜组

“素描”滤镜组主要用来模拟素描或手绘外观，可以通过在图像中加入底纹而产生三维效果。“素描”滤镜组中大多数的滤镜都要配合前景色和背景色来使用，因此，前景色与背景色的设定将对该组中的滤镜效果起决定作用。

该滤镜组中共包含以下 14 个滤镜：

- **半调图案**：该滤镜使用前景色和背景色在当前图像中产生网板效果。
- **便条纸**：该滤镜可以产生类似于浮雕的凹陷压印效果。该滤镜也是利用前景色和背景色来为图像着色的。
- **粉笔和炭笔**：该滤镜可以模拟用粉笔和木炭作为绘图工具绘制图像的效果，经它处理的图像显示前景色、背景色和中间灰。
- **铬黄**：该滤镜可以产生一种液态金属效果。应用该滤镜时无需设定前景色和背景色。
- **绘图笔**：该滤镜可以产生一种素描画的效果，它使用的墨水颜色也是前景色。
- **基底凸现**：该滤镜主要用来制造粗糙的浮雕效果。
- **石膏效果**：该滤镜可以使图像产生石膏像效果。
- **水彩画纸**：该滤镜是“素描”滤镜组中唯一能大致保持原图像色彩的滤镜，它能产生画面浸湿、纸张扩散的效果。
- **撕边**：该滤镜可在前景、背景和图像的交界处制作溅射分裂的效果。
- **炭笔**：该滤镜可以产生炭笔画的效果。在应用此滤镜时需设定前景色与背景色。
- **炭精笔**：该滤镜用于在图像上模拟浓黑和纯白的炭精笔纹理。
- **图章**：该滤镜可以模拟图章作画的效果。该滤镜类似于“影印”滤镜，但没有“影印”滤镜制作的图像效果清晰。
- **网状**：该滤镜可以制作网纹效果，使用时需要设定前景色和背景色。
- **影印**：该滤镜用来模拟影印效果，处理后的图像的高亮区显示前景色，阴暗区显示背景色。

应用滤镜前后的图像效果对比如下图所示。

原图像

半调图案

便条纸

粉笔和炭笔

铬黄

绘图笔

基底凸现

石膏效果

水彩画笔

撕边

炭笔

炭精笔

图章

网状

影印

10.4.7 “纹理”滤镜组

“纹理”滤镜组中共有 6 个滤镜，其主要功能是在图像中加入各种纹理。此外，使用这些滤镜还可以产生一些特殊的效果。

- **龟裂缝**：该滤镜以随机方式在图像中生成龟裂纹理，并能产生浮雕效果。
- **颗粒**：该滤镜在图像中随机加入不规则的颗粒，按设定的方式形成各种颗粒纹理。
- **马赛克拼贴**：该滤镜可以产生马赛克拼贴的效果。
- **拼缀图**：该滤镜将图像分成一个个规则排列的小方块，以每一个小方块内的像素颜色平均值作为该方块的颜色，产生一种在建筑物上贴瓷砖的效果。
- **染色玻璃**：该滤镜用于产生不规则分离的彩色玻璃格子，格子内的颜色则用该处像素颜色的平均值来确定。
- **纹理化**：该滤镜主要用于在图像中加入各种纹理。

应用滤镜前后的图像效果对比如下图所示。

原图像

龟裂缝

颗粒

马赛克拼贴

拼缀图

染色玻璃

纹理化

10.4.8 “像素化”滤镜组

“像素化”滤镜组主要用来将图像分块或将图像平面化。

该滤镜组中共包含以下 7 个滤镜：

- **彩块化**：该滤镜可以制作类似于宝石刻画的色块效果。Photoshop 会在保持原有轮廓的前提下找出主要色块的轮廓，然后将近似颜色兼并为色块。
- **彩色半调**：该滤镜可产生铜版画的效果，即在图像的每一个通道上扩大网点在屏幕上的显示效果。
- **点状化**：该滤镜可以将图像的颜色分解为随机分布的网点，并使用背景色填充网点间的间隙。
- **晶格化**：该滤镜将相近的有色像素集中到一个像素的多角形网格中，从而使图像清晰化。
- **马赛克**：该滤镜把具有相似色彩的像素合成为更大的方块，并按原图规则排列，模拟马赛克的效果。
- **碎片**：该滤镜把图像的像素复制 4 次，将它们平均和移位，并降低不透明度，使图像产生一种不聚焦的模糊效果。
- **铜版雕刻**：该滤镜可在图像中随机产生各种不规则直线、曲线和虫孔斑点，模拟不光滑或年代已久的金属板效果。

应用滤镜前后的图像效果对比如下图所示。

原图像

彩块化

彩色半调

点状化

晶格化

马赛克

碎片

铜版雕刻

10.4.9 “渲染”滤镜组

应用“渲染”滤镜组中的滤镜能够在图像中产生光照效果和不同的光源效果。

- **“云彩”和“分层云彩”**：这两个滤镜的主要作用是生成云彩，但两者产生云彩的方法不同。“云彩”滤镜是利用前景色和背景色之间的随机像素值将图像转换为柔和的云彩，“分层云彩”滤镜则是将图像进行“云彩”滤镜处理后再反白图像。
- **光照效果**：该滤镜是一个设置复杂且功能较强的滤镜，它的主要作用是产生光照效果，通过光源、光色选择、聚焦和物体反射特性等设定来达到3D绘图的效果。
- **纤维**：该滤镜主要利用前景色和背景色使图像产生机织光线的效果。
- **镜头光晕**：该滤镜可在图像中生成摄像机镜头眩光效果，用户还可手动调整眩光位置。

应用滤镜前后的图像效果对比如下图所示。

原图像

分层云彩

云彩

光照效果

镜头光晕

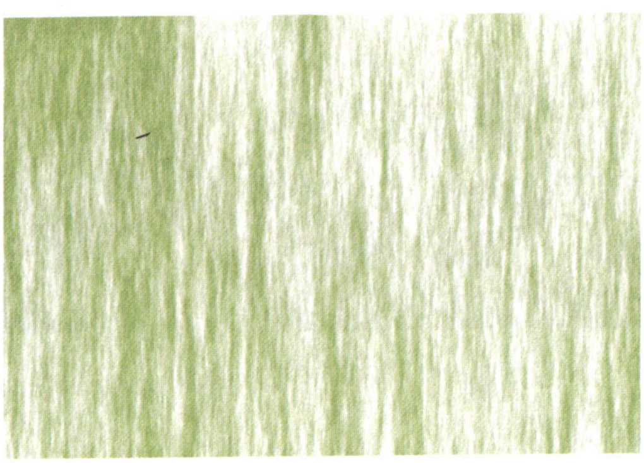
纤维

10.4.10 “艺术效果”滤镜组

“艺术效果”滤镜组的主要作用是处理由计算机绘制的图像，隐藏计算机加工的痕迹，使图像看起来更贴近人工创作的效果。

- **壁画**：该滤镜能使图像产生壁画效果。
- **彩色铅笔**：该滤镜可模拟美术中使用彩色铅笔绘图的效果。
- **粗糙蜡笔**：该滤镜可以在图像中填充一种纹理，从而产生纹理浮雕的效果。
- **底纹效果**：该滤镜可以根据纹理的类型和色值产生一种纹理喷绘的效果。
- **调色刀**：该滤镜可以模拟油画绘制技法中使用的调色刀，通过在图像上减少细节来生成大写意的笔法效果。
- **干画笔**：该滤镜可使图像产生一种不饱和的干枯油画效果。
- **海报边缘**：该滤镜可自动追踪图像中颜色变化剧烈的区域，并在边界上添加黑色的阴影。
- **海绵**：使用该滤镜可以使图像产生画面浸湿的效果。
- **绘画涂抹**：使用该滤镜可以产生涂抹的模糊效果。
- **胶片颗粒**：使用该滤镜可产生胶片颗粒纹理效果。
- **木刻**：该滤镜用于模拟木刻效果。
- **霓虹灯光**：使用该滤镜可以产生霓虹灯光照射的效果，营造出朦胧的气氛。
- **水彩**：使用该滤镜可以产生水彩画的绘制效果。
- **塑料包装**：经该滤镜处理后的图像的周围好像有一层塑料包装一样。
- **涂抹棒**：该滤镜可以模拟手指涂抹的效果。

应用滤镜前后的图像效果对比如下图所示。

原图像

底纹效果

壁画

干画笔

彩色铅笔

海报边缘

粗糙蜡笔

海绵

绘画涂抹

水彩

胶片颗粒

塑料包装

木刻

调色刀

霓虹灯光

涂抹棒

10.4.11 “杂色”滤镜组

“杂色”滤镜组中的滤镜可以将图像按一定的方式混合入杂点或删除图像中的杂点，从而创建出特殊效果的纹理，或者移去图像上有问题的区域，不扫描照片上的灰尘和划痕。该滤镜组对图像有优化的作用，因此在输出图像的时候经常使用。

Photoshop 提供了 5 个杂色滤镜，分别为“中间值”、“去斑”、“添加杂色”、“蒙尘与划痕”和“减少杂色”。

- **添加杂色**：使用该滤镜可以在图像上按照像素形态颜色生成杂点，从而表现出陈旧的感觉，如下图所示。

原图像

添加杂色

- **中间值**：该滤镜利用平均化手段减少图像的杂色，即用杂色及其周围像素的中间颜色作为二者之间的像素颜色来消除干扰。
- **减少杂色**：该滤镜主要用来去除照片中或 JPG 格式的图像中的杂色。
- **去斑**：该滤镜主要用来消除图像（如扫描输入的图像）中的斑点或折痕。
- **添加杂色**：该滤镜可随机地将杂色混合到图像中，并可以使混合时产生的色彩有漫散效果。
- **蒙尘与划痕**：该滤镜会搜索图片中的缺陷并将其融入周围像素中，对去除扫描图像中的杂点和折痕效果非常显著。应用该滤镜可以去除大而明显的杂点。

10.4.12 “其他”滤镜组

“其他”滤镜组中的滤镜可以改变构成图像的像素排列，并允许用户创建自己的滤镜，使用滤镜修改蒙版，在图像中使选区发生位移和快速调整颜色。

- **高反差保留**：该滤镜可以调整图像的亮度，降低阴影部分的饱和度，如下图所示。

原图像

高反差保留

- **位移**：使用该滤镜时，可以通过输入水平方向和垂直方向的像素位移值来移动图像，如下图所示。

● 自定：使用该滤镜时，可以在“自定”对话框中通过数学运算使图像的颜色发生变化，如下图所示。

● “最大值”和“最小值”：使用“最大值”滤镜可以用高光颜色的像素替代图像的边线部分，使用“最小值”滤镜可以用阴影颜色的像素替代图像的边线部分，如下图所示。

原图像

最大值

最小值

10.4.13 Digimarc滤镜组

Digimarc 滤镜组中的滤镜用于在图像中加入作品标记，该组滤镜包括“嵌入水印”滤镜和“读取水印”滤镜。

1. “嵌入水印”滤镜

“嵌入水印”滤镜用于在图像中加入识别图像创建者的水印。用户要先获得一个 ID 号才能使用这一功能，这个 ID 号是付费给 Digimarc Corporation 后收到的号码，有了这个号码就可以单击嵌入水印对话框中的个人注册按钮，并根据对话框中的提示一步一步地将个人信息加入到图像中。

2. “读取水印”滤镜

“读取水印”滤镜可以将创建者的信息显示出来，如果没有水印，则会弹出一个未发现水印的对话框，并显示没有水印的提示；如果有水印，则会显示出创建者的信息。

读书笔记

Chapter 11 通道的应用

通道的分类 ★

知识要点：

Alpha通道最直接的功能就是存储选区，同时在Alpha通道中还可以编辑选区。

★ 通道的管理与编辑

知识要点：

用户可以在“通道”面板中对通道进行创建、修改、复制和删除等操作。

使用通道编辑图像 ★

知识要点：

用户可以使用绘图工具、各种图像编辑命令和滤镜命令对Alpha通道进行编辑。

11.1 通道的分类

在Photoshop中包含3种类型的通道，分别是颜色通道、专色通道和Alpha通道。下面将对各种类型的通道逐一进行介绍。

11.1.1 颜色通道

颜色通道用于管理图像中的颜色信息，调整图像色彩时，实际上就是编辑颜色通道。颜色通道的数量取决于图像的模式。

1. RGB模式的颜色通道

打开一幅 RGB 颜色模式的图像，在“通道”面板中有 4 个通道，其中 RGB 通道为复合通道，“红”通道、“绿”通道和“蓝”通道为原色通道，如下图所示。

知识点拨 Tips

复合通道不包含任何信息，实际上它只是同时预览并编辑所有颜色通道的一个快捷方式。

选择“编辑”|“首选项”|“界面”命令，弹出“首选项”对话框，在该对话框中的“常规”选项区域中选中“用彩色显示通道”复选框，单击“确定”按钮关闭对话框，此时通道显示为彩色，如下图所示。

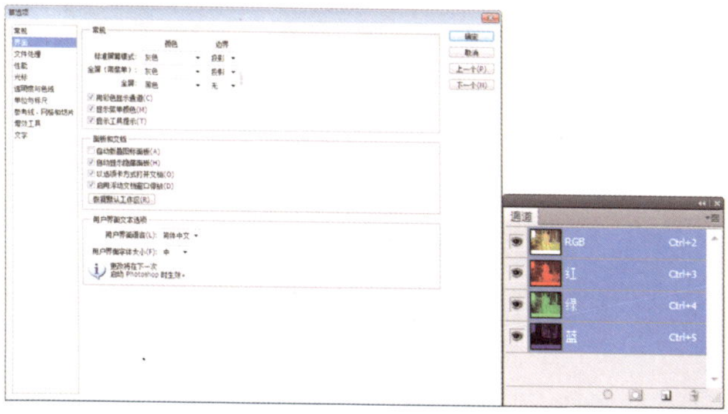

在“通道”面板中观察原色通道，会看到有的区域较暗，有的区域较亮，其中暗色区域表示该色缺失，亮色区域表示该色存在，如下图所示。

“红”通道

“绿”通道

“蓝”通道

2. CMYK模式的颜色通道

打开一幅 CMYK 颜色模式的图像，在“通道”面板中有 5 个通道，其中 CMYK 通道为复合通道，“青色”通道、“洋红”通道、“黄色”通道和“黑色”通道为原色通道，如下图所示。

在“通道”面板中观察颜色通道，会发现亮色调的通道表示该颜色缺失，暗色调的通道表示该颜色存在，如下图所示。

“青色”通道

“洋红”通道

“黄色”通道

“黑色”通道

这是由于 CMYK 颜色模式与 RGB 颜色模式成像原理有所不同，CMYK 颜色模式是减色模式，RGB 是加色模式。因此，如果在 CMYK 图像内增加一个通道的颜色，则调暗该通道；如果减少一个通道的颜色，则可以加亮该通道。

3. 使用颜色通道调整图像色彩

STEP 01 打开配套光盘中的“素材 \ 第 11 章 \ 心 .jpg”文件，如下图所示。

STEP 02 在“通道”面板中选中“红”通道，如下图所示。

STEP 03 选择“图像”|“调整”|“亮度 / 对比度”命令，在弹出的“亮度 / 对比度”对话框中设置“亮度”为 150，然后单击“确定”按钮关闭对话框，如下图所示。

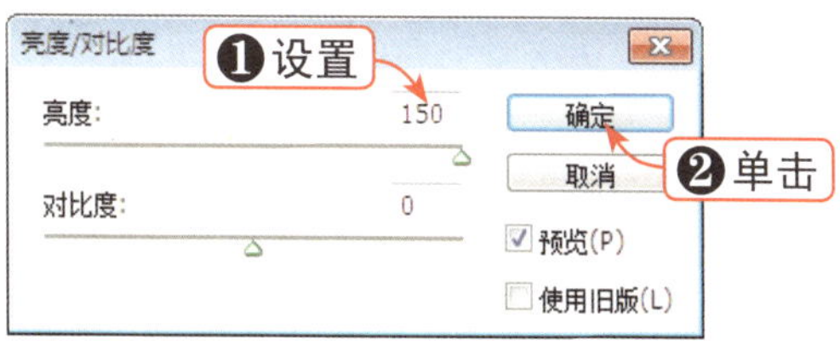

STEP 04 单击 RGB 通道前的“指示通道可视性”图标回到原图像中，此时的图像效果如下图所示。

11.1.2 Alpha通道

Alpha 通道最直接的功能就是存储选区，同时在 Alpha 通道中还可以编辑选区。在 Photoshop 中制作各种视觉特效时，往往需要结合 Alpha 通道来实现。下面通过一个实例来介绍如何 Alpha 通道，具体操作步骤如下：

STEP 01 打开配套光盘中的“素材 \ 第 11 章 \ 草地中 .jpg”文件，如下图所示。

STEP 02 选择工具箱中的“快速选择工具”，在图像中创建人物选区，如下图所示。

STEP 03 选择“选择”|“存储选区”命令，弹出“存储选区”对话框，如下图所示。

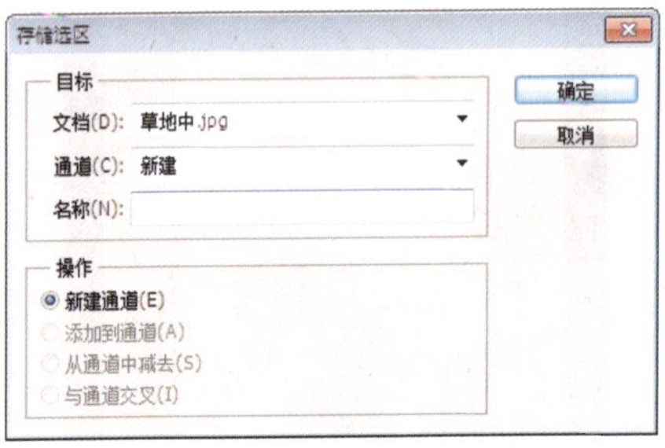

STEP 04 保持默认设置，单击“确定”按钮关闭对话框，此时在“通道”面板中将自动生成 Alpha 1 通道，如下图所示。

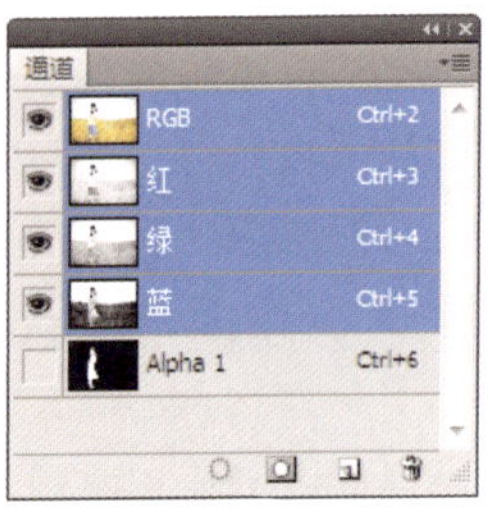

STEP 05 在“通道”面板中选中 Alpha 1 通道，然后单击“通道”面板底部的“将通道作为选区载入”按钮，即可将之前存储的选区载入，如下图所示。

知识点拨 Tips

在Alpha通道中，白色区域表示被选择的区域，黑色区域表示未被选择的区域，灰色区域则表示具有一定透明度的区域。用户可以使用绘图工具、各种图像编辑命令和滤镜命令对Alpha通道进行编辑。

11.1.3 专色通道

有些华丽的印刷物需要用到特殊印刷，例如，常见的烫金、压膜和银光等。通过专色通道可以在印刷物中标明进行特殊印刷的区域，下面通过一个实例来介绍如何制作专色通道，具体操作步骤如下：

STEP 01 打开配套光盘中的“素材\第 11 章\香水.jpg”文件，此图像的颜色模式为 CMYK，如下图所示。

STEP 02 选择“窗口”|“通道”命令，打开“通道”面板。单击面板右上角的▾≡按钮，在弹出的下拉菜单中选择“新建专色通道”命令，如下图所示。

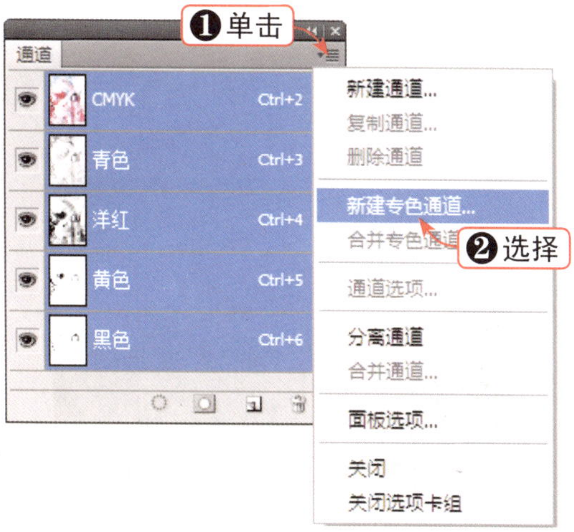

STEP 03 此时将弹出“新建专色通道”对话框，如下图所示。

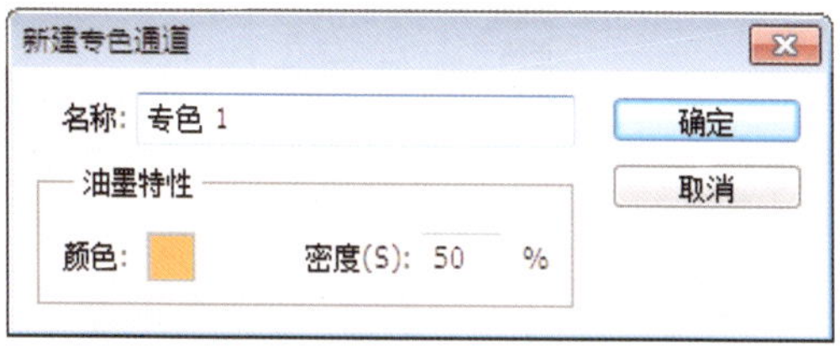

STEP 04 在“新建专色通道”对话框中设置“颜色”为（R:255，G:180，B:0），“密度”为50%，如下图所示。

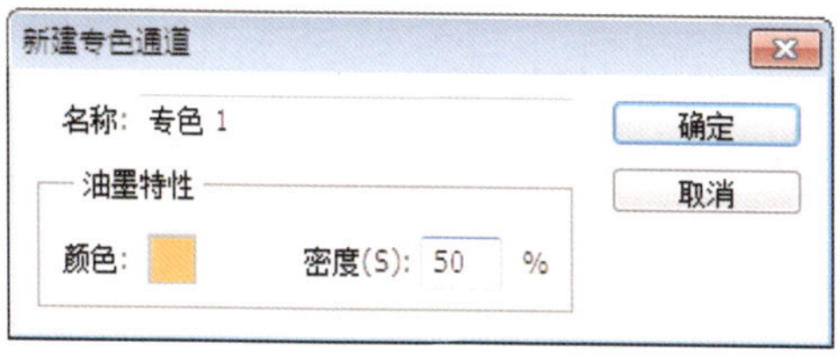

STEP 05 单击“确定”按钮关闭对话框，创建专色通道，然后即可在专色通道上进行各种处理，如添加文字和图形，如下图所示。

知识点拨 Tips

在“新建专色通道”对话框中单击“颜色”色块可以设置油墨的颜色，在“密度”文本框中输入数值可以调整油墨的浓度。

知识点拨 Tips

若想输入专色通道，则需要在Photoshop中将文件以DCS 2.0（EPS）格式或PDF格式存储。

11.2 通道的管理与编辑

所有对通道的管理和编辑操作都将在“通道”面板中完成。用户可以在“通道”面板中对通道进行创建、修改、复制和删除等操作。下面将进行详细介绍。

11.2.1 “通道”面板

选择“窗口”|“通道”命令，打开“通道”面板，如下图所示。

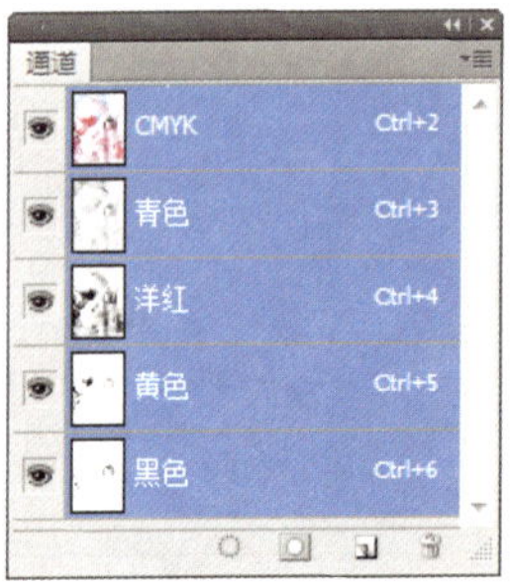

“通道”面板中列出了图像中的所有通道，其中左侧显示通道内容的缩览图，对通道进行编辑时，相应的通道会自动更新缩览图。单击缩览图前面的“指示通道可见性”图标，可以显示或隐藏通道。

在“通道”面板的下面有一排按钮，各按钮的功能如下：

- “将通道作为选区载入”按钮：单击该按钮即可将该通道中颜色较淡的区域作为选区载入。
- “将选区存储为通道”按钮：当图像中有选区时，单击此按钮即可将图像中的选区存储为 Alpha 通道。
- “创建新通道”按钮：单击该按钮即可创建一个新的通道。
- “删除当前通道”按钮：单击该按钮即可将当前选择的通道删除。

单击“通道”面板右上角的按钮，将弹出一个下拉菜单，如下图所示。

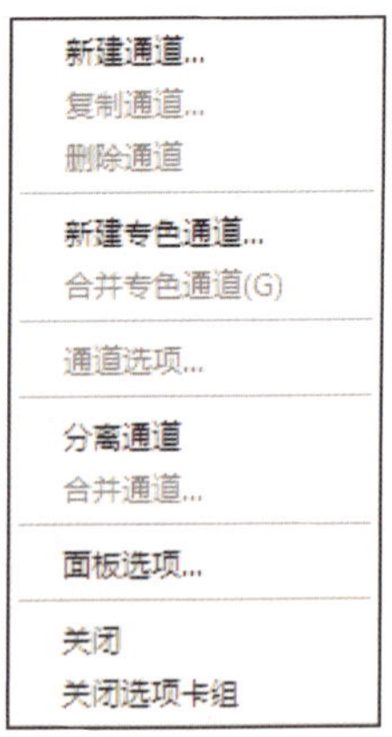

11.2.2 通道的基本操作

前面介绍了通道的基本知识，下面将介绍与通道有关的一些基本操作。

1. 载入通道选区

在“通道”面板中单击“将通道作为选区载入”按钮，即可调用所选通道上的灰度值，并将其转换为选区。按住【Ctrl】键的同时在“通道”面板中单击要载入选区的通道的缩览图，也可将其载入选区，如下图所示。

原图像

单击“蓝”通道的缩览图

将“蓝”通道载入选区

2. 创建新通道

在“通道”面板中常会进行新建通道的操作。在“通道”面板中单击“创建新通道”按钮即可创建一个新通道，如下图所示。

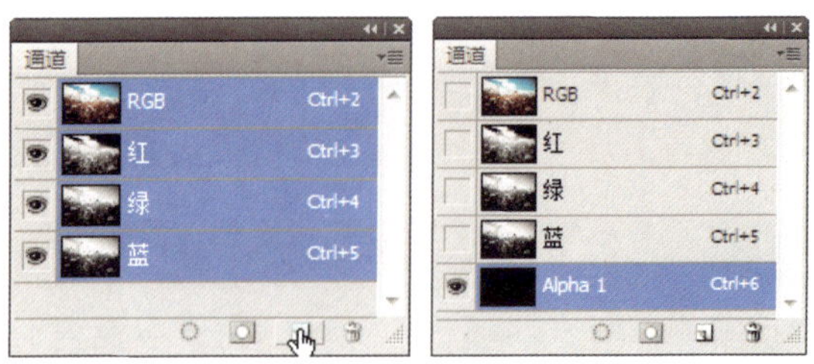

也可以单击“通道”面板右上角的按钮，在弹出的下拉菜单中选择“新建通道”命令，然后在弹出的“新建通道”对话框中单击“确定”按钮创建新通道，如下图所示。

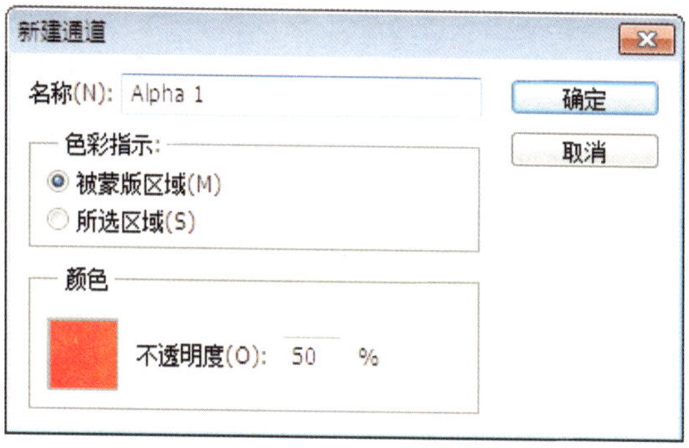

3. 显示或隐藏通道

通过“通道”面板中的“指示通道可见性”图标可以将单个通道暂时隐藏，如下图所示，此时图像中有关该通道的信息也被隐藏，再次单击“指示通道可见性”图标即可将其再次显示出来。

原图像

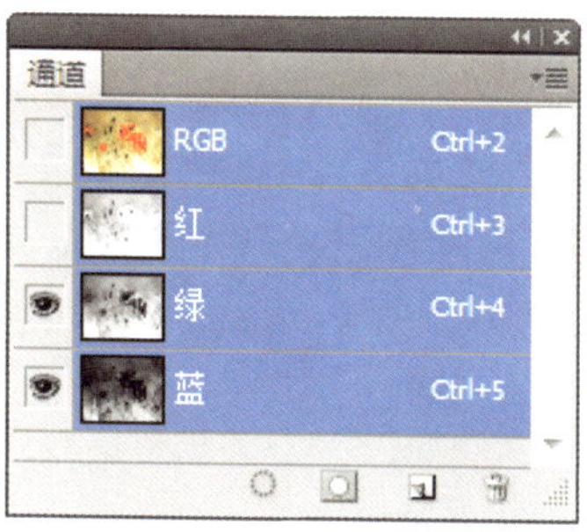

隐藏通道

隐藏通道后的效果

4. 复制通道

在“通道”面板中选择要复制的通道，将其拖动到“创建新通道”按钮上，释放鼠标左键即可复制该通道，如下图所示。

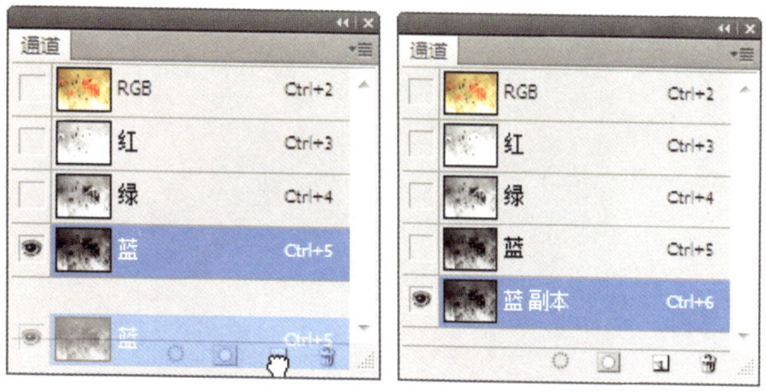

复制完通道后，将只显示复制的通道，并将其他通道隐藏起来。对复制的通道进行编辑后，需要回到原图像中时，单击 RGB 通道前的“指示通道可见性”图标即可，如下图所示。

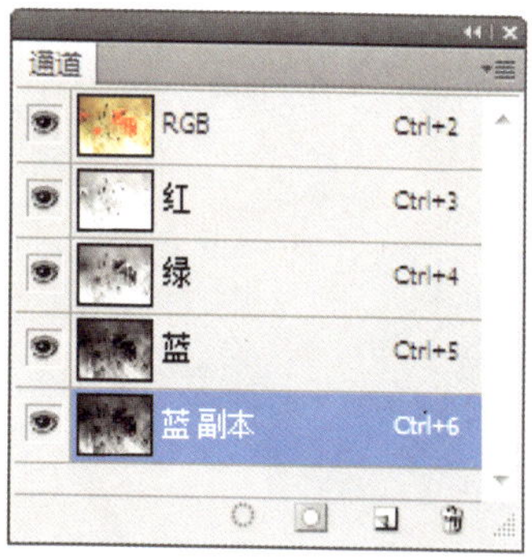

11.3 使用通道编辑图像

通道的功能十分强大，有些特效只有使用通道才能制作出来，下面将通过几个实例来介绍通道的使用方法。

11.3.1 使用通道为美女照片制作甜美特效

下面将通过通道对一张人物照片进行调整，从而制作出甜美的人物特效，前后对比效果如下图所示。

该实例的具体操作步骤如下：

STEP 01 打开配套光盘中的“素材\第 11 章\女孩.jpg”文件，如下图所示。

STEP 02 按【Ctrl+J】组合键复制“背景”图层，如下图所示。

STEP 03 选择“窗口”|“通道”命令，打开“通道”面板，在“通道”面板中选择“绿”通道并将其进行复制，如下图所示。

STEP 04 选择“滤镜”|“其他”|“高反差保留”命令，在弹出的对话框中设置参数，如下图所示。

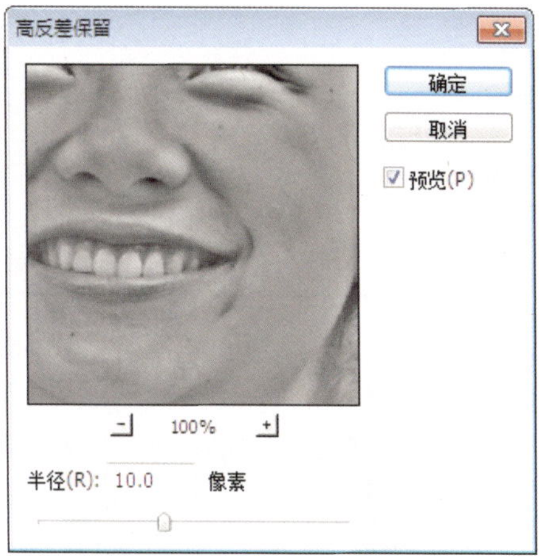

STEP 05 单击“确定”按钮，得到的图像效果如下图所示。

STEP 06 选择“图像”|“计算”命令，在弹出的对话框中设置参数，如下图所示。

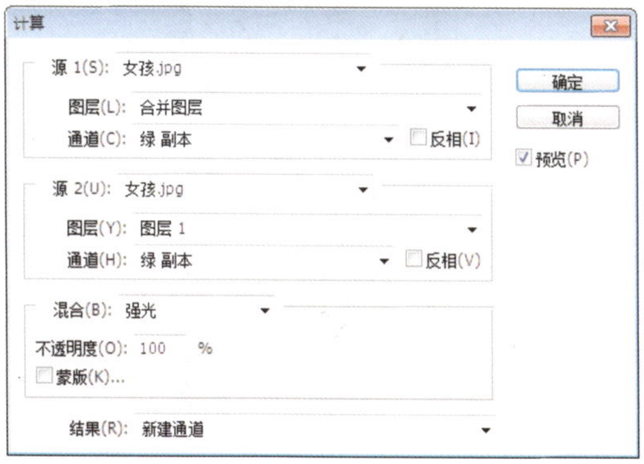

STEP 07 单击“确定”按钮关闭对话框，得到 Alpha 1 通道，如下图所示。

STEP 08 使用同样的方法再计算两次，分别得到 Alpha 2 通道和 Alpha 3 通道，如下图所示。

STEP 09 按住【Ctrl】键的同时单击 Alpha 3 通道的缩览图，将其载入选区，如下图所示。

STEP 10 按【Ctrl+Shift+I】组合键反选选区，如下图所示。

STEP 11 选择“图像”|“调整”|“曲线”命令，在弹出的对话框中设置参数，如下图所示。

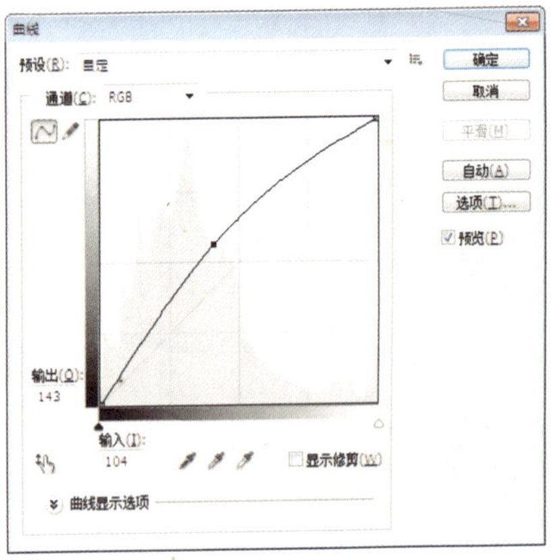

STEP 12 单击“确定”按钮，得到的图像效果如下图所示。

STEP 13 选择“图像”|“调整”|“亮度/对比度”命令，在弹出的对话框中设置参数，如下图所示。

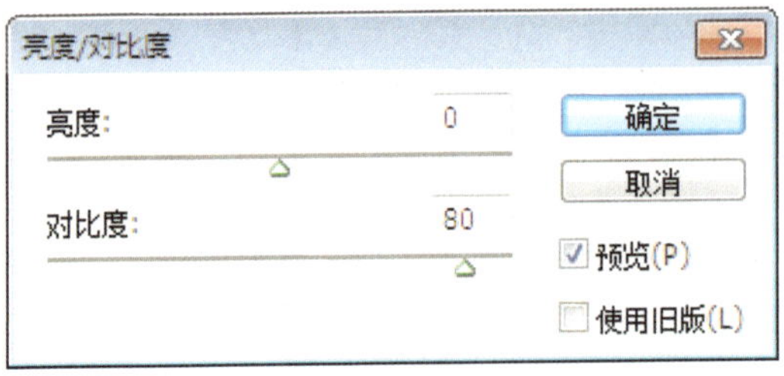

STEP 14 单击“确定”按钮，得到的图像效果如下图所示。

11.3.2 使用通道创建选区

下面将通过一个实例来介绍如何使用通道抠取人物图像，前后效果对比如下图所示。

该实例的具体操作步骤如下：

STEP 01 打开配套光盘中的“素材\第 11 章\女郎.jpg”文件，如下图所示。

STEP 02 按【Ctrl+J】组合键复制“背景”图层，如下图所示。

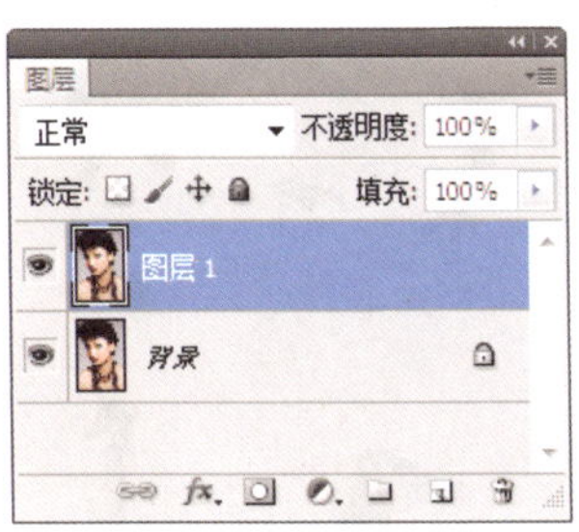

STEP 03 设置“图层 1”的图层混合模式为“滤色”，此时的图像效果如下图所示。

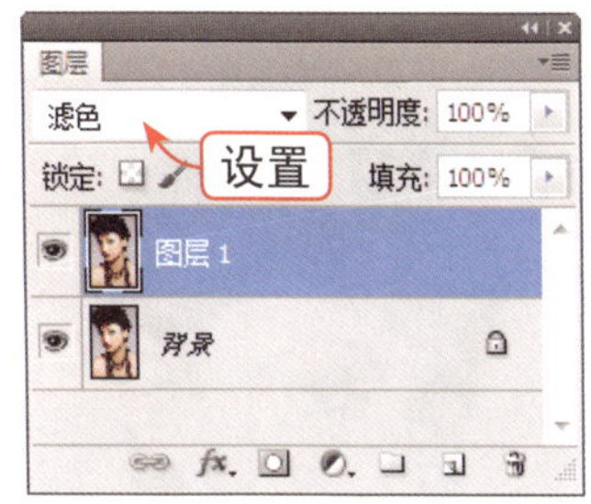

STEP 04 打开“通道”面板，依次选择“红”、“绿”、“蓝”通道，查看这 3 个通道的效果，可以看出“红”通道中的人物与背景的明暗对比最强烈，如下图所示。

“红”通道

“绿”通道

“蓝”通道

STEP 05 将“红”通道拖动到下方的按钮上进行复制，如下图所示。

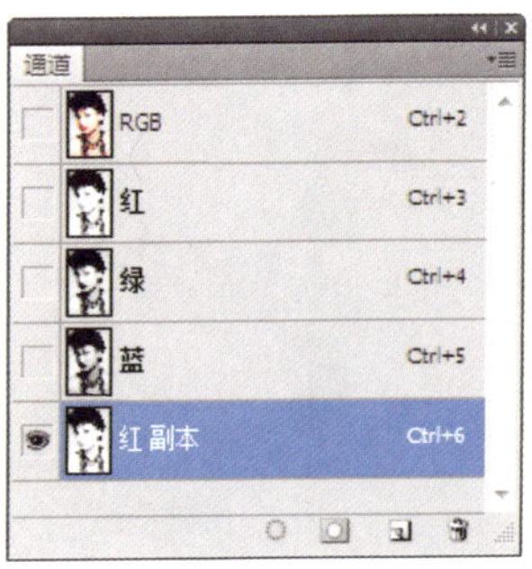

STEP 06 按【Ctrl+L】组合键，弹出“色阶”对话框，如下图所示。

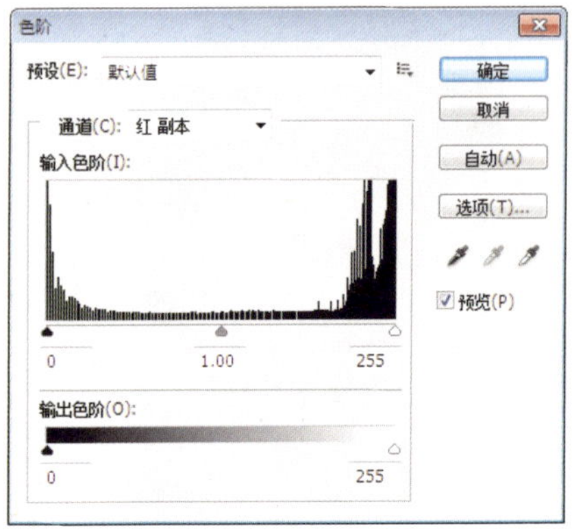

STEP 07 单击对话框中的“在图像中取样以设置白场”按钮，然后在图像中的灰色背景上单击，如下图所示。

STEP 08 再用“在图像中取样以设置白场”按钮在其他灰色处单击鼠标左键，设置白场，然后单击“确定”按钮关闭对话框，效果如下图所示。

STEP 09 设置前景色为黑色，选择工具箱中的“画笔工具”，将人物头发上的白色部分及整个人物涂黑，如下图所示。

STEP 10 按【Ctrl+I】组合键将图像通道中的图像反相，如下图所示。

STEP 11 设置前景色为白色，选择工具箱中的“画笔工具”，将人物头发上的黑点涂抹为白色，如下图所示。

STEP 12 在“通道”面板的底部单击按钮，载入“红副本”通道的选区，如下图所示。

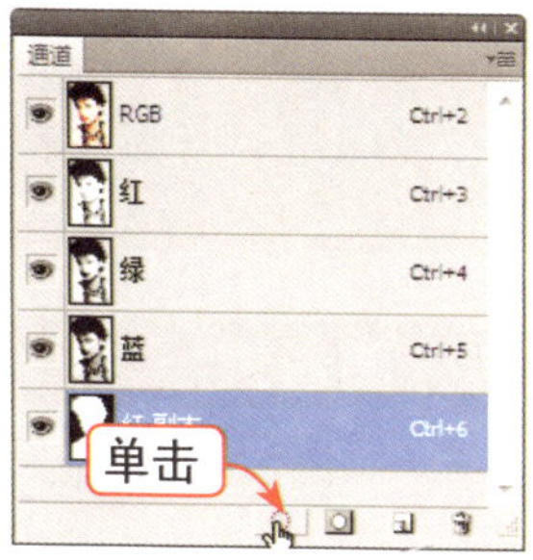

STEP 13 在“通道”面板中单击RGB通道将复合通道显示出来，然后单击“红副本”通道前的“指示通道可见性”图标将其隐藏，如下图所示。

STEP 14 打开“图层”面板，将“背景”图层设置为工作层，按【Ctrl+J】组合键将选区中的图像进行复制生成“图层 2”，隐藏“背景”图层和“图层 1”，观看图像抠出后的效果，如下图所示。

11.4 通道的高级应用

前面介绍了通道的一些基本操作，下面来介绍通道的一些高级应用知识。

11.4.1 合并与分离通道

使用“分离通道”命令可以创建一些特殊效果，它可以根据图像的颜色模式将原图像分离成多个灰度图像。当原图像中有 Alpha 通道时，执行“分离通道”命令也会将 Alpha 通道分离成一个灰度图像。通过“合并通道”命令能够将分离后的多个灰度图像重新组合成一个图像。当图像中只有一个“背景”图层时，“分离通道”命令才可用。下面通过一个实例来介绍如何合并与分离通道，具体操作步骤如下：

STEP 01 打开配套光盘中的“素材\第 11 章\广告.jpg”文件，如下图所示。

STEP 02 选择“窗口”|“通道”命令，在打开的“通道”面板的右上角单击按钮，在弹出的下拉菜单中选择“分离通道”命令，如下图所示。

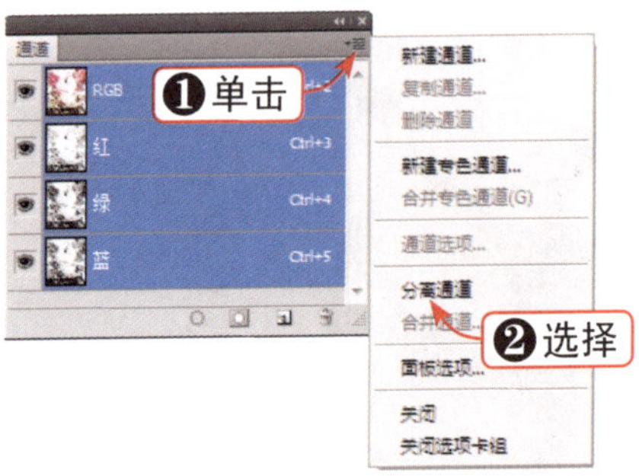

STEP 03 此时在图像窗口中可以看到原图像分离为 3 个图像，如下图所示。

STEP 04 选择其中一个通道文件，在“通道”面板的右上角单击按钮，在弹出的下拉菜单中选择“合并通道”命令，如下图所示。

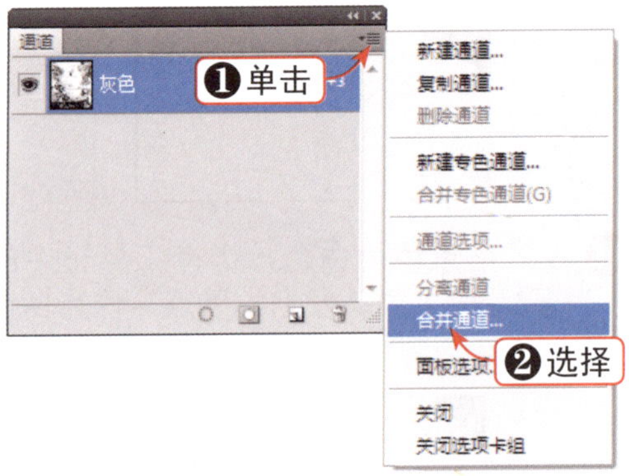

STEP 05 在弹出的对话框中选择颜色模式，如下图所示。

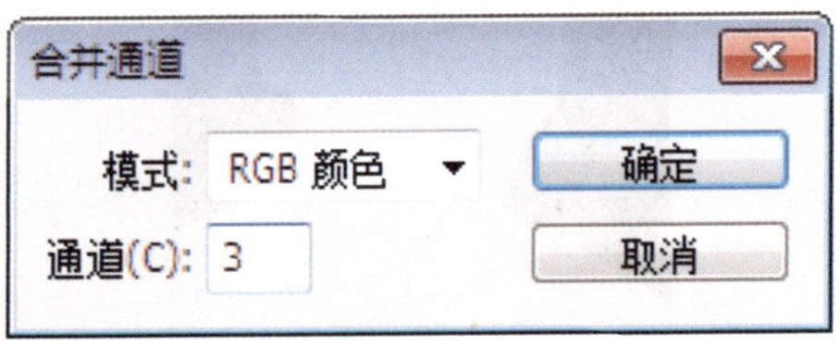

STEP 06 单击“确定”按钮，在弹出的对话框中指定通道，然后单击“确定”按钮，如下图所示。

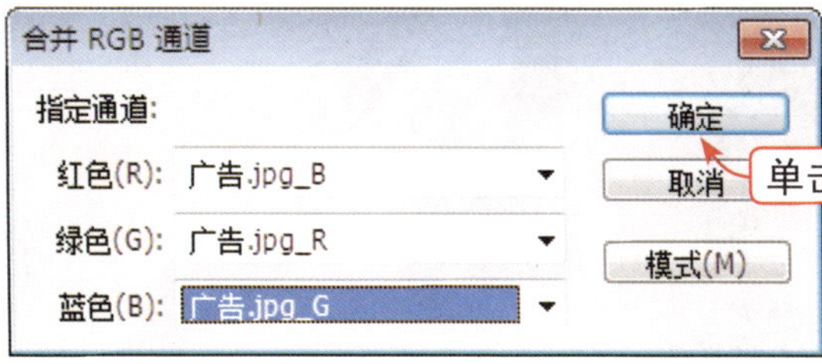

STEP 07 此时即可将分离的 3 个灰度图像重新组合为一个图像，如下图所示。

知识点拨 Tips

如果要合并的通道超过了色彩模式所应用的数量，则只能选择多通道模式进行合并。

11.4.2 通道计算

利用“应用图像”和“计算”命令可以将图像中的图层或通道混合起来，从而得到特殊的图像融合效果。需要注意的是，利用“应用图像”和“计算”命令合成图像时，原图像文件必须具有相同的尺寸。

1. 应用图像

选择“图像”|“应用图像”命令，弹出“应用图像”对话框，如下图所示。

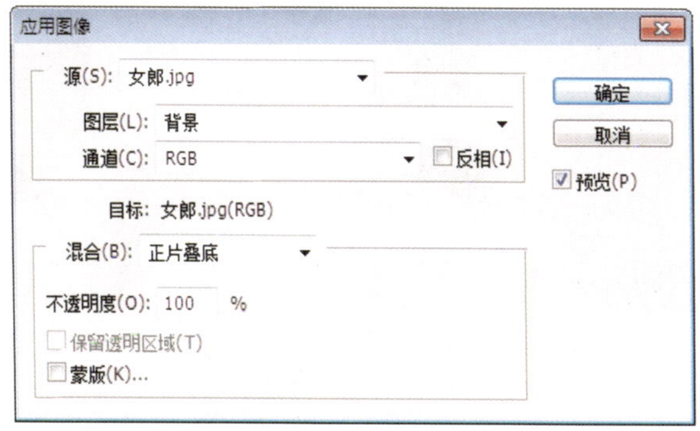

其中各选项的含义如下：

- **源**：用于设置要与目标文件合成的图像文件。如果当前图像窗口中打开了多个图像文件，在此下拉列表中会列出来，供用户选择。
- **“图层”和“通道”**：用于设置与目标图像文件合成时参与的图层和通道。如果图像文件包含多个图层，在“图层”下拉列表中选择“合并图层”选项时，将使用源图像文件中的所有图层与目标图像文件进行合成。如果是在两个图像文件中使用“应用图像”命令，则这两个图像文件具有相同的颜色模式时才可以选择“合并图层”选项。
- **反相**：选中该复选框，将在混合图像时使用通道内容的负片。
- **目标**：当前执行“应用图像”命令的文件。
- **混合**：在该下拉列表中可以选择源图像文件与目标图像文件合成时的混合模式。
- **不透明度**：用于设置目标文件的不透明度。
- **保留透明区域**：选中此复选框，可将混合效果只应用到结果图层中的不透明区域。
- **蒙版**：选中此复选框，将通过蒙版应用混合。可以选择任何的颜色通道或 Alpha 通道作为蒙版，也可以使用基于当前选区或选取图层边界的蒙版。

下面通过一个实例来介绍“应用图像”命令的使用方法，具体操作步骤如下：

STEP 01 打开配套光盘中的“素材\第 11 章”中的“听音乐.jpg”文件和“花.jpg”文件，如下图所示。

听音乐.jpg

花.jpg

STEP 02 选中“听音乐.jpg”图像，选择“图像”|“应用图像”命令，在弹出的对话框中的“源”下拉列表中选择“花.jpg”选项，在“混合”下拉列表中选择“划分”选项，并设置“不透明度”为 80%，如下图所示。

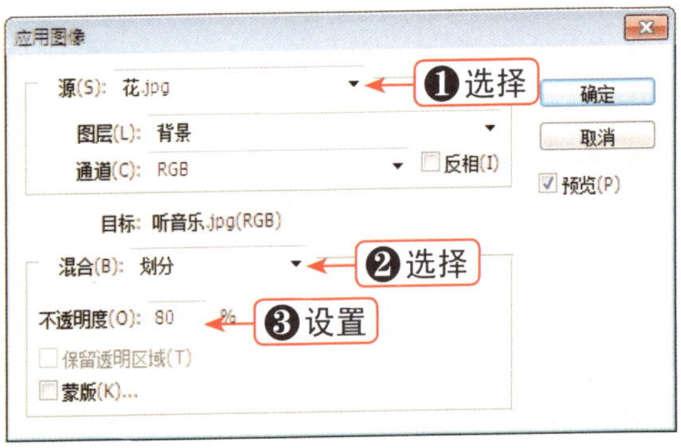

STEP 03 单击“确定”按钮，得到的图像效果如下图所示。

2. “计算”命令

“计算”命令用于混合一个或多个图像的单个通道，可以将混合后的效果应用到当前图像的选区中，也可以应用到新图像或新通道中。应用此命令可以创建新的选区和通道，也可以创建新的灰度图像文件，但无法生成彩色图像。

选择“图像”|“计算”命令，弹出“计算”对话框，如下图所示。

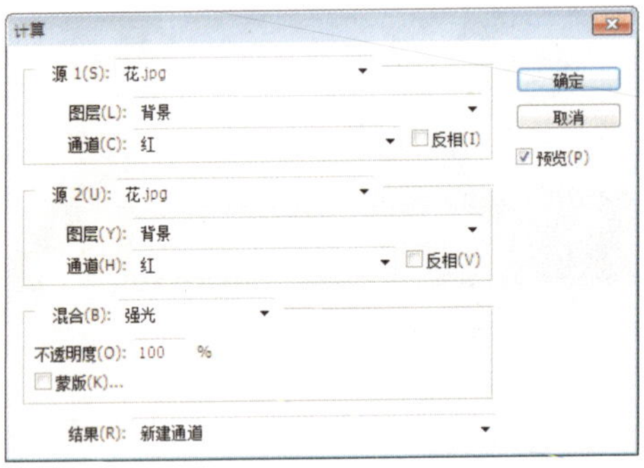

- **源 1 和源 2**：可在其下拉列表中选择第 1 个源图像文件和第 2 个源图像文件。系统默认的源图像文件为当前选中的图像文件。
- **图层**：可在该下拉列表中选择参与运算的图层。当选择“合并图层”选项时，将使用源图像文件中的所有图层参与运算。
- **通道**：可在其下拉列表中选择参与运算的通道。
- **混合、不透明度和蒙版**：这些选项与“应用图像”对话框中的选项的功能相同。
- **结果**：可在此下拉列表中选择混合结果放入的位置。

下面通过一个实例来介绍“计算”命令的使用方法，具体操作步骤如下：

STEP 01 打开配套光盘中的“素材\第 11 章”中的“飞扬 .jpg”文件和“背景花 .jpg”文件，如下图所示。

飞扬.jpg

背景花.jpg

STEP 02 在“飞扬 .jpg”图像中选择“图像”|“计算”命令，在弹出的对话框中设置参数，如下图所示。

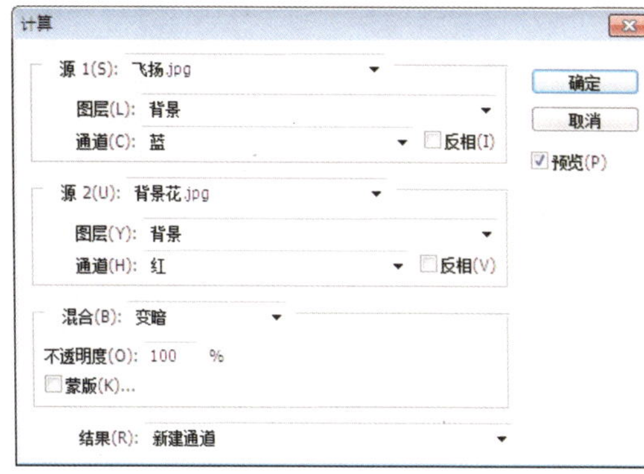

STEP 03 单击“确定”按钮，得到的图像效果如下图所示。

● 读书笔记

Chapter 12

商业设计典型案例

房地产广告设计 ★

知识要点：

学习羽化选区，调整色相 / 饱和度，添加图层蒙版，设置图层混合模式，调整亮度 / 对比度，调整色彩平衡，添加图层样式和将图层转换为智能对象的方法。

★ XO海报设计

知识要点：

学习绘制渐变，给图像去色，调整色阶，调整色彩平衡，添加图层蒙版，将图像载入选区，设置图层混合模式和将图层蒙版链接到图层的方法。

扬帆庆典招贴设计 ★

知识要点：

学习调整色阶，调整色彩平衡，对图像进行透视变换，创建应用组，定义图案，设置图层混合模式，栅格化文字，添加图层样式，给图像添加高斯模糊滤镜和动感模糊滤镜的方法。

12.1 房地产广告设计

创意分析

本实例将讲解如何在 Photoshop CS5 中制作房地产广告。在广告设计过程中运用石狮、大海和朝阳等元素烘托房地产的高贵与尊雅，通过鲜明的色彩运用与特色元素，使整个广告画面具有强烈的视觉冲击力，使购房者能够深度领会“天生龙脉，艺墅传承”的企业理念。

最终效果

本实例的最终效果参见配套光盘中的“源文件\第 12 章\房地产广告设计 .psd”。本实例的基本制作流程如右图所示。

制作步骤

STEP 01 选择“文件”|“新建”命令，弹出“新建”对话框，在其中设置文件名称为“房地产广告设计”，并设置其他各项参数，然后单击“确定”按钮，如下图所示。

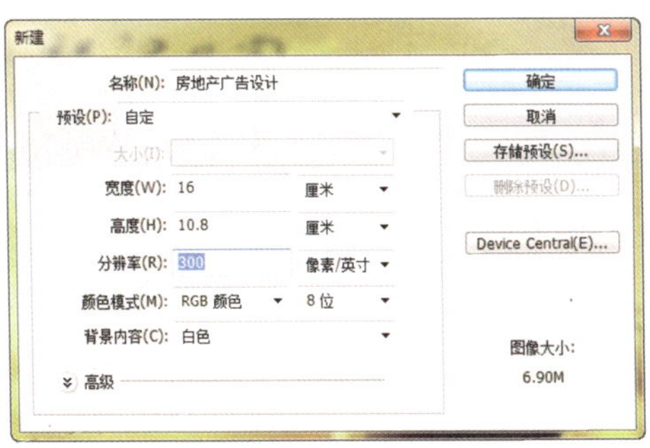

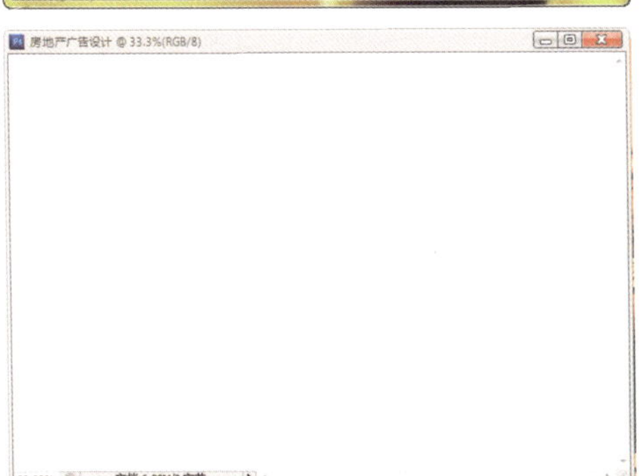

STEP 02 设置前景色为黑色，按【Alt+Delete】组合键填充图层，如下图所示。

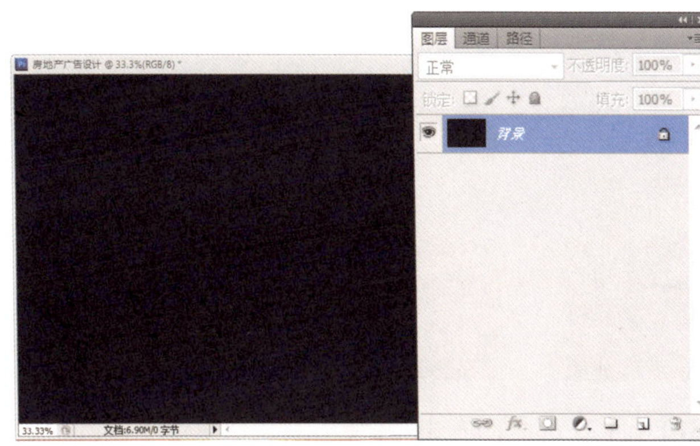

STEP 03 按【Ctrl+O】组合键，打开配套光盘中的“素材\第 12 章\12.1 房地产广告设计\落日 .png”文件，如下图所示。

STEP 04 选择“移动工具”，然后拖动图像到“房地产广告设计”文件窗口中，并将其命名为“落日”，然后按【Ctrl+T】组合键调整图像的大小和位置，如下图所示。

STEP 05 使用“矩形选框工具”绘制选区，如下图所示。

STEP 06 在选区内右击，在弹出的快捷菜单中选择“羽化”命令，在弹出的对话框中设置参数，如下图所示。

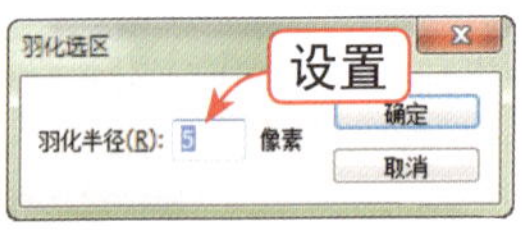

STEP 07 按【Delete】键删除选区内的图像，如下图所示。

STEP 08 选择“图像”|“调整”|“色相/饱和度”命令，在弹出的“色相/饱和度”对话框中设置各项参数，然后单击“确定”按钮，如下图所示。

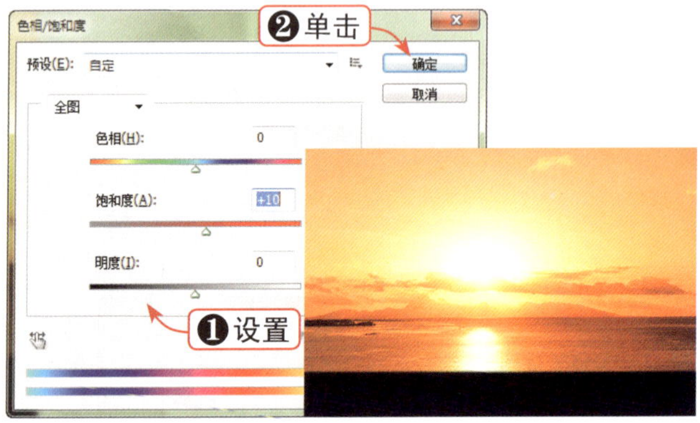

STEP 09 按【Ctrl+O】组合键，打开配套光盘中的“素材\第 12 章\12.1 房地产广告设计\白云.psd”文件，如下图所示。

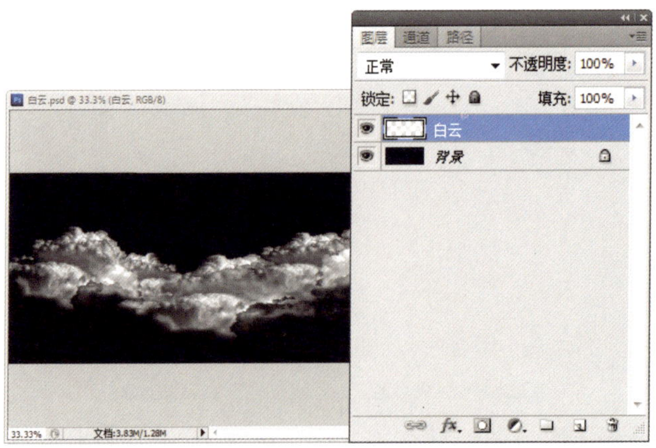

STEP 10 使用“移动工具” 拖动“白云”图层到“房地产广告设计”文件窗口中，按【Ctrl+T】组合键调整图像的大小和位置，如下图所示。

STEP 11 按住【Alt】键的同时拖动“白云”图层得到“白云副本”图层，效果如下图所示。

STEP 12 在“图层”面板中设置“白云副本”图层的“不透明度”为 50%，如下图所示。

STEP 13 按照步骤⑪中的操作方法复制“白云”图层，效果如下图所示。

STEP 14 按【Ctrl+O】组合键，打开配套光盘中的“素材 \ 第 12 章 \12.1 房地产广告设计 \ 别墅 .png”文件，如下图所示。

STEP 15 使用“移动工具” 拖动图像到“房地产广告设计”文件窗口中，并将该图层命名为“别墅”，然后按【Ctrl+T】组合键调整图像的大小和位置，如下图所示。

STEP 16 单击“图层”面板下方的“添加图层蒙版”按钮 ，设置前景色为黑色，选择“画笔工具” ，并设置适当的画笔大小和硬度，然后在图层蒙版上进行涂抹，如下图所示。

STEP 17 按【Ctrl+J】组合键复制“别墅”图层得到“别墅副本”图层，如下图所示。

STEP 18 按【Ctrl+T】组合键调整图像的角度，使其翻转过来，然后将其向下移动，如下图所示。

STEP 19 在“图层”面板中将“别墅副本”图层移至“别墅”图层的下方，然后将其图层混合模式设置为“强光”，如下图所示。

STEP 20 在“图层”面板中设置“别墅副本”图层的“不透明度”为 50%，如下图所示。

STEP 21 在“图层”面板中选中“别墅副本”图层的图层蒙版，设置前景色为黑色，选择“画笔工具”，并设置适当的画笔大小和硬度，然后在图层蒙版上进行涂抹，如下图所示。

STEP 22 按【Ctrl+J】组合键复制“别墅”图层得到“别墅副本 2”图层，如下图所示。

STEP 23 在“图层”面板中设置“别墅副本 2”图层的图层混合模式为“正常”，“不透明度”为 100%，如下图所示。

STEP 24 在“图层”面板中选中“别墅副本 2”图层的图层蒙版，设置前景色为黑色，选择“画笔工具”，并设置适当的画笔大小和硬度，然后在图层蒙版上进行涂抹，如下图所示。

STEP 25 按【Ctrl+T】组合键调整图像的角度，如下图所示。

STEP 26 选择“图像”|“调整”|“亮度/对比度”命令，在弹出的“亮度/对比度”对话框中设置“亮度”为 35，然后单击“确定”按钮，如下图所示。

STEP 27 在“图层”面板中选中“别墅”图层，然后单击“创建新的填充或调整图层”按钮，在弹出的下拉菜单中选择“色相/饱和度”命令。在“调整”面板中单击按钮，并设置各项参数，如下图所示。

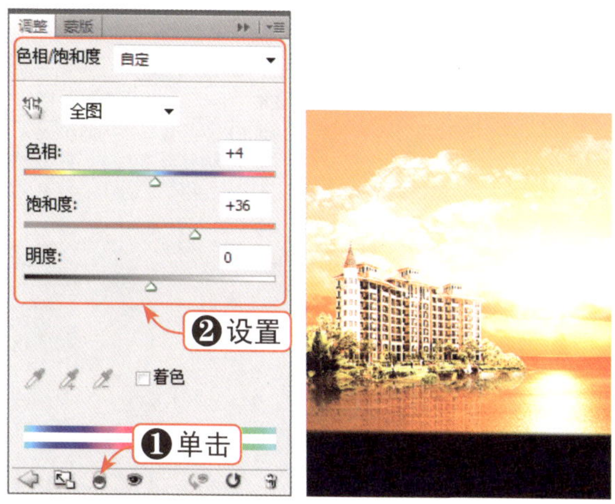

STEP 28 在“图层”面板下方单击“创建新的填充或调整图层”按钮 ，在弹出的下拉菜单中选择“色彩平衡”命令。在“调整”面板中单击 按钮，并设置各项参数，如下图所示。

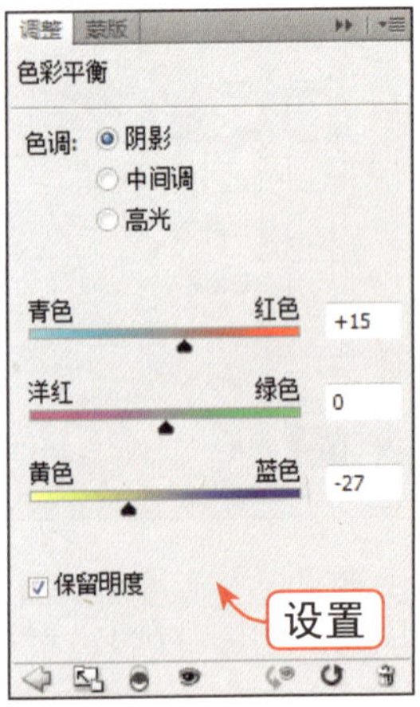

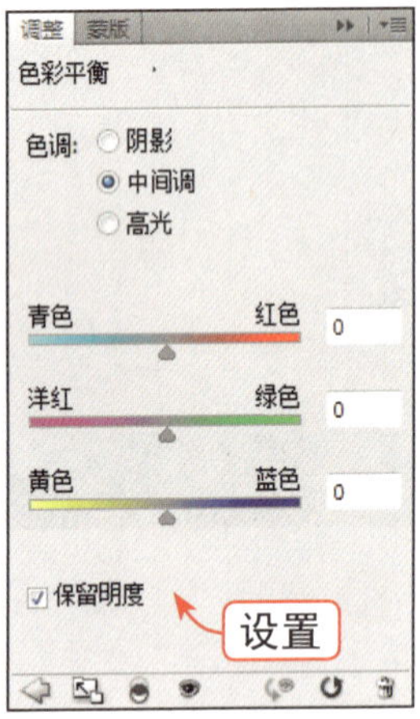

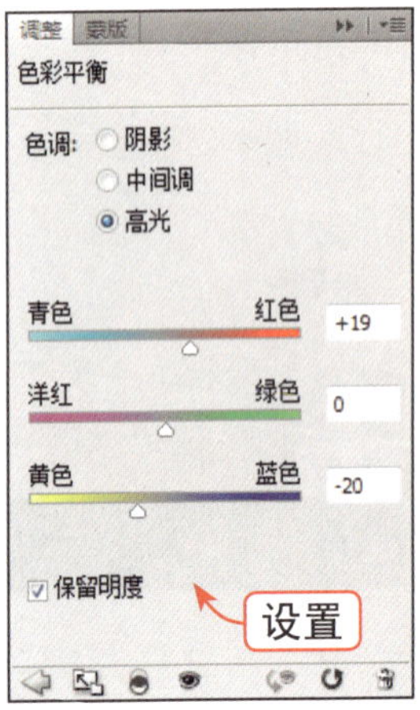

STEP 29 按【Ctrl+O】组合键，打开配套光盘中的“素材\第 12 章\12.1 房地产广告设计\野鸟 .png”文件，如下图所示。

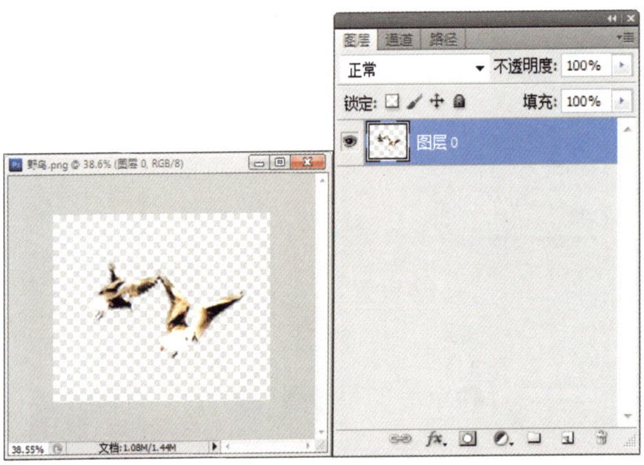

STEP 30 使用“移动工具” 拖动图像到“房地产广告设计”文件窗口中，并将该图层命名为“野鸟”，然后按【Ctrl+T】组合键调整图像的大小和位置，如下图所示。

STEP 31 按住【Alt】键的同时拖动“野鸟”图层即可复制该图层，得到的效果如下图所示。

STEP 32 按【Ctrl+T】组合键调整图像的角度，如下图所示。

STEP 33 按【Ctrl+O】组合键，打开配套光盘中的“素材\第12章\12.1 房地产广告设计\狮子.png”文件，如下图所示。

STEP 34 使用“移动工具”拖动图像到“房地产广告设计”文件窗口中，并将该图层命名为“狮子”，然后按【Ctrl+T】组合键调整图像的大小和位置，如下图所示。

STEP 35 在“图层”面板中按住【Ctrl】键的同时单击“落日”图层的缩略图将其载入选区，然后在选区内右击，在弹出的快捷菜单中选择“选择反向”命令，如下图所示。

STEP 36 在“图层”面板中选择“狮子”图层，然后按【Delete】键删除选区内的图像，如下图所示。

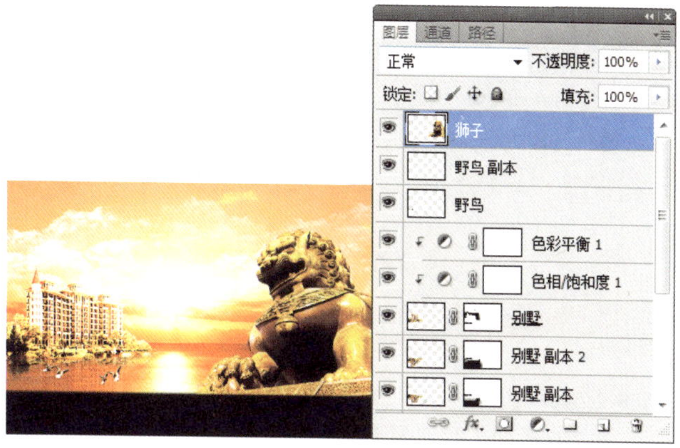

STEP 37 选择“图像”|“调整”|“色相/饱和度”命令，在弹出的“色相/饱和度”对话框中设置各项参数，然后单击“确定”按钮，如下图所示。

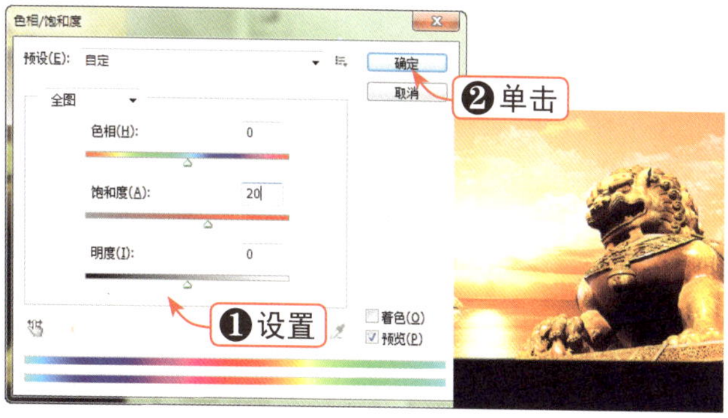

STEP 38 设置前景色为黑色，选择“横排文字工具”，并在其属性栏中设置字体，然后输入文字“龙泽名园”，如下图所示。

STEP 39 按照步骤㊳中的操作方法制作其他文字，效果如下图所示。

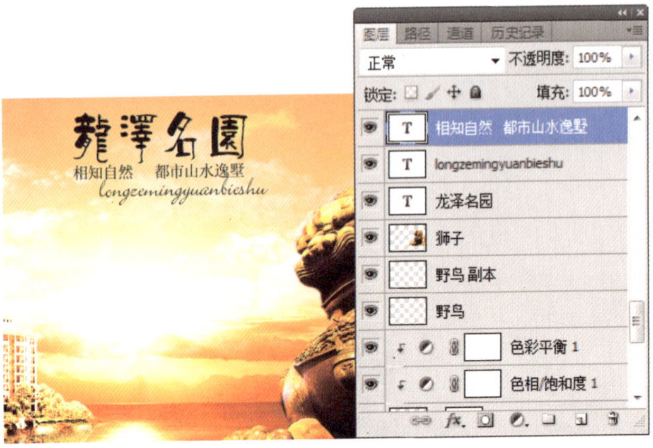

STEP 40 按【Ctrl+O】组合键，打开配套光盘中的“素材\第 12 章\12.1 房地产广告设计\铁板 .jpg”文件，如下图所示。

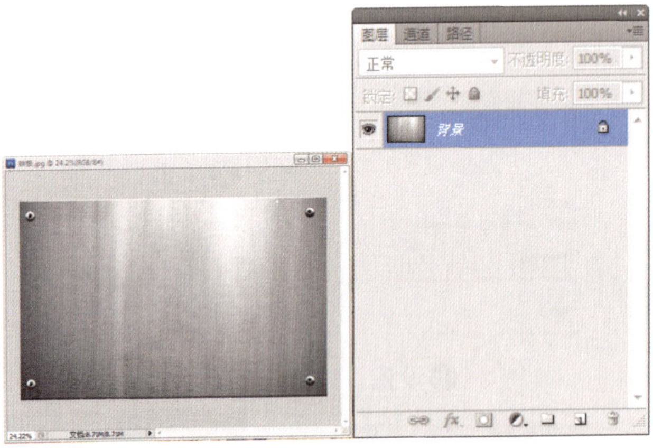

STEP 41 使用“移动工具”拖动图像到“房地产广告设计”文件窗口中，并将该图层命名为“铁板”，然后按【Ctrl+T】组合键调整图像的大小和位置，如下图所示。

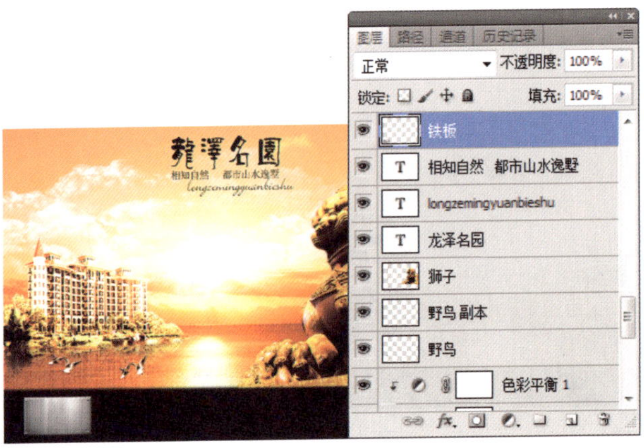

STEP 42 单击“图层”面板下方的“添加图层样式”按钮 fx，在弹出的下拉菜单中选择“混合选项”命令，在弹出的对话框中设置各项参数，然后单击“确定”按钮，如下图所示。

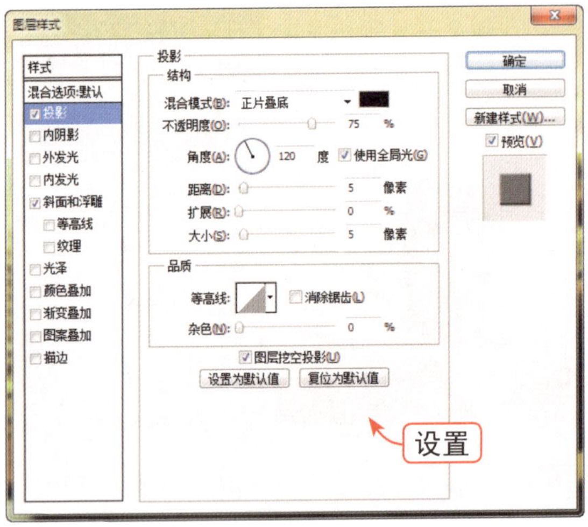

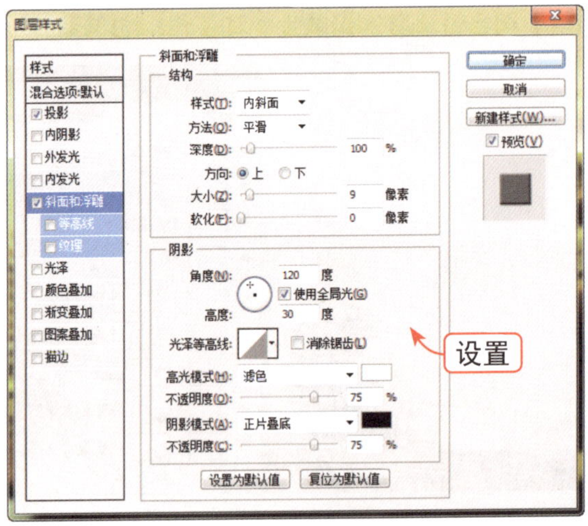

STEP 43 在“铁板”图层上右击，在弹出的快捷菜单中选择“转换为智能对象”命令，如下图所示。

STEP 44 在“图层”面板中选中“铁板”图层，然后单击“创建新的填充或调整图层”按钮，在弹出的下拉菜单中选择“色相/饱和度”命令。在“调整”面板中单击按钮，并设置各项参数，如下图所示。

STEP 45 按照步骤㊳中的操作方法制作文字效果，如下图所示。

STEP 46 单击“图层”面板下方的“添加图层样式”按钮，在弹出的下拉菜单中选择“斜面和浮雕”命令，在弹出的对话框中设置各项参数，然后单击“确定”按钮，如下图所示。

STEP 47 按照步骤㊺和步骤㊻中的操作方法制作其他文字，效果如下图所示。

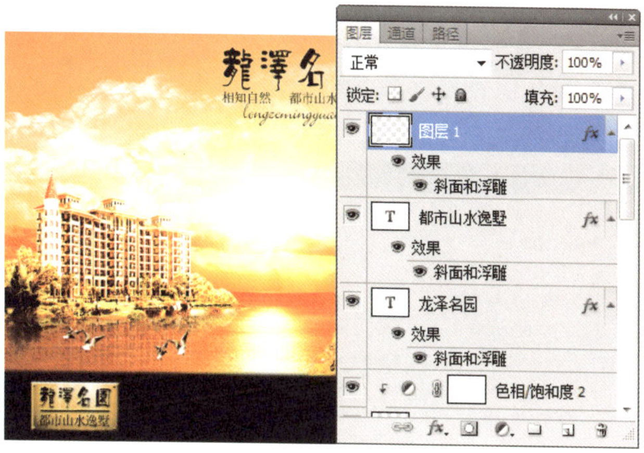

STEP 48 使用“横排文字工具”添加一些广告文字，即可得到如下图所示的最终效果。

12.2 化妆品广告设计

创意分析

本实例将讲解如何在 Photoshop CS5 中制作化妆品广告。在广告设计过程中通过以粉色为主色调，流露出女性的柔美与高贵，通过运用梅花等元素，使整个广告画面更加彰显个性，充满青春的艺术气息。

最终效果

本实例的最终效果参见配套光盘中的“源文件 \ 第 12 章 \ 化妆品广告设计 .psd”。本实例的基本制作流程如右图所示。

制作步骤

STEP 01 选择“文件”|“新建”命令，弹出“新建”对话框，在其中设置文件名称为“化妆品广告设计”，并设置其他各项参数，然后单击“确定”按钮，如下图所示。

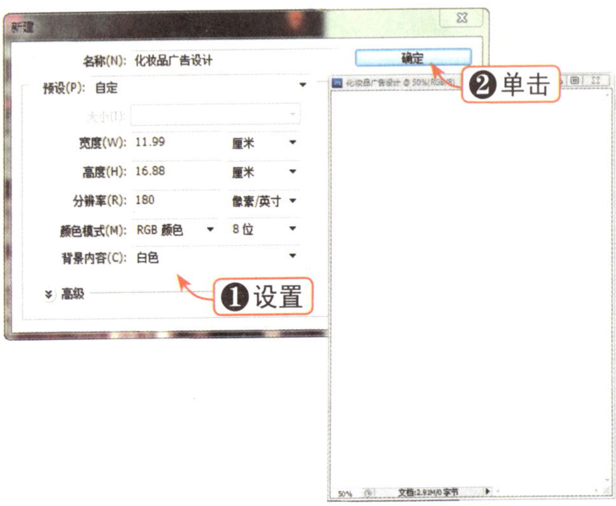

STEP 02 选择“渐变工具”，单击属性栏中的“点按可编辑渐变”按钮，打开“渐变编辑器”窗口。在窗口中设置各项参数，其中颜色分别为(R:123，G:0，B:40）和黑色，然后单击“确定”按钮。单击属性栏中的“径向渐变”按钮，在窗口中拖动鼠标绘制渐变，如下图所示。

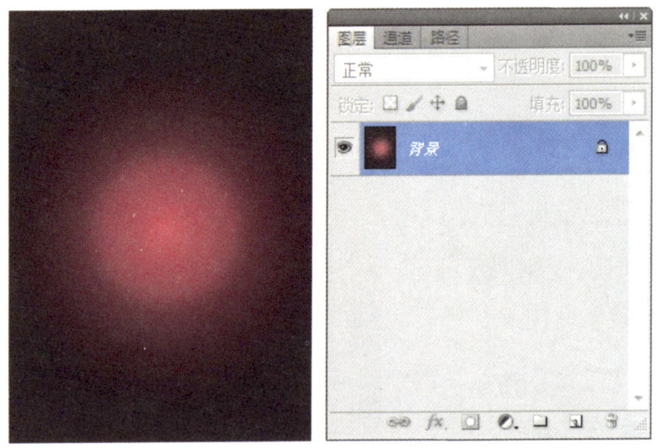

STEP 03 按【Ctrl+O】组合键，打开配套光盘中的“素材 \ 第 12 章 \12.2 化妆品广告设计 \ 梅花 .png”文件，如下图所示。

STEP 04 使用“移动工具”拖动图像到“化妆品广告设计”文件窗口中，并将该图层命名为“梅花”，然后按【Ctrl+T】组合键调整图像的大小和位置，如下图所示。

STEP 05 单击“图层”面板下方的“添加图层蒙版”按钮，设置前景色为黑色，选择“画笔工具”，并设置适当的画笔大小和硬度，然后在图层蒙版上进行涂抹，如下图所示。

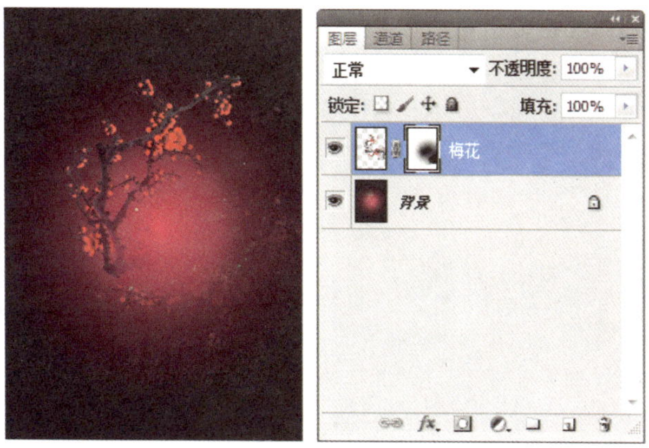

STEP 06 按住【Alt】键的同时拖动“梅花”图层得到“梅花副本”图层，效果如下图所示。

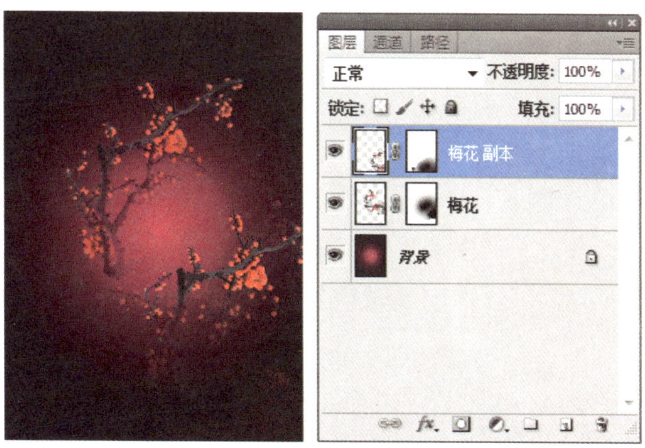

STEP 07 在“图层”面板中的“梅花副本”图层的图层蒙版上右击，在弹出的快捷菜单中选择“删除图层蒙版”命令，如下图所示。

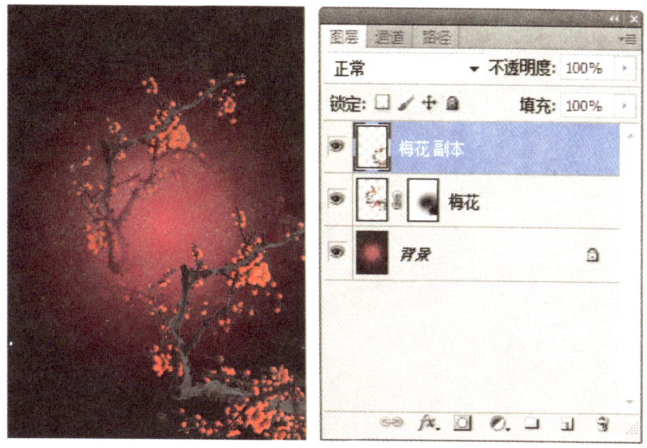

STEP 08 在“图层”面板中设置“梅花副本”图层的“不透明度”为20%，如下图所示。

STEP 09 按住【Alt】键的同时拖动“梅花副本”图层得到“梅花副本2”图层，如下图所示。

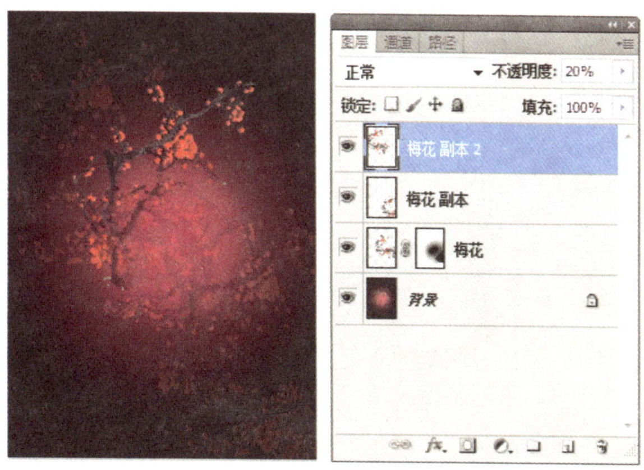

STEP 10 单击“图层”面板下方的“添加图层蒙版”

按钮 ，设置前景色为黑色，选择“画笔工具” ，并设置适当的画笔大小和硬度，然后在图层蒙版上进行涂抹，如下图所示。

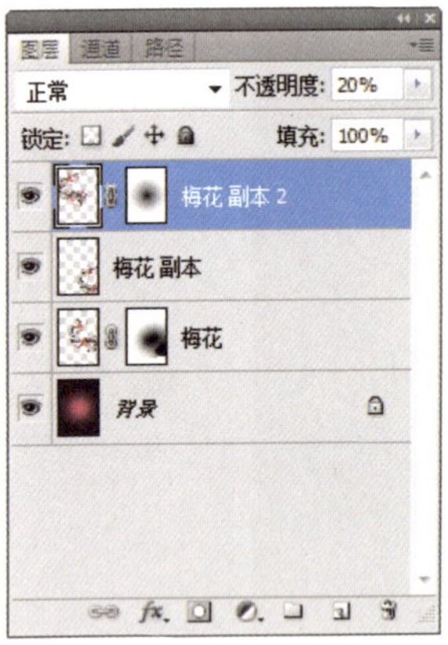

STEP 11 在“图层”面板中选中“梅花”图层及其副本图层，然后按【Ctrl+G】组合键新建组，并将其重命名为“梅花”，如下图所示。

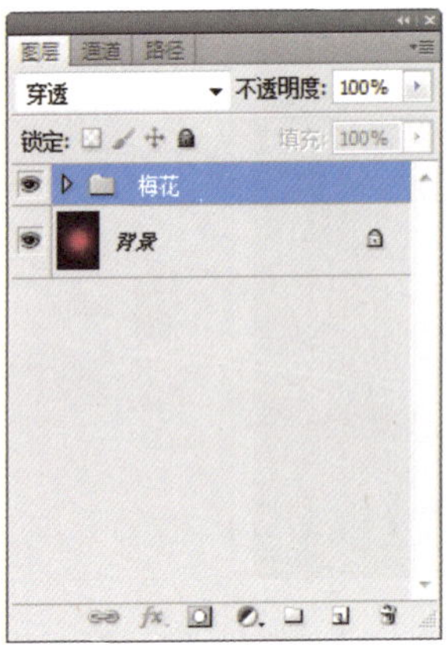

STEP 12 按【Ctrl+O】组合键，打开配套光盘中的“素材\第 12 章\12.2 化妆品广告设计\化妆品.png”文件，如下图所示。

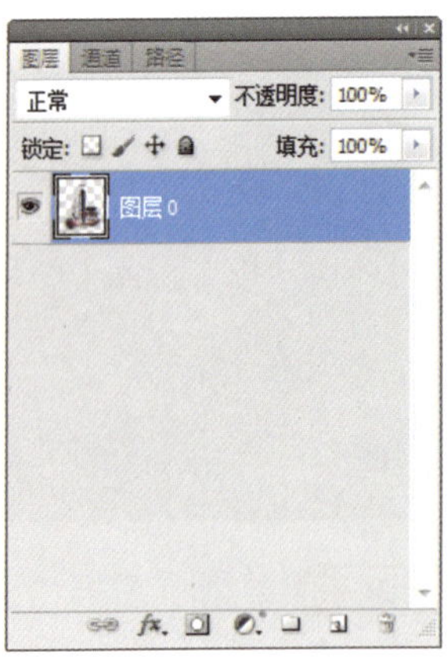

STEP 13 使用“移动工具” 拖动图像到“化妆品广告设计”文件窗口中，并将该图层命名为“化妆品”，然后按【Ctrl+T】组合键调整图像的大小和位置，如下图所示。

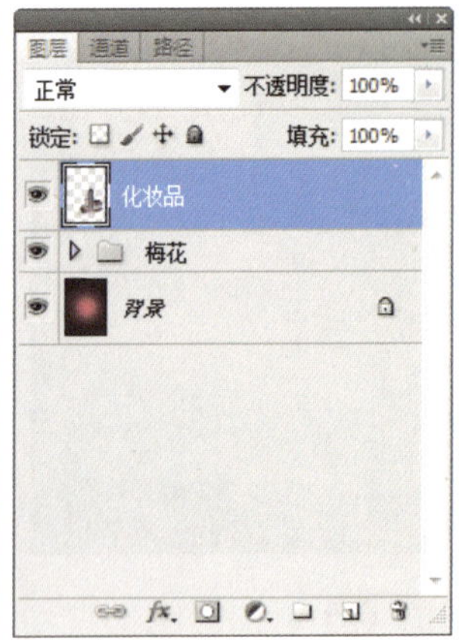

STEP 14 在“图层”面板中将“化妆品”图层的图层混合模式设置为“变亮”，如下图所示。

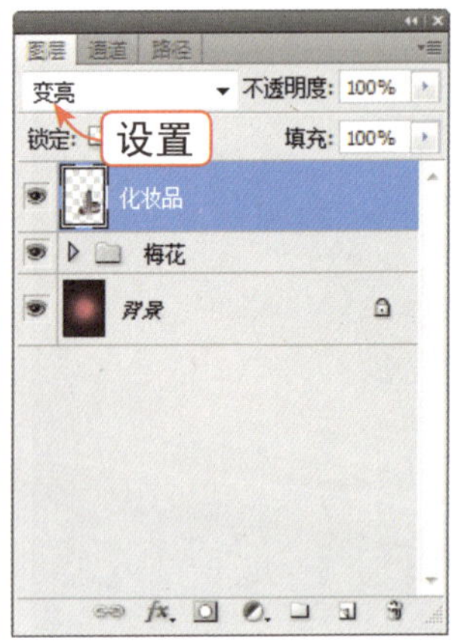

STEP 15 按【Ctrl+J】组合键复制“化妆品”图层得到“化妆品副本”图层，如下图所示。

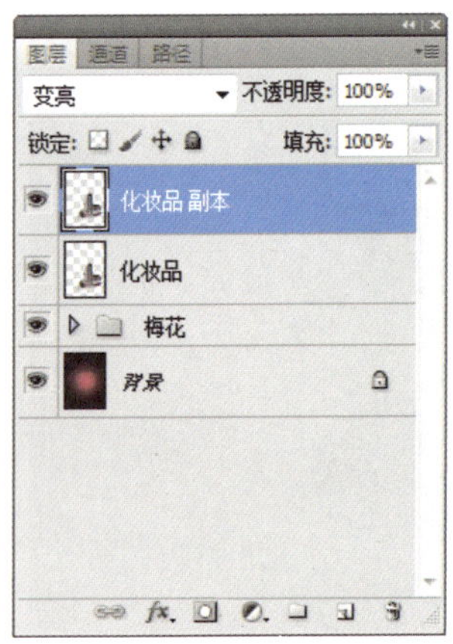

STEP 16 在“图层”面板中将“化妆品副本”图层的图层混合模式设置为“正常”，如下图所示。

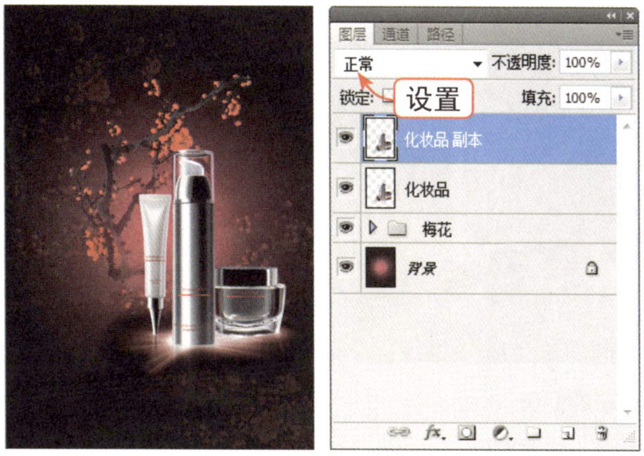

STEP 17 选择“橡皮擦工具”，并设置适当的画笔大小和硬度，然后擦除图像，如下图所示。

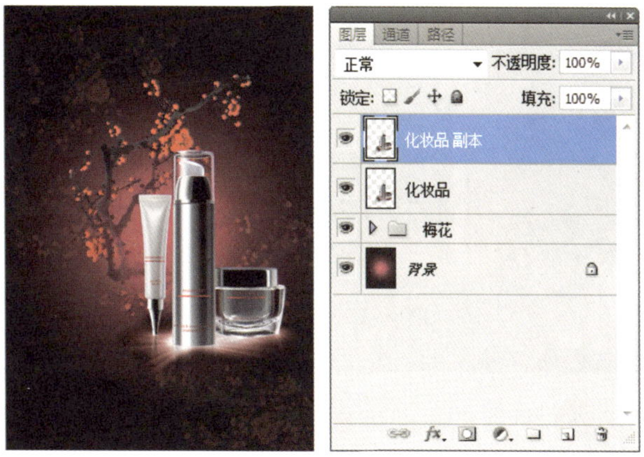

STEP 18 在“图层”面板下方单击“创建新的填充或调整图层”按钮，在弹出的下拉菜单中选择“色相/饱和度”命令。在“调整”面板中单击按钮，并设置各项参数，如下图所示。

STEP 19 在“图层”面板下方单击“创建新的填充或调整图层”按钮，在弹出的下拉菜单中选择“色阶”命令。在“调整”面板中单击按钮，并设置各项参数，如下图所示。

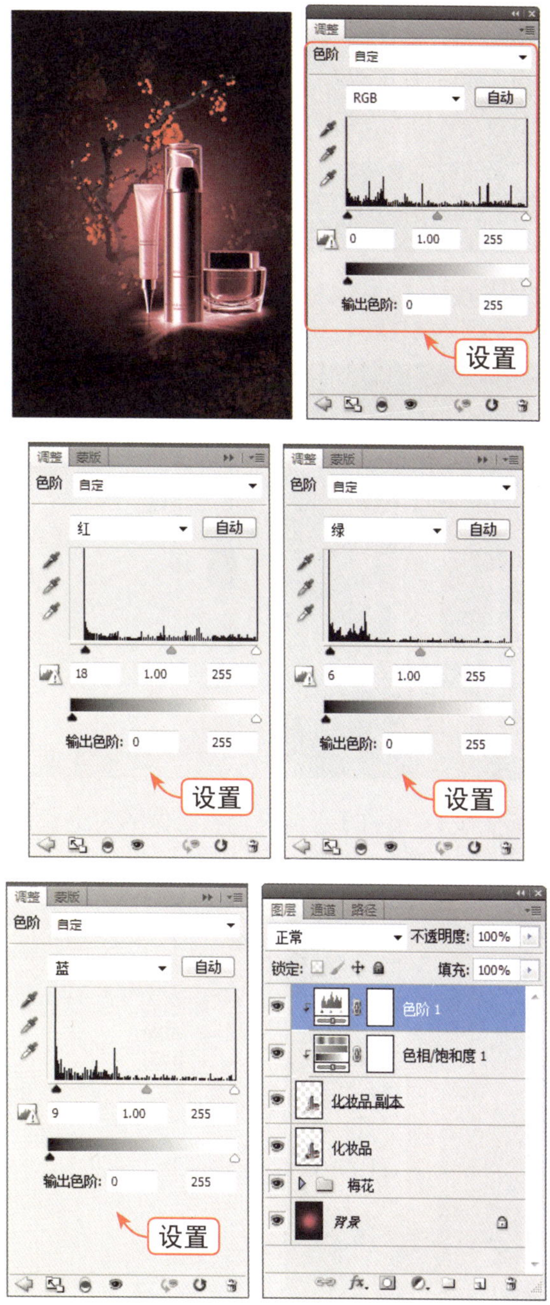

STEP 20 在“图层”面板中选中“化妆品”图层及其副本图层和两个调整图层，然后按【Ctrl+G】组合键新建组，并重命名为“化妆品”，如下图所示。

STEP 21 按住【Alt】键的同时拖动“化妆品”组得到“化妆品副本 2”组，如下图所示。

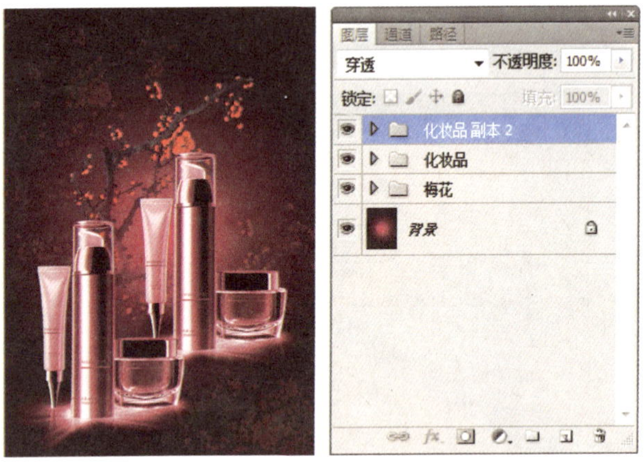

STEP 22 按【Ctrl+T】组合键调整图像的大小和位置，如下图所示。

STEP 23 设置前景色为（R:240，G:78，B:123）。选择“横排文字工具” T，输入英文 REGENERIST，如下图所示。

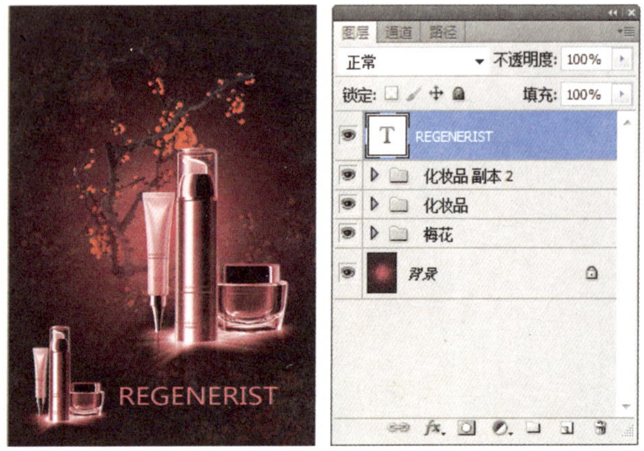

STEP 24 在“图层”面板中设置文字图层的“不透明度”为 34%，如下图所示。

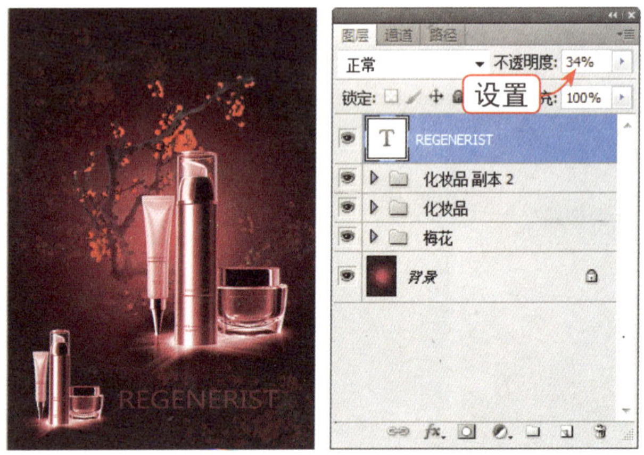

STEP 25 使用“椭圆选框工具”绘制选区，如下图所示。

STEP 26 按【Ctrl+Shift+N】组合键，新建“圆圈”图层。设置前景色为（R:198，G:42，B:69），按【Alt+Delete】组合键填充选区，如下图所示。

STEP 27 在选区内右击，在弹出的快捷菜单中选择“变换选区”命令，然后按住【Alt】键的同时向内拖动等比例缩小选区，如下图所示。

STEP 28 在“图层”面板中选中“圆圈”图层，然后按【Delete】键删除选区内的内容，如下图所示。

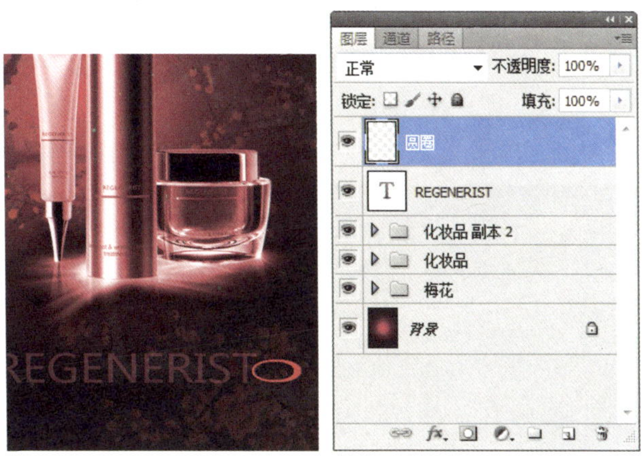

STEP 29 按照步骤㉕~步骤㉖中的操作方法制作3个颜色不同的圆，如下图所示。

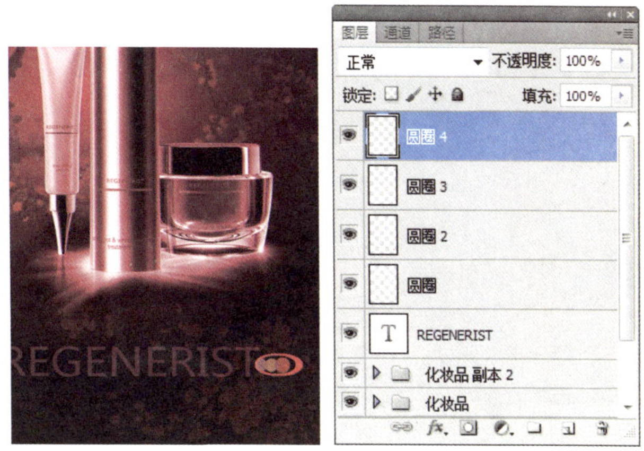

STEP 30 在“图层”面板中选中这几个“圆圈”图层并右击，在弹出的快捷菜单中选择“合并图层”命令合并图层，如下图所示。

STEP 31 在“图层”面板中将“圆圈4”图层的“不透明度”设置为70%，如下图所示。

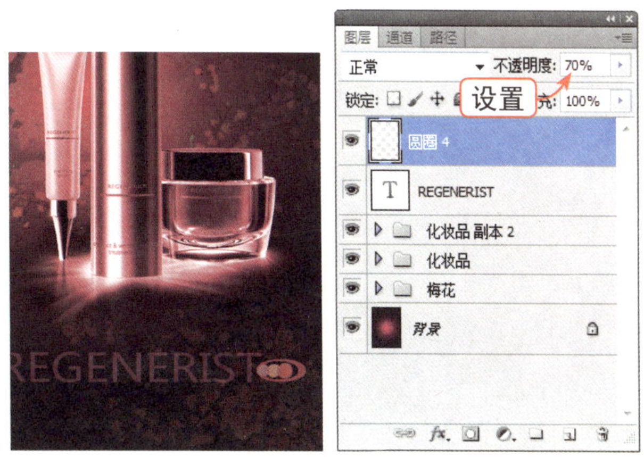

STEP 32 使用“矩形选框工具”绘制选区，如下图所示。

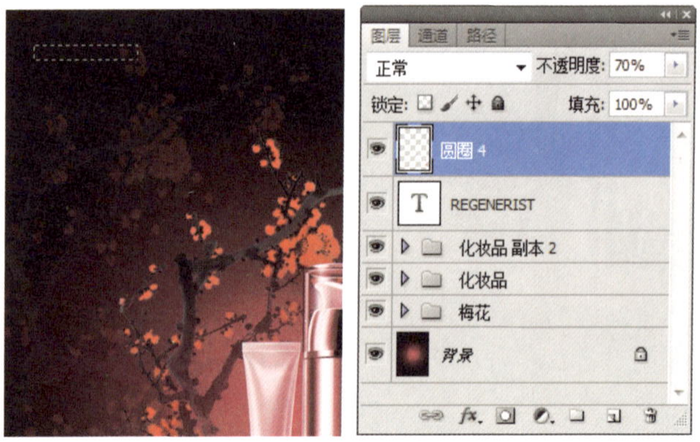

STEP 33 按【Ctrl+Shift+N】组合键，新建“方框”图层。设置前景色为（R:198，G:42，B:69），然后按【Alt+Delete】组合键填充选区，如下图所示。

STEP 34 按【Ctrl+O】组合键，打开配套光盘中的“素材 \ 第 12 章 \12.2 化妆品广告设计 \ 梅花 .png”文件，如下图所示。

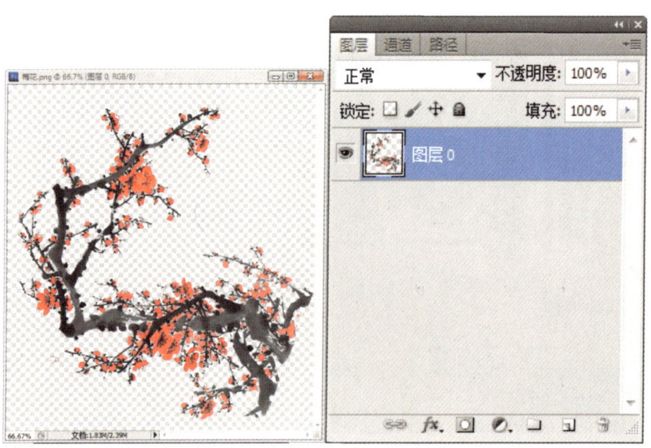

STEP 35 使用“移动工具” 拖动图像到“化妆品广告设计”文件窗口中，并将其命名为“梅花 2”，然后按【Ctrl+T】组合键调整图像的大小和位置，如下图所示。

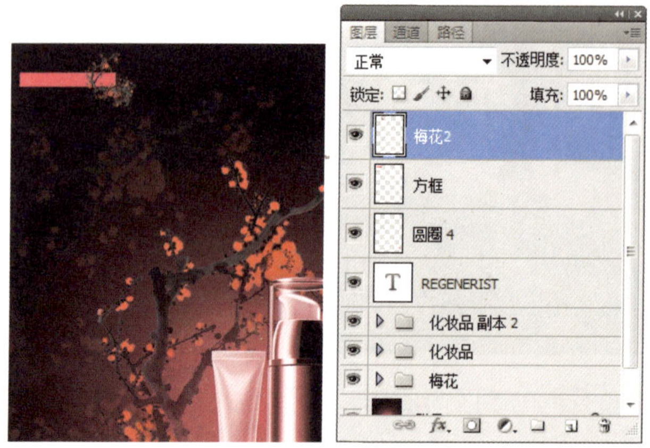

STEP 36 按【Ctrl+T】组合键调整图像的角度，如下图所示。

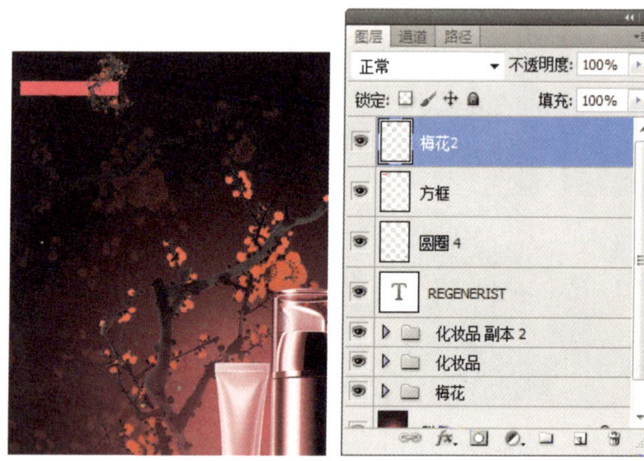

STEP 37 单击“图层”面板下方的“添加图层蒙版”按钮 ，设置前景色为黑色，选择“画笔工具” ，并设置适当的画笔大小和硬度，然后在图层蒙版上进行涂抹，如下图所示。

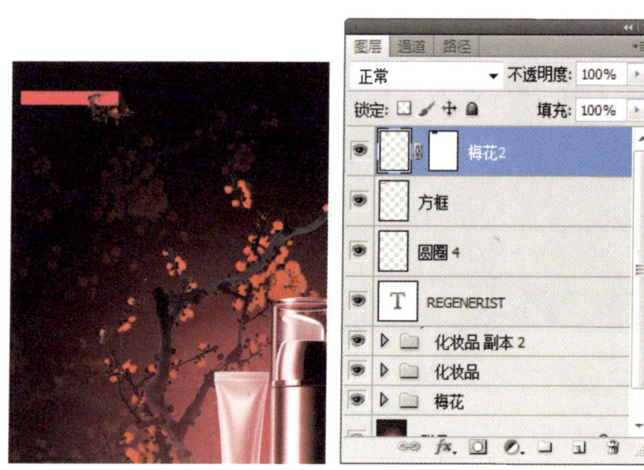

STEP 38 选择“图像”|“调整”|“色相/饱和度”命令，在弹出的“色相/饱和度”对话框中设置各项参数，然后单击“确定”按钮，如下图所示。

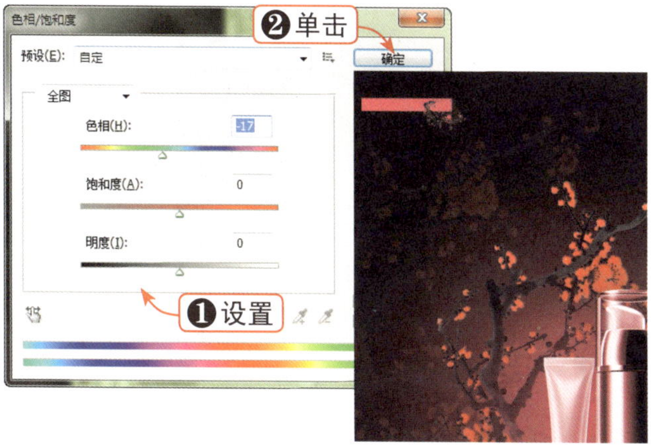

STEP 39 设置前景色为（R:255，G:14，B:102）。选择“横排文字工具” T，然后输入文字“配方独特”，如下图所示。

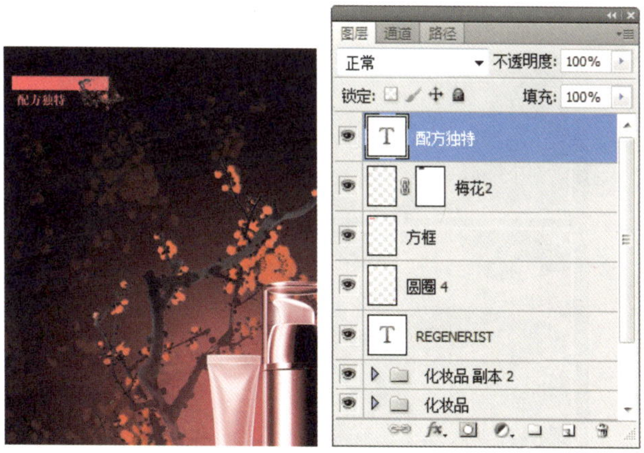

STEP 40 按照步骤㊴中的操作方法制作其他文字，效果如下图所示。

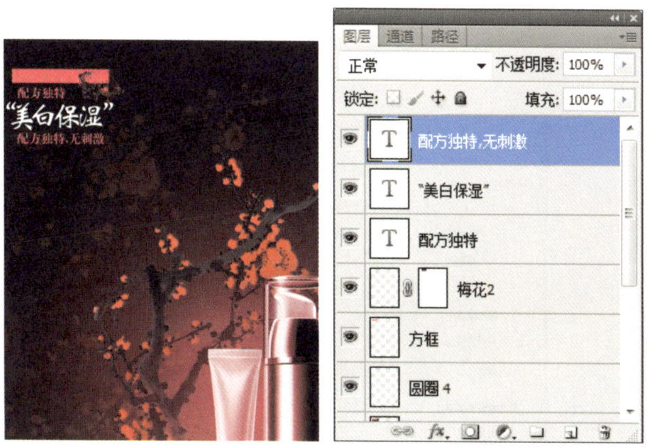

STEP 41 按照步骤㉜～步骤㉝中的操作方法绘制方框和选区，如下图所示。

STEP 42 在“图层”面板中选中“方框 2”～“方框 6”图层并右击，在弹出的快捷菜单中选择“合并图层”命令合并图层，如下图所示。

STEP 43 使用“横排文字工具” T 输入一些必要的广告文字，如下图所示。

STEP 44 按【Ctrl+O】组合键，打开配套光盘中的“素材\第 12 章\12.2 化妆品广告设计\商标 .png”文件，如下图所示。

STEP 45 使用“移动工具”拖动图像到“化妆品广告设计”文件窗口中，按【Ctrl+T】组合键调整图像的大小和位置，即可得到如下图所示的最终效果。

12.3 XO海报设计

创意分析

本实例将讲解如何在 Photoshop CS5 中制作 XO 红酒海报。在 XO 海报设计过程中运用龙头和飘带等元素彰显红酒产品的非凡品质，以红色为主色调，通过质感的背景修饰等让整个海报变得更加生动、大气，突出“挥洒灵感，塑造世界”的广告主题。

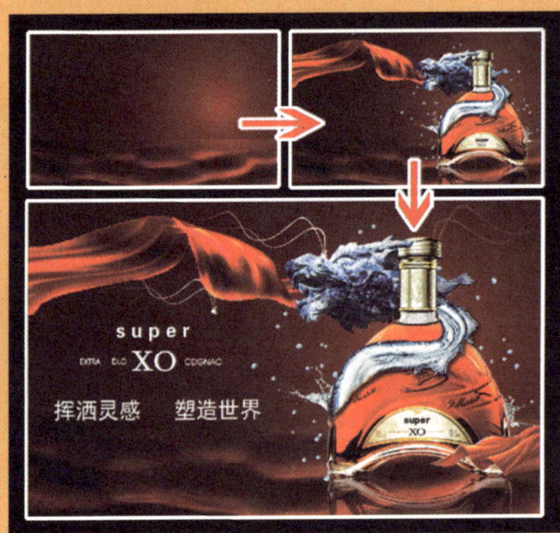

最终效果

本实例的最终效果参见配套光盘中的“源文件\第 12 章\XO 海报 .psd”。本实例的基本制作流程如右图所示。

制作步骤

STEP 01 选择“文件”|“新建”命令，在弹出的“新建”对话框中设置各项参数，然后单击“确定”按钮，如右图所示。

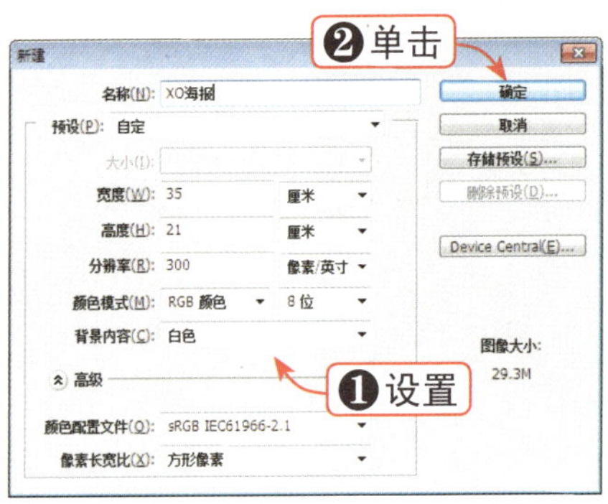

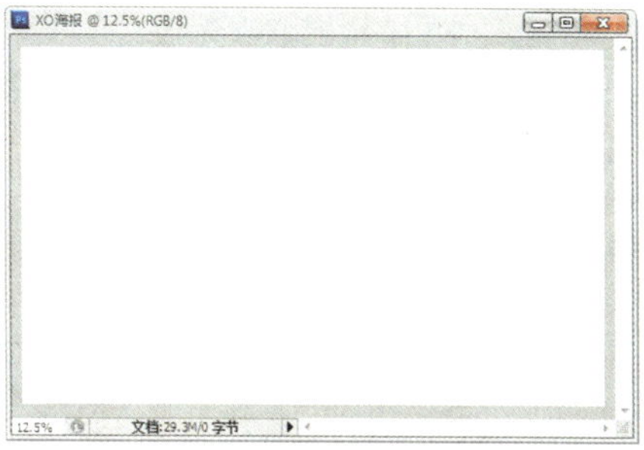

STEP 02 选择“渐变工具”，单击属性栏中的“点按可编辑渐变”按钮，打开“渐变编辑器”窗口，在其中设置各项参数，其中颜色值分别为（R:161，G:9，B:9）、（R:122，G:9，B:9）、（R:74，G:3，B:3）、（R:39，G:3，B:3）和黑色，然后单击“确定”按钮。单击属性栏中的“径向渐变”按钮，在窗口中拖动绘制渐变，如下图所示。

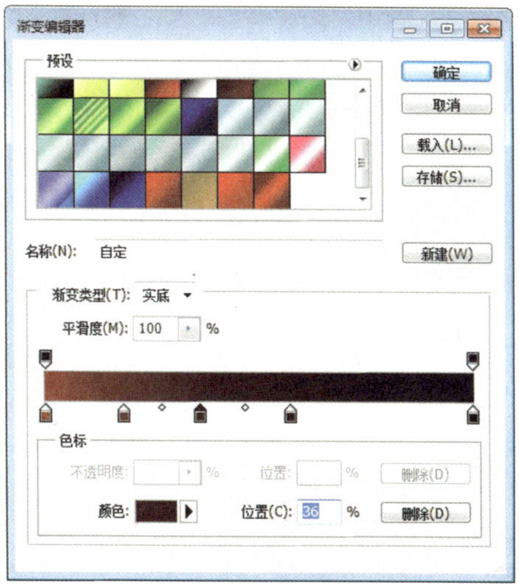

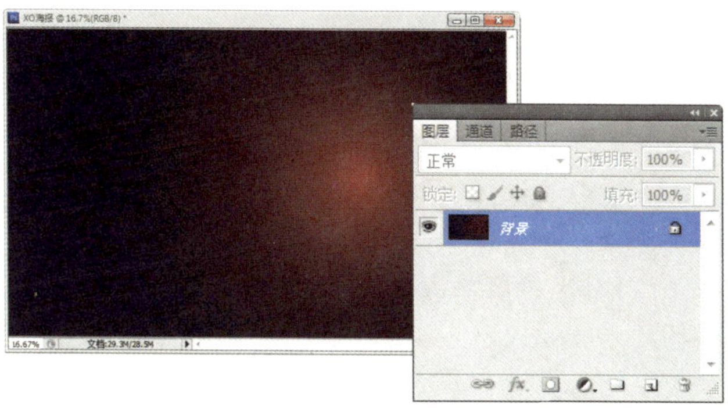

STEP 03 选择“文件”|“打开”命令，打开配套光盘中的“素材\第12章\12.3 XO海报设计\水纹.jpg”文件。选择“图像”|“调整”|“去色”命令，效果如下图所示。

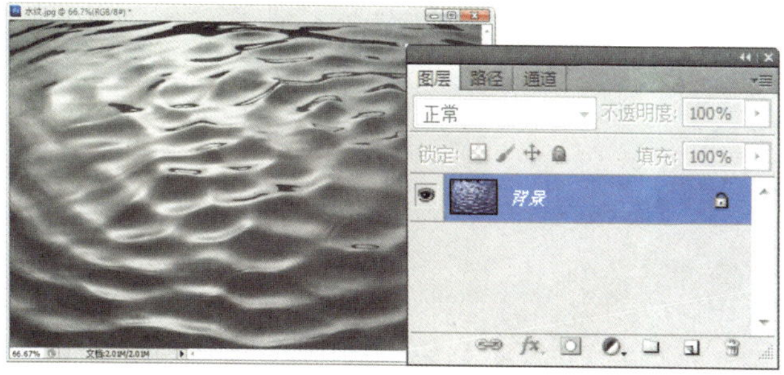

STEP 04 选择“图像”|“调整”|“色阶”命令，在弹出的“色阶”对话框中将“输入色阶”选项区域中的黑色滑块设置为42，灰色滑块设置为1.16，白色滑块设置为231，如下图所示。

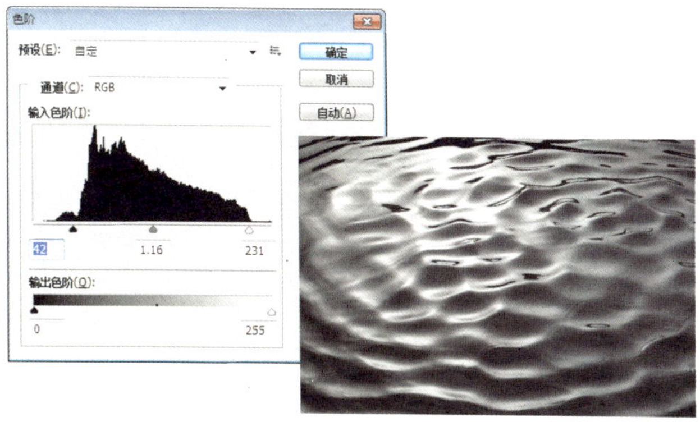

STEP 05 使用“移动工具”拖动“水纹.jpg”图像到“XO海报”文件窗口中，按【Ctrl+T】组合键调整图像的大小，如下图所示。

STEP 06 选择“矩形选框工具”，按住鼠标左键并拖动即可创建矩形选区，按【Delete】键删除选区中的内容，然后按【Ctrl+D】组合键取消选区，如下图所示。

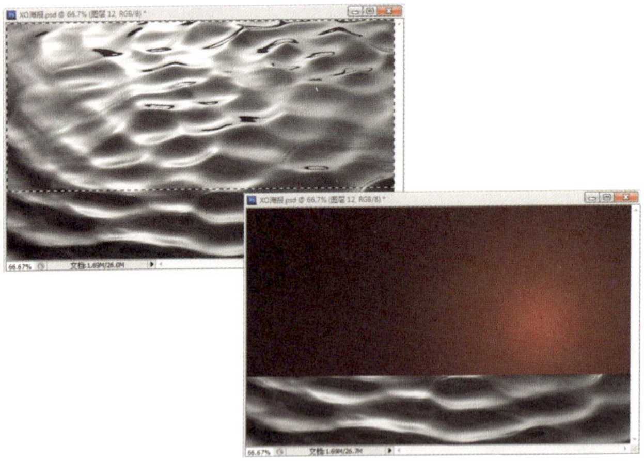

STEP 07 按【Ctrl+B】组合键，在弹出的“色彩平衡”对话框中设置各项参数，然后单击“确定”按钮，如下图所示。

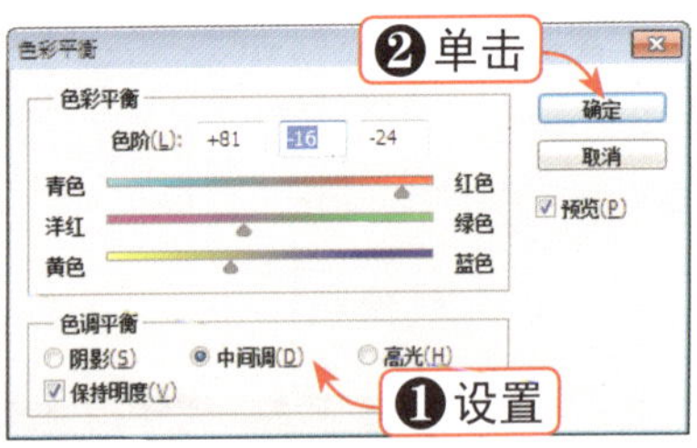

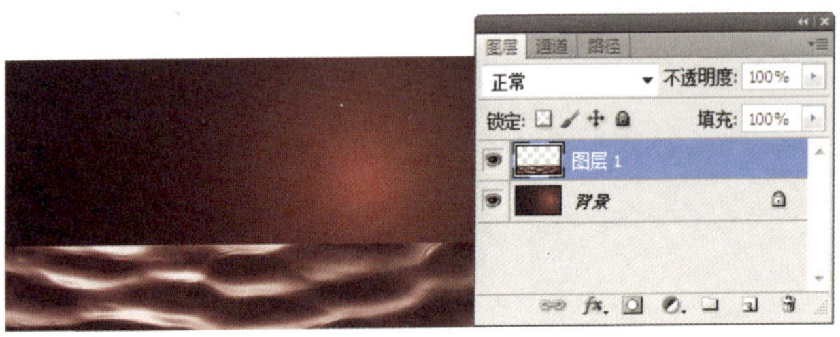

STEP 08 单击“图层”面板下方的“添加图层蒙版”按钮，设置前景色为黑色。在工具箱中选择“画笔工具”，并在其属性栏中设置“不透明度”为80%，然后在“图层1”的蒙版中进行绘制，如下图所示。

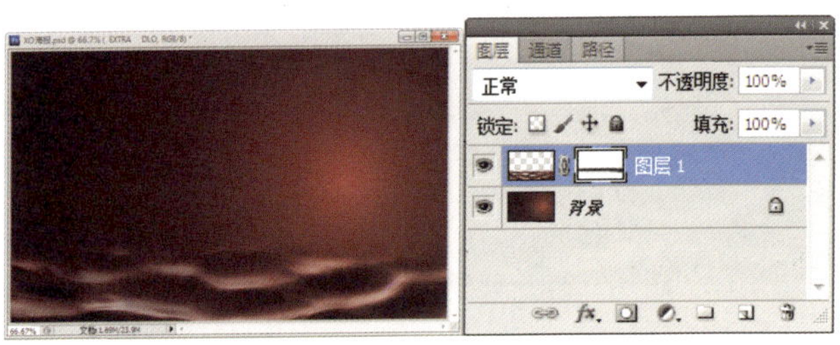

STEP 09 按【Ctrl+Shift+N】组合键新建“图层2”。选择“矩形选框工具”，按住鼠标左键并拖动即可创建矩形选区，如下图所示。

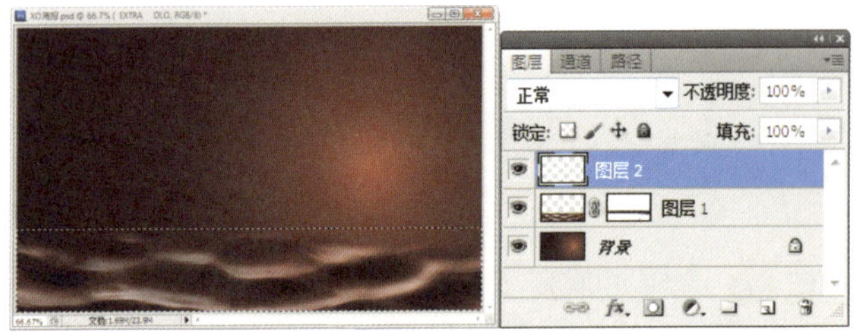

STEP 10 选择“渐变工具”，单击属性栏中的“点按可编辑渐变”按钮，打开“渐变编辑器”窗口，在其中设置各项参数，其中颜色值为（R:84，G:11，B:11）和（R:162，G:17，B:17），然后单击“确定”按钮。单击属性栏中的“线性渐变”按钮，绘制线性渐变，如下图所示。

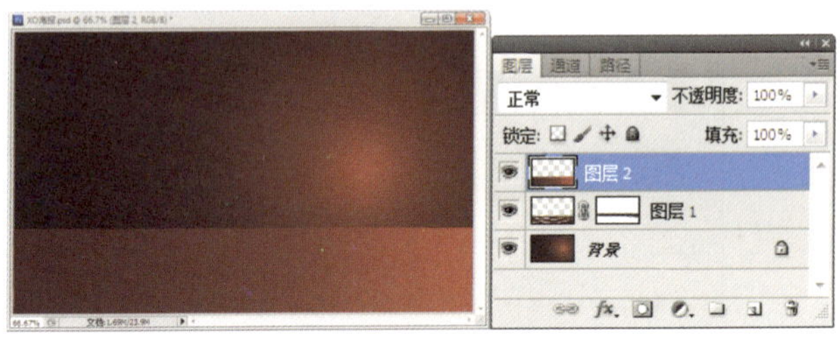

STEP 11 在“图层”面板中设置图层混合模式为“叠加”，如下图所示。

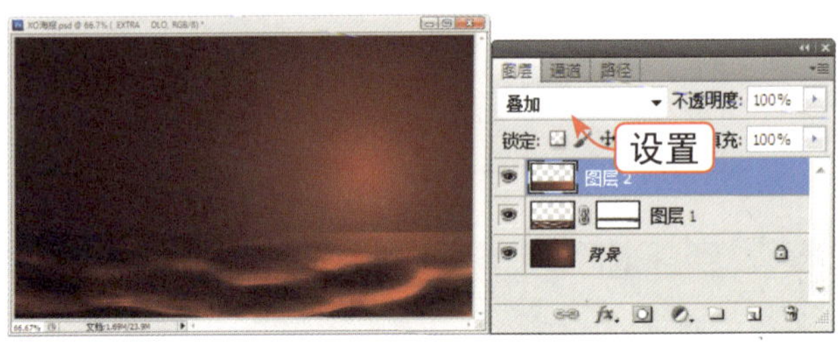

STEP 12 选择“文件”|“打开”命令，打开配套光盘中的“素材\第12章\12.3 XO海报设计\丝绸1.jpg”文件。选择“魔棒工具”，选中白色区域，然后按【Delete】键删除选中的区域，如下图所示。

STEP 13 使用“移动工具” 拖动“丝绸 1.jpg”图像到“XO 海报”文件窗口中，按【Ctrl+T】组合键调整图像的大小和角度，如下图所示。

STEP 14 选择“图像”|“调整”|“色阶”命令，在弹出的“色阶”对话框中将“输入色阶”选项区域中的黑色滑块设置为 15，灰色滑块设置为 1.48，白色滑块设置为 243，如下图所示。

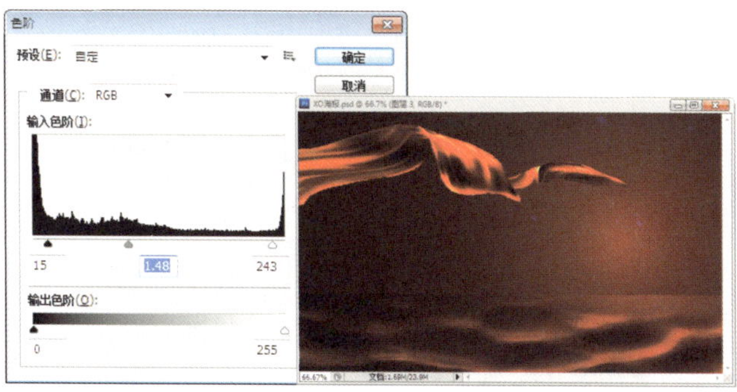

STEP 15 按【Ctrl+B】组合键，在弹出的“色彩平衡”对话框中设置各项参数，然后单击“确定”按钮，如下图所示。

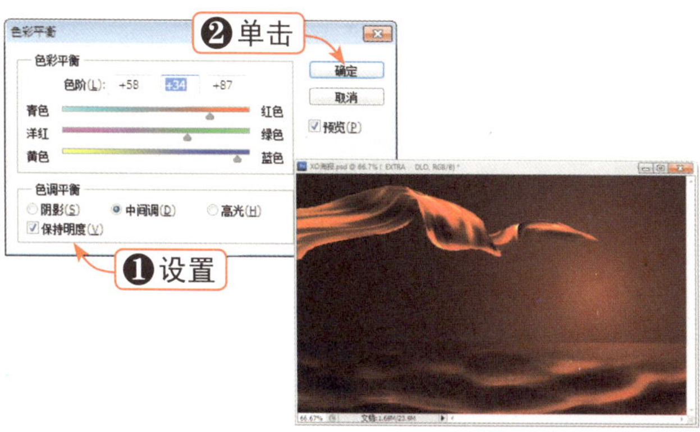

STEP 16 选择“文件”|“打开”命令，打开配套光盘中的“素材\第 12 章\12.3 XO 海报设计\XO 酒.jpg”文件。使用“磁性套索工具” 沿着酒瓶的边缘选中图像。选择“移动工具” ，拖动“XO 酒.jpg”图像到“XO 海报”文件窗口中，按【Ctrl+T】组合键调整图像的大小，如下图所示。

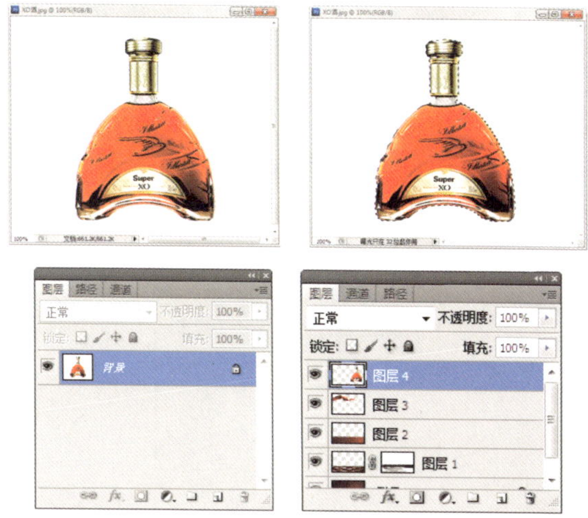

STEP 17 按【Ctrl+J】组合键复制“图层 4”图层得到“图层 4 副本”图层。按【Ctrl+T】组合键，垂直翻转图像，然后调整图像的位置，如下图所示。

STEP 18 单击“图层”面板下方的“添加图层蒙版”按钮 。选择“渐变工具” ，单击属性栏中的“点按可编辑渐变”按钮 ，打开“渐变编辑器”窗口，在其中设置各项参数，选择“预设”列表框中的“黑，白渐变”，然后单击“确定”按钮。单击属性栏中的“线性渐变”按钮 ，在蒙版中拖动鼠标绘制渐变，如下图所示。

STEP 19 选择“文件”|“打开”命令，打开配套光盘中的“素材\第 12 章\12.3 XO 海报设计\龙.jpg”文件。选择“魔棒工具”，选中白色区域，然后按【Delete】键删除选区中的内容，如下图所示。

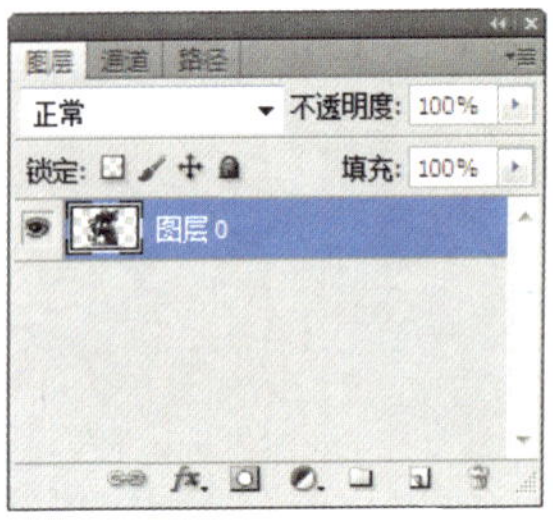

STEP 20 使用“移动工具”拖动“龙.jpg”图像到“XO 海报”文件窗口中，按【Ctrl+T】组合键调整图像的大小和角度，如下图所示。

STEP 21 选择“橡皮擦工具”，将龙身部分擦除，如下图所示。

STEP 22 选择“图像”|“调整”|“色阶”命令，在弹出的“色阶”对话框中将“输入色阶”选项区域中的黑色滑块▲设置为 0，灰色滑块▲设置为 1.49，白色滑块△设置为 184，如下图所示。

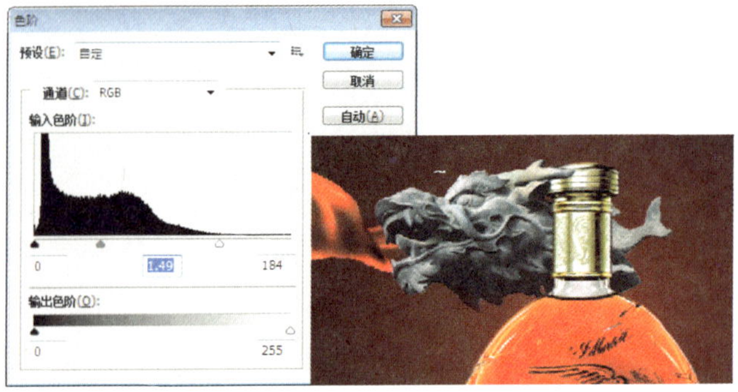

STEP 23 选择“文件”|“打开”命令，打开配套光盘中的“素材\第 12 章\12.3 XO 海报设计\浪花.jpg”文件。使用“移动工具”拖动“浪花.jpg”图像到“XO 海报”文件窗口中，按【Ctrl+T】组合键调整图像的大小和角度，如下图所示。

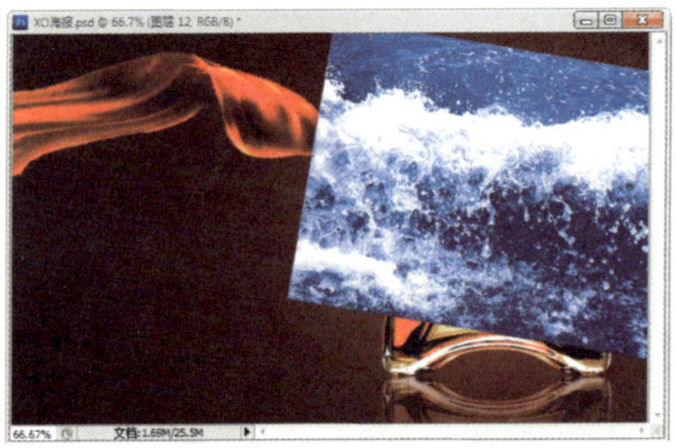

STEP 24 选中“图层 5”，选择“选择”|“载入选区”命令，弹出“载入选区”对话框，单击“确定”按钮，如下图所示。

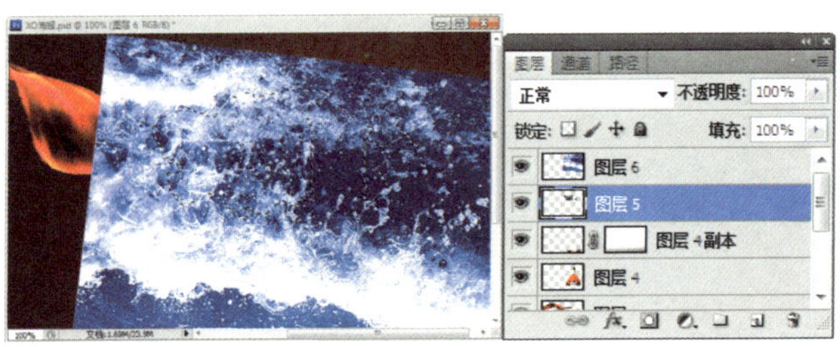

STEP 25 选择“图层 6”，单击“图层”面板下方的“添加图层蒙版”按钮，如下图所示。

STEP 26 在“图层”面板中设置“图层 6”的图层混合模式为“叠加”，如下图所示。

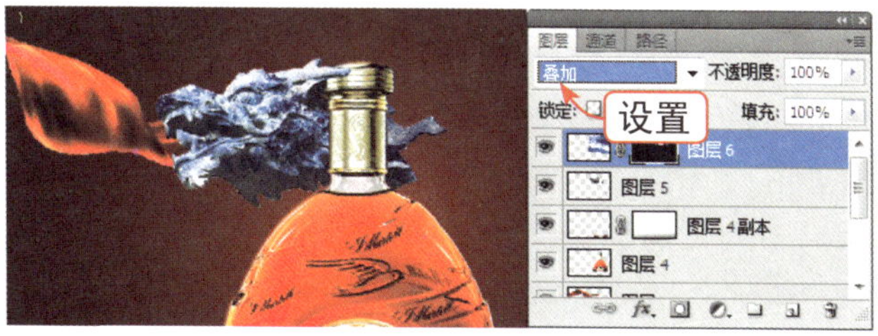

STEP 27 右击图层蒙版，在弹出的快捷菜单中选择“停用图层蒙版”命令，单击“指示图层蒙版链接到图层”图标，此时即可移动“图层 6”到合适的位置，如下图所示。

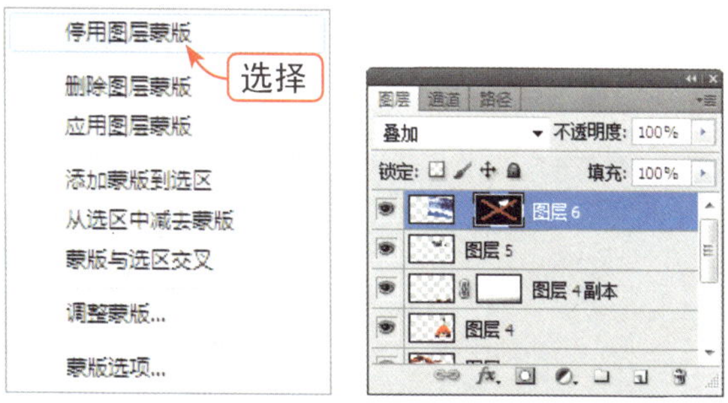

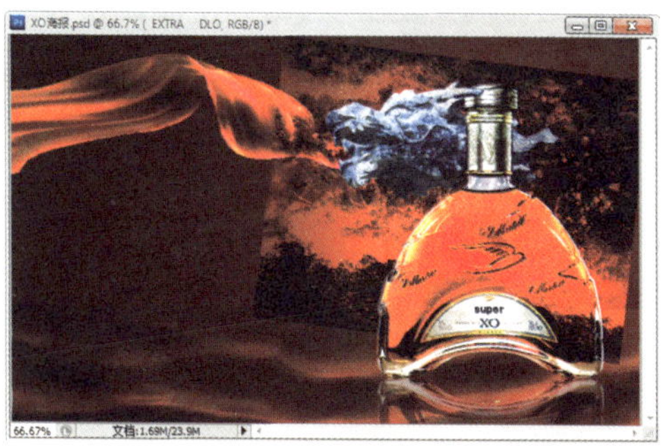

STEP 28 右击图层蒙版，在弹出的快捷菜单中选择“启用图层蒙版”命令，单击“指示图层蒙版链接到图层”图标，如下图所示。

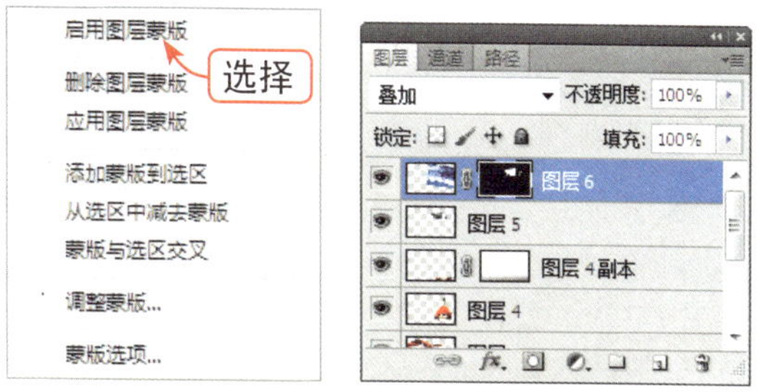

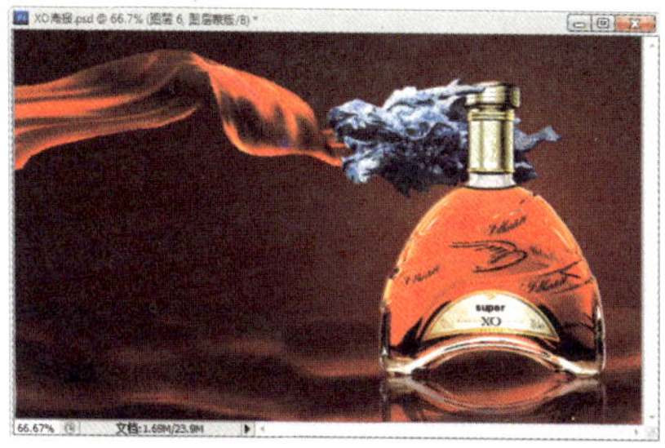

STEP 29 选择“文件”|“打开”命令，打开配套光盘中的“素材\第 12 章\12.3 XO 海报设计\龙身.jpg”文件。选择“魔棒工具”，选中白色区域，然后按【Delete】键删除选区中的内容，如下图所示。

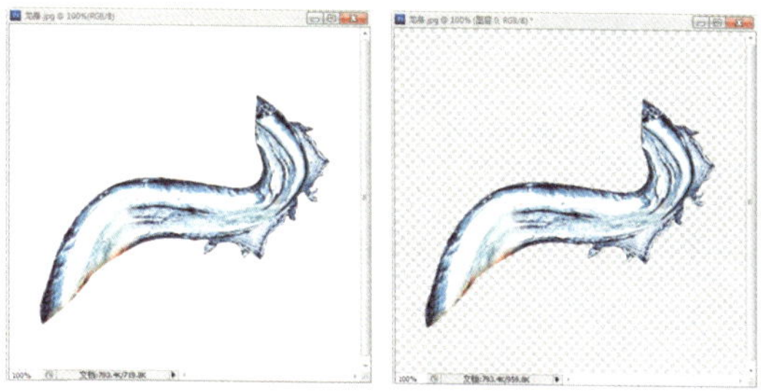

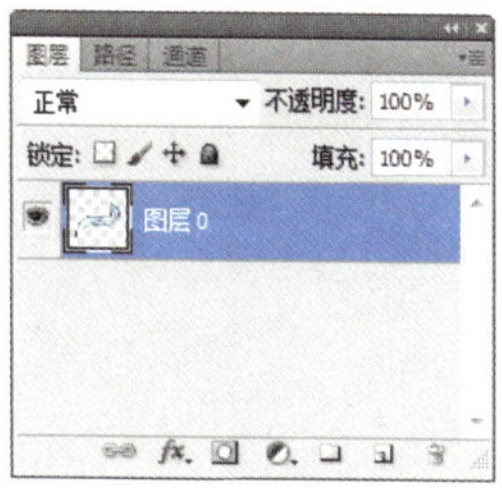

STEP 30 使用“移动工具”拖动“龙身.jpg”图像到“XO 海报”文件窗口中，按【Ctrl+T】组合键调整图像的大小和角度，如下图所示。

STEP 31 单击“图层”面板中的“添加图层样式”按钮 fx，在弹出的下拉菜单中选择“投影”命令，弹出“图层样式”对话框，在其中设置各项参数，然后单击“确定”按钮，如下图所示。

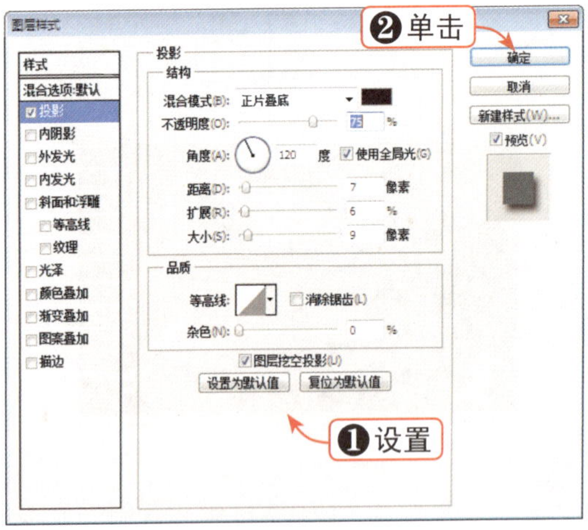

STEP 32 选择“文件”|“打开”命令，打开配套光盘中的“素材\第 12 章\12.3 XO 海报设计\水珠 1.jpg”文件。选择“魔棒工具”，选中白色区域，然后按【Delete】键删除选区中的内容，如下图所示。

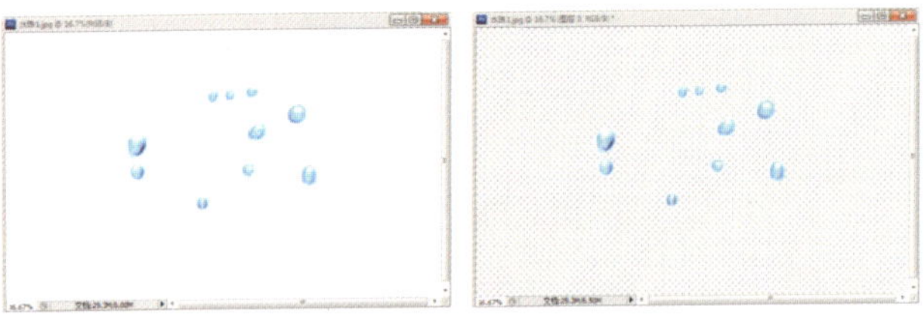

STEP 33 使用“移动工具”拖动“水珠 1.jpg”图像到“XO 海报”文件窗口中，按【Ctrl+T】组合键调整图像的大小和角度。按住【Alt】键的同时拖动水珠图像进行复制，如下图所示。

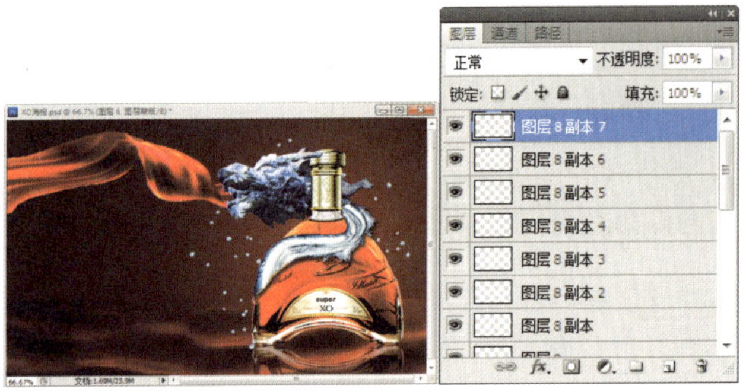

STEP 34 选择“文件”|“打开”命令，打开配套光盘中的“素材\第 12 章\12.3 XO 海报设计”中的“水珠 2.jpg”和“水珠 3.jpg”文件。按照步骤㉜～步骤㉝中的方法进行操作，如下图所示。

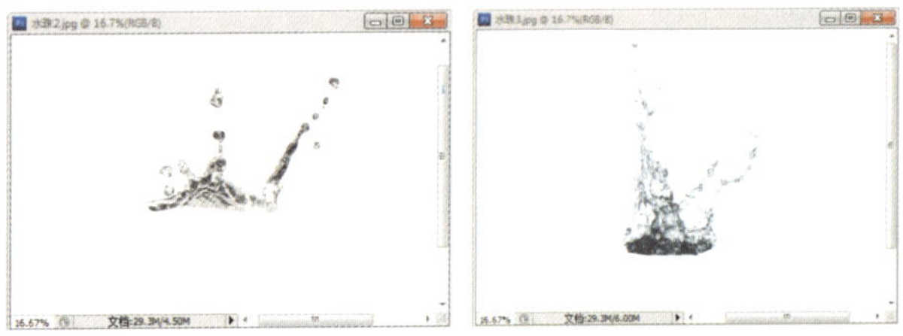

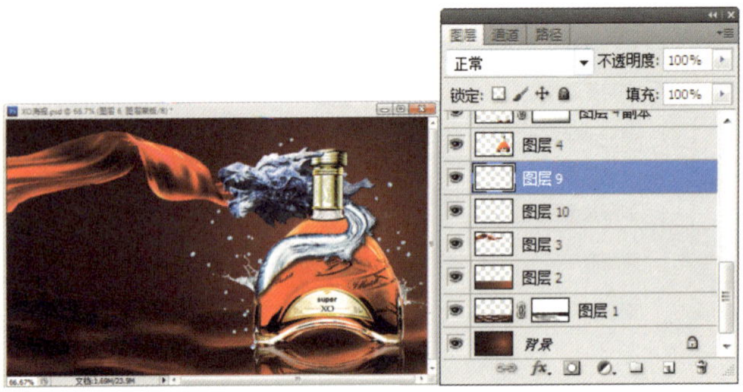

STEP 35 选择“文件”|“打开”命令，打开配套光盘中的“素材\第 12 章\12.3 XO 海报设计\丝绸 2.jpg”文件。使用“移动工具”拖动“丝绸 2.jpg”图像到“XO 海报”文件窗口中，按【Ctrl+T】组合键调整图像的大小和角度，如下图所示。

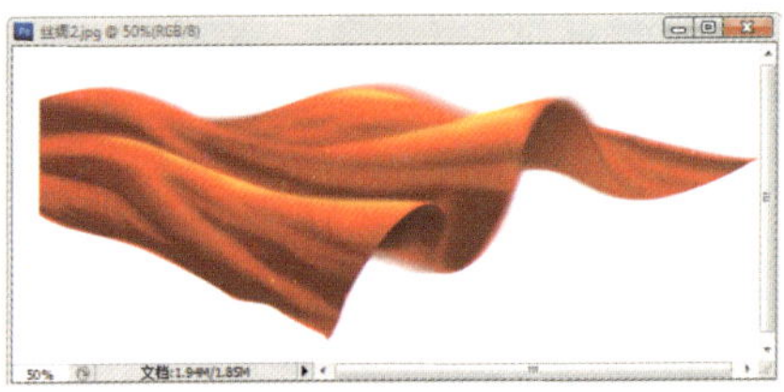

STEP 36 选择“文件”|“打开”命令，打开配套光盘中的“素材\第 12 章\12.3 XO 海报设计\丝线.jpg”文件。使用“移动工具”拖动“丝线.jpg”图像到“XO 海报”文件窗口中，并将该图层命名为“线”，然后按【Ctrl+T】组合键调整图像的大小和角度。按住【Alt】键的同时拖动丝线所在的图层得到丝线副本图层，然后调整图层的顺序，并改变“线副本”、“线副本 1”的颜色，如下图所示。

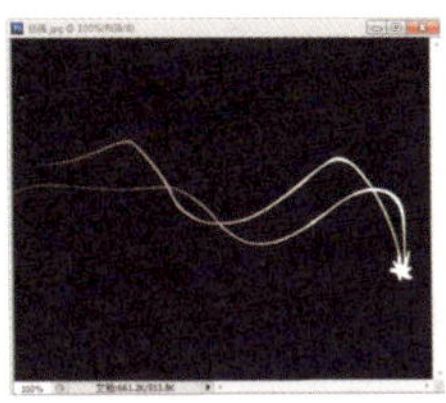

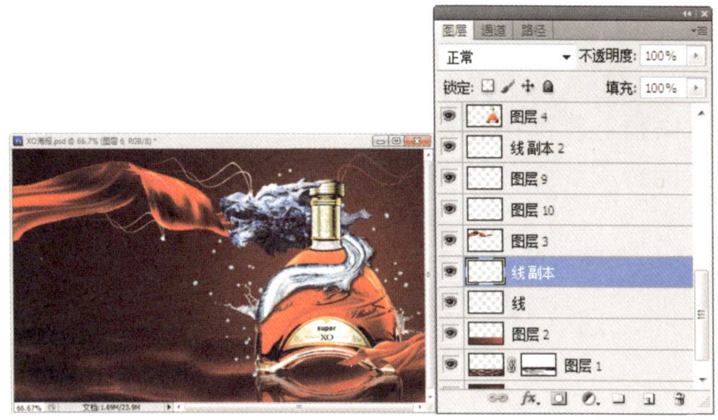

STEP 37 选择“横排文字工具”，并在其属性栏中设置字体样式，然后输入广告文字，即可得到如下图所示的最终效果。

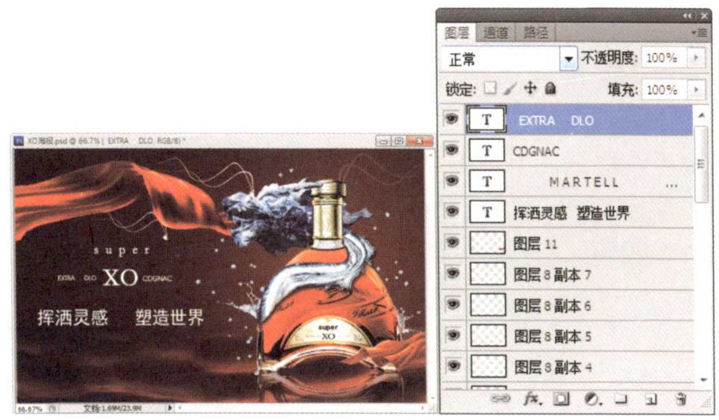

12.4 聚源楼海报设计

创意分析

本实例将讲解如何在 Photoshop CS5 中制作聚源楼海报。在海报设计过程中以绿色为主色调，象征着美食的绿色自然，通过运用古代瓷器、经典云纹等元素使整个海报画面更加具有文化底蕴，并充满高雅、浓厚的艺术气息。

最终效果

本实例的最终效果参见配套光盘中的“源文件\第 12 章\聚源楼.psd”。本实例的基本制作流程如右图所示。

制作步骤

STEP 01 选择“文件”|“新建”命令，弹出“新建”对话框，在其中设置文件名称为“聚源楼”，并设置其他各项参数，然后单击“确定”按钮，如下图所示。

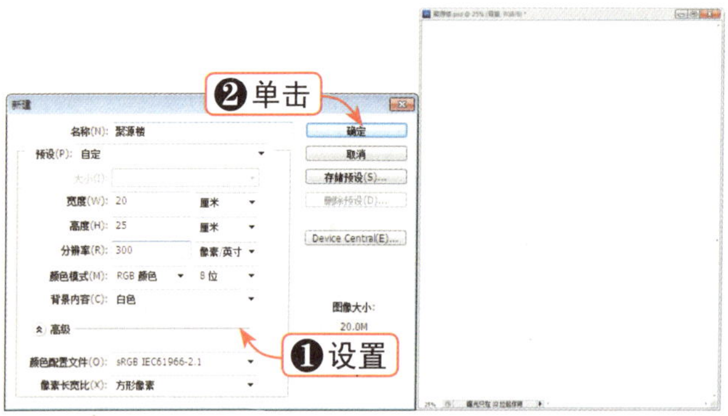

STEP 02 选择“文件”|“打开”命令，打开配套光盘中的“素材\第 12 章\12.4 聚源楼\花 .jpg”文件。使用“移动工具”拖动“花 .jpg”图像到“聚源楼”文件窗口中，按【Ctrl+T】组合键调整图像的大小，如下图所示。

STEP 03 选择“图像”|“调整”|“色阶”命令或按【Ctrl+L】组合键，弹出“色阶”对话框，将“输入色阶”选项区域中的黑色滑块设置为 59，灰色滑块设置为 1.43，白色滑块设置为 177，然后单击“确定”按钮，如下图所示。

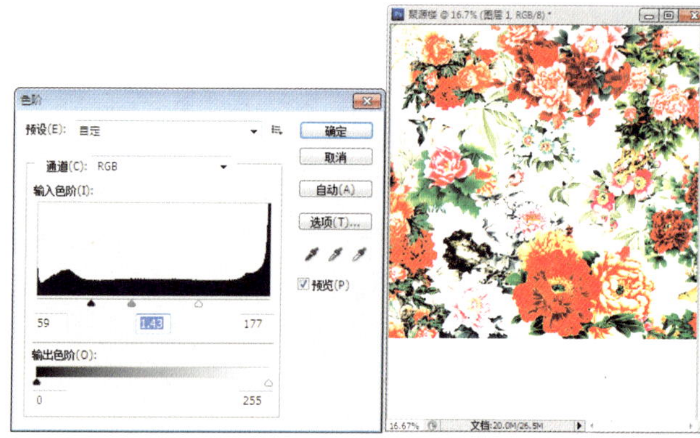

STEP 04 在“图层”面板中设置“图层 1”的图层混合模式为“强光”，如下图所示。

STEP 05 在“图层”面板中设置“图层 1”的“不透明度”为 71%，如下图所示。

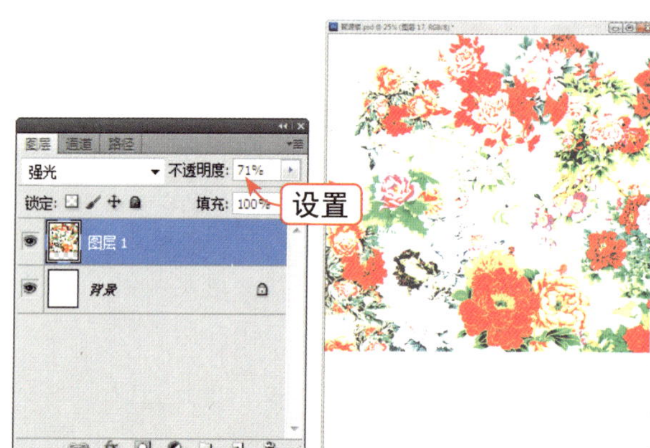

STEP 06 在“图层”面板中设置“图层 1”的“填充”为 85%，如下图所示。

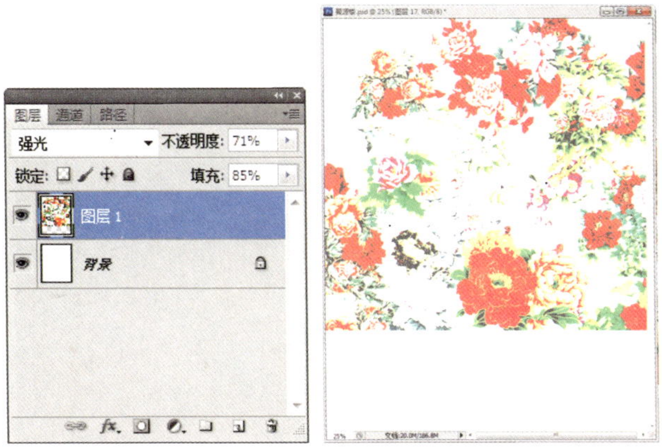

STEP 07 按【Ctrl+Shift+N】组合键新建“图层 2”。选择“渐变工具”，单击属性栏中的“点按可编辑渐变”按钮，打开“渐变编辑器”窗口，在其中设置各项参数，其中颜色值分别为（R:136，G:216，B:189）、（R:94，G:181，B:151）、（R:55，G:118，B:97）、（R:23，G:52，B:42）和黑色，然后单击“确定”按钮。单击属性栏中的“径向渐变”按钮，在窗口中拖动绘制渐变，如下图所示。

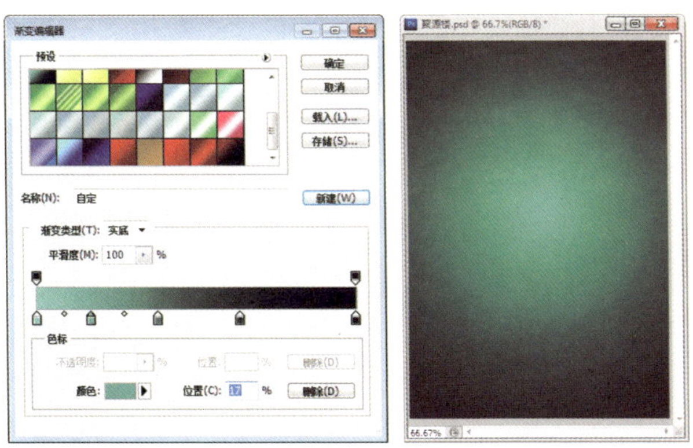

STEP 08 在“图层”面板中设置“图层 2”的“不透明度”为 95%，如下图所示。

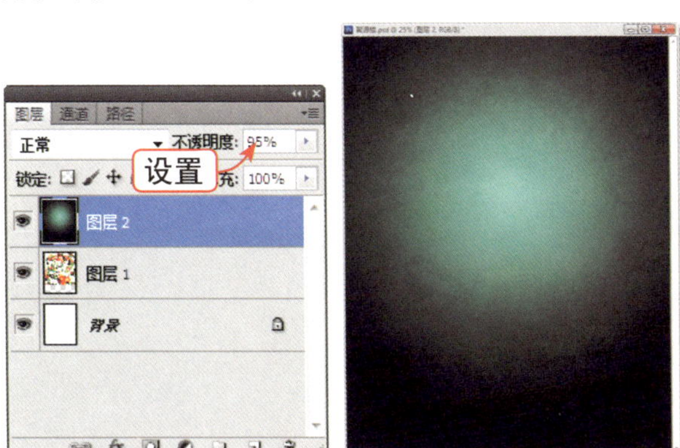

STEP 09 选择“文件”|“打开”命令，打开配套光盘中的“素材\第 12 章\12.4 聚源楼\格子 .jpg”文件。使用“移动工具”拖动“格子 .jpg”图像到“聚源楼”文件窗口中，按【Ctrl+T】组合键调整图像的大小，如下图所示。

STEP 10 在“图层”面板中设置“图层 3”的图层混合模式为“正片叠底”，如下图所示。

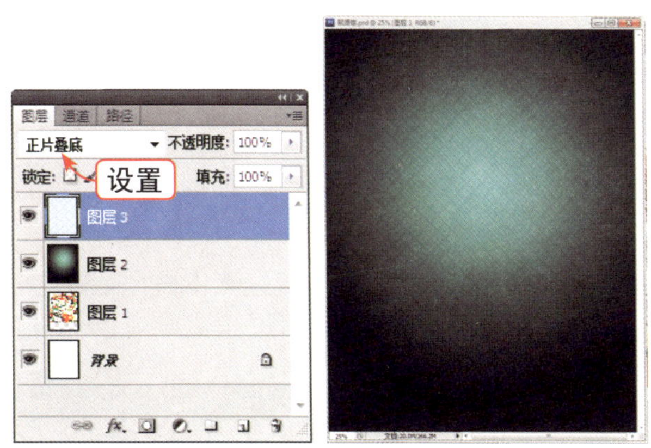

STEP 11 在“图层”面板中设置“图层 3”的“不透明度”为 70%，如下图所示。

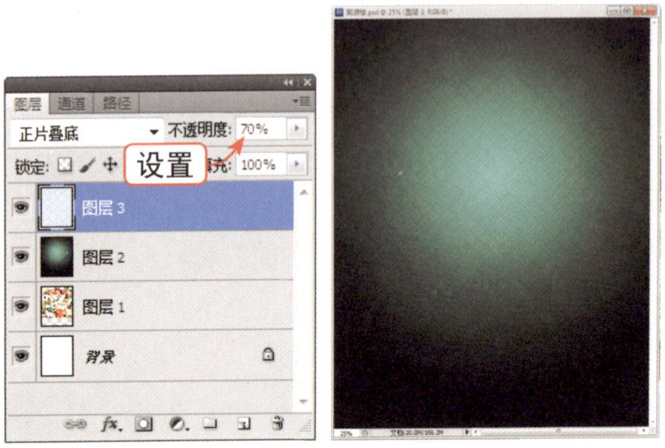

STEP 12 选择“文件”|“打开”命令，打开配套光盘中的“素材\第 12 章\12.4 聚源楼\祥云 1.jpg”文件。双击“背景”图层右侧的🔒图标，弹出“新建图层”对话框，单击“确定”按钮，如下图所示。

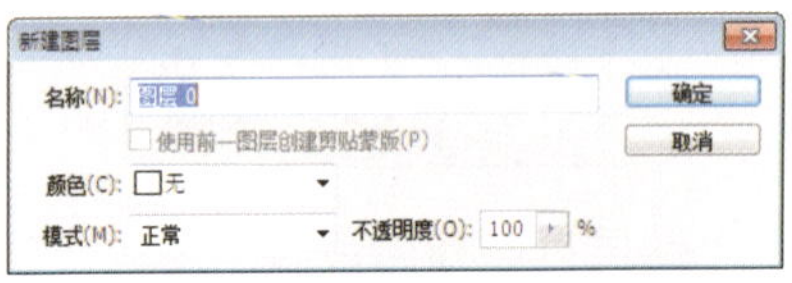

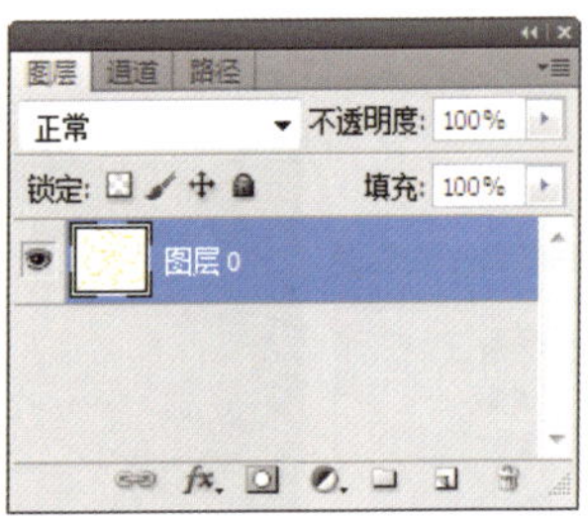

STEP 13 选择“魔棒工具”，选中白色区域，然后按【Delete】键删除选区中的内容，如下图所示。

STEP 14 使用“移动工具”拖动“祥云 1.jpg”图像到“聚源楼”文件窗口中，按【Ctrl+T】组合键调整图像的大小和角度，如下图所示。

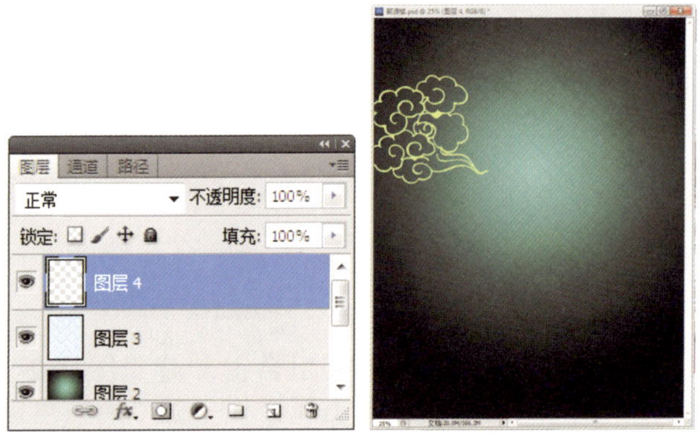

STEP 15 设置前景色为（R:48，G:197，B:167）。选择“选择”|“载入选区”命令，弹出“载入选区”对话框，单击“确定”按钮。按【Alt+Delete】组合键填充选区，然后按【Ctrl+D】组合键取消选区，如下图所示。

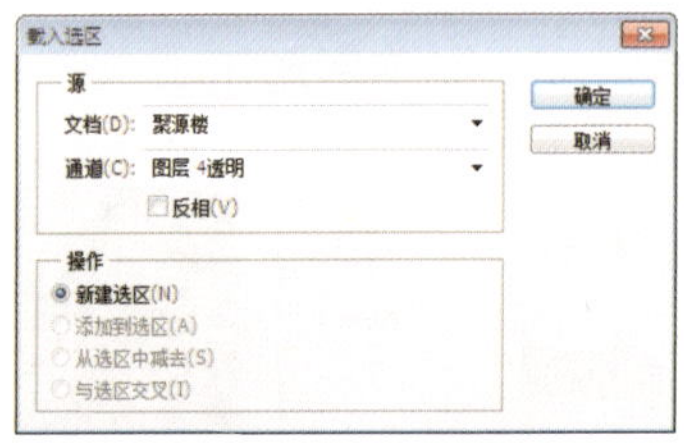

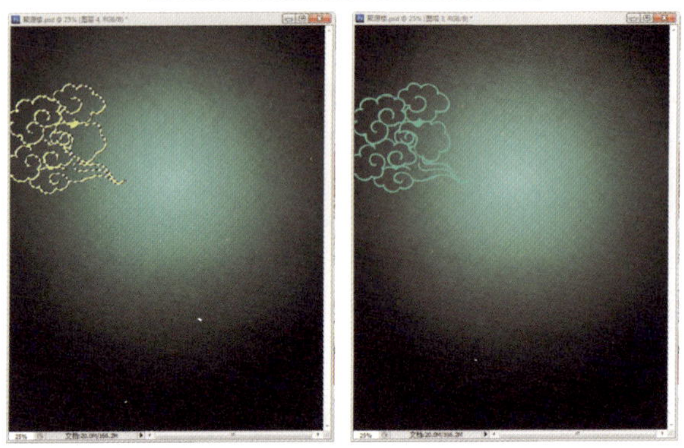

STEP 16 按住【Alt】键的同时拖动祥云图像得到“图层 4 副本”，如下图所示。

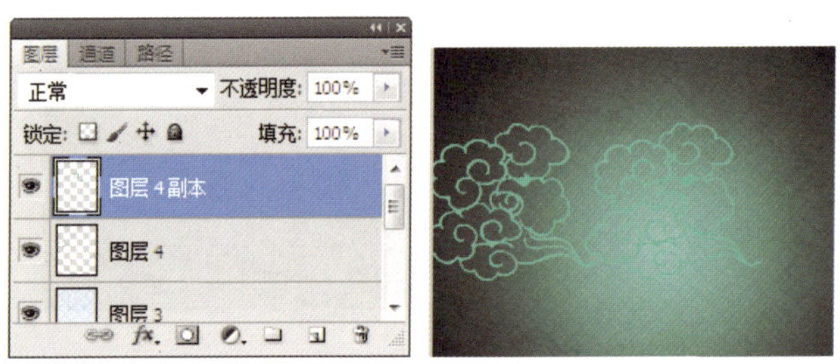

STEP 17 选择“编辑”|“变换”|“水平翻转”命令水平翻转图像，并调整图像的大小、位置和角度，如下图所示。

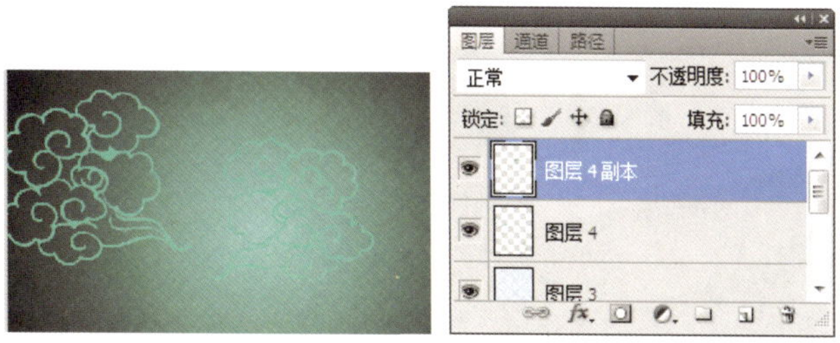

STEP 18 选择“文件”|“打开”命令，打开配套光盘中的“素材\第 12 章\12.4 聚源楼\祥云 2.jpg”文件。按照步骤⑫~步骤⑰中的方法进行操作，得到的效果如下图所示。

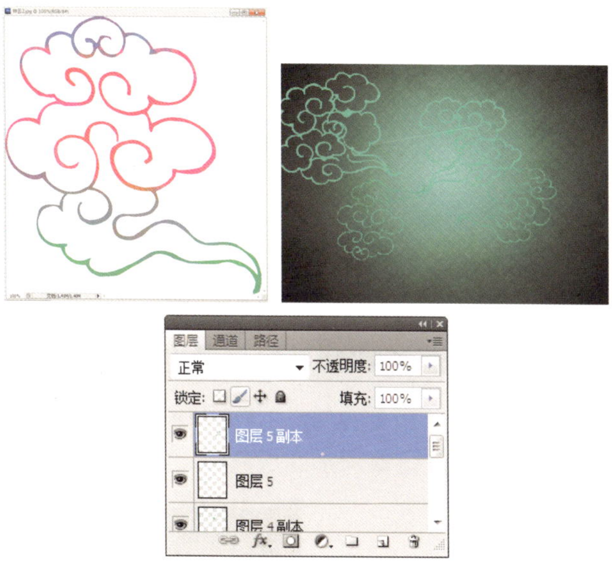

STEP 19 使用“横排文字工具”T.输入文字“聚”。在属性栏中的 金梅草行書 下拉列表中选择字体，在 310 点 组合框中设置字号为“310 点”，如下图所示。

STEP 20 选择“文件”|“打开”命令，打开配套光盘中的“素材\第 12 章\12.4 聚源楼\牡丹花.jpg”文件。双击“背景”图层右侧的图标，弹出“新建图层”对话框，单击“确定”按钮，如下图所示。

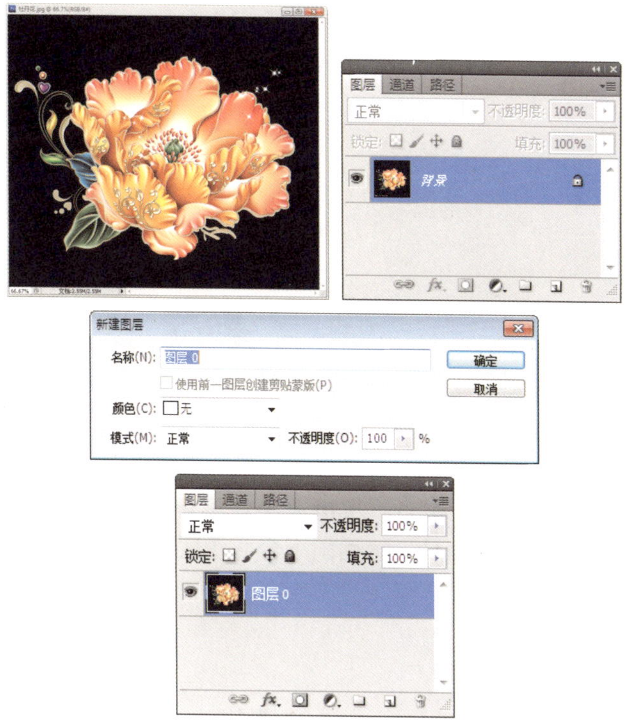

STEP 21 选择“魔棒工具”，选中黑色区域，然后按【Delete】键删除选区中的内容，如下图所示。

STEP 22 按【Ctrl+Shift+N】组合键新建“图层 1”。选择“渐变工具”，单击属性栏中的“点按可编辑渐变”按钮，打开“渐变编辑器”窗口，在其中设置各项参数，其中颜色值分别为（R:253，G:252，B:148）和（R:225，G:223，B:71），然后单击“确定”按钮。单击属性栏中的“线性渐变”按钮，在窗口中拖动绘制渐变。在“图层”面板中拖动“图层 1”到“图层 0”的下面，如下图所示。

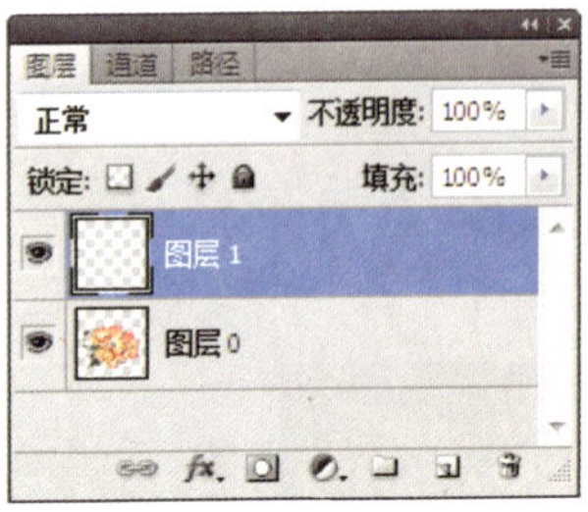

STEP 23 选择“图像”|“调整”|“色阶”命令，在弹出的“色阶”对话框中将“输入色阶”左边的黑色滑块设置为 55，灰色滑块设置为 2.68，白色滑块设置为 211。然后向下合并图层，如下图所示。

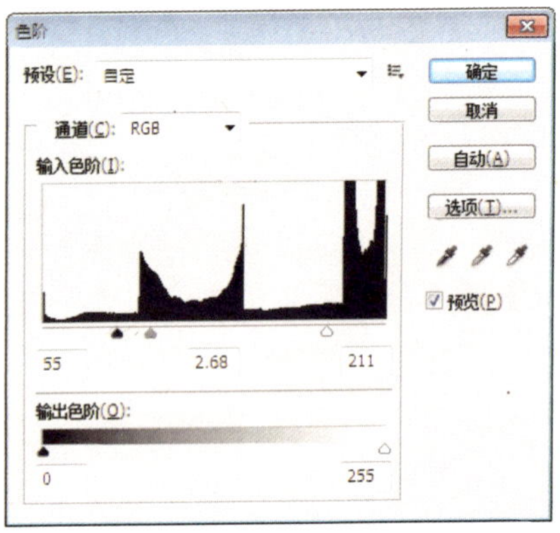

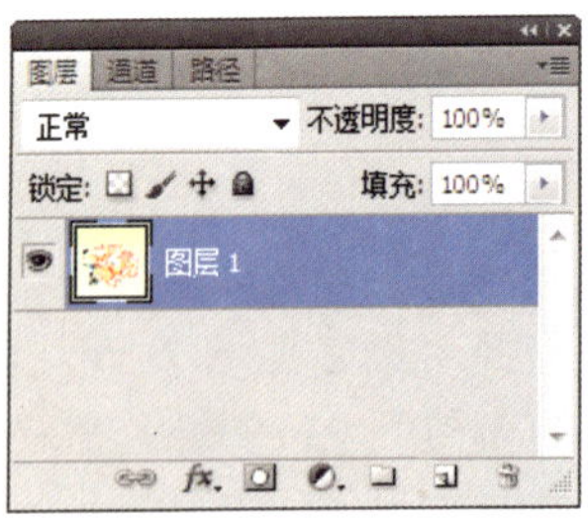

STEP 24 使用“移动工具”拖动“牡丹花.jpg”图像到“聚源楼”文件窗口中。按【Ctrl+T】组合键，调整图像的大小和角度，如下图所示。

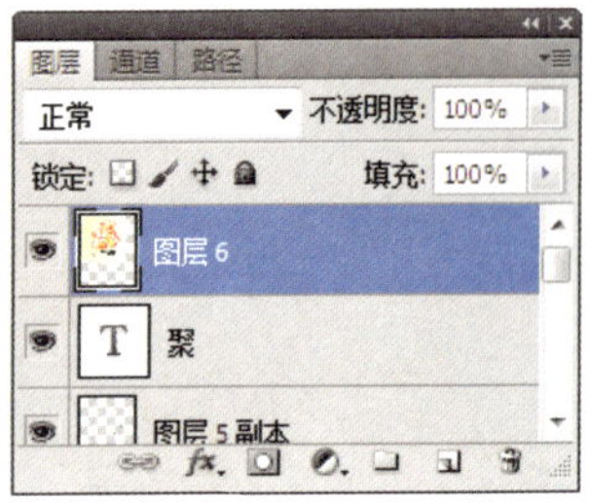

STEP 25 选择“聚”图层，选择“选择”|“载入选区”命令，弹出“载入选区”对话框，单击“确定”按钮，如下图所示。

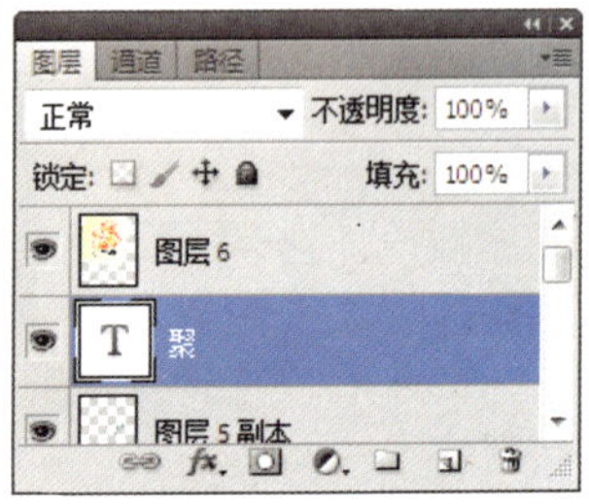

STEP 26 选择“图层 6”，单击“图层”面板中的“添加图层蒙版”按钮添加图层蒙版，如下图所示。

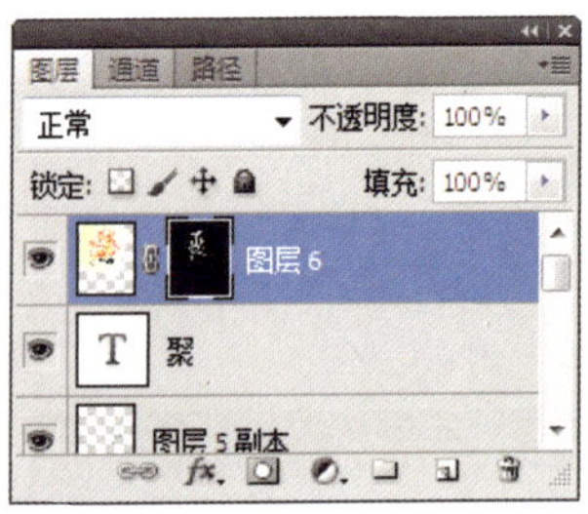

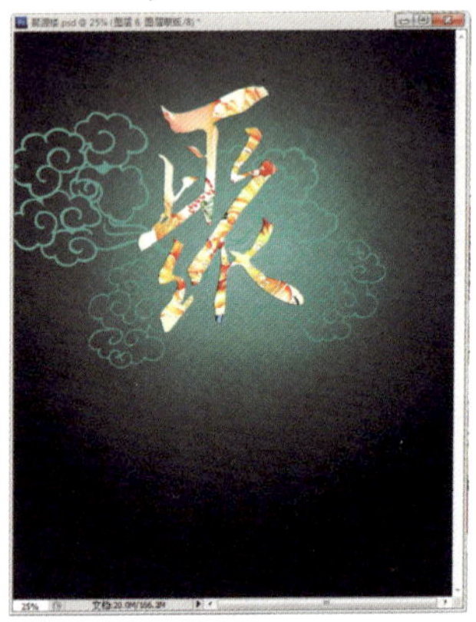

STEP 27 单击“图层”面板下方的“添加图层样式”按钮，在弹出的下拉菜单中选择“投影”命令，弹出“图层样式”对话框，在其中设置各项参数，然后单击“确定”按钮，如下图所示。

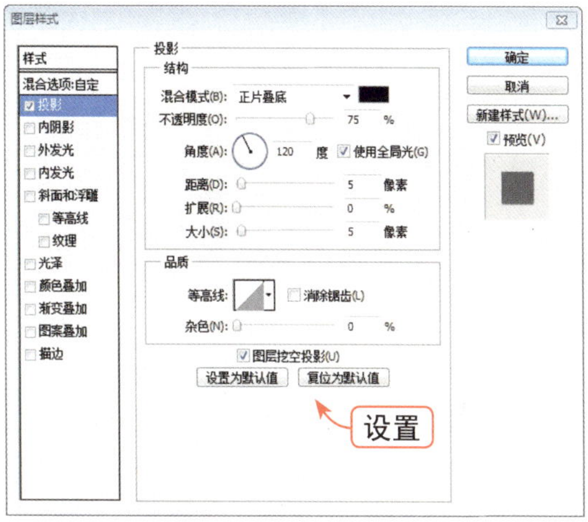

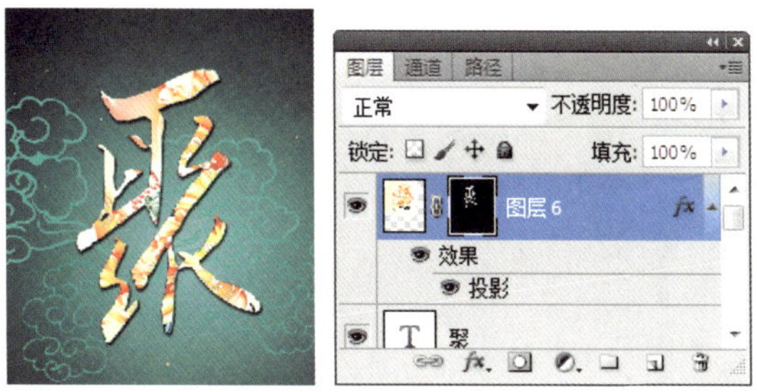

STEP 28 单击“图层”面板下方的“添加图层样式”按钮 fx.，在弹出的下拉菜单中选择“斜面和浮雕”命令，弹出“图层样式”对话框，在其中设置各项参数，然后单击“确定”按钮，如下图所示。

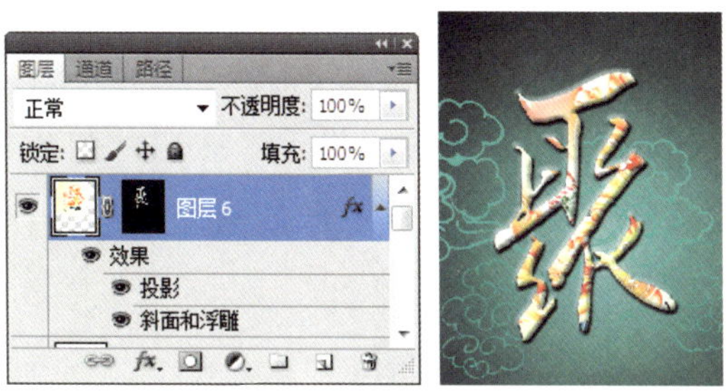

STEP 29 按【Ctrl+O】组合键，打开配套光盘中的“素材\第 12 章\12.4 聚源楼\牡丹纹碗.jpg”文件。选择钢笔工具，沿着瓷碗的边缘绘制路径，然后按【Ctrl+Enter】组合键将路径转换为选区，如下图所示。

STEP 30 使用“移动工具”拖动选区内的图像到“聚源楼”文件窗口中，按【Ctrl+T】组合键调整图像的大小和位置，如下图所示。

STEP 31 按【Ctrl+J】组合键复制瓷碗图层得到瓷碗副本图层，如下图所示。

STEP 32 单击“图层”面板下方的“添加图层蒙版”按钮。选择“渐变工具”，单击属性栏中的“点按可编辑渐变”按钮，打开“渐变编辑器”窗口，在其中设置各项参数，并选择“预设”选项区域中的“黑，白渐变”，然后单击“确定”按钮。单击属性栏中的“线性渐变”按钮，在蒙版中拖动绘制渐变，如下图所示。

STEP 33 按【Ctrl+O】组合键，打开配套光盘中的“素材\第 12 章\12.4 聚源楼\玉壶春瓶 .jpg”文件。按照步骤㉙～步骤㉜中的方法制作“玉壶春瓶”素材图像，得到的效果如下图所示。

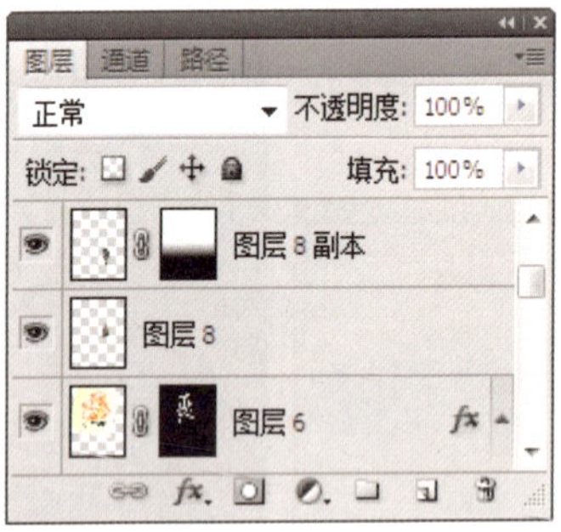

STEP 34 选择“横排文字工具”，输入文字“相聚”。在属性栏中的下拉列表中选择字体，在组合框中设置字符大小，效果如下图所示。

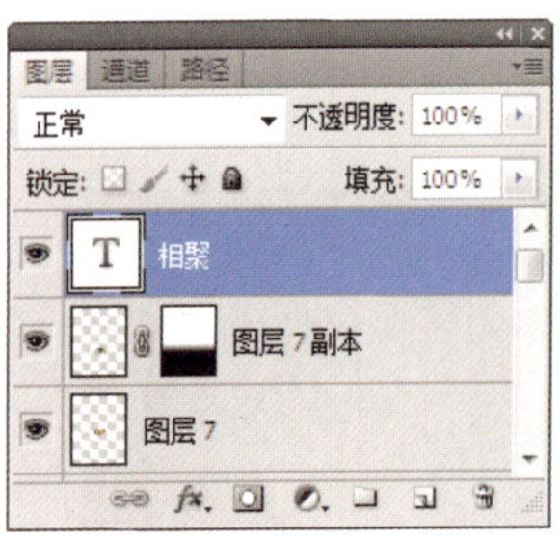

STEP 35 右击“相聚”图层，在弹出的快捷菜单中选择“栅格化文字”命令将文字栅格化，如下图所示。

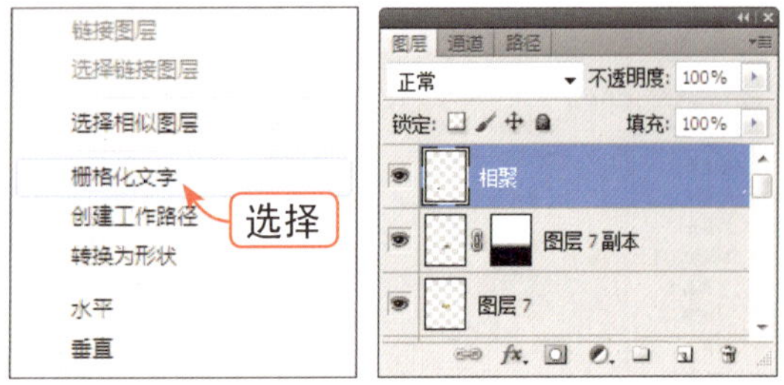

STEP 36 在工具箱中选择“渐变工具”，单击属性栏中的“点按可编辑渐变”按钮，在打开的窗口中设置各项参数，其中渐变色设置为（R:252，G:251，B:200）和（R:225，G:223，B:71），然后单击“确定”按钮，如下图所示。

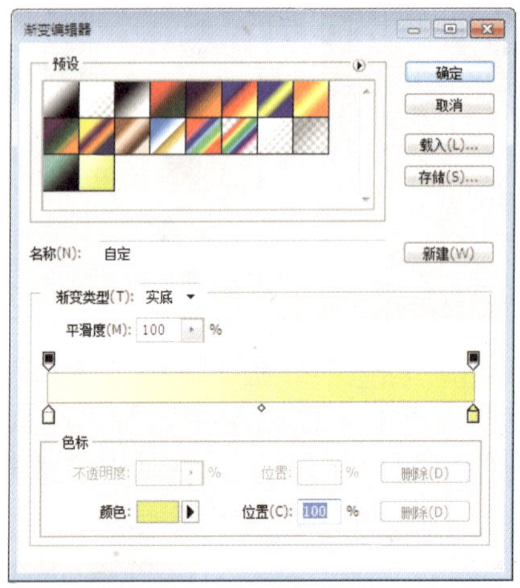

STEP 37 选择“选择”|“载入选区”命令，弹出“载入选区”对话框，单击“确定”按钮。在“相聚”图层上拖动鼠标绘制渐变，如下图所示。

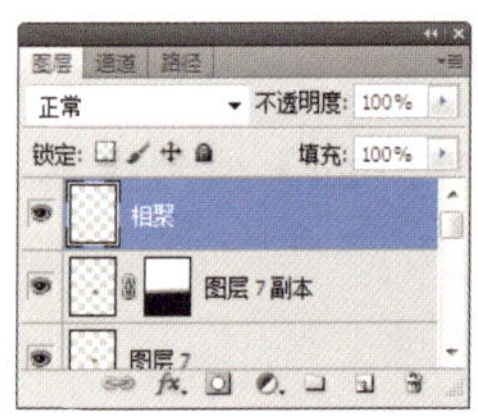

STEP 38 单击“图层”面板下方的“添加图层样式”按钮，在弹出的下拉菜单中选择“投影”命令，弹出“图层样式”对话框，在其中设置各项参数，然后单击“确定”按钮，如下图所示。

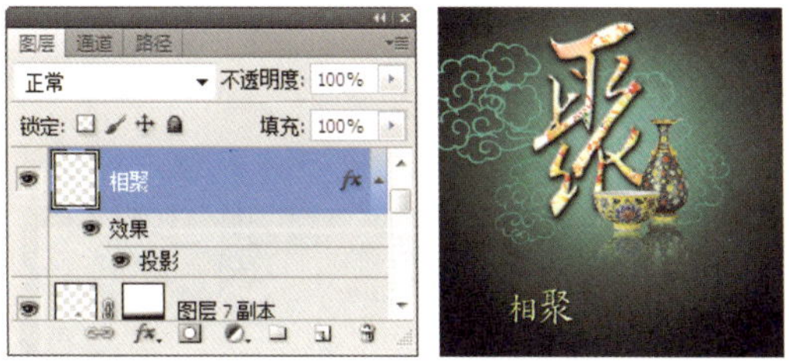

STEP 39 采用同样的方法制作其他文字的渐变和投影效果，如下图所示。

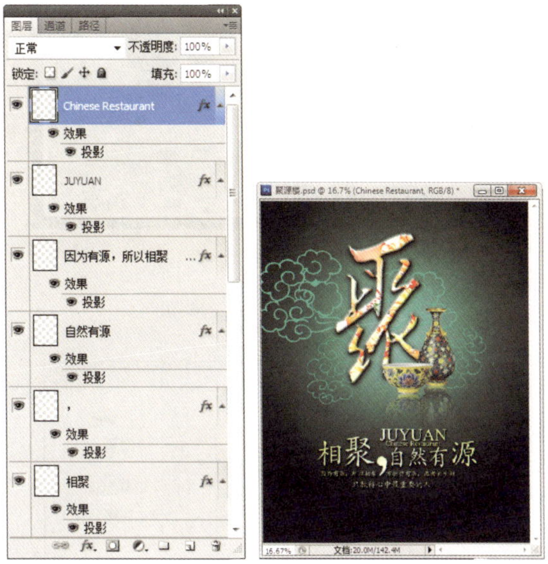

STEP 40 选择“横排文字工具”，输入“Cool Food 流连忘返 终生难忘”和“Meet 欢迎您的每一次到来”，并设置字体样式，如下图所示。

STEP 41 按【Ctrl+Shift+N】组合键，新建“图层 11”～“图层 14”。选择“矩形选框工具”，绘制一个长方形选区。设置前景色为（R:76，G:191，B:184），按【Alt+Delete】组合键将选区填充为前景色，按【Ctrl+T】组合键调整图形的大小，如下图所示。

STEP 42 选择“文件”|“打开”命令，打开配套光盘中的“素材\第 12 章\12.4 聚源楼”中的“标志 1.jpg”和“标志 2.jpg”文件。使用“移动工具”拖动标志图像到“聚源楼”文件窗口中，按【Ctrl+T】组合键调整图像的大小，如下图所示。

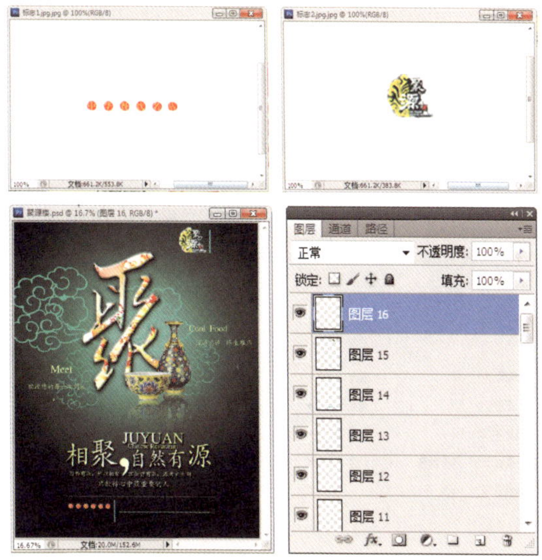

STEP 43 分别设置前景色为（R:216，G:8，B:57）和白色，在工具箱中选择“横排文字工具”，分别在文件窗口中单击并输入文字，即可得到如下图所示的最终效果。

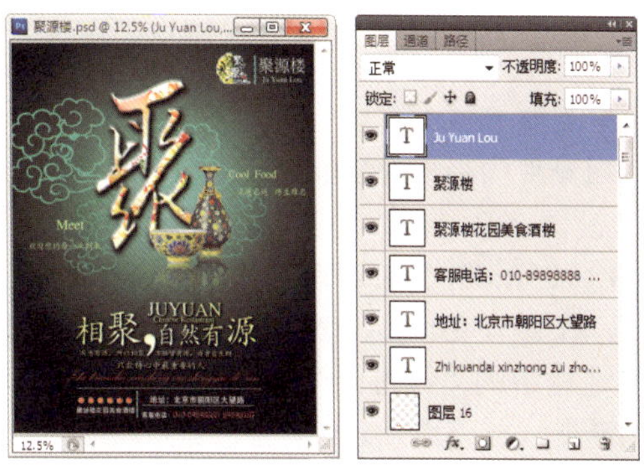

12.5 绿豆沙冰招贴设计

创意分析

本实例将讲解如何在 Photoshop CS5 中制作绿豆沙冰招贴广告。在招贴广告设计过程中以绿色为主色调，通过运用绿豆、水花和气泡等元素让整个招贴画面更加生动形象，通过对“冰爽无限”文字进行变形，使广告彰显个性，妙趣横生。

最终效果

本实例的最终效果参见配套光盘中的“源文件\第 12 章\绿豆沙冰招贴 .psd”。本实例的基本制作流程如右图所示。

制作步骤

STEP 01 选择“文件”|“新建”命令，弹出“新建”对话框，在其中设置文件名称为“绿豆沙冰”，并设置其他各项参数，然后单击“确定”按钮，如下图所示。

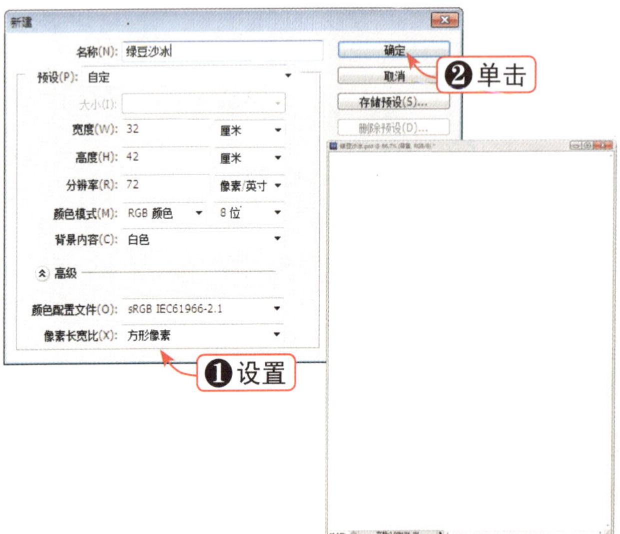

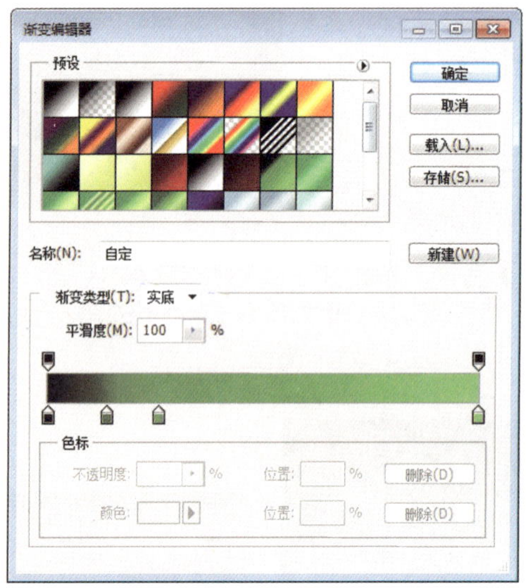

STEP 02 选择“渐变工具”，单击属性栏中的“点按可编辑渐变”按钮，打开“渐变编辑器”窗口，在其中设置各项参数，其中颜色值分别为（R:11，G:33，B:1）、（R:60，G:112，B:22）、（R:62，G:142，B:4）、（R:132，G:195，B:64），然后单击“确定”按钮。单击属性栏中的“线性渐变”按钮，在窗口中拖动绘制渐变，如下图所示。

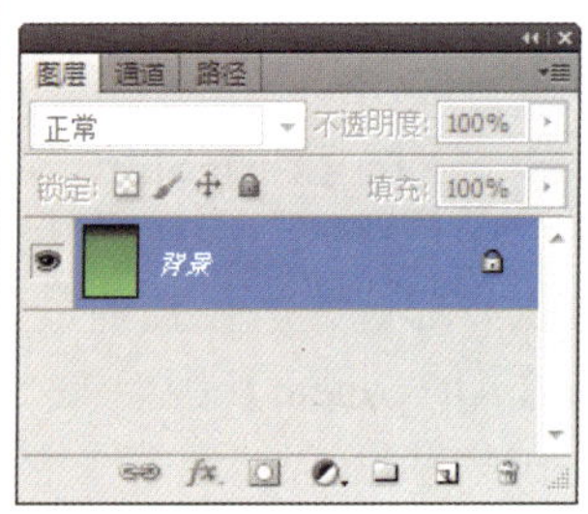

STEP 03 选择“文件”|“打开”命令，打开配套光盘中的“素材\第 12 章\12.5 绿豆沙冰\水花.jpg”文件。选择“魔棒工具”，选中白色区域，然后按【Delete】键删除选区中的内容，如下图所示。

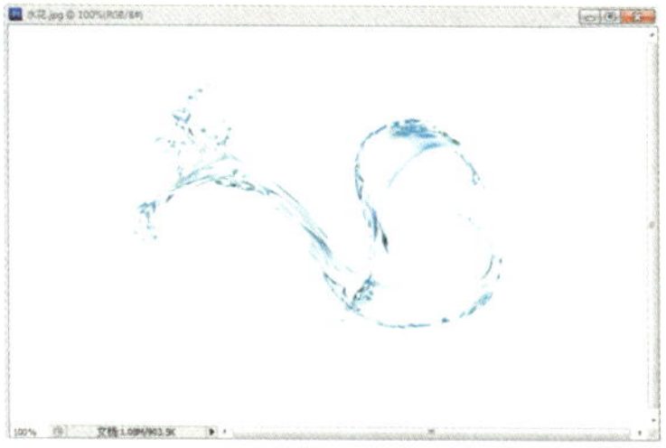

STEP 04 使用“移动工具”拖动“水花.jpg”图像到“绿豆沙冰”文件窗口中，按【Ctrl+T】组合键调整图像的大小和角度，如下图所示。

STEP 05 选择“图像”|“调整”|“色相/饱和度”命令，在弹出的“色相/饱和度”对话框中设置各项参数，然后单击“确定”按钮，如下图所示。

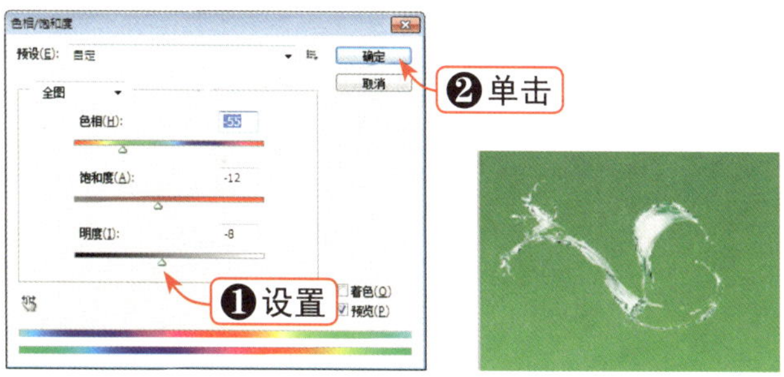

STEP 06 按住【Alt】键的同时拖动“图层 1”中的图像进行复制，然后按【Ctrl+T】组合键调整图形的大小、位置和角度，如下图所示。

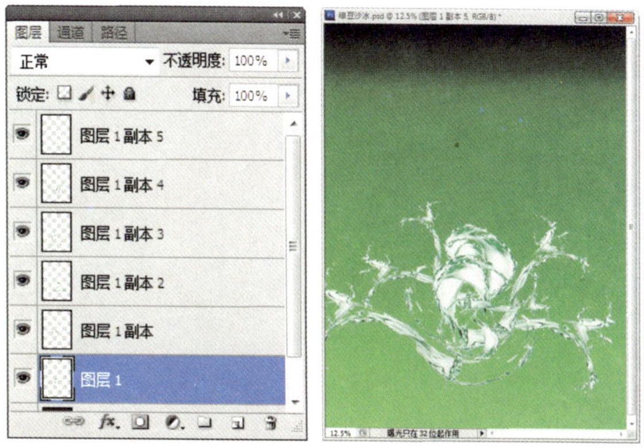

STEP 07 选择“文件”|“打开”命令，打开配套光盘中的“素材\第 12 章\12.5 绿豆沙冰”中的“冰块 1. jpg”、“冰块 2.jpg”和“冰块 3.jpg”文件。按照步骤③～步骤⑥中的方法进行制作，得到的效果如下图所示。

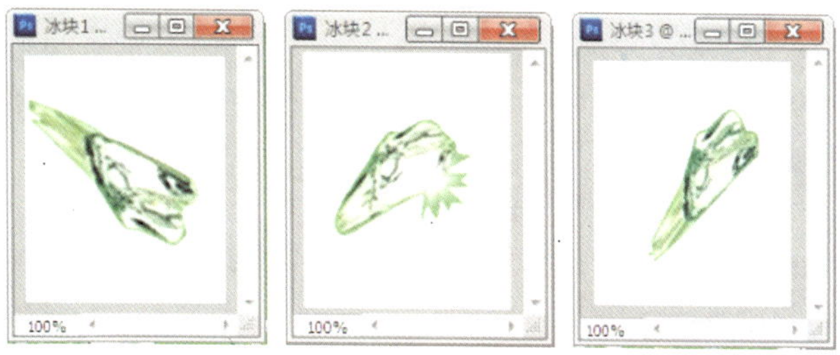

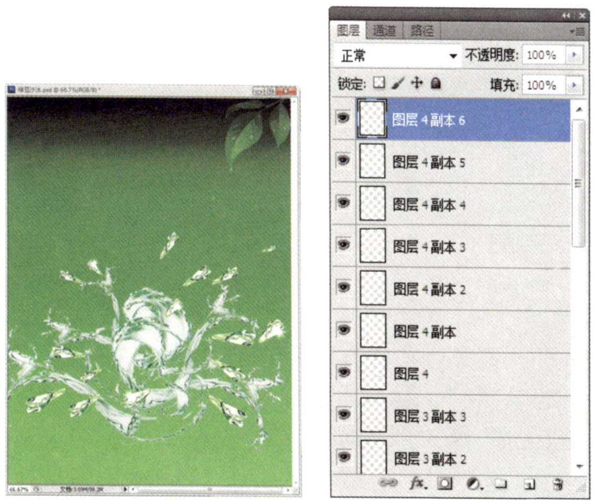

STEP 08 选择“文件”|“打开”命令，打开配套光盘中的“素材\第 12 章\12.5 绿豆沙冰\叶子 1.jpg”文件。选择“钢笔工具”，沿着叶子的边缘绘制路径，然后按【Ctrl+Enter】组合键将路径转换为选

区。使用“移动工具” 拖动“叶子 1.jpg”图像到“绿豆沙冰”文件窗口中，按【Ctrl+T】组合键调整图像的大小和位置，如下图所示。

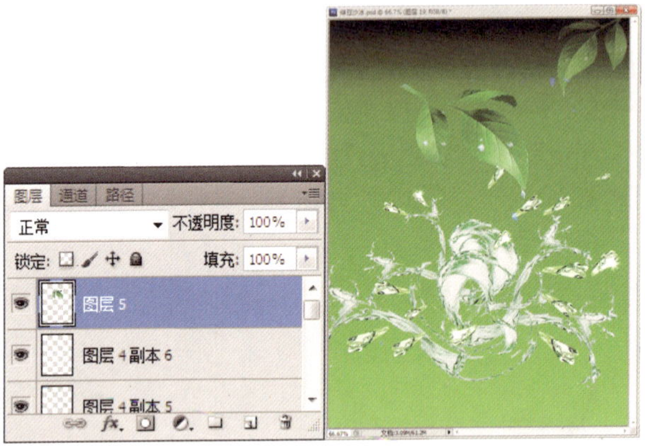

STEP 09 在“图层”面板中设置图层混合模式为“正常”，“不透明度”为 50%，如下图所示。

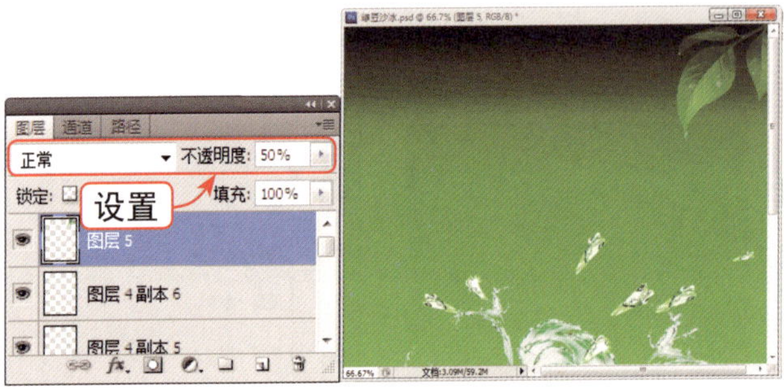

STEP 10 选择“文件”|“打开”命令，打开配套光盘中的“素材\第 12 章\12.5 绿豆沙冰”中的“绿豆沙 1.jpg”和“绿豆沙 2.jpg”文件。选择“魔棒工具” ，选中白色区域，然后按【Delete】键删除选区中的内容。使用“移动工具” 拖动“绿豆沙 1.jpg”和“绿豆沙 2.jpg”图像到“绿豆沙冰”文件窗口中，按【Ctrl+T】组合键调整图像的大小和位置，如下图所示。

STEP 11 选择“文件”|“打开”命令，打开配套光盘中的“素材\第 12 章\12.5 绿豆沙冰\绿豆 1.jpg”文件。选择“魔棒工具” ，选中白色区域，然后按【Delete】键删除选区中的内容。使用“移动工具” 拖动“绿豆 1.jpg”图像到“绿豆沙冰”文件窗口中，按【Ctrl+T】组合键调整图像的大小和位置。拖动“图层 8”改变图层的顺序，如下图所示。

STEP 12 选择“图像”|“调整”|“色相/饱和度”命令，在弹出的“色相/饱和度”对话框中设置各项参数，然后单击“确定”按钮，如下图所示。

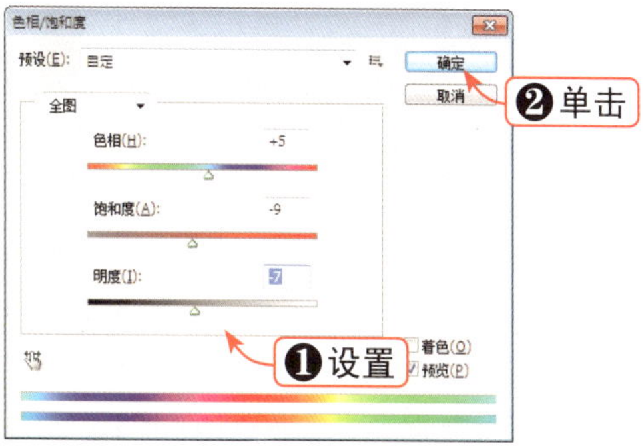

STEP 13 选择“文件”|“打开”命令，打开配套光盘中的“素材\第12章\12.5 绿豆沙冰\绿豆2.jpg”文件。选择“磁性套索工具”，沿着绿豆的边缘选中图像。使用“移动工具”拖动绿豆图像到“绿豆沙冰”文件窗口中。按住【Alt】键的同时拖动绿豆图像进行复制，然后按【Ctrl+T】组合键调整图像的大小和位置，如下图所示。

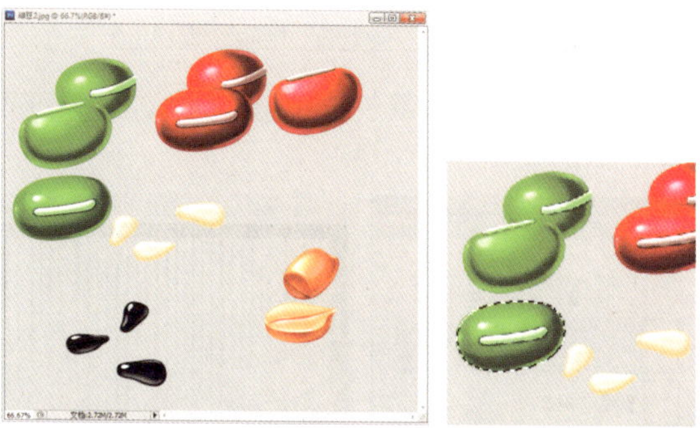

STEP 14 选择“文件”|“打开”命令，打开配套光盘中的“素材\第12章\12.5 绿豆沙冰\叶子2.jpg”文件。选择“魔棒工具”，选中白色区域，然后按【Delete】键删除选区中的内容。使用“移动工具”拖动“叶子2.jpg”图像到“绿豆沙冰”文件窗口中。按住【Alt】键的同时拖动“叶子2.jpg”图像进行复制，然后按【Ctrl+T】组合键调整图形的大小、位置和角度，如下图所示。

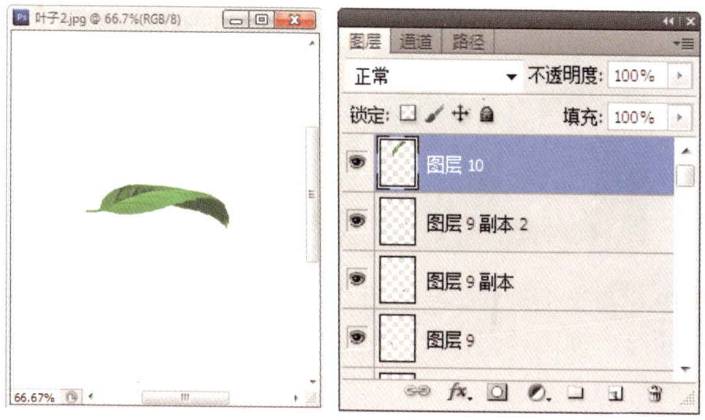

STEP 15 按【Ctrl+Shift+N】组合键新建“图层 11”。选择“椭圆选框工具”，按住鼠标左键并拖动即可创建椭圆选区。设置前景色为白色，按【Alt+Delete】组合键为选区填充颜色，如下图所示。

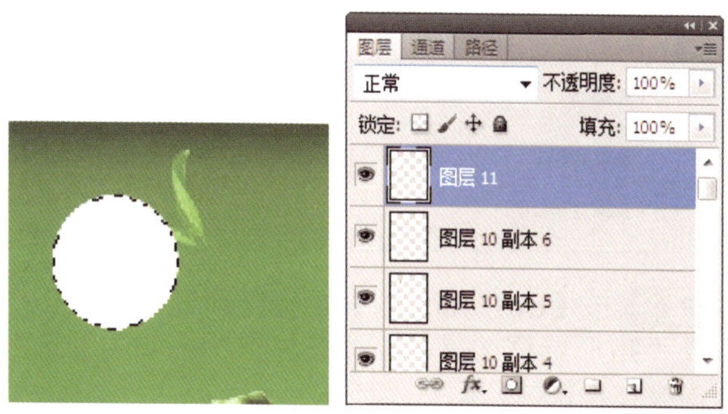

STEP 16 选择“选择”|“修改”|“羽化”命令，在弹出的对话框中将“羽化半径”设置为35，单击“确定”按钮。然后按【Delete】键进行删除，如下图所示。

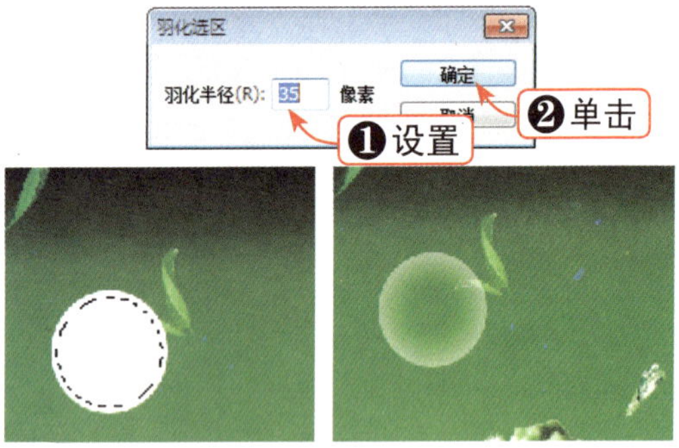

STEP 17 选择“画笔工具”，并设置笔尖、大小和硬度，如下图所示，然后在“图层11”上绘制出高光部分。

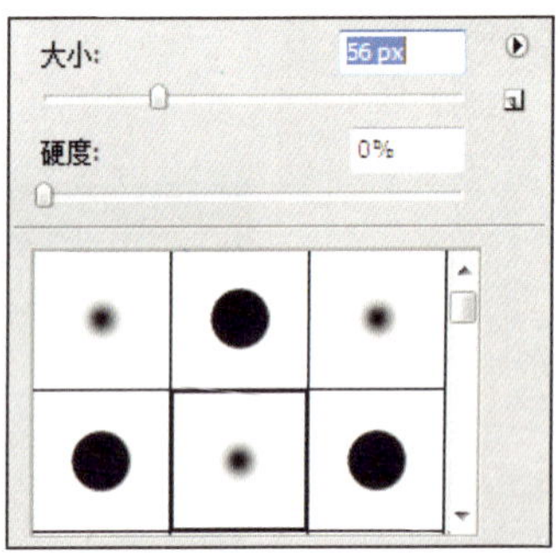

STEP 18 按住【Alt】键的同时拖动图像进行复制，然后按【Ctrl+T】组合键调整图形的大小、位置和角度，并在“图层”面板中设置图层混合模式为“正常”，“不透明度”为59%，如下图所示。

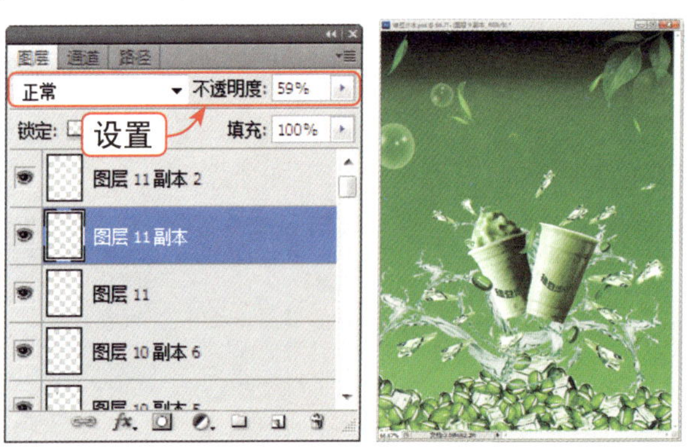

STEP 19 按【Ctrl+Shift+N】组合键新建“图层12”。选择“矩形选框工具”，按住鼠标左键并拖动即可创建矩形选区，如下图所示。

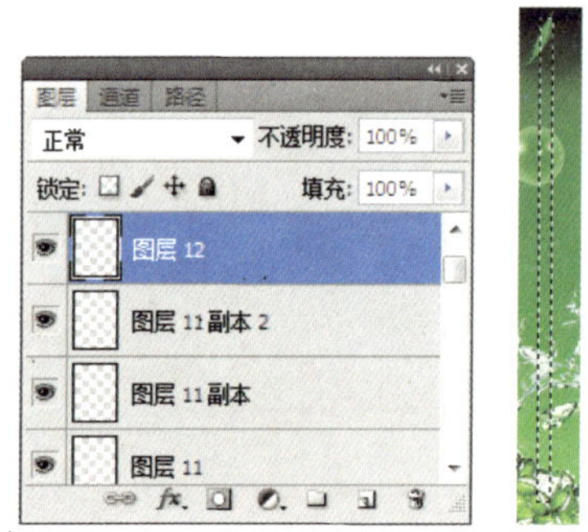

STEP 20 选择“渐变工具”，单击属性栏中的“点按可编辑渐变”按钮，打开“渐变编辑器”窗口，在其中设置各项参数，其中颜色值分别为（R:37，G:160，B:24）和白色，然后单击“确定”按钮。单击属性栏中的“线性渐变”按钮，在窗口中拖动绘制渐变，如下图所示。

STEP 21 按住【Alt】键的同时多次拖动图像进行复制，如下图所示。

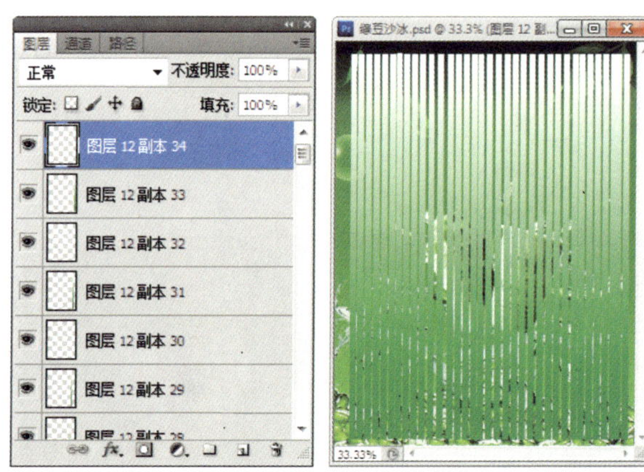

STEP 22 按【Ctrl+E】组合键向下合并图层，得到“图层12”。选择“滤镜”|“模糊”|“动感模糊”命令，在弹出的“动感模糊”对话框中设置各项参数，然后单击“确定”按钮，如下图所示。

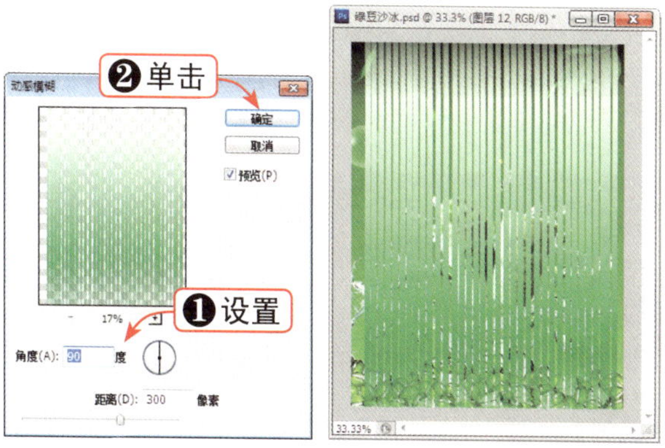

STEP 23 选择“滤镜”|“扭曲”|“极坐标”命令，在弹出的“极坐标”对话框中设置各项参数，然后单击“确定”按钮，如下图所示。

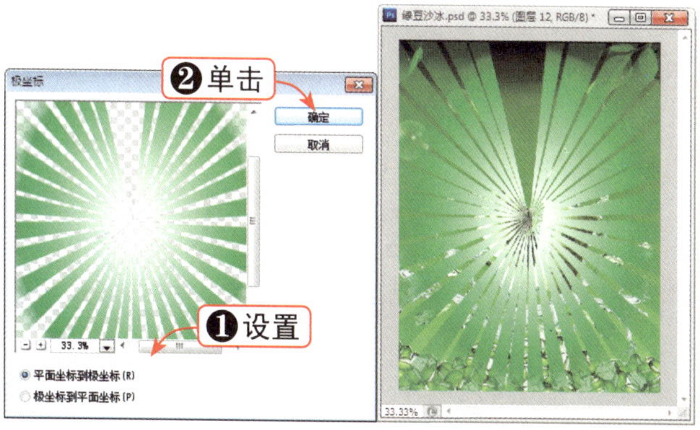

STEP 24 按【Ctrl+T】组合键调整图形的大小、位置和角度，如下图所示。

STEP 25 单击“图层”面板下方的“添加图层蒙版”按钮，设置前景色为黑色，在工具箱中选择“画笔工具”，然后在图层蒙版上进行涂抹以隐藏图形，如下图所示。

STEP 26 选择“滤镜”|“渲染”|“光照效果”命令，在弹出的“光照效果”对话框中设置各项参数，然后单击“确定”按钮，如下图所示。

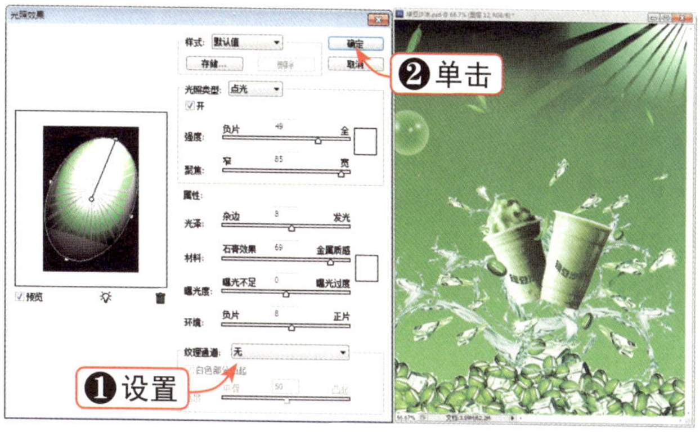

STEP 27 按【Ctrl+M】组合键，在弹出的“曲线”对话框中调整曲线，然后单击“确定”按钮，如下图所示。

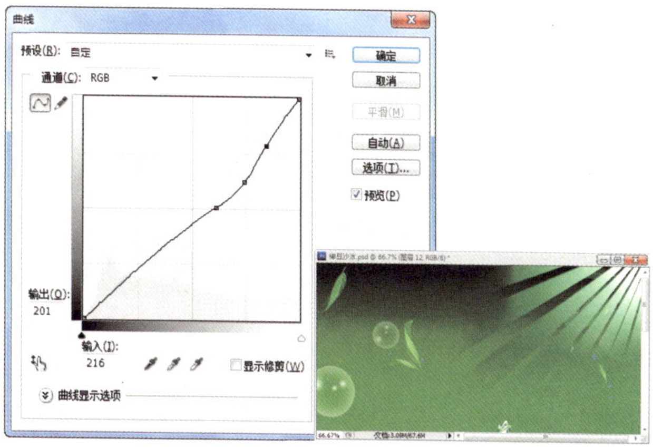

STEP 28 按住鼠标左键将“图层 12”拖至“图层 4 副本 6”和“图层 5”之间，然后释放鼠标左键，图像效果如下图所示。

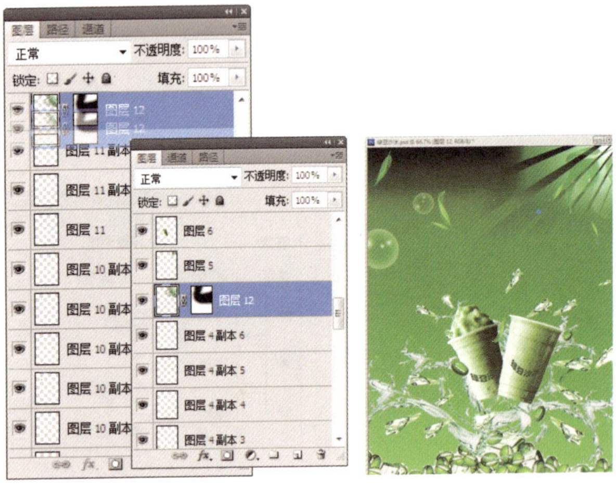

STEP 29 选择“横排文字工具” T，输入文字“冰爽无限”，并设置字体样式，如下图所示。

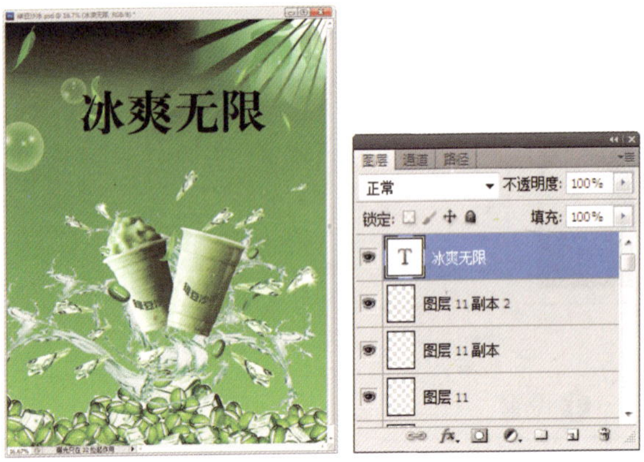

STEP 30 右击“冰爽无限”图层，在弹出的快捷菜单中选择“创建工作路径”命令，如下图所示。

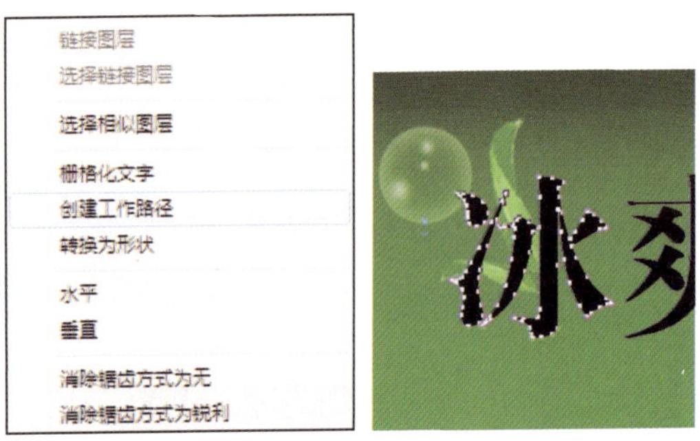

STEP 31 按【Ctrl+Shift+N】组合键新建“图层 13”。选择“转换点工具”，然后对路径进行变形，如下图所示。

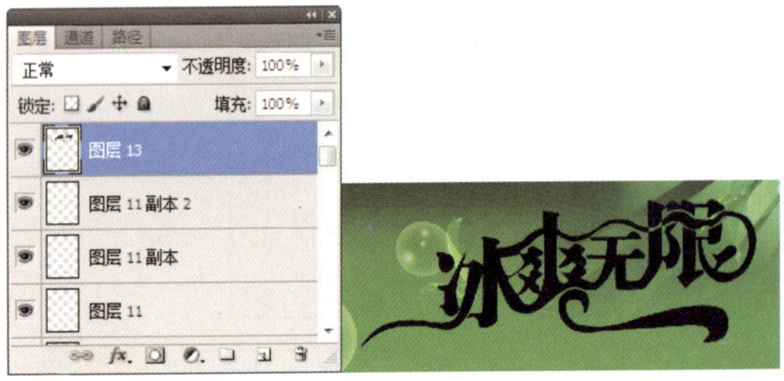

STEP 32 按住【Alt】键的同时拖动“图层 13”进行复制，如下图所示。

STEP 33 调整“图层 13 副本”的图层顺序，按【Ctrl+E】组合键向下合并图层，得到“图层 13 副本”图层，如下图所示。

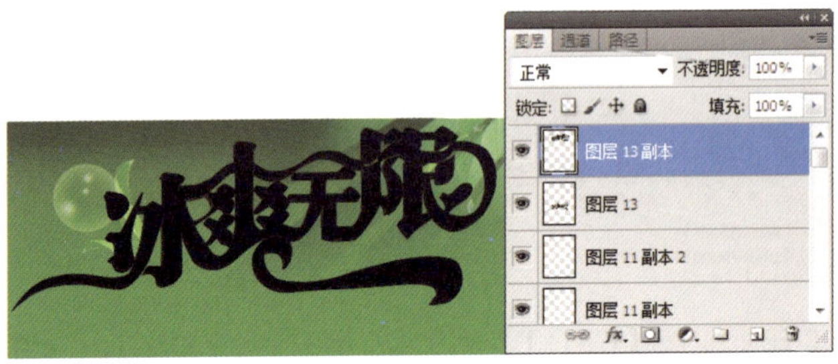

STEP 34 选择“选择”|“载入选区”命令，在弹出的“载入选区”对话框中设置各项参数，然后单击“确定”按钮，如下图所示。

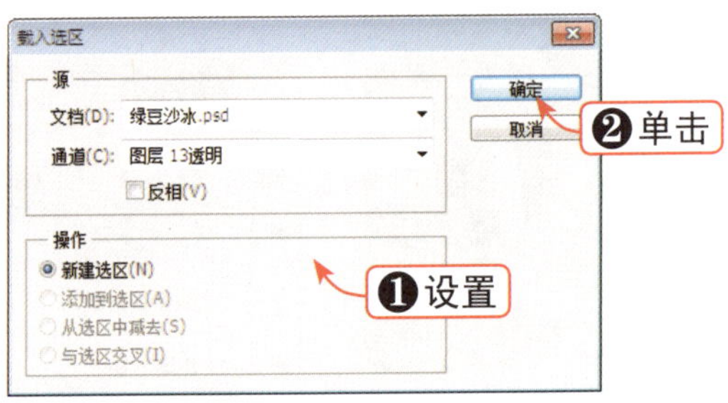

STEP 35 选择“渐变工具”，单击属性栏中的“点按可编辑渐变”按钮，打开“渐变编辑器”窗口，在其中设置各项参数，其中颜色值分别为（R:25，G:154，B:12）、（R:214，G:244，B:122）、（R:49，G:129，B:10）、（R:211，G:248，B:123）、（R:69，G:147，B:11）、（R:230，G:252，B:80）、（R:105，G:189，B:23）、（R:227，G:245，B:105）、（R:69，G:178，B:20）和（R:227，G:245，B:105），然后单击“确定”按钮。单击属性栏中的“径向渐变”按钮，在窗口中拖动绘制渐变，如下图所示。

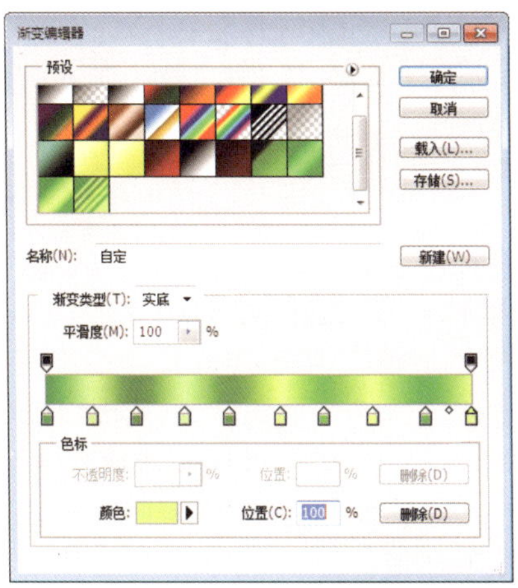

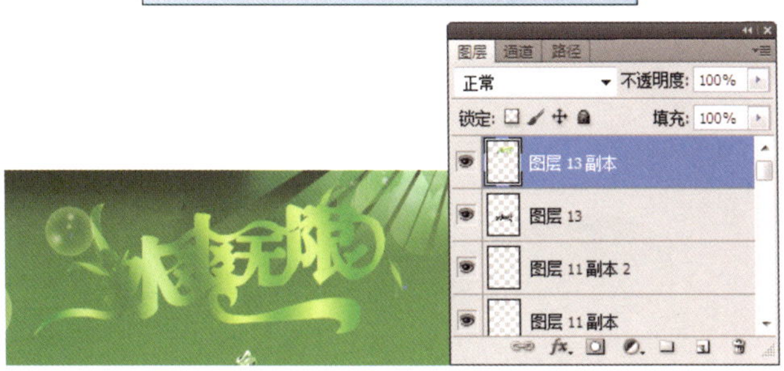

STEP 36 选择“图层13”，选择“选择”|“载入选区”命令，在弹出的对话框中单击“确定”按钮。在工具箱中选择“渐变工具”，在其属性栏中单击“点按可编辑渐变”按钮，在打开的窗口中设置各项参数，其中渐变颜色设置为（R:25，G:154，B:12）、（R:163，G:217，B:47）、（R:230，G:252，B:80）、（R:179，G:229，B:71）和（R:69，G:178，B:20），单击“确定”按钮，然后单击属性栏中的“线性渐变”按钮，在窗口中拖动绘制渐变，如下图所示。

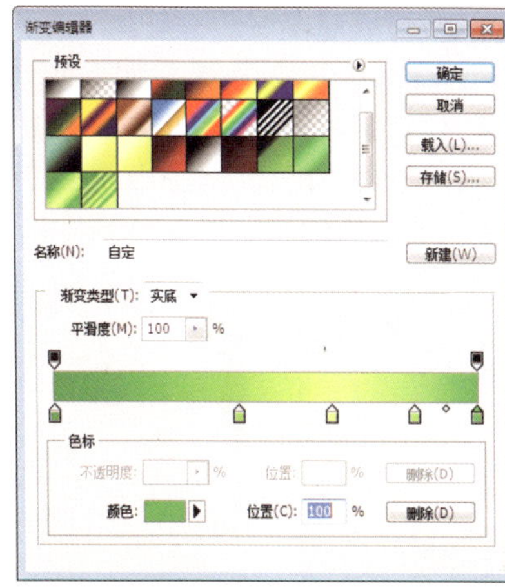

STEP 37 调整图层的顺序，效果如下图所示。

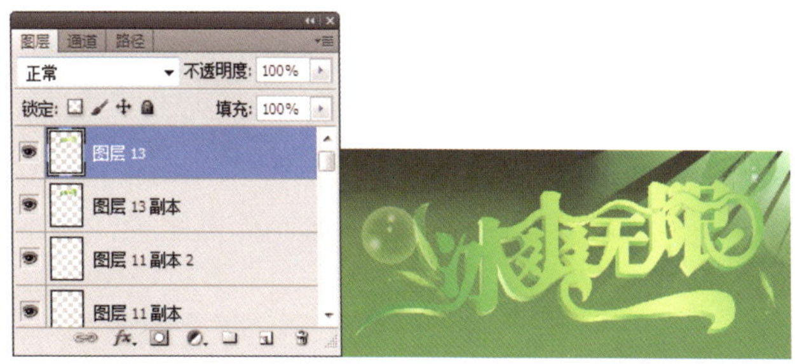

STEP 38 按照步骤㉜～步骤㊲中的方法制作“绿豆沙/绿豆冰沙”图层，如下图所示。

STEP 39 按【Ctrl+Shift+N】组合键新建“图层14”。选择“钢笔工具”，然后绘制路径，按【Ctrl+Enter】组合键将其载入选区。选择“渐变工具”，单击属

性栏中的“点按可编辑渐变”按钮，打开“渐变编辑器”窗口，在其中设置各项参数，其中颜色值分别为（R:17，G:141，B:4）、（R:176，G:232、B:56）、（R:224，G:242，B:72）、（R:166，G:219，B:52）和（R:67，G:153，B:29），然后拖动鼠标绘制渐变，如下图所示。

STEP 40 选择“编辑”|“描边”命令，在弹出的“描边”对话框中设置各项参数，然后单击“确定”按钮，如下图所示。

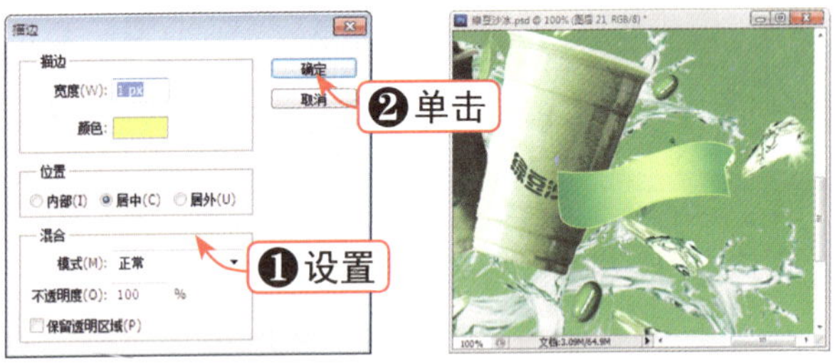

STEP 41 使用同样的操作方法绘制椭圆路径，如下图所示。

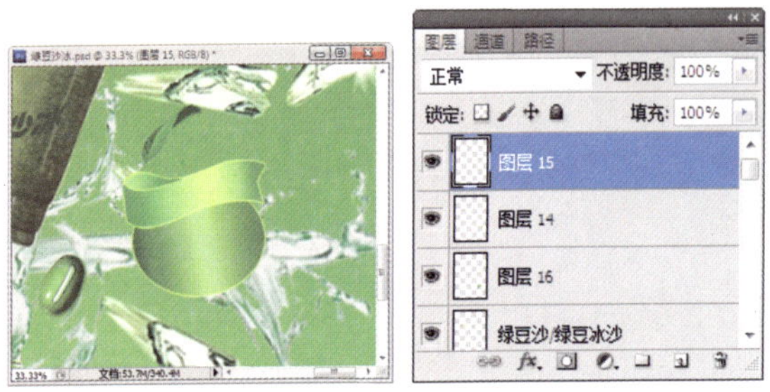

STEP 42 选择“横排文字工具”T，输入文字“隆重推荐”。单击属性栏中的“创建文字变形”按钮，在弹出的对话框中设置各项参数，并单击“确定”按钮。然后按【Ctrl+T】组合键调整文字的大小，如下图所示。

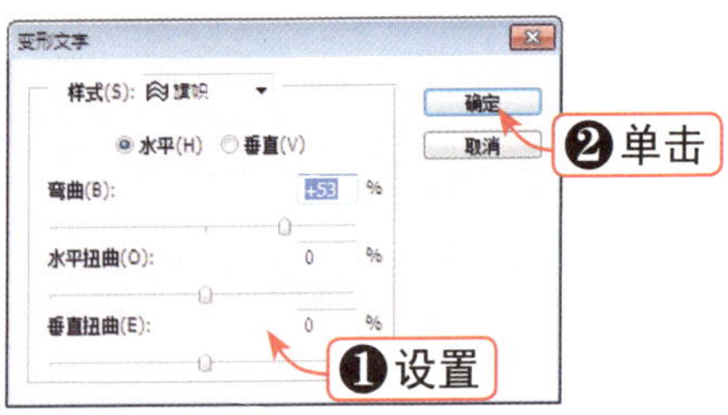

STEP 43 选择“横排文字工具”T，输入文字“新”，然后按【Ctrl+T】组合键调整文字的大小，如下图所示。

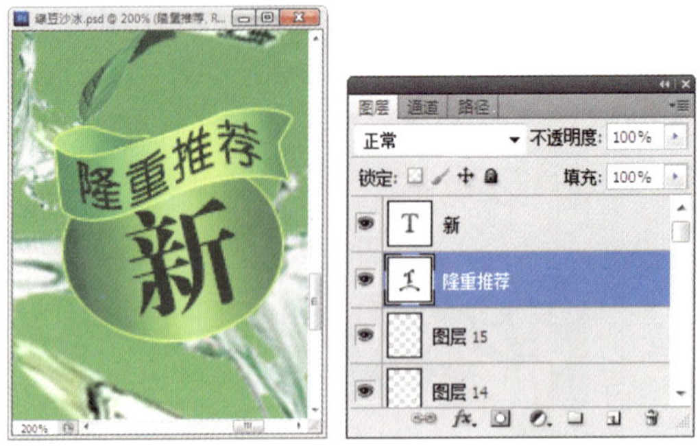

STEP 44 选择“文件”|“打开”命令，打开配套光盘中的“素材\第12章\12.5 绿豆沙冰\标志.jpg”文件。选择“魔棒工具”，选中白色区域，再按【Delete】键删除选区中的内容。使用“移动工具”拖动“标志.jpg”图像到“绿豆沙冰”文件窗口中，然后按【Ctrl+T】组合键调整图形的大小、位置和角度，如下图所示。

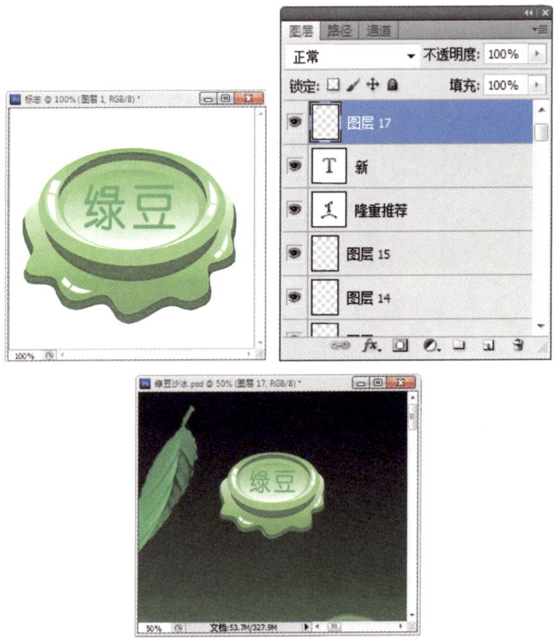

STEP 45 选择“横排文字工具” T，然后输入广告文字，并设置字体的颜色和样式，即可得到如下图所示的最终效果。

12.6 扬帆庆典招贴设计

创意分析

本实例将讲解如何在 Photoshop CS5 中制作扬帆庆典招贴。在庆典招贴设计过程中通过运用舞台、灯光等表现手法，烘托出扬帆的标志和年份，通过对主题运用醒目的红色，使其更能吸引人们的视线，也更能表现出扬帆公司 40 周年庆典的欢快氛围。

最终效果

本实例的最终效果参见配套光盘中的“源文件\第 12 章\扬帆招贴 .psd”。本实例的基本制作流程如右图所示。

制作步骤

STEP 01 选择“文件”|“新建”命令，在弹出的“新建”对话框中设置各项参数，然后单击“确定”按钮，如下图所示。

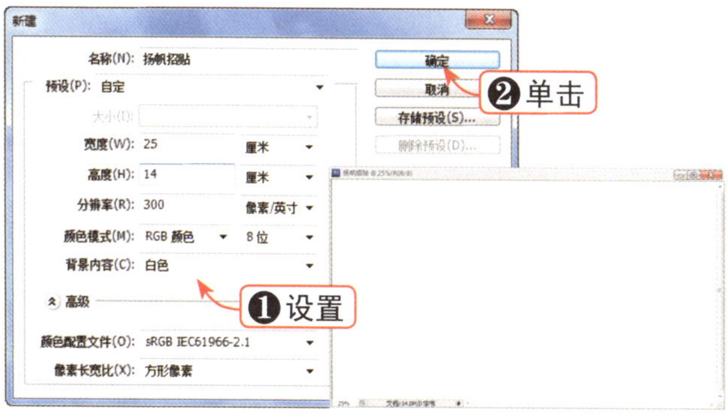

STEP 02 选择“渐变工具”，单击属性栏中的“点按可编辑渐变”按钮，打开“渐变编辑器”窗口，在窗口中设置各项参数，其中颜色值分别为（R:57，G:25，B:219）和（R:3，G:28，B:56），然后单击“确定”按钮。单击属性栏中的“线性渐变”按钮，在窗口中拖动绘制渐变，如下图所示。

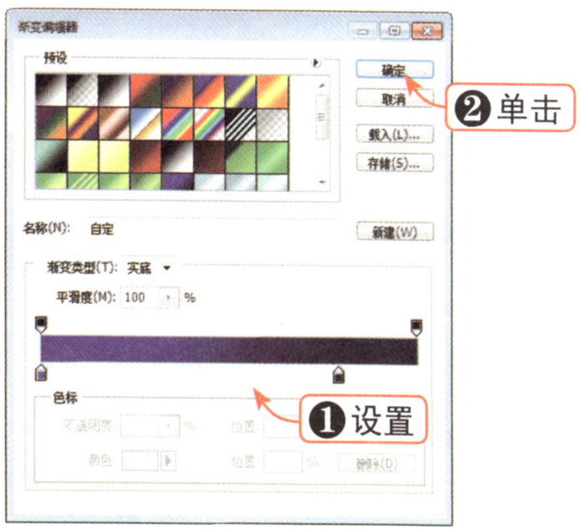

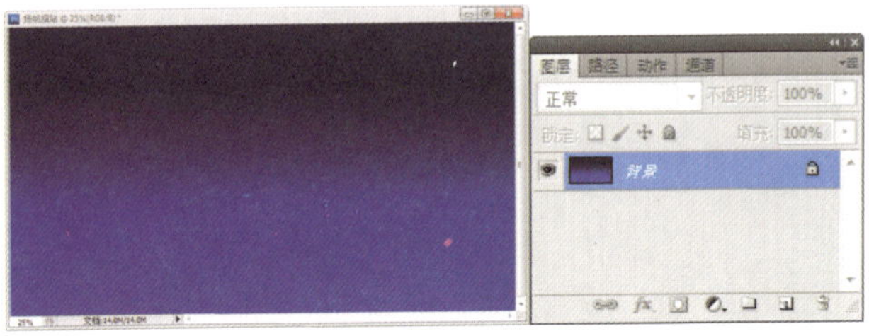

STEP 03 选择"画笔工具" ，单击属性栏中的 按钮，在打开的“画笔”面板中设置画笔的各项参数，如下图所示。

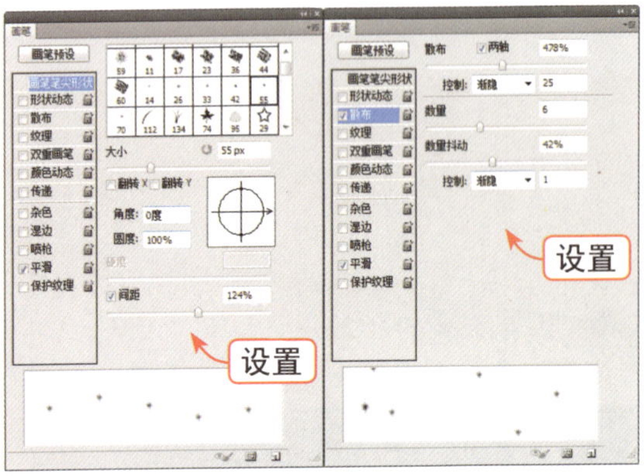

STEP 04 按【Ctrl+Shift+N】组合键新建“图层 1”。设置前景色为白色，使用“画笔工具”在“图层 1”中进行绘制，可以根据需要改变画笔直径，如下图所示。

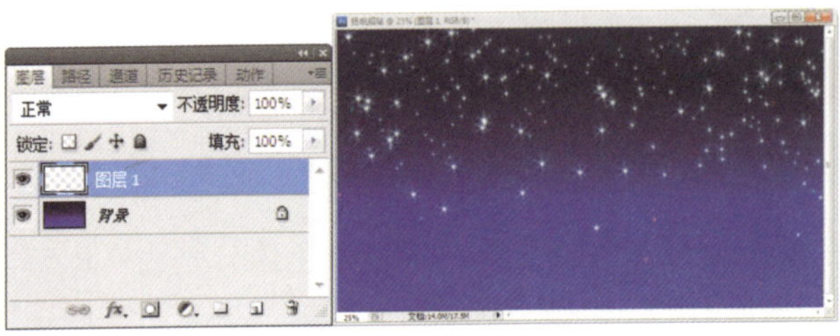

STEP 05 选择“文件”|“打开”命令，打开配套光盘中的“素材\第 12 章\12.6 扬帆招贴\地砖.jpg”文件。选择“图像”|“调整”|“色阶”命令，在弹出的“色阶”对话框中设置各项参数，然后单击“确定”按钮，如下图所示。

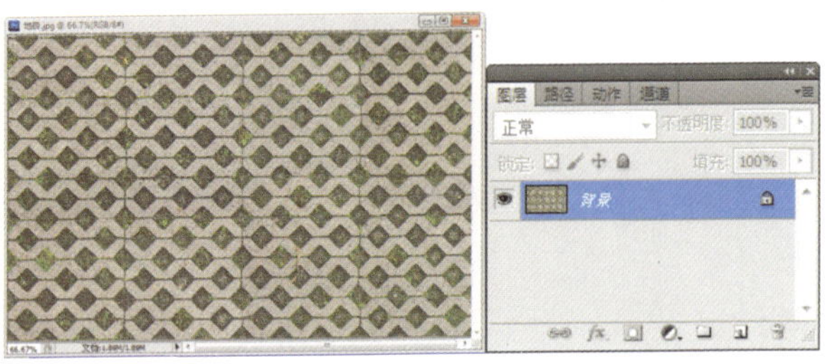

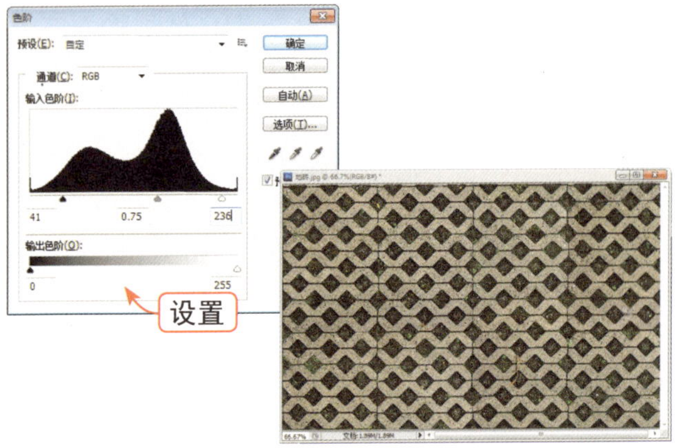

STEP 06 按【Ctrl+B】组合键，在弹出的“色彩平衡”对话框中设置各项参数，然后单击“确定”按钮，如下图所示。

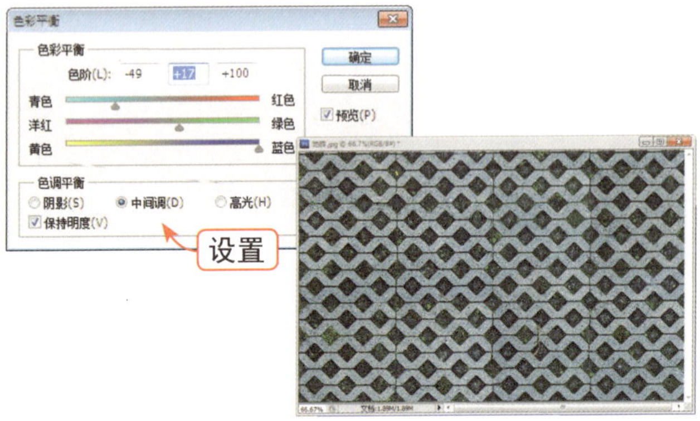

STEP 07 使用“移动工具” ，拖动图像到“扬帆招贴”文件窗口中。按【Ctrl+T】组合键，调整图像的大小和位置，选择“编辑”|“变换”|“透视”命令，对图像进行透视变换，如下图所示。

STEP 08 选择“文件”|“打开”命令，打开配套光盘中的“素材\第 12 章\12.6 扬帆招贴\夜景楼 1.jpg”文件。选择“钢笔工具” ，并沿着楼房的边缘绘制路径，然后按【Ctrl+Enter】组合键将路径转换为选区，如下图所示。

STEP 09 使用“移动工具”，拖动图像到“扬帆招贴”文件窗口中。按【Ctrl+T】组合键调整图像的大小和位置，然后选择“编辑”|“变换”|“透视”命令，对图像进行透视变换，如下图所示。

STEP 10 选择“图像”|“调整”|“色阶”命令，在弹出的“色阶”对话框中设置各项参数，然后单击“确定”按钮，如下图所示。

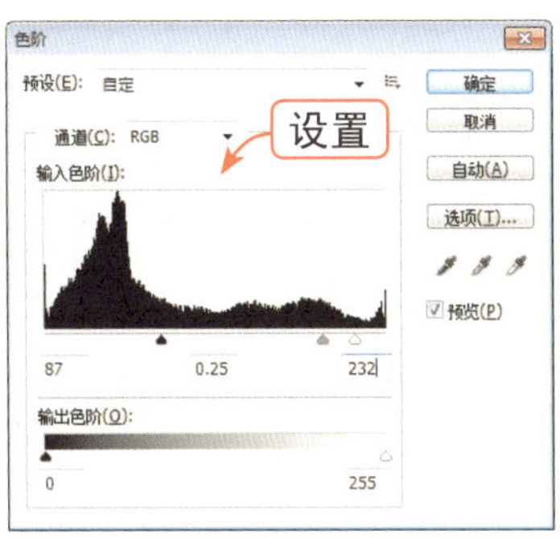

STEP 11 选择“图像”|“调整”|“色相/饱和度”命令，在弹出的“色相/饱和度”对话框中设置各项参数，然后单击“确定”按钮，如下图所示。

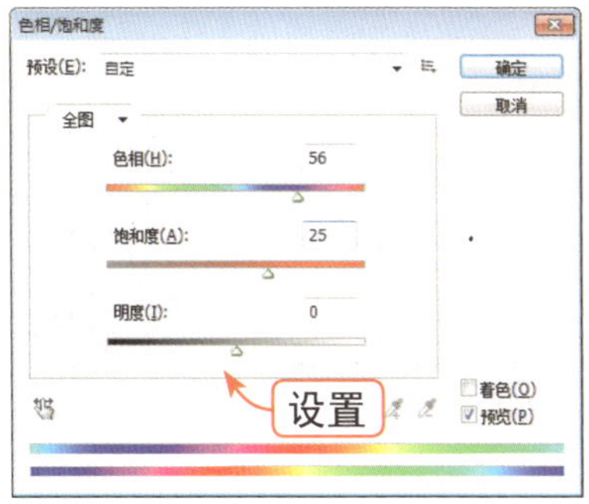

STEP 12 选择“图像”|“调整”|“色彩平衡”命令，在弹出的“色彩平衡”对话框中设置各项参数，然后单击“确定”按钮，如下图所示。

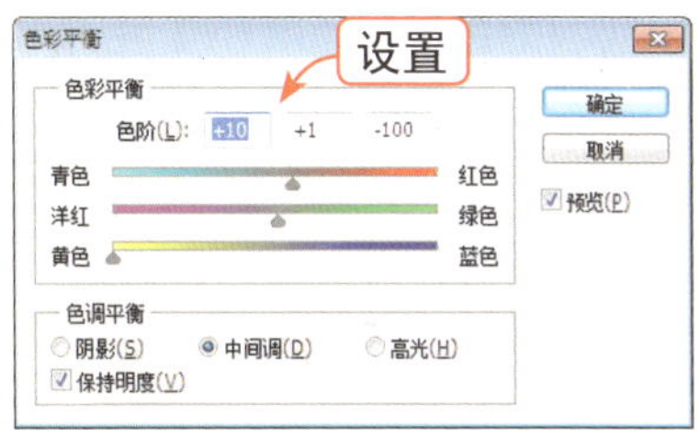

STEP 13 选择“文件”|“打开”命令，打开配套光盘中的“素材\第12章\12.6 扬帆招贴”中的“夜景楼2.jpg”、“夜景楼3.jpg”和“夜景楼4.jpg”文件。按照步骤⑧～步骤⑫中的方法进行操作，得到的效果如下图所示。

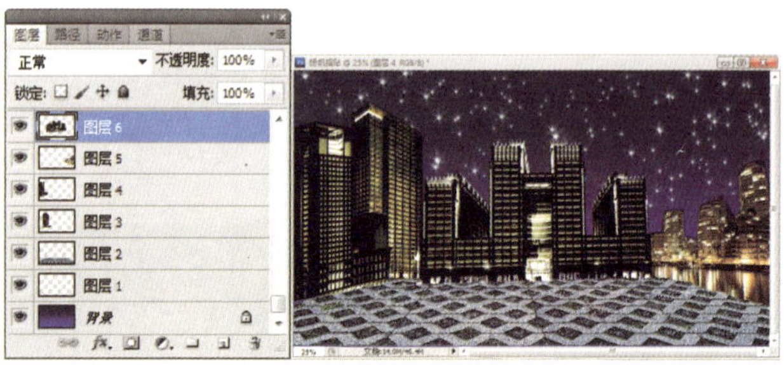

STEP 14 单击“图层”面板中的“创建新组”按钮，新建“舞台 1”组。按【Ctrl+Shift+N】组合键在组中新建“图层 7”。选择“钢笔工具”，绘制矩形路径，并注意透视关系，然后按【Ctrl+Enter】组合键将路径转换为选区，如下图所示。

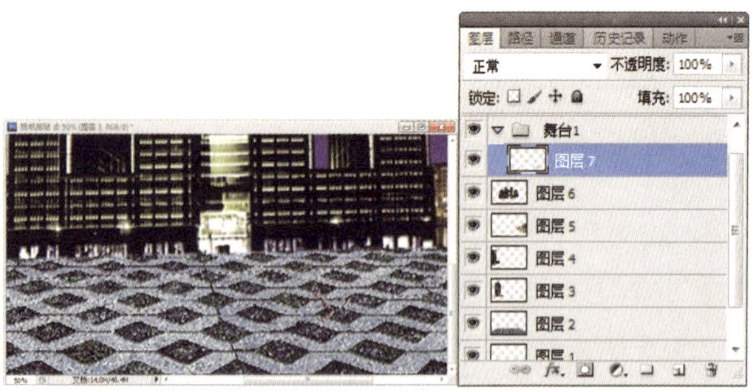

STEP 15 选择“渐变工具”，单击属性栏中的“点按可编辑渐变”按钮，打开“渐变编辑器”窗口，在窗口中设置各项参数，其中颜色值分别为（R：180，G：215，B：209）、（R：231，G：243，B：243）和（R：129，G：171，B：165），然后单击“确定”按钮。单击属性栏中的“线性渐变”按钮，在窗口中拖动绘制渐变，如下图所示。

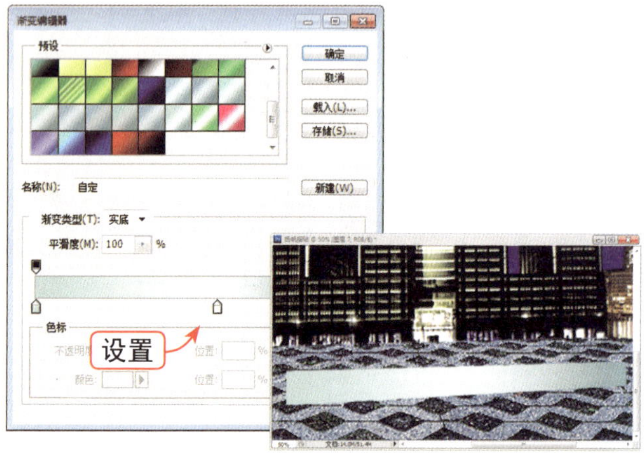

STEP 16 按照步骤⑭～步骤⑮中的方法进行操作，并新建“舞台 2”组，得到的效果如下图所示。

STEP 17 选择“文件”|“新建”命令，在弹出的“新建”对话框中设置各项参数，然后单击“确定”按钮，如下图所示。

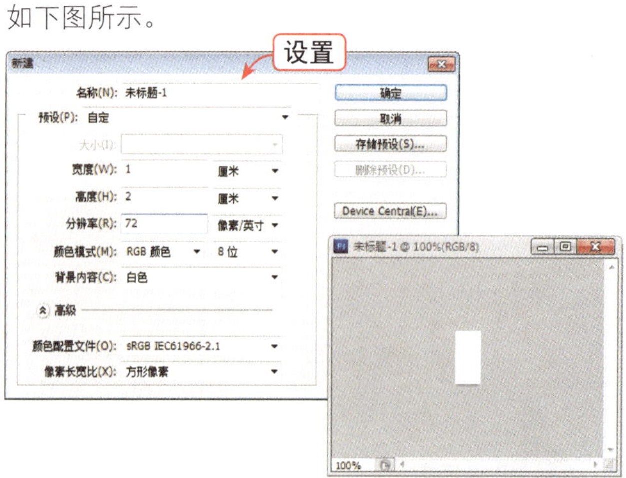

STEP 18 选择“矩形选框工具”，按住鼠标左键并拖动即可创建矩形选区，然后按【Ctrl+Delete】组合键填充背景色，如下图所示。

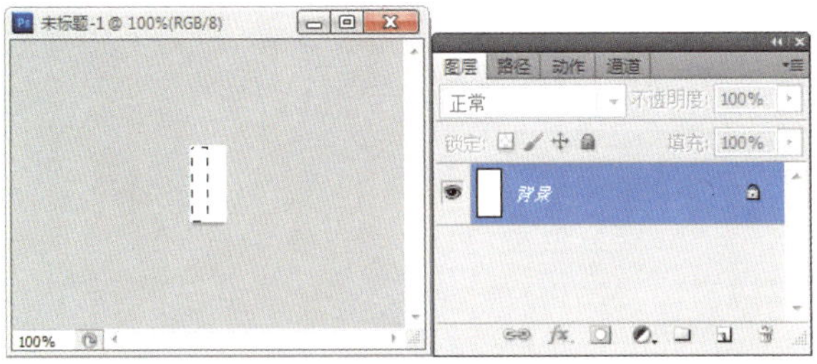

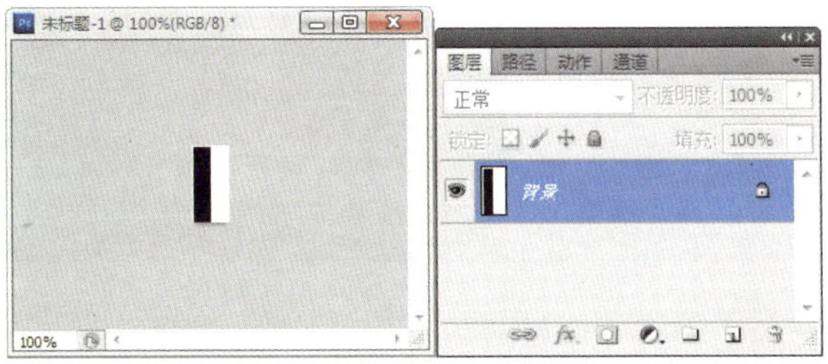

STEP 19 设置背景色为（R：8，G：86，B：10），按照步骤⑱中的方法进行操作，如下图所示。

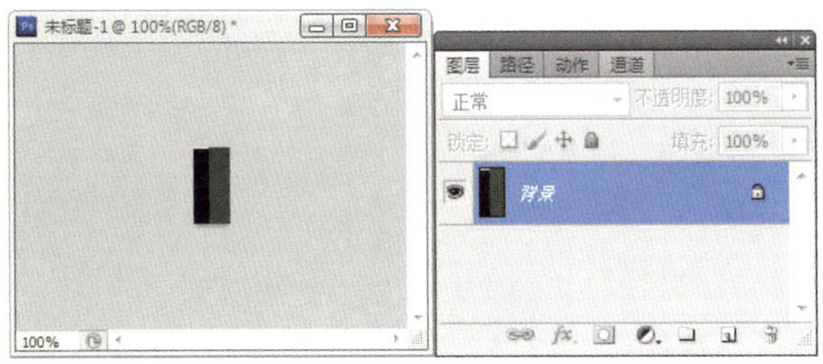

STEP 20 选择“编辑”|“定义图案”命令，在弹出的“图案名称”对话框中设置参数，然后单击“确定”按钮。选择“油漆桶工具”，并在属性栏中设置参数，如下图所示。

STEP 21 切换到“扬帆招贴”文件窗口，使用“钢笔工具”在其中绘制矩形路径，并注意透视关系，然后按【Ctrl+Enter】组合键将路径转换为选区，最后用“油漆桶工具”进行填充，如下图所示。

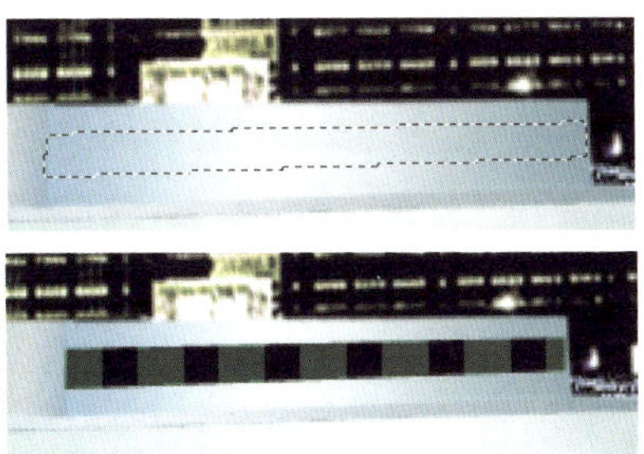

STEP 22 按照步骤㉑中的方法进行操作，得到的效果如下图所示。

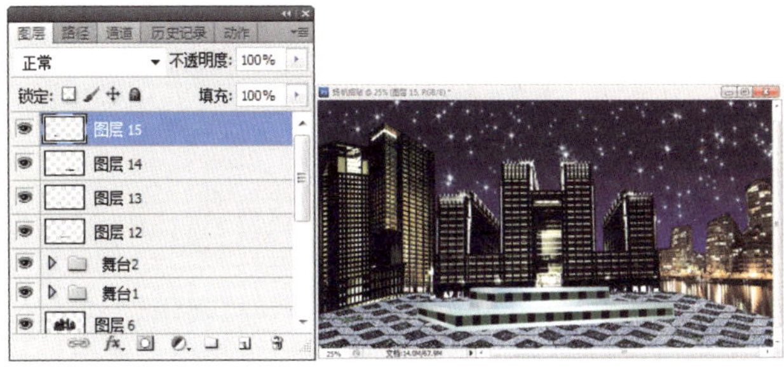

STEP 23 将“图层 12”和“图层 14”的图层混合模式设置为“强光”，如下图所示。

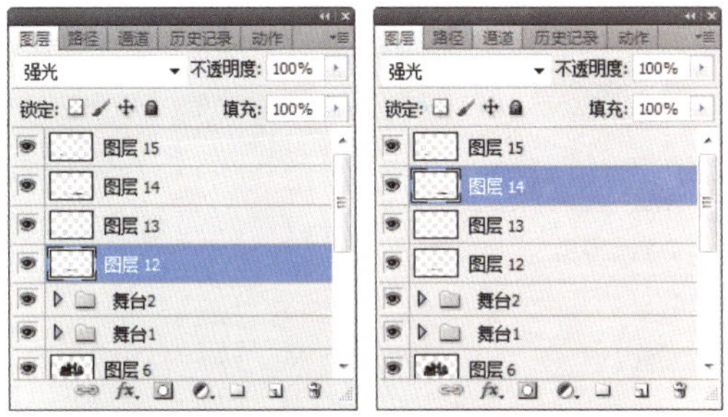

STEP 24 选择“横排文字工具”T，输入“1969-2009”，并在属性栏中设置各项参数，如下图所示。

STEP 25 按【Ctrl+T】组合键调整图形的大小、位置和角度，然后选择“编辑”|“变换”子菜单中的命令调整其透视关系，如下图所示。

STEP 26 右击“1969-2009”图层，在弹出的快捷菜单中选择“栅格化文字”命令，如下图所示。

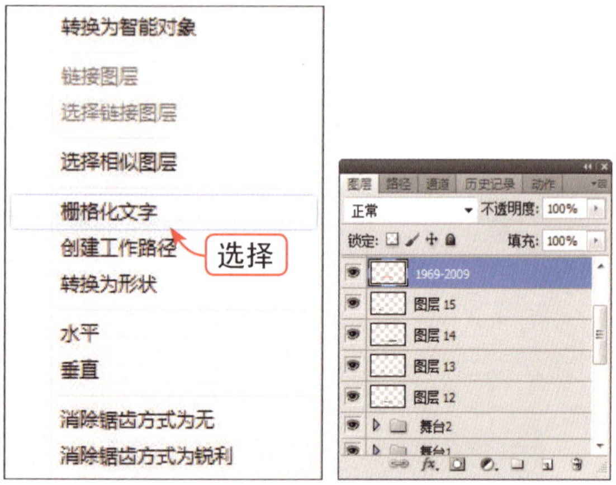

STEP 27 单击“图层”面板下方的“添加图层样式”按钮 fx.，在弹出的下拉菜单中选择“斜面和浮雕”命令，弹出“图层样式”对话框，并选中“颜色叠加”选项，在其中设置各项参数，然后单击“确定”按钮，如下图所示。

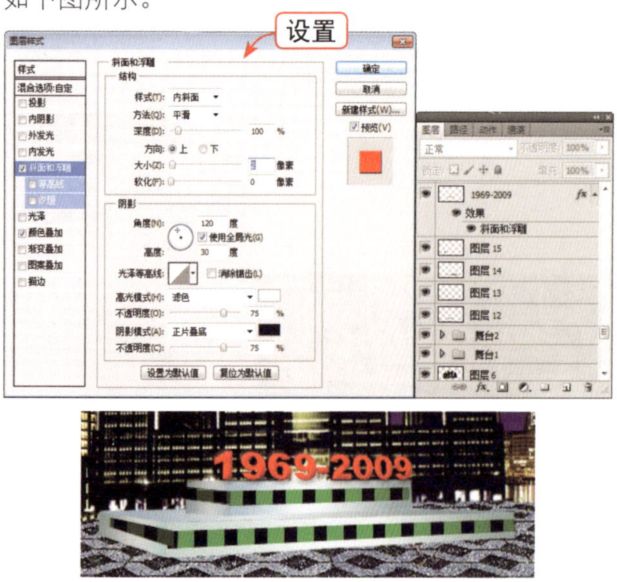

STEP 28 按住【Alt】键的同时拖动“1969-2009”图层得到“1969-2009 副本”图层，如下图所示。

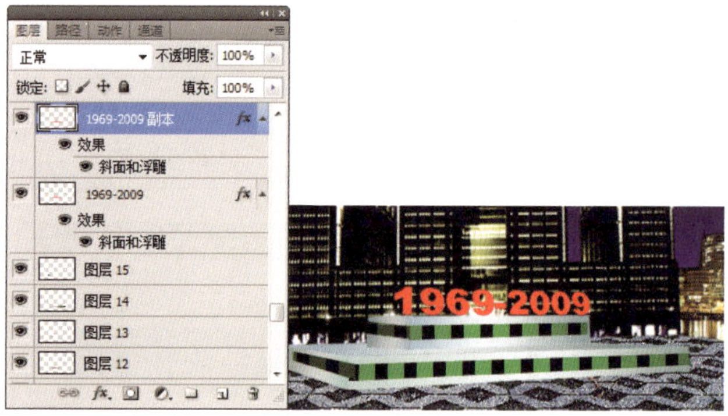

STEP 29 在“1969-2009”和“1969-2009 副本”图层中间新建“图层 16”。选择“1969-2009 副本”图层，按【Ctrl+E】组合键向下合并图层得到“图层 16”图层，如下图所示。

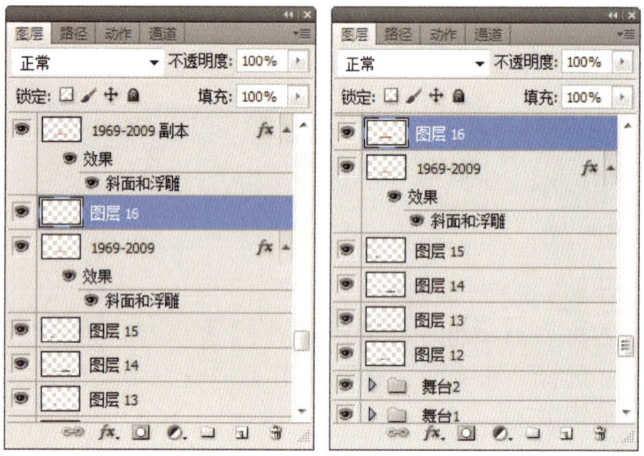

STEP 30 在“图层 16”中按【Ctrl+Alt+T】组合键执行复制变形，在属性栏中设置纵横拉伸的百分比为 101%，然后按小键盘上的【→】键移动 1 个像素并按【Enter】键确定变形操作，如下图所示。

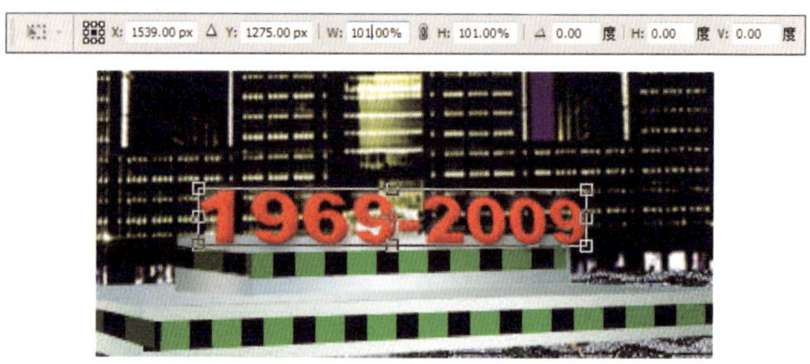

STEP 31 按住【Ctrl+Alt+Shift】组合键的同时连续按【T】键，即可快速复制并逐个像素地移动图案，如下图所示。

STEP 32 按【Ctrl+E】组合键向下合并图层得到“图层 16”，如下图所示。

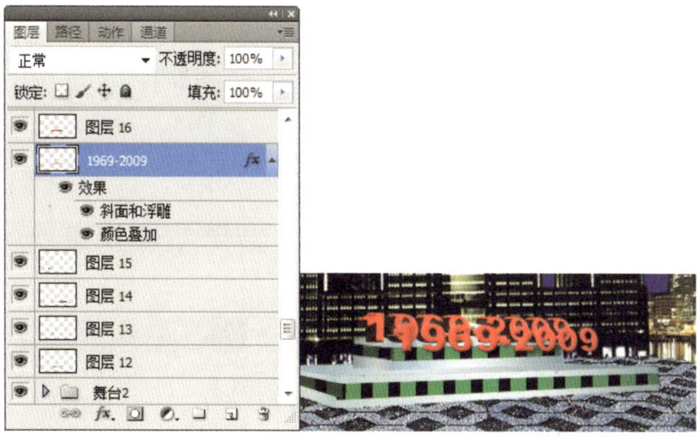

STEP 33 拖动“图层 16”到“1969-2009”图层的下面，并调整图像的位置，如下图所示。

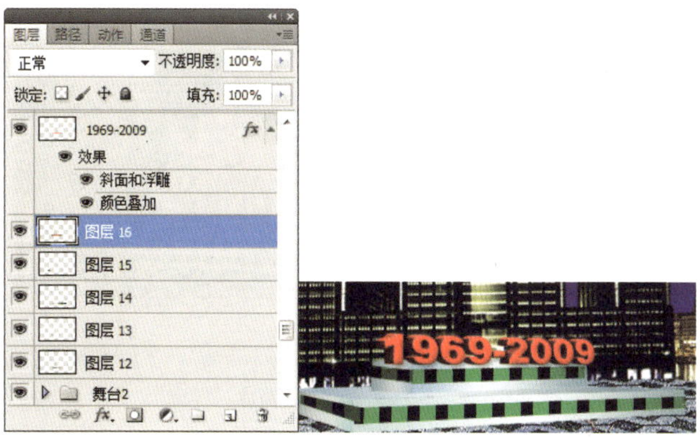

STEP 34 按照步骤㉔～步骤㉝中的方法进行操作，按【Ctrl+O】组合键，打开配套光盘中的“素材\第 12 章\12.6 扬帆招贴\标志 .jpg”文件。注意图片无需进行删格化处理。得到的效果如下图所示。

STEP 35 按【Ctrl+Shift+N】组合键新建“图层 19”。选择“矩形选框工具”，按住鼠标左键并拖动即可创建矩形选区，如下图所示。

STEP 36 设置前景色为白色，然后按【Alt+Delete】组合键填充选区，如下图所示。

STEP 37 选择“滤镜”|“模糊”|“高斯模糊”命令，在弹出的“高斯模糊”对话框中设置各项参数，然后单击“确定”按钮，如下图所示。

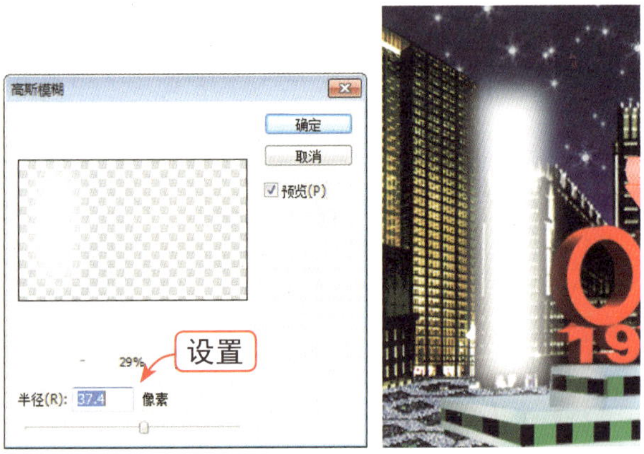

STEP 38 选择“滤镜”|“模糊”|“动感模糊”命令，在弹出的“动感模糊”对话框中设置各项参数，然后单击“确定”按钮，如下图所示。

STEP 39 选择“编辑”|“变换”|“透视”命令对图像进行透视变换。按【Ctrl+T】组合键调整图像的大小和位置，如下图所示。

STEP 40 按照步骤35～步骤39中的方法进行操作，且多种颜色的灯光可用渐变进行填充，并将“图层22”拖动到“图层16”的下面，得到的效果如下图所示。

STEP 41 选择“文件”|“打开”命令，打开配套光盘中的“素材\第12章\12.6扬帆招贴\直升飞机.jpg”文件。使用“移动工具”拖动图像到“扬帆招贴”文件窗口中，按【Ctrl+T】组合键调整图像的大小和位置，如下图所示。

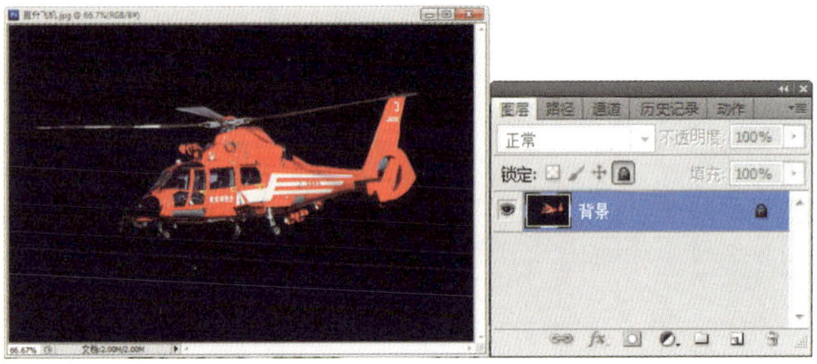

STEP 42 选择“文件”|“打开”命令，打开配套光盘中的“素材\第12章\12.6扬帆招贴\射灯.jpg”文件，使用“移动工具”拖动图像到“扬帆招贴”文件窗口中，按【Ctrl+T】组合键调整图像的大小和位置，然后按住【Alt】键的同时拖动即可复制图像，如下图所示。

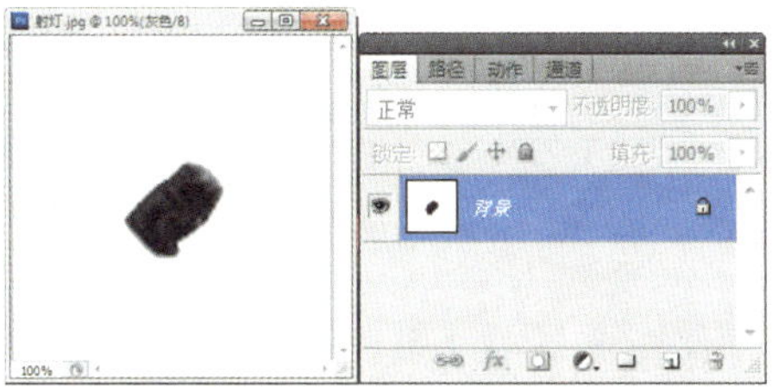

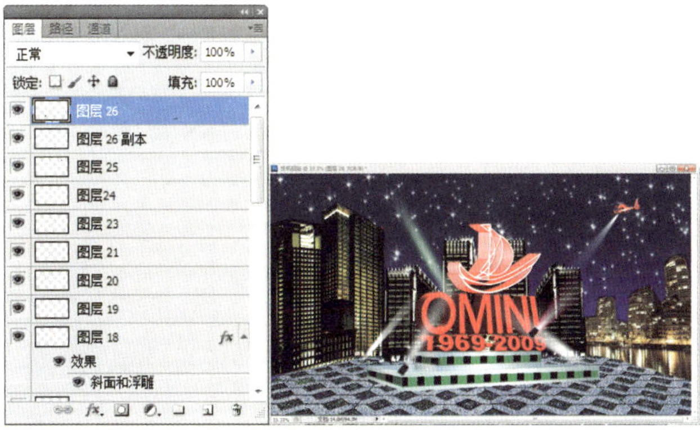

STEP 43 选择“文件”|“打开”命令，打开配套光盘中的“素材\第 12 章\12.6 扬帆招贴\标志 .jpg”文件。使用“移动工具”拖动图像到“扬帆招贴”文件窗口中，按【Ctrl+T】组合键调整图像的大小和位置，如下图所示。

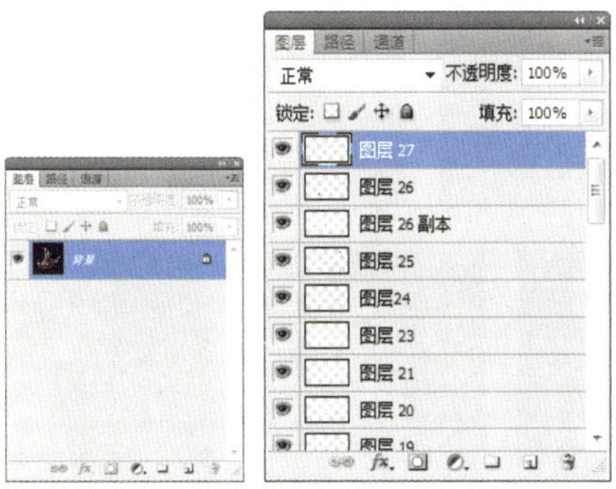

STEP 44 单击“图层”面板下方的“添加图层样式”按钮 fx，在弹出的下拉菜单中选择“外发光”命令，弹出“图层样式”对话框。在其中设置各项参数，然后单击“确定”按钮，如下图所示。

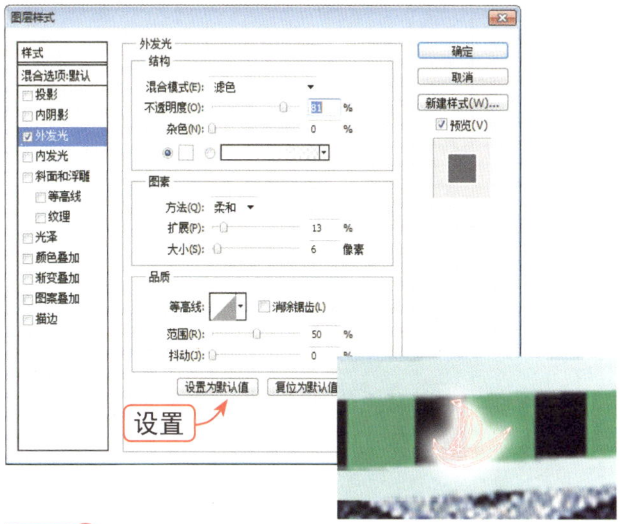

STEP 45 按住【Alt】键的同时并拖动即可复制图像，然后按【Ctrl+T】组合键调整图像的大小和位置，如下图所示。

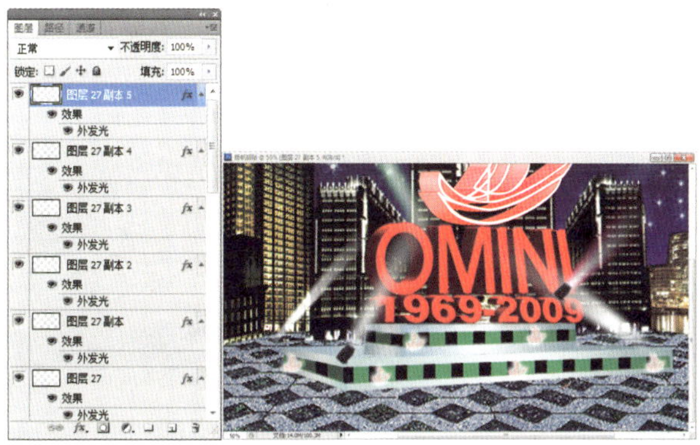

STEP 46 选择“横排文字工具” T，并在属性栏中设置各项参数，然后输入文字，单击“图层”面板下的“添加图层样式”按钮，添加“外发光”效果，如下图所示。

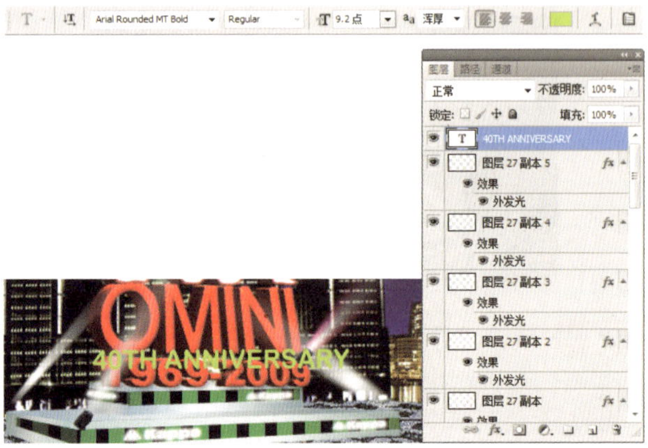

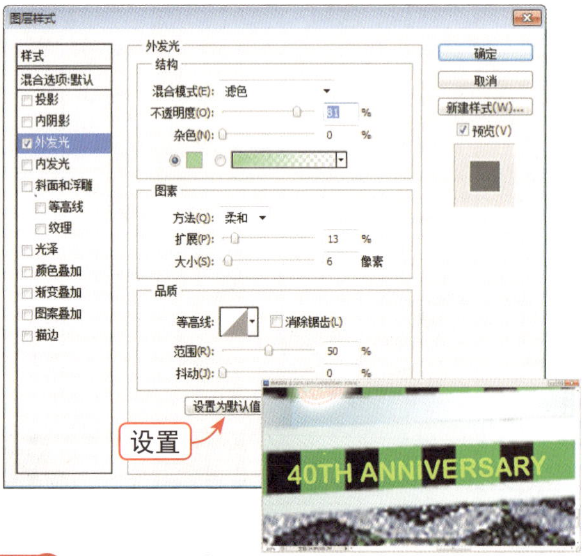

STEP 47 按照步骤㊹～步骤㊺中的方法进行操作，得到的图像效果如下图所示。

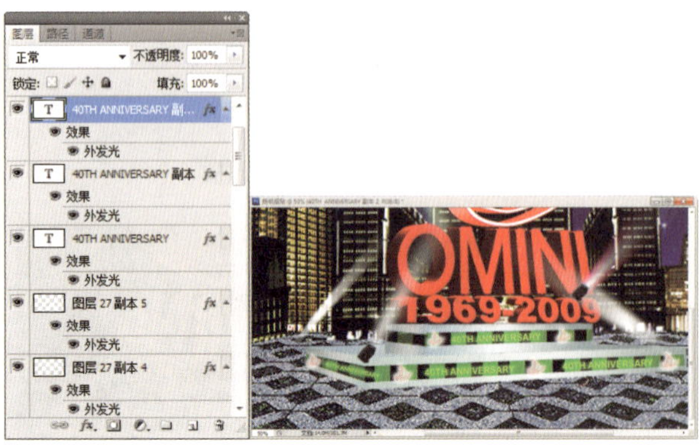

STEP 48 按【Ctrl+Shift+N】组合键新建“图层 28”。选择“钢笔工具”，沿着字母边缘绘制高光路径，然后按【Ctrl+Enter】组合键将路径转换为选区。设置前景色为白色，按【Alt+Delete】组合键填充选区，如下图所示。

STEP 49 按照步骤㊽中的方法进行操作，绘制其他字母和数字的高光部分，得到的效果如下图所示。

STEP 50 选择“文件”|“打开”命令，打开配套光盘中的“素材\第 12 章\12.6 扬帆招贴”中的“人物 1.jpg”～“人物 12.jpg”文件。使用“移动工具”拖动图像到“扬帆招贴”文件窗口中，按【Ctrl+T】组合键调整图像的大小和位置，如下图所示。

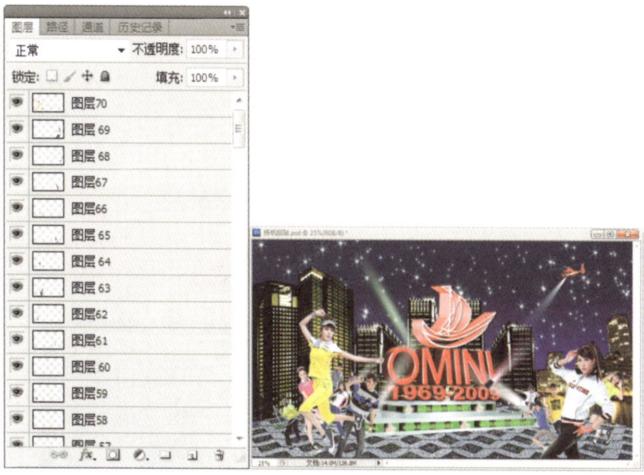

STEP 51 按【Ctrl+Shift+N】组合键在“图层 2”的上面新建“图层 71”。选择“椭圆选框工具”，按住鼠标左键并拖动即可创建椭圆选区。设置前景色为（R:197，G:148，B:241），然后按【Alt+Delete】组合键为选区填充颜色，如下图所示。

STEP 52 在“图层”面板中设置“图层 71”的“不透明度”为 60%，如下图所示。

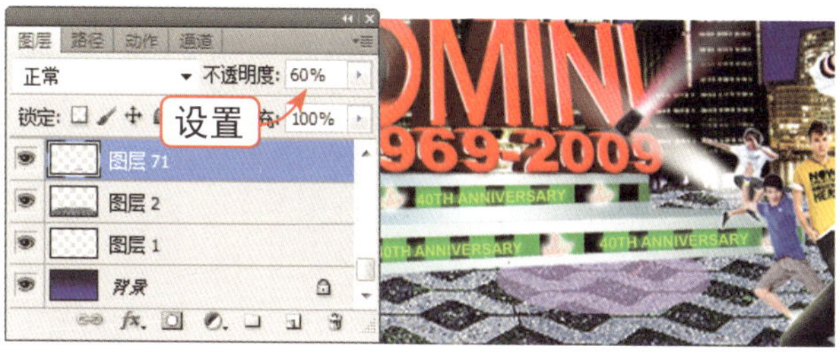

STEP 53 按照步骤51～步骤52中的方法进行操作，其颜色值为（R：149，G：208，B：241），得到的图像效果如下图所示。

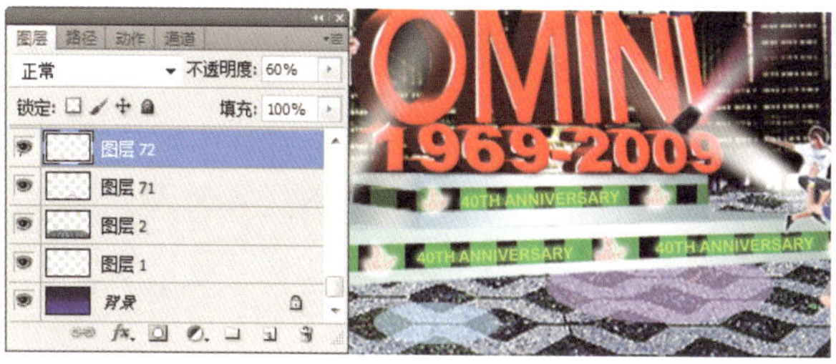

STEP 54 选择“文件”|“打开”命令，打开配套光盘中的“素材\第 12 章\12.6 扬帆招贴\标志 1.jpg”文件。使用“移动工具”拖动图像到“扬帆招贴”文件窗口中，按住【Alt】键的同时拖动鼠标复制图像。选择“编辑”|“变换”|“透视”命令对图像进行透视变换，然后按【Ctrl+T】组合键调整图像的大小和位置，如下图所示。

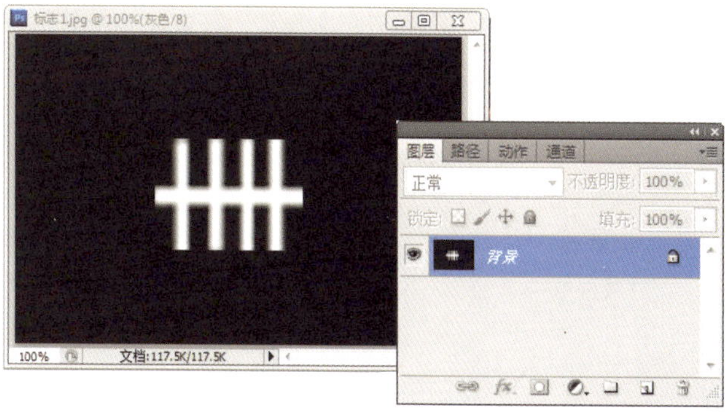

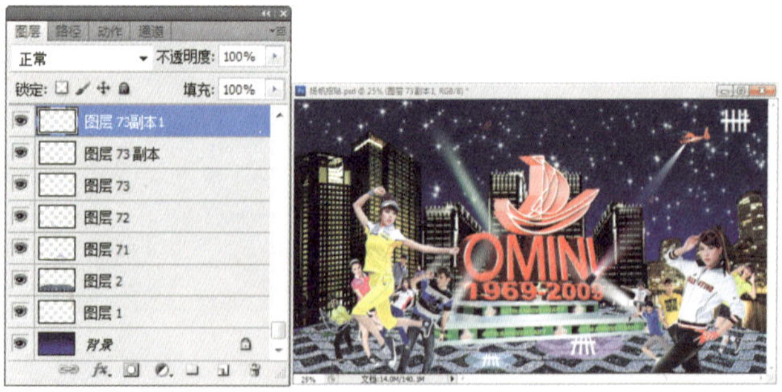

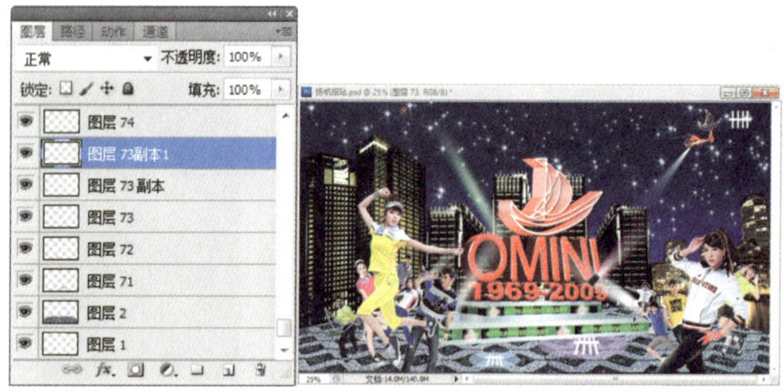

STEP 55 选择“文件”|“打开”命令，打开配套光盘中的“素材\第 12 章\12.6 扬帆招贴\标志 2.jpg”文件。使用“移动工具”拖动图像到“扬帆招贴”文件窗口中，按【Ctrl+T】组合键调整图像的大小和位置，如下图所示。

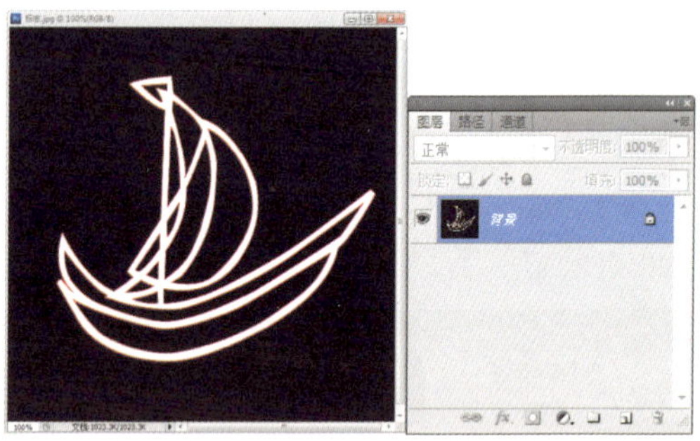

STEP 56 选择“横排文字工具” T，并在其属性栏中设置各项参数，然后输入必要的文字，即可得到如下图所示的最终效果。

12.7 普洱茶包装设计

创意分析

本实例将讲解如何在Photoshop CS5中制作普洱茶包装。在包装设计过程中通过以红色和黄色为主色调，显示出普洱茶的特点，通过运用花纹、茶壶等元素，使整个包装更具有文化底蕴，在宁静纯朴中彰显回归自然的主题。

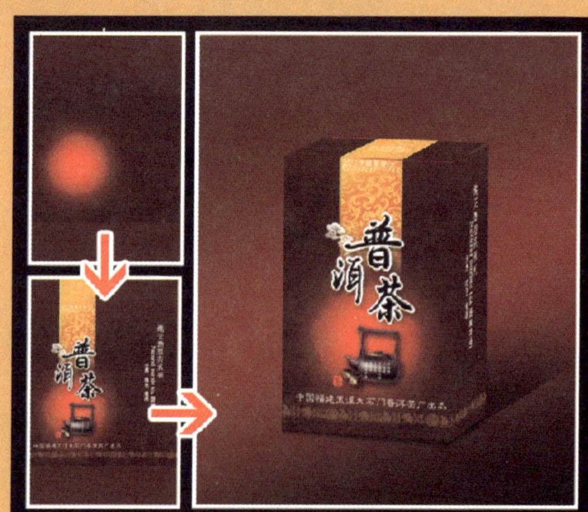

最终效果

本实例的最终效果参见配套光盘中的“源文件\第12章\普洱茶包装设计.psd”。本实例的基本制作流程如右图所示。

制作步骤

STEP 01 选择“文件”|“新建”命令，弹出“新建”对话框，在其中设置文件名称为“普洱茶包装设计”，并设置其他各项参数，然后单击“确定”按钮，如下图所示。

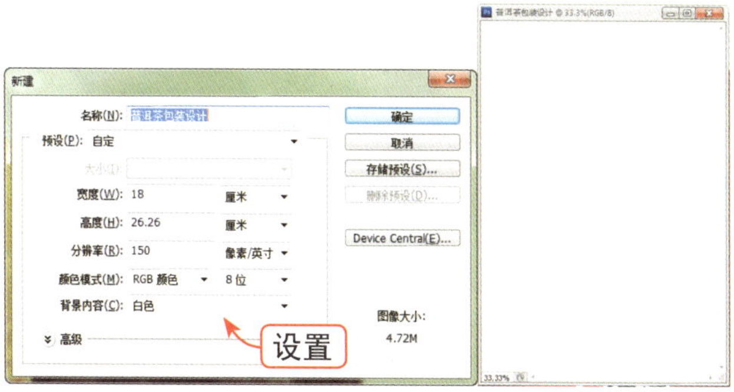

STEP 02 按【Ctrl+R】组合键显示标尺，如下图所示。

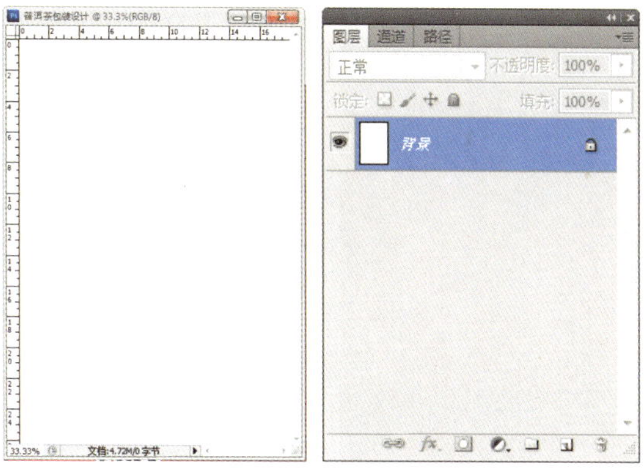

STEP 03 选择“视图”|“新建参考线”命令，在弹出的“新建参考线”对话框中设置各项参数，然后单击“确定”按钮，如下图所示。

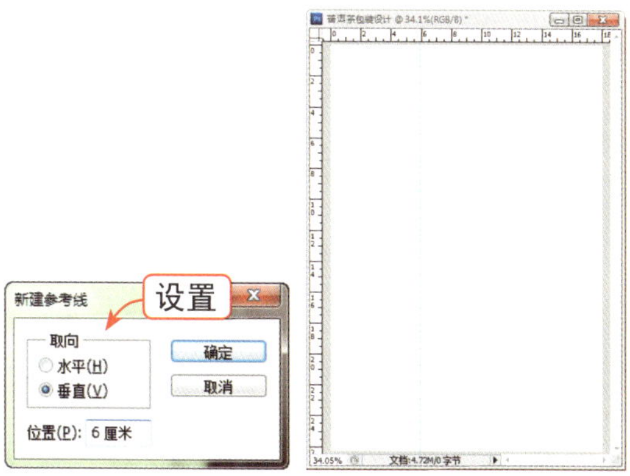

STEP 04 按照步骤③中的方法制作多条参考线，如下图所示。

STEP 05 设置前景色为(R:198,G:42,B:69)。按【Alt+Delete】组合键用前景色填充选区，如下图所示。

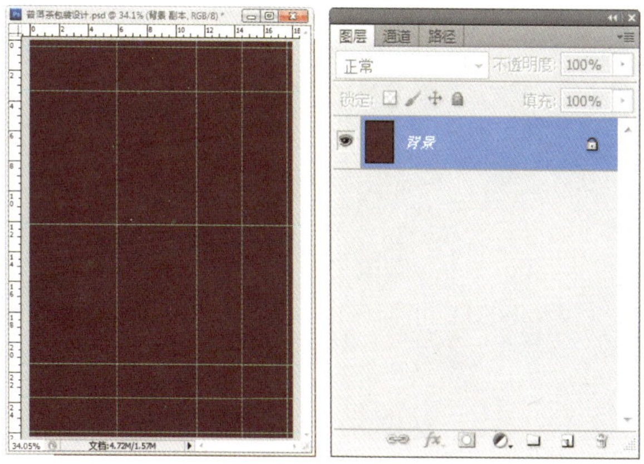

STEP 06 选择“椭圆选框工具”，按住【Alt+Shift】组合键的同时并拖动绘制一个正圆选区，如下图所示。

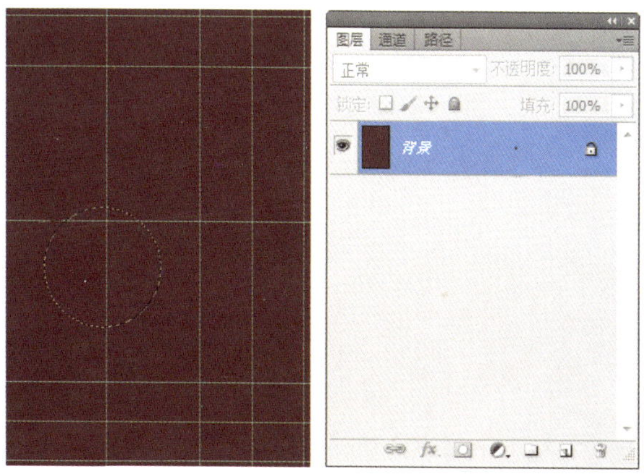

STEP 07 在选区内右击，在弹出的快捷菜单中选择“羽化”命令，在弹出的“羽化选区”对话框中设置羽化半径参数，如下图所示。

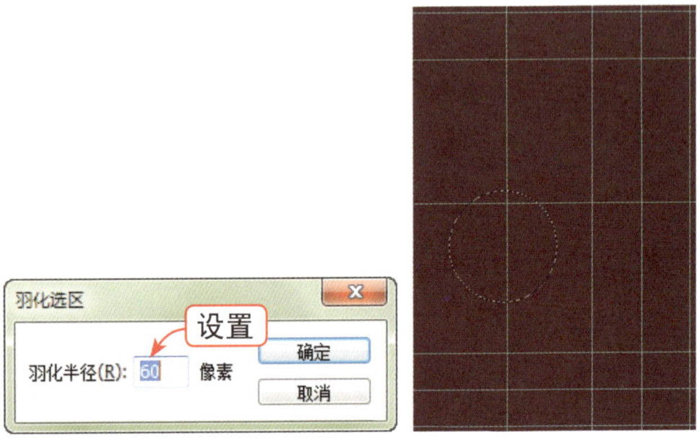

STEP 08 按【Ctrl+Shift+N】组合键新建图层，并命名为“圆圈”。设置前景色为（R：225，G：0，B：17），然后按【Alt+Delete】组合键用前景色填充选区，如下图所示。

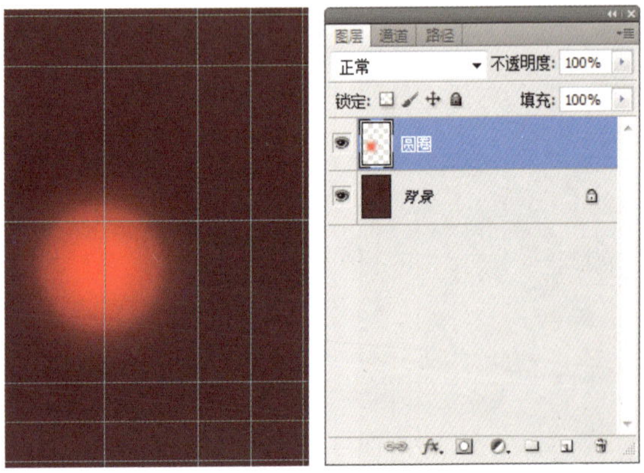

STEP 09 按【Ctrl+O】组合键，打开配套光盘中的“素材\第 12 章\12.7 普洱茶包装设计\中国画 1.jpg”文件，如下图所示。

STEP 10 使用“移动工具”拖动图像到“普洱茶包装设计”文件窗口中，并将其命名为“中国画 1”，然后按【Ctrl+T】组合键调整图像的大小和位置，如下图所示。

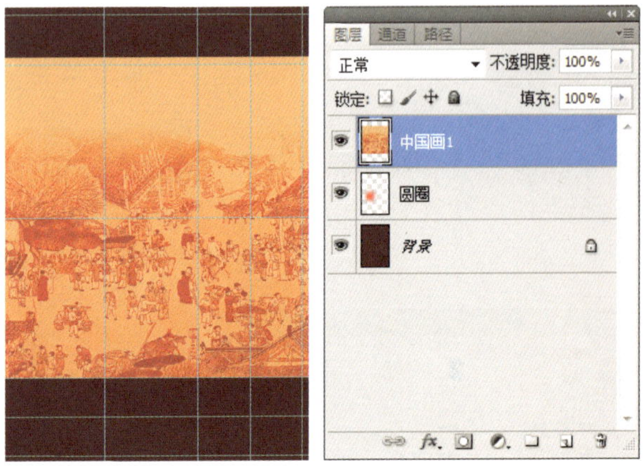

STEP 11 单击“图层”面板下方的“添加图层蒙版”按钮，设置前景色为黑色。选择“画笔工具”，并设置适当的画笔大小和硬度，然后在图层蒙版上进行涂抹，如下图所示。

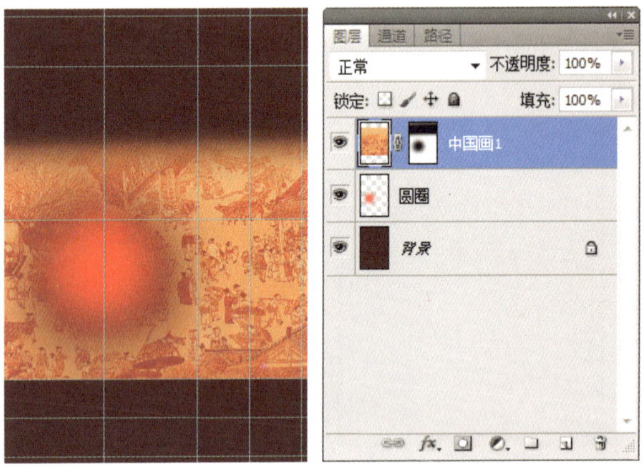

STEP 12 在“图层”面板中将其图层混合模式设置为“正片叠底”，如下图所示。

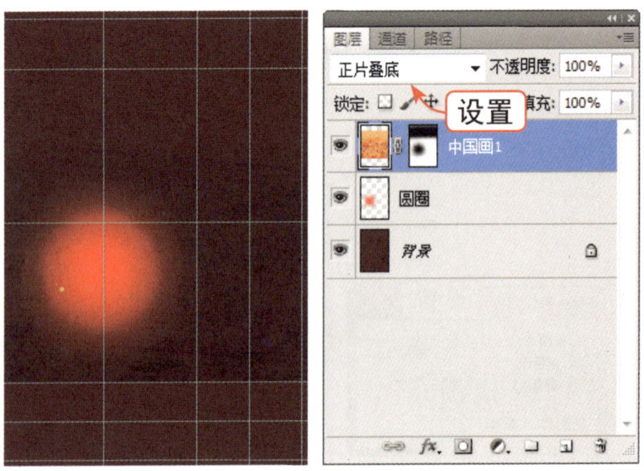

STEP 13 按住【Alt】键的同时拖动“中国画 1”图层得到“中国画 1 副本”图层，如下图所示。

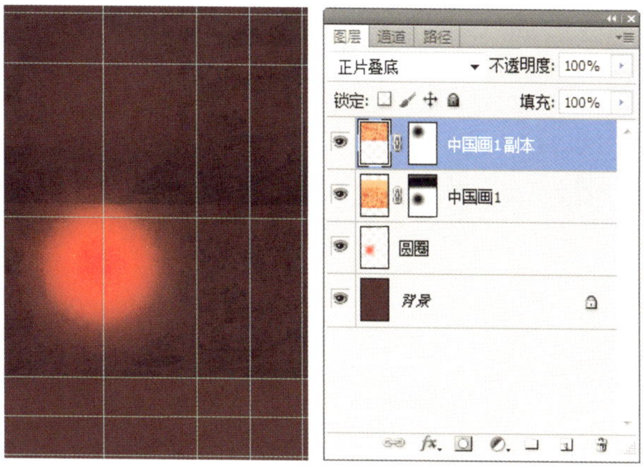

STEP 14 在“图层”面板中选中“中国画 1 副本”图层的图层蒙版并右击，在弹出的快捷菜单中选择“删除图层蒙版”命令，如下图所示。

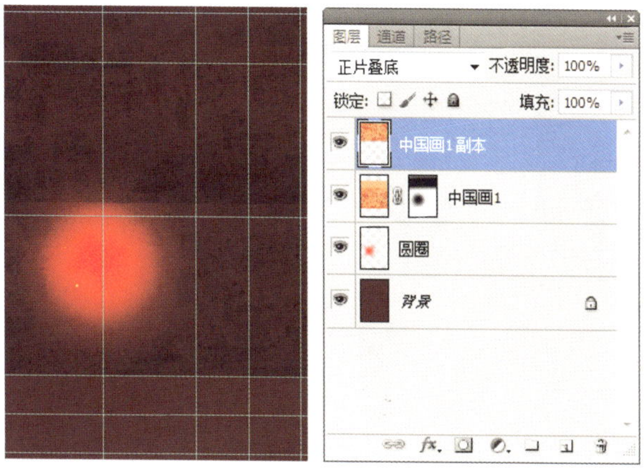

STEP 15 在“图层”面板中选中“中国画 1 副本”图层，选择“橡皮擦工具”，并设置适当的画笔大小和硬度，然后擦除图像，如下图所示。

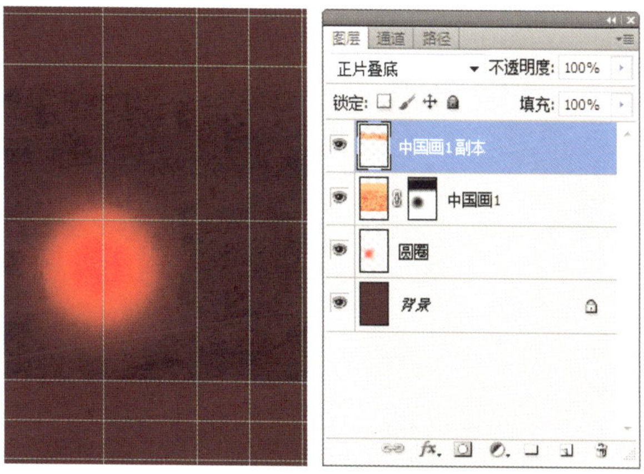

STEP 16 按【Ctrl+O】组合键，打开配套光盘中的“素材\第 12 章\12.7 普洱茶包装设计\中国画 2.png”文件，如下图所示。

STEP 17 使用“移动工具”拖动图像到“普洱茶包装设计”文件窗口中，并将其命名为“中国画 2”，然后按【Ctrl+T】组合键调整图像的大小和位置，如下图所示。

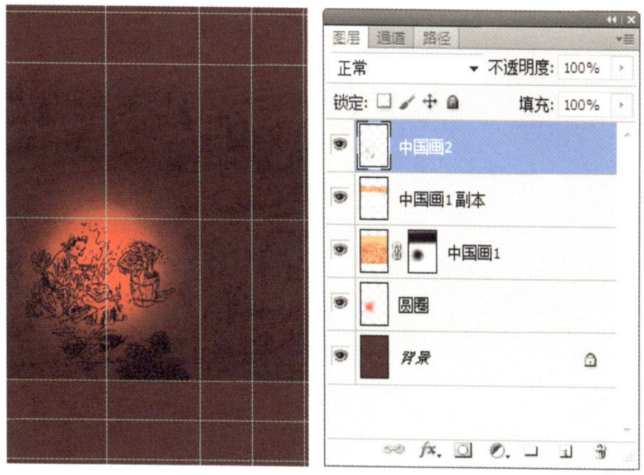

STEP 18 在“图层”面板中单击“锁定透明像素”按钮，如下图所示。

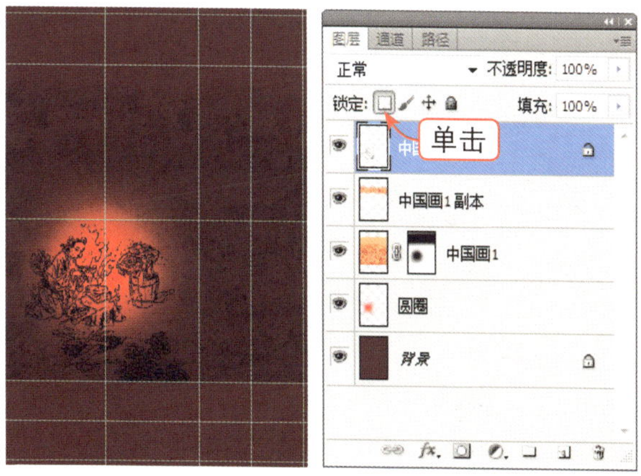

STEP 19 设置前景色为(R:171,G:34,B:14)。按【Alt+Delete】组合键用前景色填充图像，如下图所示。

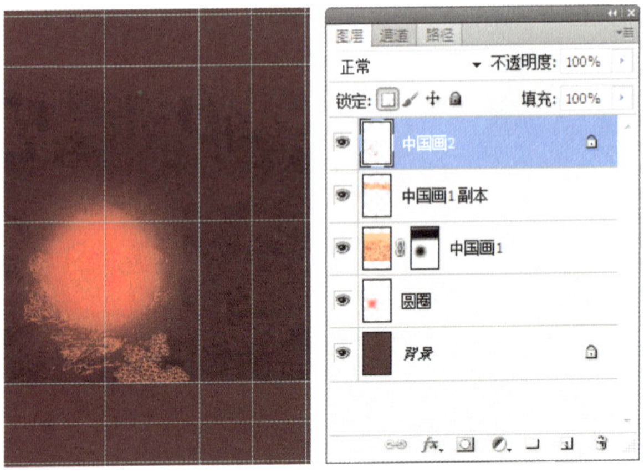

STEP 20 在“图层”面板中将其图层混合模式设置为“变亮”，如下图所示。

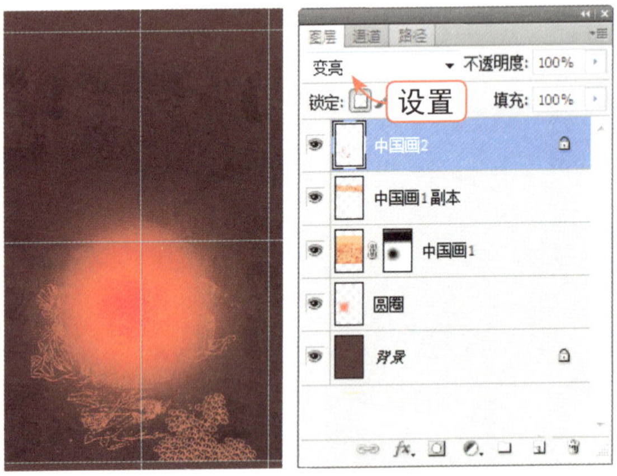

STEP 21 单击“图层”面板下方的“添加图层蒙版”按钮，设置前景色为黑色。选择“画笔工具”，并设置适当的画笔大小和硬度，然后在图层蒙版上进行涂抹，如下图所示。

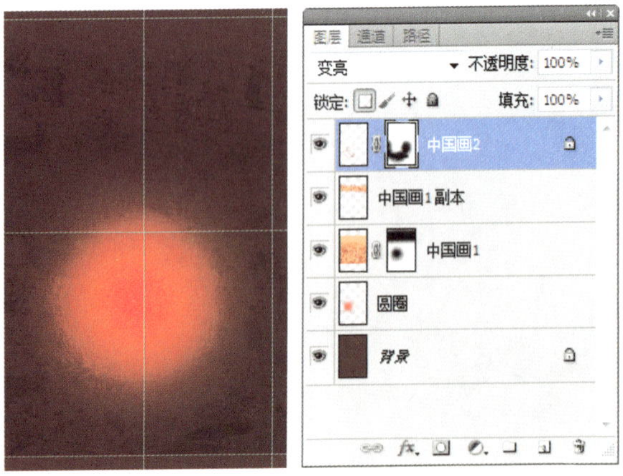

STEP 22 选择“矩形选框工具”，然后在图像中绘制选区，如下图所示。

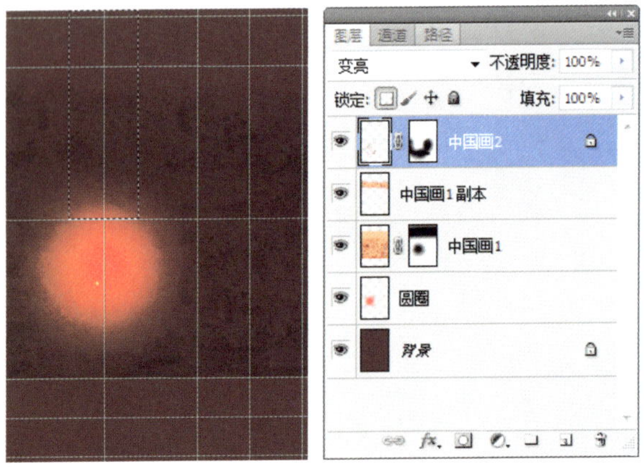

STEP 23 按【Ctrl+Shift+N】组合键新建图层，并命名为“黄色块”。设置前景色为（R：248，G：236，B：58），然后按【Alt+Delete】组合键用前景色填充选区，如下图所示。

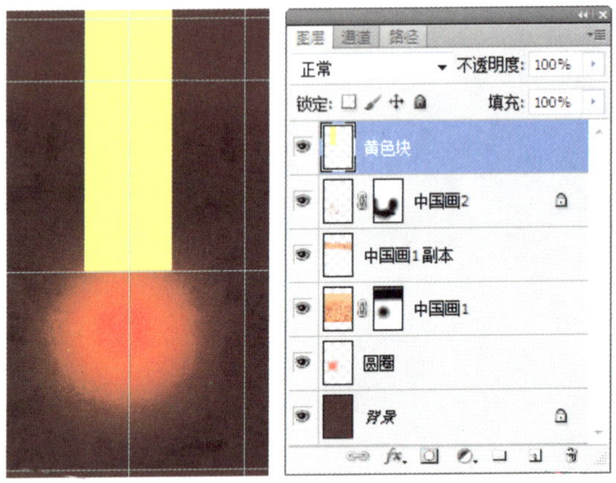

STEP 24 单击“图层”面板下方的“添加图层蒙版”按钮。选择“渐变工具”，单击属性栏中的“点按可编辑渐变”按钮，打开“渐变编辑器”窗口。设置各项参数，其中设置渐变颜色为黑色和白色，然后单击“确定”按钮。单击属性栏中的“线性渐变”按钮，在窗口中拖动绘制渐变，如下图所示。

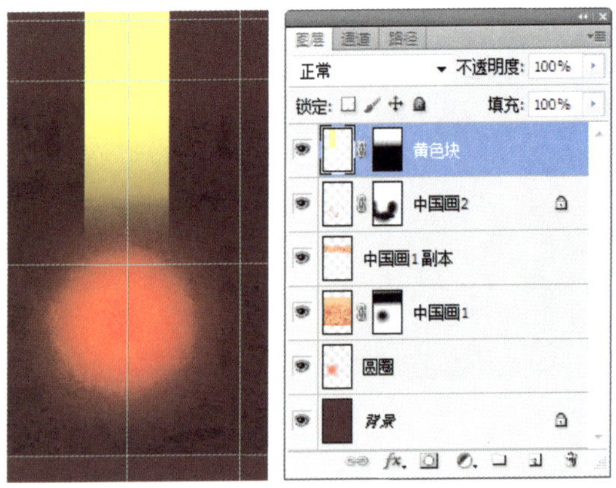

STEP 25 按照步骤㉒中的方法制作选区，如下图所示。

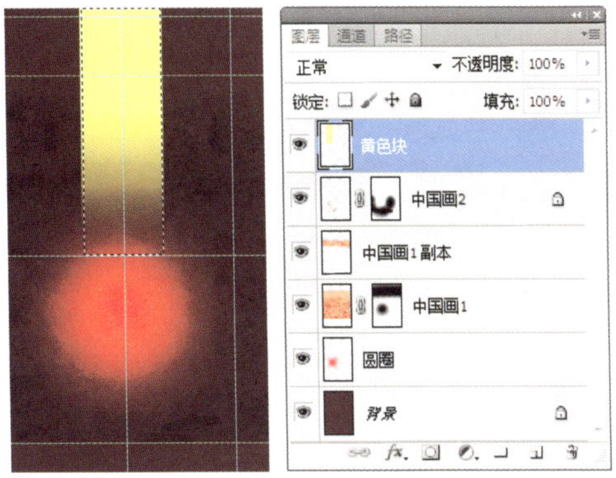

STEP 26 按【Ctrl+Shift+N】组合键新建图层，并命名为“渐变色块”。选择“渐变工具”，单击属性栏中的“点按可编辑渐变”按钮，打开“渐变编辑器”窗口，在窗口中设置各项参数，其中颜色值分别为（R：245，G：161，B：0）和（R：202，G：18，B：25），然后单击“确定”按钮。单击属性栏中的“线性渐变”按钮，在窗口中拖动绘制渐变，如下图所示。

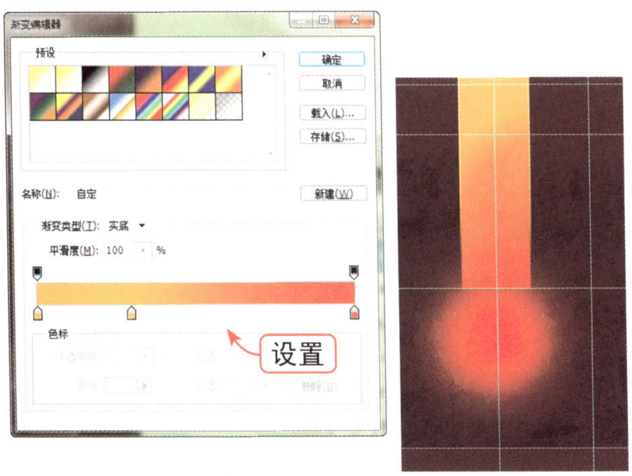

STEP 27 按照步骤㉔中的方法制作图层蒙版，如下图所示。

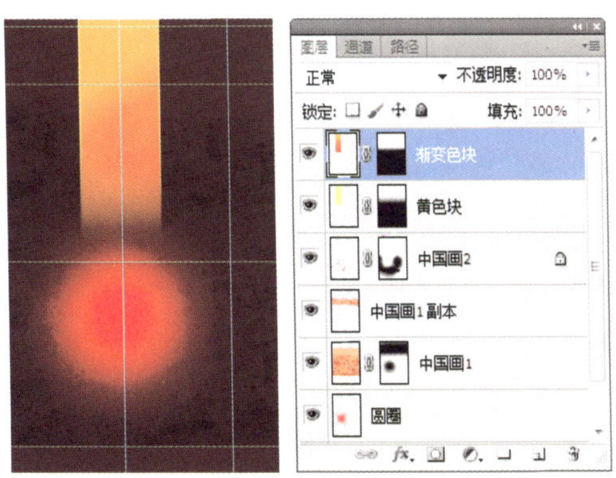

STEP 28 按【Ctrl+O】组合键，打开配套光盘中的“素材\第12章\12.7 普洱茶包装设计\花纹1.png”文件，如下图所示。

STEP 29 使用“移动工具”拖动图像到“普洱茶包装设计”文件窗口中，并将其命名为“花纹1”，然后按【Ctrl+T】组合键调整图像的大小和位置，如下图所示。

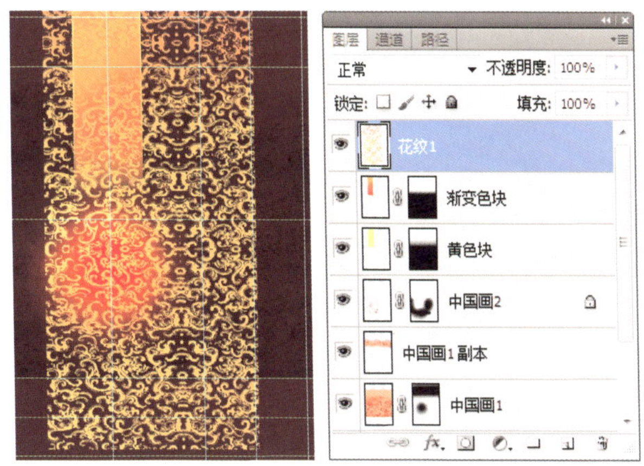

STEP 30 选择“图层”|“创建剪贴蒙版”命令，创建剪贴蒙版，如下图所示。

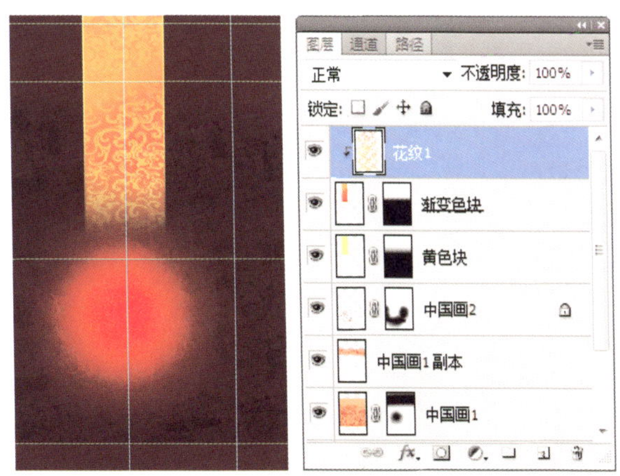

STEP 31 按照步骤㉔中的方法制作图层蒙版，效果如下图所示。

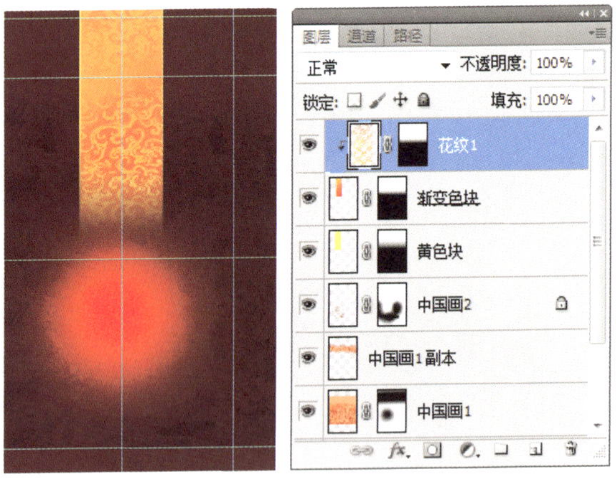

STEP 32 按【Ctrl+O】组合键，打开配套光盘中的“素材\第 12 章\12.7 普洱茶包装设计\普洱茶.png”文件，如下图所示。

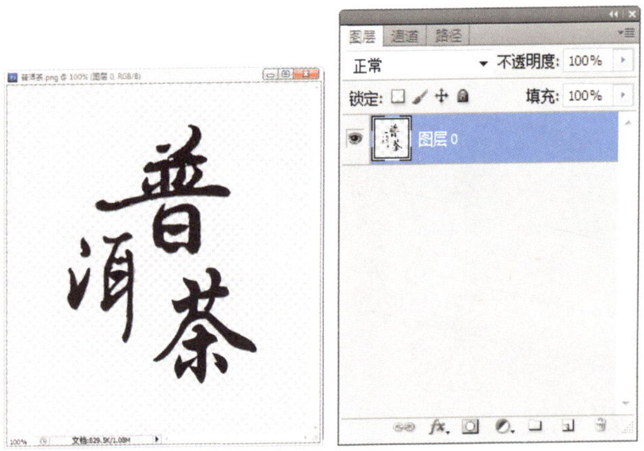

STEP 33 使用“移动工具”拖动图像到“普洱茶包装设计”文件窗口中，并将其命名为“普洱茶”，然后按【Ctrl+T】组合键调整图像的大小和位置，如下图所示。

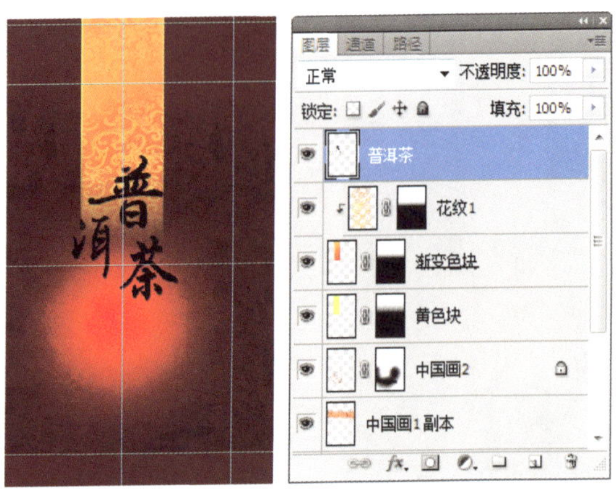

STEP 34 在“图层”面板下方单击“添加图层样式”按钮 fx.，在弹出的下拉菜单中选择“混合选项”命令，在弹出的对话框中设置各项参数，其中描边颜色设置为白色，然后单击“确定”按钮，如下图所示。

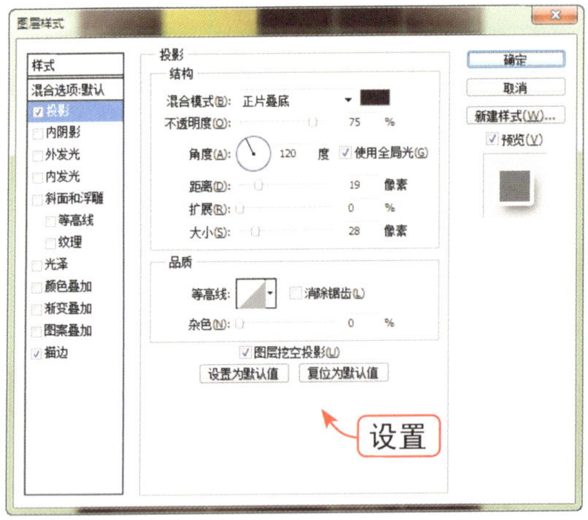

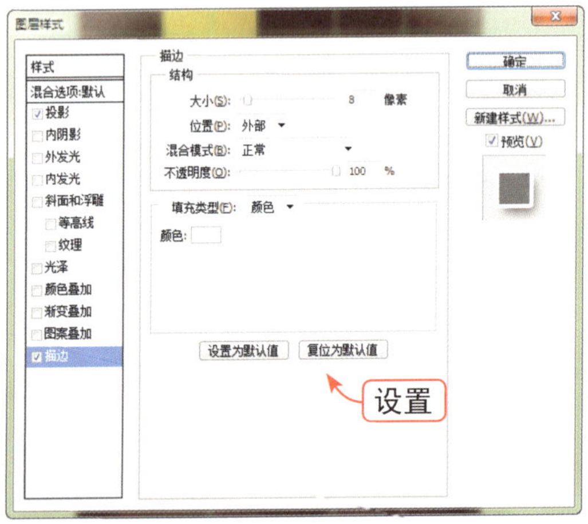

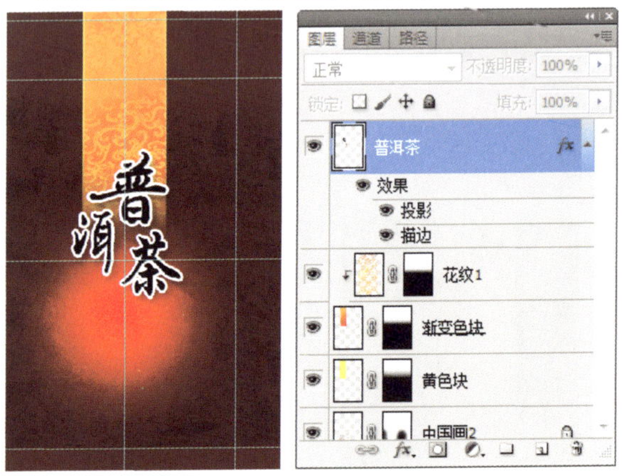

STEP 35 按【Ctrl+O】组合键，打开配套光盘中的“素材\第 12 章\12.7 普洱茶包装设计\花纹 2.png”文件，如下图所示。

STEP 36 使用“移动工具”拖动图像到“普洱茶包装设计”文件窗口中，并将其命名为“花纹 2”，然后按【Ctrl+T】组合键调整图像的大小和位置，如下图所示。

STEP 37 单击“图层”面板下方的“添加图层蒙版”按钮，设置前景色为黑色。选择“画笔工具”，并设置适当的画笔大小和硬度，然后在图层蒙版上进行涂抹，如下图所示。

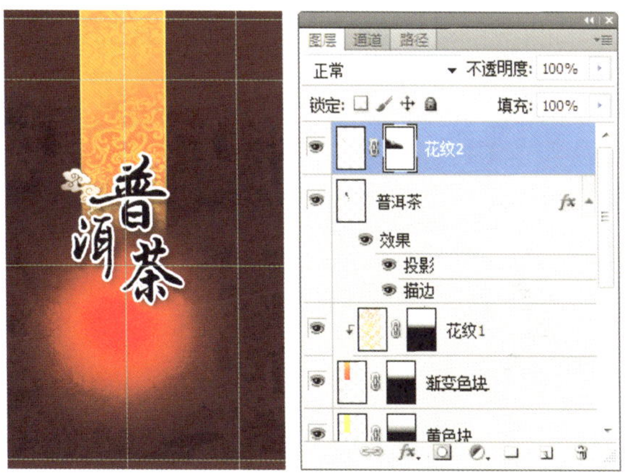

STEP 38 按【Ctrl+O】组合键，打开配套光盘中的“素材\第 12 章\12.7 普洱茶包装设计\茶壶 .png”文件，如下图所示。

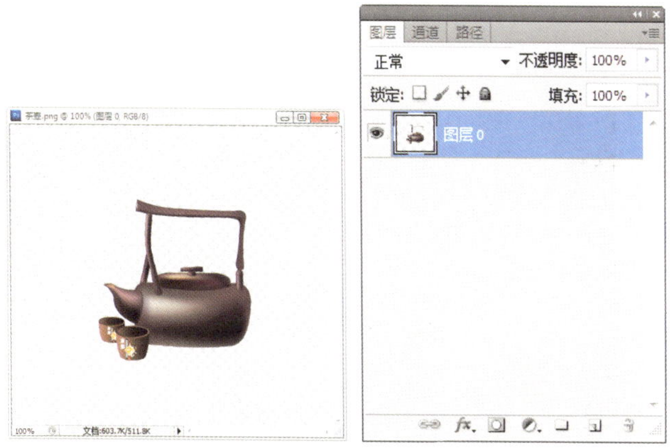

STEP 39 使用“移动工具”拖动图像到“普洱茶包装设计”文件窗口中，并将其命名为“茶壶”，然后按【Ctrl+T】组合键调整图像的大小和位置，如下图所示。

STEP 40 在“图层”面板下方单击“添加图层样式”按钮 fx，在弹出的下拉菜单中选择“投影”命令，在弹出的对话框中设置各项参数，然后单击“确定”按钮，如下图所示。

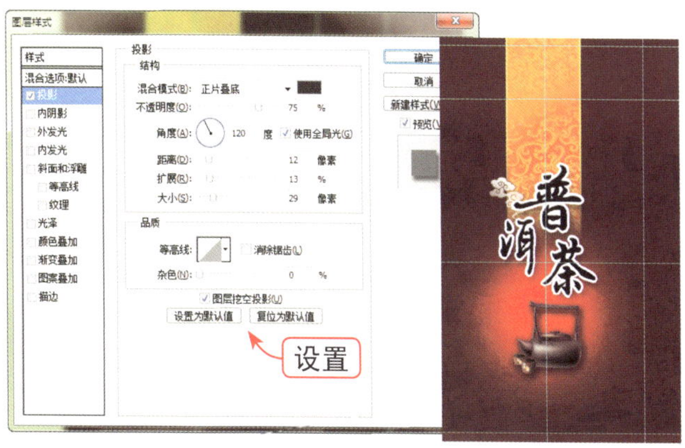

STEP 41 设置前景色为白色。选择“横排文字工具”T，输入文字“茶有道 人有道 茶道似人道 人有品 茶有品 人品是茶品”，如下图所示。

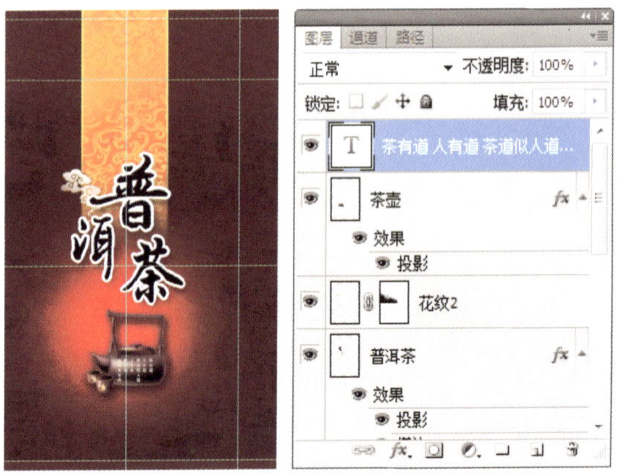

STEP 42 按【Ctrl+O】组合键，打开配套光盘中的“素材\第 12 章\12.7 普洱茶包装设计\花纹 3.png”文件，如下图所示。

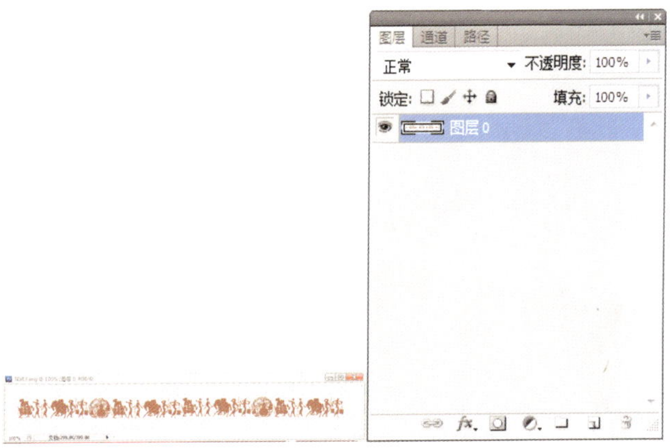

STEP 43 使用“移动工具”拖动图像到“普洱茶包装设计”文件窗口中，并将其命名为“花纹 3”，然后按【Ctrl+T】组合键调整图像的大小和位置，如下图所示。

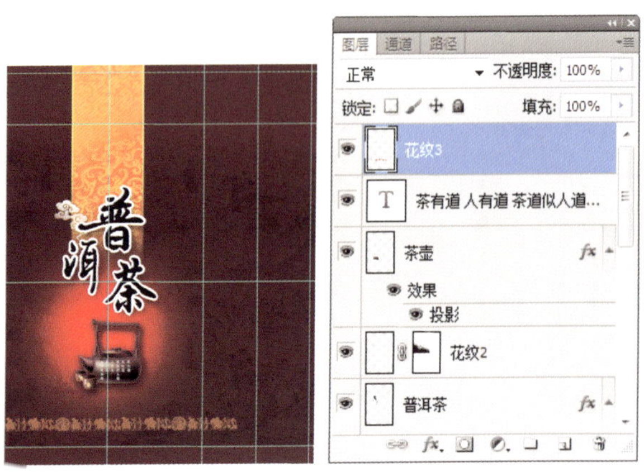

STEP 44 在“图层”面板中设置“花纹 3”图层的“不透明度”为 75%，如下图所示。

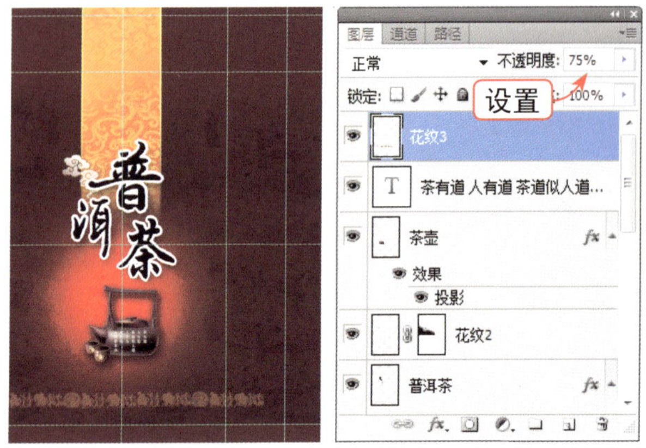

STEP 45 按住【Alt】键的同时拖动“花纹 3”图层得到“花纹 3 副本”图层，如下图所示。

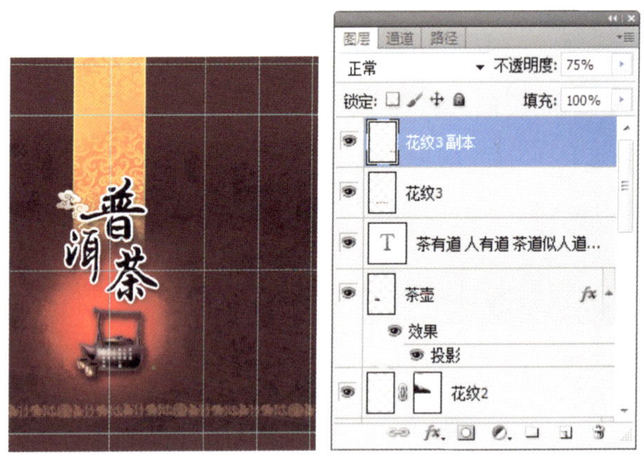

STEP 46 按照步骤42～步骤43中的方法制作“中国茗茶”和“印章”图层，得到的效果如下图所示。

STEP 47 使用文字工具在图像窗口中输入一些必要的说明文字，即可得到平面最终效果，如下图所示。

STEP 48 下图所示为本实例的立体效果，制作步骤在此不再赘述，读者可以自行尝试。

12.8 动感地带海报设计

创意分析

本实例将讲解如何在Photoshop CS5中制作动感地带海报。在海报设计过程中通过运用青春女孩、音符和花纹等元素烘托出动感的宣传主题，通过运用墙面及黄色底色块等让整个海报色彩鲜明，对比强烈，给人以个性、动感、青春的艺术感受。

最终效果

本实例的最终效果参见配套光盘中的“源文件\第12章\动感地带海报设计.psd”。本实例的基本制作流程如右图所示。

制作步骤

STEP 01 选择“文件”|“新建”命令，弹出“新建”对话框，在其中设置文件名称为“动感地带海报设计”，并设置其他各项参数，然后单击“确定”按钮，如右图所示。

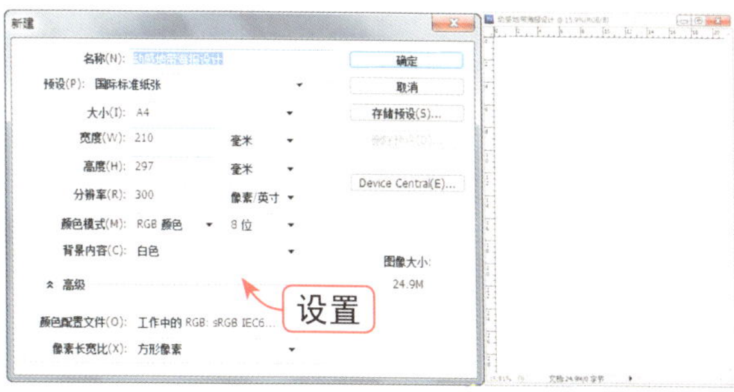

STEP 02 按【Ctrl+O】组合键，打开配套光盘中的“素材\第 12 章\12.8 动感地带海报设计”中的“残墙背景.jpg”和“砖墙背景.jpg”文件，如下图所示。

STEP 03 使用“移动工具”分别拖动“残墙背景.jpg”和“砖墙背景.jpg”文件中的图像到“动感地带海报设计”文件窗口中，并将其命名为“残墙背景”、“砖墙背景”，然后按【Ctrl+T】组合键调整图像的大小和位置，如下图所示。

STEP 04 选择“砖墙背景”图层，单击“图层”面板下方的“添加图层蒙版”按钮，设置前景色为黑色，背景色为白色。选择“渐变工具”，并在属性栏中单击“线性渐变”按钮，在图像窗口中从下往上拖动鼠标，如下图所示。

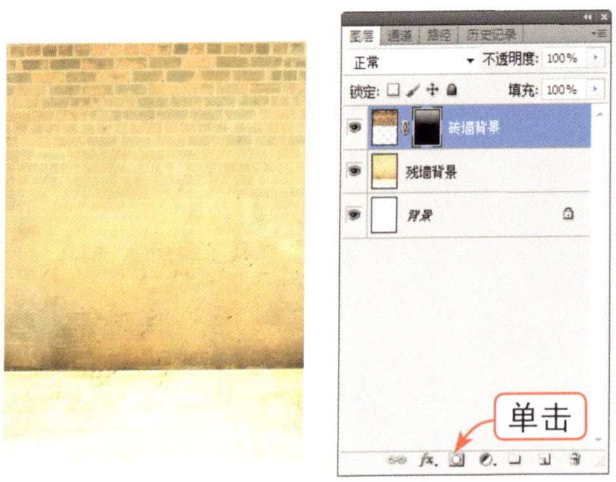

STEP 05 按【Ctrl+O】组合键，打开配套光盘中的“素材\第 12 章\12.8 动感地带海报设计\喷溅图片.jpg”文件，如下图所示。

STEP 06 选择“选择”|“色彩范围”命令，在弹出的“色彩范围”对话框中设置各项参数，用吸管工具在“喷溅图片”的背景处单击，然后单击“确定”按钮，如下图所示。

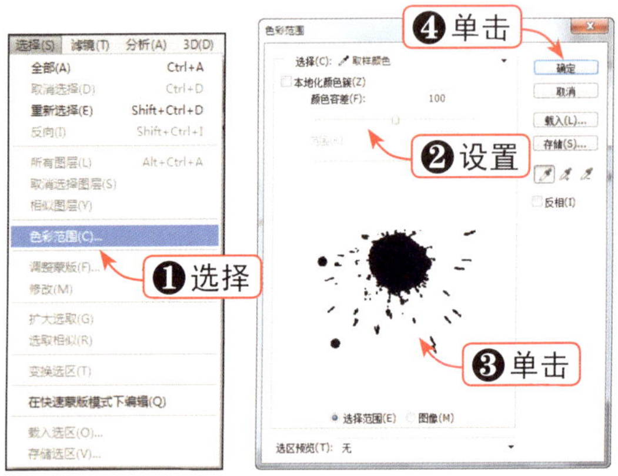

STEP 07 按【Ctrl+Shift+I】组合键反选选区。按【Ctrl+C】组合键复制图像，按【Ctrl+V】组合键粘贴图像得到“图层 1”，如下图所示。

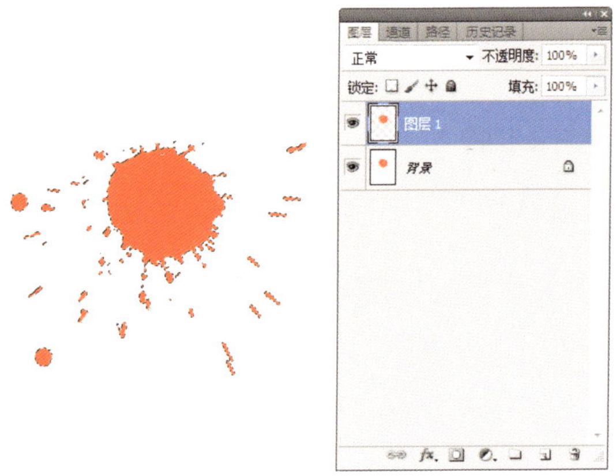

STEP 08 拖动“图层 1”到“动感地带海报设计”文件窗口中，并将其命名为“喷溅图片”，设置其图层混合模式为“正片叠底”。按【Ctrl+T】组合键，调整图像的大小和位置，如下图所示。

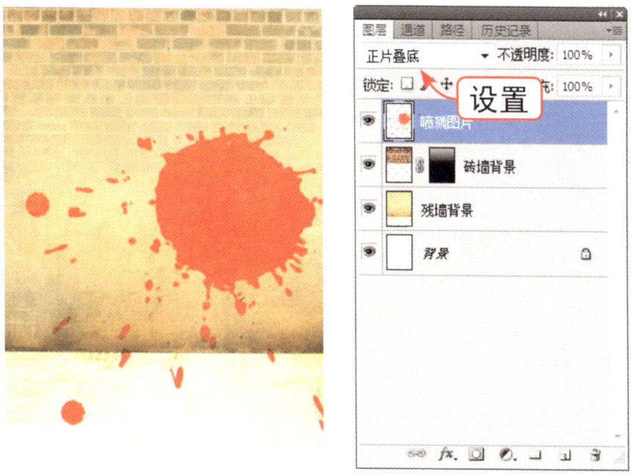

STEP 09 按【Ctrl+Shift+N】组合键新建一个图层，并将其命名为“圆点”。选择“画笔工具”，在其属性栏中单击按钮，在打开的“画笔”面板中设置各项参数，如下图所示。

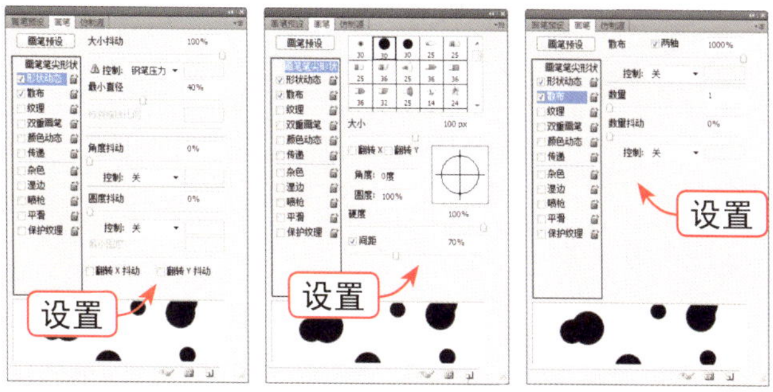

STEP 10 设置前景色为白色，选择“画笔工具”，然后在图像窗口进行绘制，如下图所示。

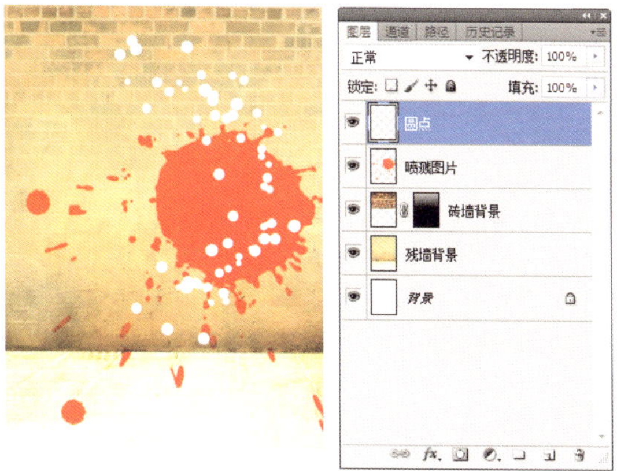

STEP 11 设置“圆点”图层的图层混合模式为“叠加”，“不透明度”为 70%，效果如下图所示。

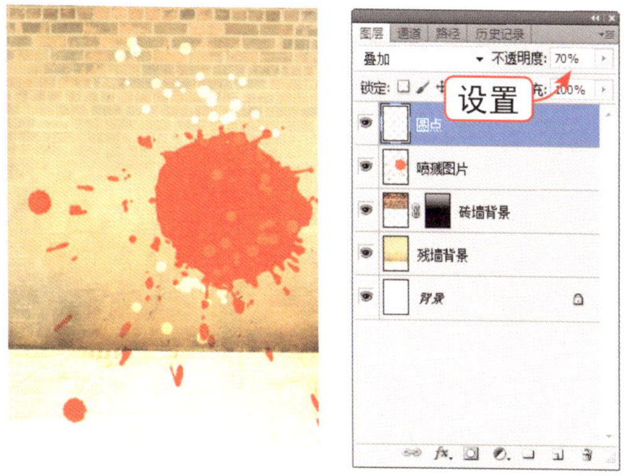

STEP 12 按【Ctrl+Shift+N】组合键新建一个图层，并将其命名为“圆环”。选择“椭圆选框工具”，按住【Shift】键绘制一个正圆选区。设置前景色为（R：255，G：255，B：255），按【Alt+Delete】组合键填充选区，按【Ctrl+D】组合键取消选区，如下图所示。

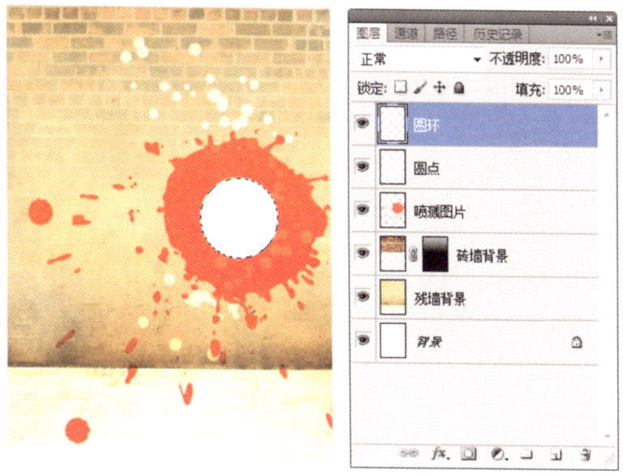

STEP 13 单击“图层”面板下方的“添加图层样式”按钮，在弹出的下拉菜单中选择“描边”命令，在弹出的对话框中设置各项参数，然后单击“确定”按钮，如下图所示。

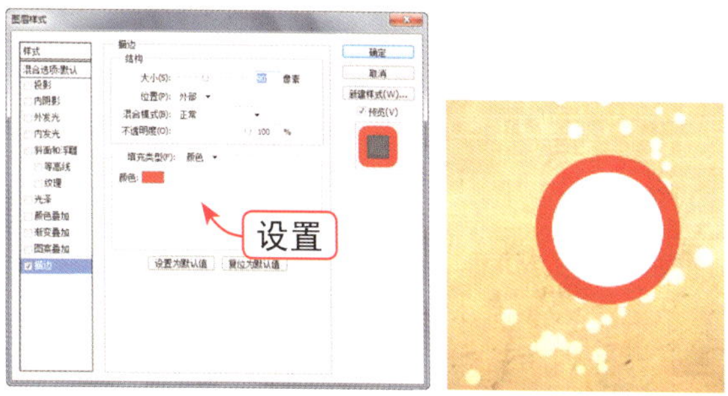

STEP 14 按【Ctrl+J】组合键复制“圆环”图层得到“圆环副本”图层，并将该图层移动到“圆环”图层的下方，如下图所示。

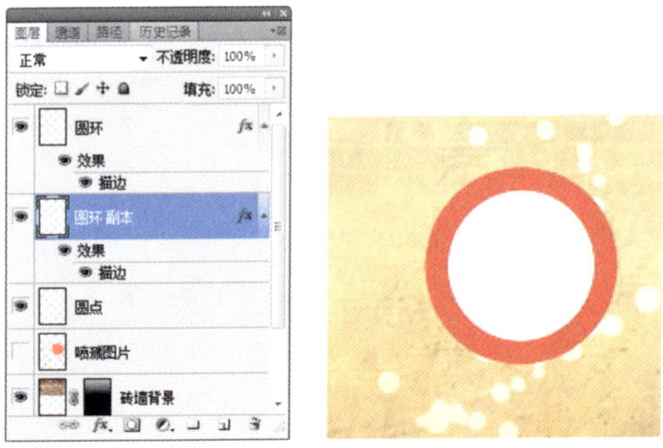

STEP 15 按【Ctrl+T】组合键在图像周围出现变换框，再按住【Shift+Alt】组合键从变换框四周任意一角向外拖动鼠标，由中心等比例放大，如下图所示。

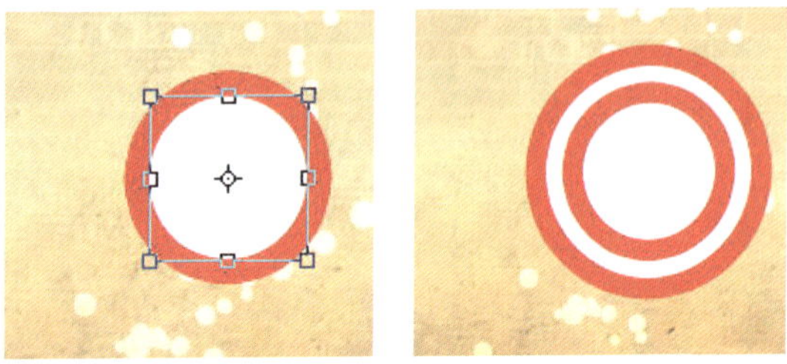

STEP 16 单击“图层”面板下方的“添加图层样式”按钮 fx.，在弹出的下拉菜单中选择“描边”命令，在弹出的对话框中设置各项参数，然后单击“确定”按钮，如下图所示。

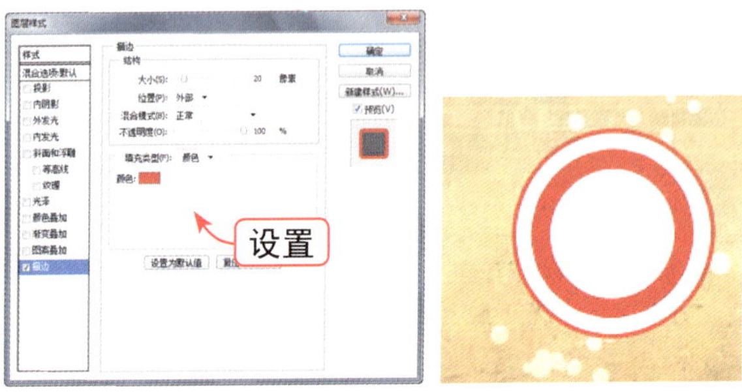

STEP 17 按【Ctrl+J】组合键复制“圆环副本”图层得到“圆环副本 2”图层，并将该图层移动到“圆环副本”图层的下方。按照步骤⑮中的方法制作圆环，如下图所示。

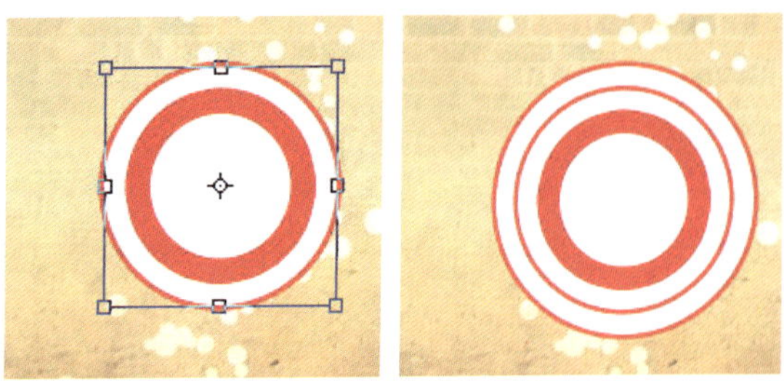

STEP 18 按照步骤⑭～步骤⑰中的方法制作圆环，效果如下图所示。

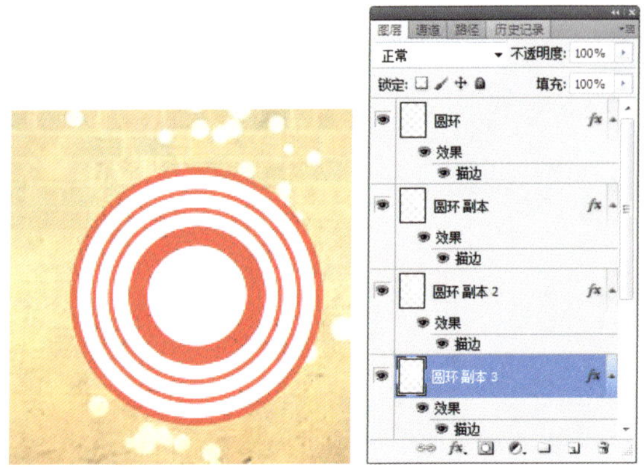

STEP 19 按住【Ctrl】键的同时依次选择圆环图层，按【Ctrl+E】组合键向下合并图层得到“圆环”图层，如下图所示。

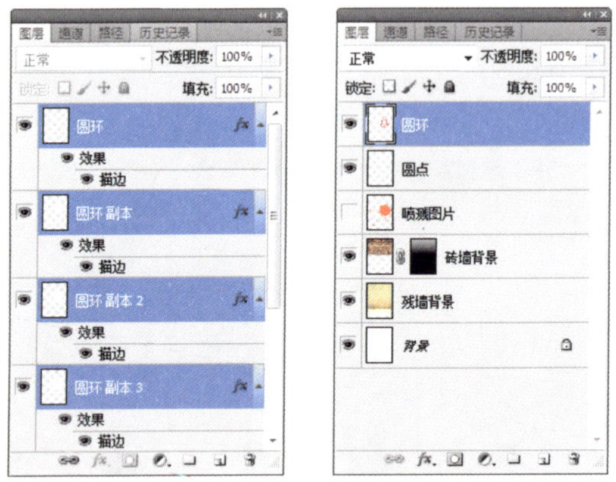

STEP 20 按照步骤⑫～步骤⑲中的方法制作“圆环 1”、“圆环 2”、“圆环 3”、“圆环 4”、“圆环 5”、“圆环 6”和“圆环 7”图层，并调整图像的位置和大小，如下图所示。

STEP 21 按住【Ctrl】键的同时选择所有的圆环图层，按【Ctrl+E】组合键合并图层得到“圆环 1”图层，如下图所示。

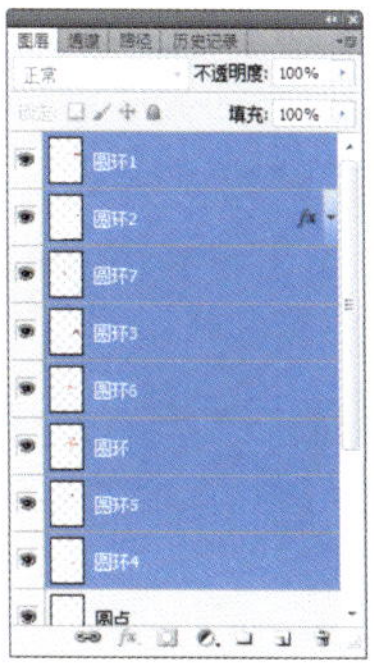

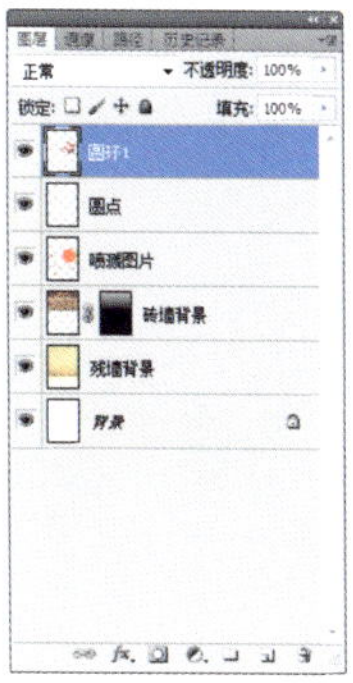

STEP 22 按【Ctrl+Shift+N】组合键新建一个图层，并将其命名为“花纹”。选择“钢笔工具”，在图像窗口中绘制路径，如下图所示。

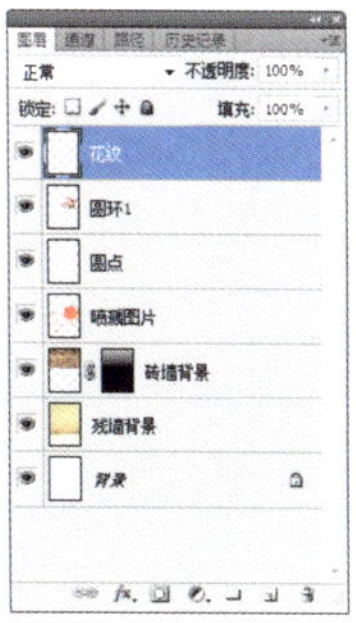

STEP 23 按【Ctrl+Enter】组合键将路径转换为选区。设置前景色为黑色，按【Alt+Delete】组合键填充选区为前景色，按【Ctrl+D】组合键取消选区，如下图所示。

STEP 24 按照步骤㉒～步骤㉓中的方法绘制出其他部分的花纹，并合并图层，如下图所示。

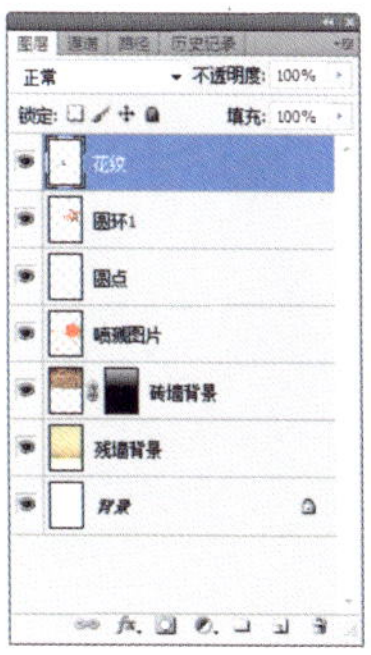

STEP 25 按【Ctrl+O】组合键，打开配套光盘中的“素材\第12章\12.8 动感地带海报设计\唱机.jpg”文件。按照步骤⑥～步骤⑦中的方法进行制作，拖动“唱机”图像到“动感地带海报设计”文件窗口中，并将其命名为“唱机”，然后调整图像的位置和大小，如下图所示。

STEP 26 按【Ctrl+Shift+N】组合键新建一个图层，并将其命名为“音符”。选择“钢笔工具”，在图像窗口中绘制路径，如下图所示。

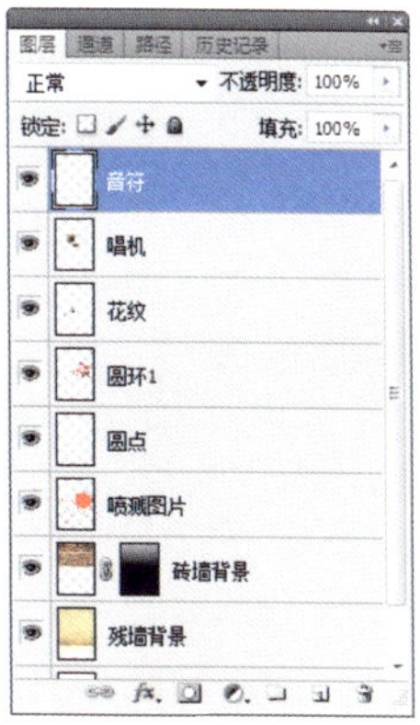

STEP 27 选择“画笔工具”，单击属性中的按钮，在打开的面板中设置各项参数。选择“钢笔工具”，在图像窗口中右击，在弹出的快捷菜单中选择“描边路径”命令，如下图所示。

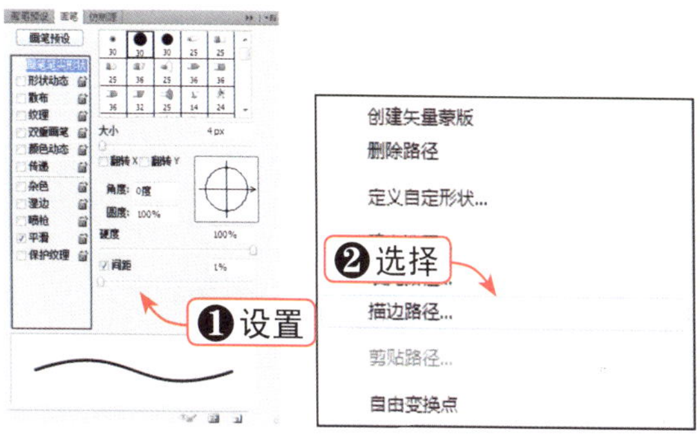

STEP 28 在弹出的“描边路径”对话框中选择“画笔”选项，并单击“确定”按钮，如下图所示。

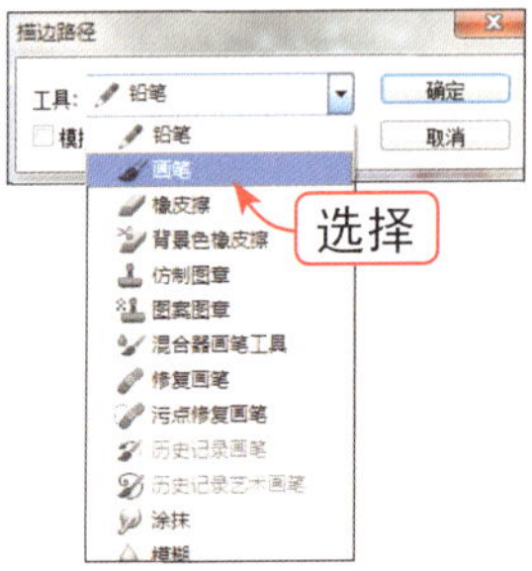

STEP 29 按【Delete】键删除钢笔路径，效果如下图所示。

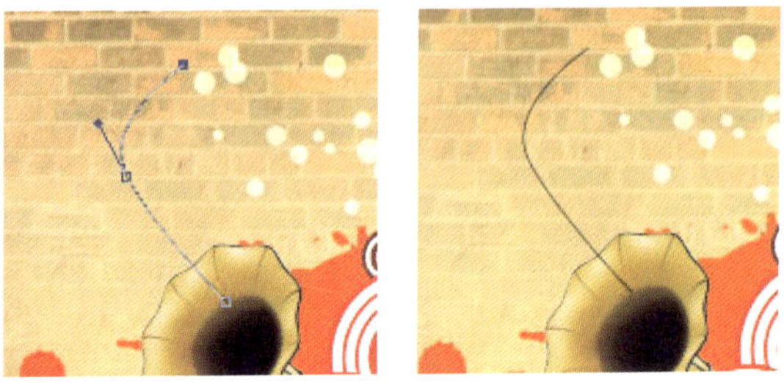

STEP 30 按【Ctrl+J】组合键复制“音符”图层得到“音符副本”图层，并向下移动“音符副本”图层，如下图所示。

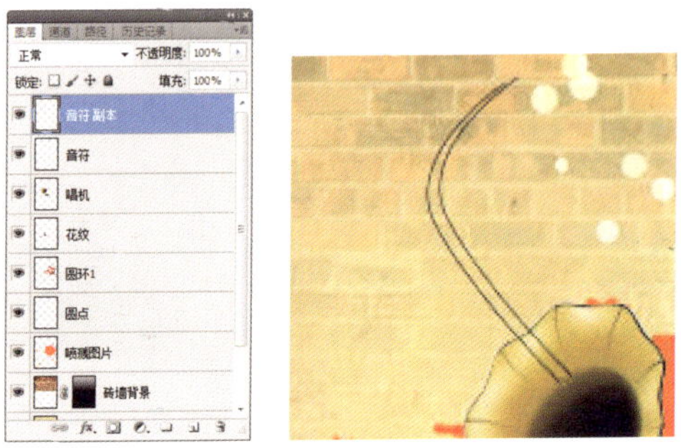

STEP 31 按照步骤㉚中的方法进行制作，按【Ctrl+E】组合键合并图层得到“音符副本 4”图层，如下图所示。

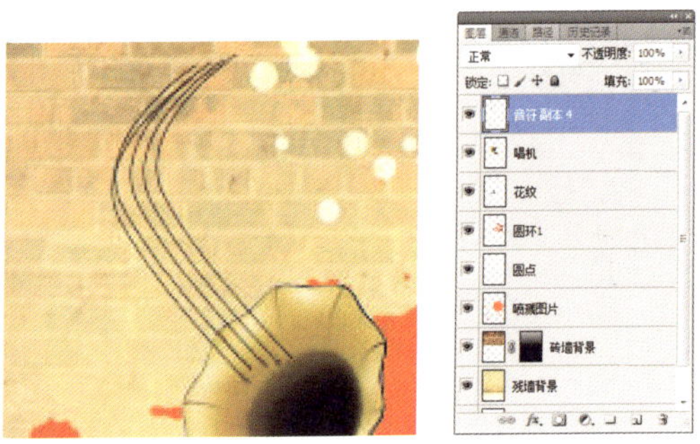

STEP 32 选择“自定形状工具”，在其属性栏中单击“形状图层”，再在形状面板中选择“八分音符”，拖动鼠标绘制音符，如下图所示。

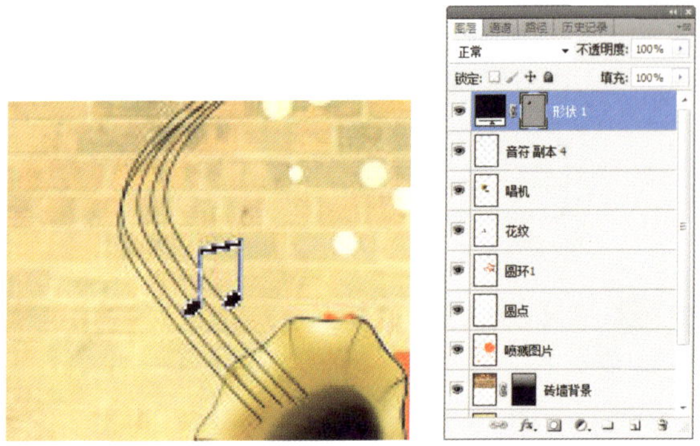

STEP 33 单击“形状 1”图层的矢量蒙版，即可把路径隐藏。按照步骤㉜中的方法制作其他音符。按住【Ctrl】键的同时依次选择图层，按【Ctrl+E】组合键合并图层，如下图所示。

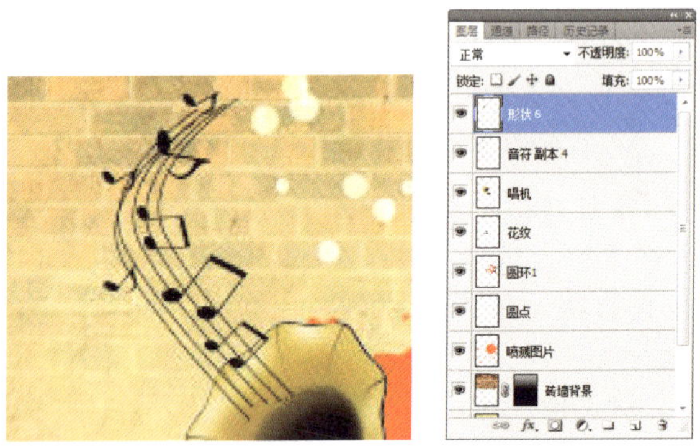

STEP 34 按【Ctrl+O】组合键，打开配套光盘中的“素材\第 12 章\12.8 动感地带海报设计\人物.jpg”文件。按照步骤⑥~步骤⑦中的方法进行制作，拖动“图层 1”到“动感地带海报设计”文件窗口中，并将其命名为“人物”。按【Ctrl+T】组合键调整图像的大小和位置，如下图所示。

STEP 35 选择“文字工具” T，输入文字“长途畅聊全国”，如下图所示。

STEP 36 在“图层”面板中右击“长途畅聊全国”图层，在弹出的快捷菜单中选择“栅格化文字”命令，如下图所示。

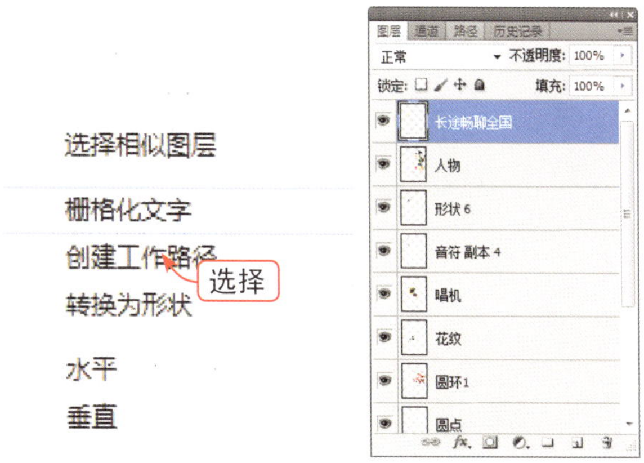

STEP 37 按【Ctrl+T】组合键在图像周围出现变换框，按住【Ctrl】键的同时拖动控制手柄调整其形状及位置，按【Enter】键确认变形操作，如下图所示。

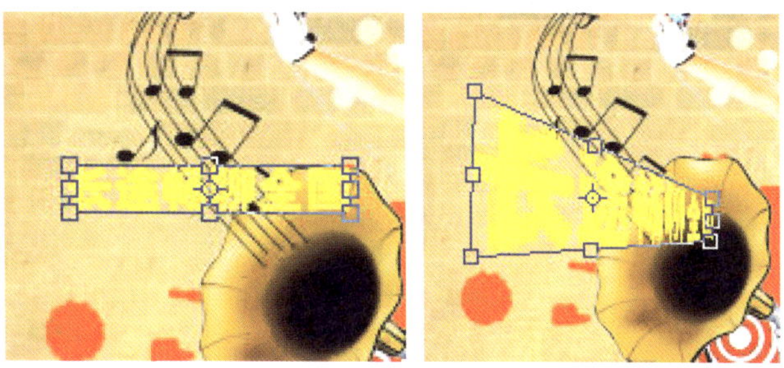

STEP 38 按住【Alt】键的同时连续按7次小键盘上的【←】键，效果如下图所示。

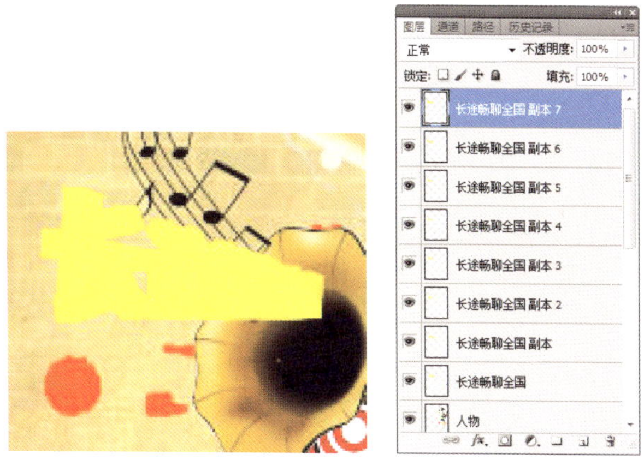

STEP 39 按住【Ctrl】键的同时选择文字副本图层，按【Ctrl+E】组合键合并图层，并将其移动到“长途畅聊全国”图层的下方，如下图所示。

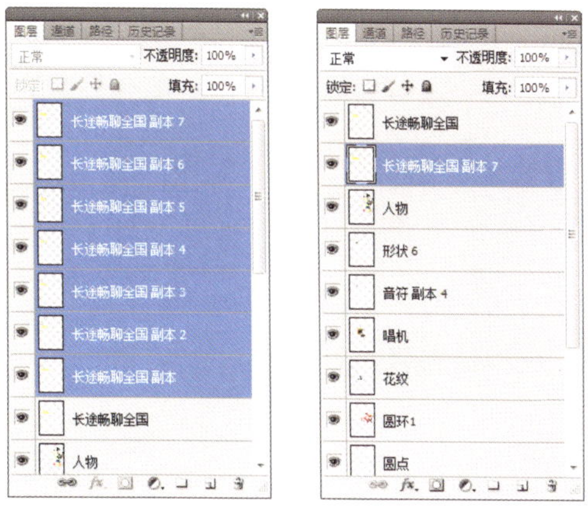

STEP 40 按住【Ctrl】键的同时单击“长途畅聊全国副本7”图层的缩览图将其载入选区。设置前景色为（R：170，G：30，B：0），按【Alt+Delete】组合键填充选区为前景色，按【Ctrl+D】组合键取消选区，如下图所示。

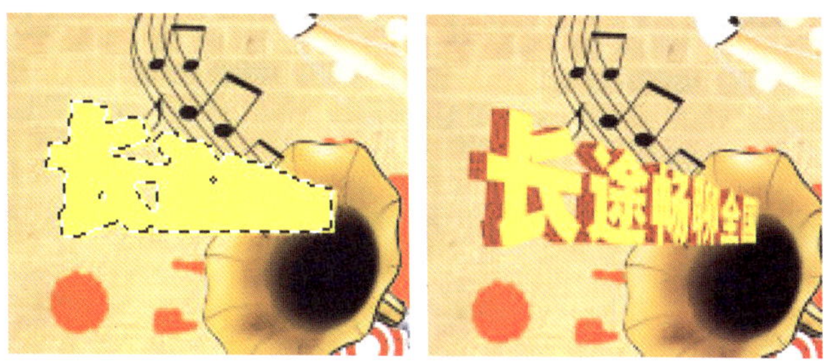

STEP 41 选择“文字工具” T，输入文字“音乐耳听八方”，按照步骤㊱～步骤㊵中的方法进行制作文字，如下图所示。

STEP 42 按【Ctrl+Shift+N】组合键新建一个图层。选择“钢笔工具”，并绘制路径，按【Ctrl+Enter】组合键将路径转换为选区。设置前景色为白色，按【Alt+Delete】组合键填充选区为前景色，按【Ctrl+D】组合键取消选区，如下图所示。

STEP 43 选择“钢笔工具”，并绘制路径，按【Ctrl+Enter】组合键将路径转换为选区。设置前景色为（R：255，G：240，B：0），按【Alt+Delete】组合键填充选区为前景色，按【Ctrl+D】组合键取消选区，如下图所示。

STEP 44 按【Ctrl+Shift+N】组合键新建一个图层，并将其命名为“阴影”，将该图层移动到“人物”图层的下方。选择“椭圆选框工具”，并绘制一个椭圆选区，在选区内右击，在弹出的快捷菜单中选择“羽化”命令，在弹出的对话框中设置参数，然后单击“确定”按钮，如下图所示。

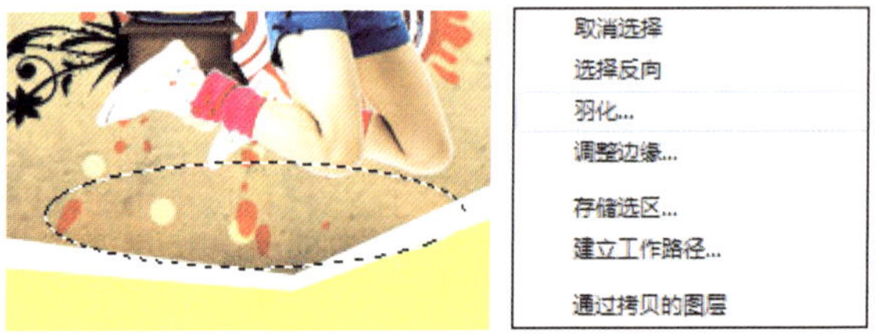

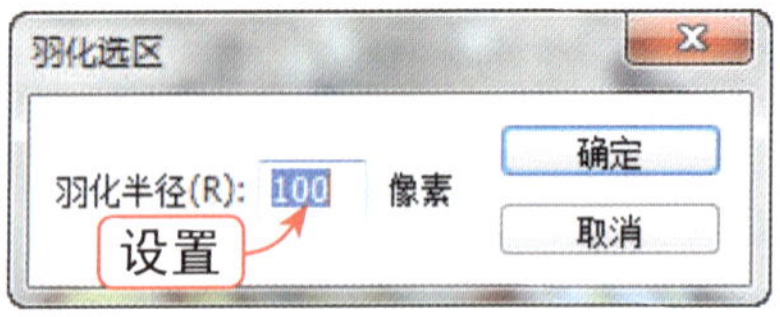

STEP 45 设置前景色为黑色，按【Alt+Delete】组合键填充选区为前景色，按【Ctrl+D】组合键取消选区，如下图所示。

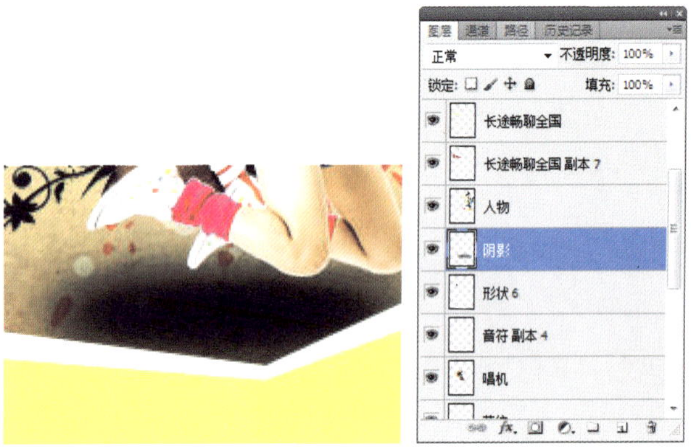

STEP 46 选择“横排文字工具”，输入海报文字，并设置文字的大小和颜色，如下图所示。

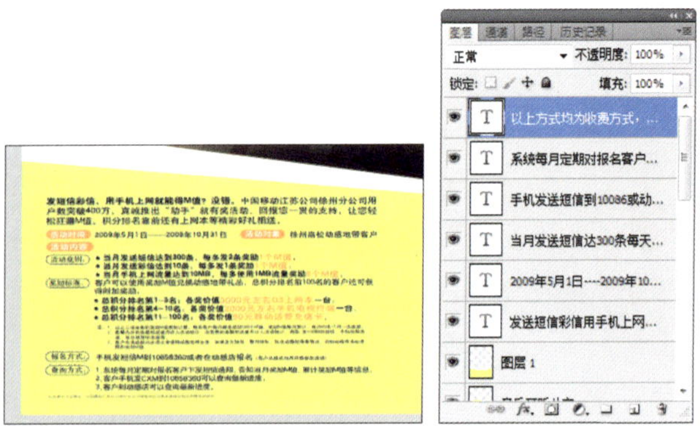

STEP 47 按【Ctrl+Shift+N】组合键新建一个图层。选择“圆角矩形工具”，在其属性栏中设置“半径”为 200 像素，并在图像窗口中绘制圆角矩形，如下图所示。

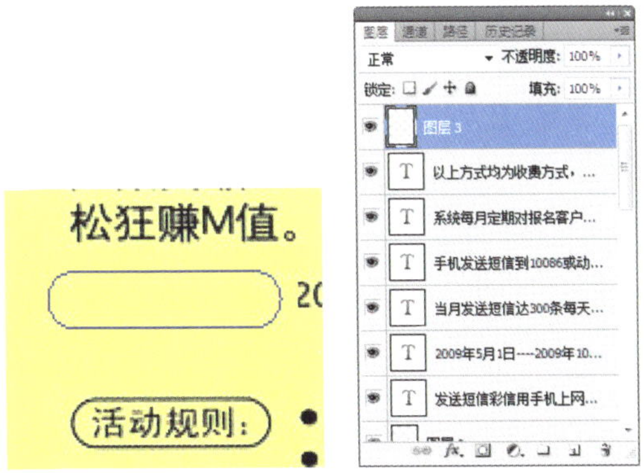

STEP 48 按【Ctrl+Enter】组合键将路径转换为选区。设置前景色为（R:255, G:142, B:0），按【Alt+Delete】组合键填充选区，按【Ctrl+D】组合键取消选区。设置前景色为白色，选择“横排文字工具”，单击并输入文字，如下图所示。

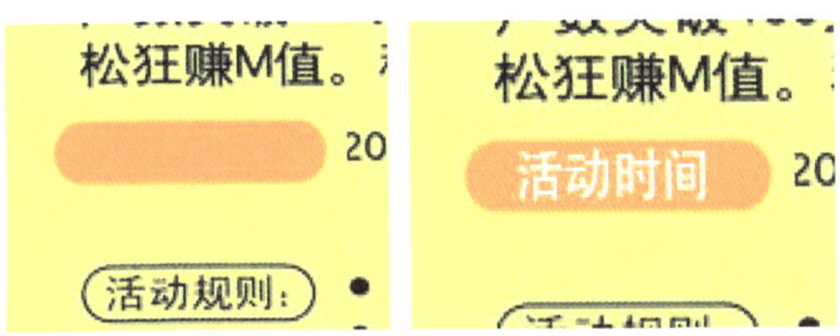

STEP 49 按【Ctrl+Shift+N】组合键新建一个图层。选择“圆角矩形工具”，在其属性栏中设置“半径”为 200 像素，并在图像窗口中绘制圆角矩形，如下图所示。

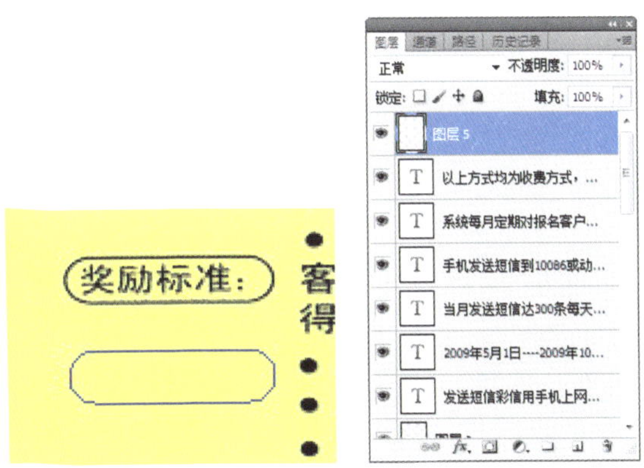

STEP 50 按【Ctrl+Enter】组合键将路径转换为选区。选择“编辑”|“描边”命令，弹出“描边”对话框，在其中设置各项参数，然后单击“确定”按钮，如下图所示。

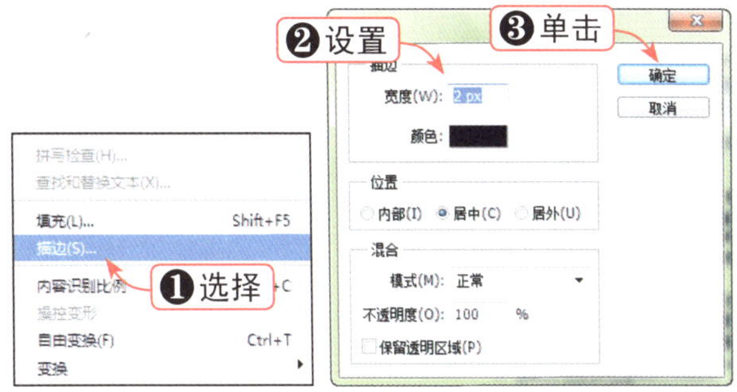

STEP 51 按【Ctrl+D】组合键取消选区。设置前景色为黑色，选择“横排文字工具”，单击并输入文字，如下图所示。

STEP 52 按【Ctrl+O】组合键，打开配套光盘中的“素材\第 12 章\12.8 动感地带海报设计”中的“我的地盘.jpg”和“感恩 PSD.psd”文件。按照步骤⑥～步骤⑦的方法进行制作，将其全部移动到“动感地带海报设计”文件窗口中，并调整图像的大小和位置，即可得到海报的最终效果，如下图所示。

读 者 意 见 反 馈 表

亲爱的读者：

感谢您对中国铁道出版社的支持，您的建议是我们不断改进工作的信息来源，您的需求是我们不断开拓创新的基础。为了更好地服务读者，出版更多的精品图书，希望您能在百忙之中抽出时间填写这份意见反馈表发给我们。随书纸制表格请在填好后剪下寄到：**北京市宣武区右安门西街8号中国铁道出版社计算机图书中心零售部 苏茜 收（邮编：100054）。**或者采用**传真（010-63549458）**方式发送。此外，读者也可以直接通过电子邮件把意见反馈给我们，E-mail地址是：**suqian@tqbooks.net。**我们将选出意见中肯的热心读者，赠送本社的其他图书作为奖励。同时，我们将充分考虑您的意见和建议，并尽可能地给您满意的答复。谢谢！

所购书名：____________________________________

个人资料：

姓名：________________ 性别：________ 年龄：__________ 文化程度：________________

职业：________________________ 电话：________________ E-mail：__________________

通信地址：____ 邮编：________________

您是如何得知本书的：

□书店宣传 □网络宣传 □展会促销 □出版社图书目录 □老师指定 □杂志、报纸等的介绍 □别人推荐

□其他（请指明）____

您从何处得到本书的：

□书店 □邮购 □商场、超市等卖场 □图书销售的网站 □培训学校 □其他

影响您购买本书的因素（可多选）：

□内容实用 □价格合理 □装帧设计精美 □带多媒体教学光盘 □优惠促销 □书评广告 □出版社知名度

□作者名气 □工作、生活和学习的需要 □其他

您对本书封面设计的满意程度：

□很满意 □比较满意 □一般 □不满意 □改进建议

您对本书的总体满意程度：

从文字的角度 □很满意 □比较满意 □一般 □不满意

从技术的角度 □很满意 □比较满意 □一般 □不满意

您希望书中图的比例是多少：

□少量的图片辅以大量的文字 □图文比例相当 □大量的图片辅以少量的文字

您希望本书的定价是多少：

本书最令您满意的是：

1.

2.

您在使用本书时遇到哪些困难：

1.

2.

您希望本书在哪些方面进行改进：

1.

2.

您需要购买哪些方面的图书？对我社现有图书有什么好的建议？

您更喜欢阅读哪些类型和层次的计算机书籍（可多选）？

□入门类 □精通类 □综合类 □问答类 □图解类 □查询手册类 □实例教程类

您在学习计算机的过程中有什么困难？

您的其他要求：